环球网校

严格按照全新考试大纲编写

克题制胜 1

监理工程师

同步章节必刷题

建设工程目标控制（土木建筑工程）

环球网校监理工程师考试研究院　主编

东南大学出版社
SOUTHEAST UNIVERSITY PRESS
·南京·

图书在版编目(CIP)数据

建设工程目标控制.土木建筑工程/环球网校监理工程师考试研究院主编.—南京:东南大学出版社,2023.11

(监理工程师同步章节必刷题)

ISBN 978-7-5766-0888-5

Ⅰ.①建… Ⅱ.①环… Ⅲ.①土木工程—目标管理—资格考试—习题集 Ⅳ.①TU723-44

中国国家版本馆CIP数据核字(2023)第185485号

责任编辑:马伟　责任校对:韩小亮　封面设计:环球网校·志道文化　责任印制:周荣虎

建设工程目标控制(土木建筑工程)

Jianshe Gongcheng Mubiao Kongzhi (Tumu Jianzhu Gongcheng)

主　　编:环球网校监理工程师考试研究院
出版发行:东南大学出版社
出 版 人:白云飞
社　　址:南京四牌楼2号　邮编:210096　电话:025-83793330
网　　址:http://www.seupress.com
电子邮件:press@seupress.com
经　　销:全国各地新华书店
印　　刷:三河市中晟雅豪印务有限公司
开　　本:787 mm×1 092 mm　1/16
印　　张:25.5
字　　数:714千字
版　　次:2023年11月第1版
印　　次:2023年11月第1次印刷
书　　号:ISBN 978-7-5766-0888-5
定　　价:68.00元

本社图书若有印装质量问题,请直接与营销部联系。电话(传真):025-83791830

环球君带你学监理

取得监理工程师职业资格是从事工程监理、工程经济与技术咨询、工程招标与采购咨询、工程项目管理服务等工作的必要条件。要想取得该职业资格，就必须参加并通过监理工程师职业资格考试。

根据《监理工程师职业资格制度规定》《监理工程师职业资格考试实施办法》，监理工程师职业资格考试采用全国统一大纲、统一命题、统一组织的方式进行。该考试设 4 个科目，3 个专业类别，具体如下表所示。

科目		试卷满分	合格标准	考试时长
基础科目	《建设工程监理基本理论和相关法规》	110 分	66 分	2 小时
	《建设工程合同管理》	110 分	66 分	2 小时
专业科目	《建设工程目标控制》	160 分	96 分	2 小时
	《建设工程监理案例分析》	120 分	72 分	4 小时

注：专业科目分为土木建筑工程、交通运输工程、水利工程 3 个专业类别，考生在报名时可根据实际工作需要进行选择。其中，土木建筑工程专业由住房和城乡建设部负责，交通运输工程专业由交通运输部负责，水利工程专业由水利部负责。

监理工程师职业资格考试成绩实行 4 年为一个周期的滚动管理办法，即在连续的 4 个考试年度内通过全部考试科目，方可取得监理工程师职业资格证书。已取得监理工程师一种专业职业资格证书的人员，报名参加其他专业科目考试的，可免考基础科目。免考基础科目和增加专业类别的人员，专业科目成绩按照 2 年为一个周期滚动管理。

近年来，监理工程师的报考人数呈明显增长的趋势。为帮助读者高效备考，顺利通过考试，早日取得监理工程师职业资格，环球网校组织常年奋战在监理考试培训第一线的专家、老师们编写了这套《同步章节必刷题》，建议您采用以下方法进行复习备考：

◇ **第一步**：熟悉基础知识后，逐章做本套《同步章节必刷题》（亦可采用一边熟悉基础知识，一边做章节必刷题的方式）。在做题过程中，要认真、仔细，不要怕做错。对于错题，要非常重视，及时进行标记，并重新学习不会的知识点。本书选择部分重要的题目配以二维码，扫码即可听老师的讲解。建议您充分利用本书配套的相关微课，加深对知识的理解和掌握。

◇ **第二步**：逐章梳理错题，查漏补缺，确保没有知识盲点。做完章节必刷题后，要从头梳理错题，结合本书列出的章节“重难点“，对未掌握或者掌握不牢固的知识，要勤思考、善记忆。第二遍做题，您一定会对监理常考的知识有不一样的感受，记忆会愈发深刻，做题也会更熟练。

◇ **第三步**：考前一个月，逐章快速做题，关注知识点的掌握程度。对掌握相对薄弱的知识点，重新复习，加强巩固。第三遍做题，您需要关注知识框架和做题技巧。完善的知识框架有助于把繁杂的内容整理在记忆体系内，让你对知识的掌握更加牢固；探索并找到独属于您自己的做题技巧，可以提高做题的效率和准确率，使您胸有成竹地参加考试。

千里之行，始于足下。如果您期待从事监理行业，就从现在开始复习吧！

请大胆写出你的得分目标________________

环球网校监理工程师考试研究院

目　录

第一部分　建设工程质量控制

第一章　建设工程质量管理制度和责任体系 …… 1
第一节　工程质量形成过程和影响因素 …… 1
第二节　工程质量控制原则 …… 3
第三节　工程质量管理制度 …… 4
第四节　工程参建各方的质量责任和义务 …… 8
参考答案及解析 …… 11
第一节　工程质量形成过程和影响因素 …… 11
第二节　工程质量控制原则 …… 13
第三节　工程质量管理制度 …… 14
第四节　工程参建各方的质量责任和义务 …… 17
第二章　ISO 质量管理体系及卓越绩效模式 …… 20
第一节　ISO 质量管理体系构成和质量管理原则 …… 20
第二节　工程监理单位质量管理体系的建立与实施 …… 21
第三节　卓越绩效模式 …… 24
参考答案及解析 …… 27
第一节　ISO 质量管理体系构成和质量管理原则 …… 27
第二节　工程监理单位质量管理体系的建立与实施 …… 28
第三节　卓越绩效模式 …… 31
第三章　建设工程质量的统计分析和试验检测方法 …… 33
第一节　工程质量统计分析 …… 33
第二节　工程质量主要试验检测方法 …… 39
参考答案及解析 …… 43
第一节　工程质量统计分析 …… 43
第二节　工程质量主要试验检测方法 …… 49

刷题有道　必胜有路

第四章　建设工程勘察设计阶段质量管理 …… 53
第一节　工程勘察阶段质量管理 …… 53
第二节　初步设计阶段质量管理 …… 54
第三节　施工图设计阶段质量管理 …… 56
参考答案及解析 …… 58
第一节　工程勘察阶段质量管理 …… 58
第二节　初步设计阶段质量管理 …… 59
第三节　施工图设计阶段质量管理 …… 61
第五章　建设工程施工质量控制和安全生产管理 …… 63
第一节　施工质量控制的依据和工作程序 …… 63
第二节　施工准备阶段的质量控制 …… 64
第三节　施工过程的质量控制 …… 70
第四节　安全生产的监理行为和现场控制 …… 75
第五节　危险性较大的分部分项工程施工安全管理 …… 76
参考答案及解析 …… 78
第一节　施工质量控制的依据和工作程序 …… 78
第二节　施工准备阶段的质量控制 …… 79
第三节　施工过程的质量控制 …… 84
第四节　安全生产的监理行为和现场控制 …… 89
第五节　危险性较大的分部分项工程施工安全管理 …… 90
第六章　建设工程施工质量验收 …… 92
第一节　建筑工程施工质量验收 …… 92
第二节　城市轨道交通工程施工质量验收 …… 99
第三节　工程质量保修管理 …… 100
参考答案及解析 …… 101
第一节　建筑工程施工质量验收 …… 101
第二节　城市轨道交通工程施工质量验收 …… 106
第三节　工程质量保修管理 …… 107
第七章　建设工程质量缺陷及事故处理 …… 109
第一节　工程质量缺陷及处理 …… 109
第二节　工程质量事故等级划分及处理 …… 110
参考答案及解析 …… 115

第一节　工程质量缺陷及处理 …… 115
第二节　工程质量事故等级划分及处理 …… 116
第八章　设备采购和监造质量控制 …… 121
第一节　设备采购质量控制 …… 121
第二节　设备监造质量控制 …… 123
参考答案及解析 …… 125
第一节　设备采购质量控制 …… 125
第二节　设备监造质量控制 …… 126

第二部分　建设工程投资控制

第一章　建设工程投资控制概述 …… 128
第一节　建设工程项目投资的概念和特点 …… 128
第二节　建设工程投资控制原理 …… 129
第三节　建设工程投资控制的主要任务 …… 131
参考答案及解析 …… 133
第一节　建设工程项目投资的概念和特点 …… 133
第二节　建设工程投资控制原理 …… 134
第三节　建设工程投资控制的主要任务 …… 135
第二章　建设工程投资构成 …… 137
第一节　建设工程投资构成概述 …… 137
第二节　建筑安装工程费用的组成和计算 …… 138
第三节　设备、工器具购置费用的组成与计算 …… 143
第四节　工程建设其他费用、预备费、建设期利息、铺底流动资金的组成与计算 …… 145
参考答案及解析 …… 148
第一节　建设工程投资构成概述 …… 148
第二节　建筑安装工程费用的组成与计算 …… 148
第三节　设备、工器具购置费用的组成与计算 …… 153
第四节　工程建设其他费用、预备费、建设期利息、铺底流动资金的组成与计算 …… 155

第三章　建设工程项目投融资 …… 158
第一节　工程项目资金来源 …… 158
第二节　工程项目融资 …… 160
参考答案及解析 …… 164
第一节　工程项目资金来源 …… 164
第二节　工程项目融资 …… 166
第四章　建设工程决策阶段投资控制 …… 169
第一节　项目可行性研究 …… 169
第二节　资金时间价值 …… 170
第三节　投资估算 …… 173
第四节　财务和经济分析 …… 174
参考答案及解析 …… 180
第一节　项目可行性研究 …… 180
第二节　资金时间价值 …… 181
第三节　投资估算 …… 183
第四节　财务和经济分析 …… 184
第五章　建设工程设计阶段投资控制 …… 189
第一节　设计方案评选内容和方法 …… 189
第二节　价值工程方法及其应用 …… 190
第三节　设计概算编制和审查 …… 194
第四节　施工图预算编制与审查 …… 196
参考答案及解析 …… 200
第一节　设计方案评选内容和方法 …… 200
第二节　价值工程方法及其应用 …… 200
第三节　设计概算编制和审查 …… 203
第四节　施工图预算编制与审查 …… 206
第六章　建设工程招标阶段投资控制 …… 209
第一节　招标控制价编制 …… 209
第二节　投标报价审核 …… 213
第三节　合同价款约定 …… 215
参考答案及解析 …… 220
第一节　招标控制价编制 …… 220

第二节　投标报价审核 …… 224
第三节　合同价款约定 …… 225
第七章　建设工程施工阶段投资控制 …… 230
第一节　施工阶段投资目标控制 …… 230
第二节　工程计量 …… 231
第三节　合同价款调整 …… 233
第四节　工程变更价款确定 …… 239
第五节　施工索赔与现场签证 …… 239
第六节　合同价款期中支付 …… 242
第七节　竣工结算与支付 …… 244
第八节　投资偏差分析 …… 244
参考答案及解析 …… 248
第一节　施工阶段投资目标控制 …… 248
第二节　工程计量 …… 249
第三节　合同价款调整 …… 250
第四节　工程变更价款确定 …… 255
第五节　施工索赔与现场签证 …… 255
第六节　合同价款期中支付 …… 258
第七节　竣工结算与支付 …… 259
第八节　投资偏差分析 …… 259

第三部分　建设工程进度控制

第一章　建设工程进度控制概述 …… 262
第一节　建设工程进度控制的概念 …… 262
第二节　建设工程进度控制计划体系 …… 267
第三节　建设工程进度计划的表示方法和编制程序 …… 269
参考答案及解析 …… 272
第一节　建设工程进度控制的概念 …… 272
第二节　建设工程进度控制计划体系 …… 276
第三节　建设工程进度计划的表示方法和编制程序 …… 278

第二章　流水施工原理 …… 281
第一节　基本概念 …… 281
第二节　有节奏流水施工 …… 285
第三节　非节奏流水施工 …… 289
参考答案及解析 …… 292
第一节　基本概念 …… 292
第二节　有节奏流水施工 …… 296
第三节　非节奏流水施工 …… 299
第三章　网络计划技术 …… 302
第一节　基本概念 …… 302
第二节　网络图的绘制 …… 304
第三节　网络计划时间参数的计算 …… 307
第四节　双代号时标网络计划 …… 318
第五节　网络计划的优化 …… 322
第六节　单代号搭接网络计划和多级网络计划系统 …… 325
参考答案及解析 …… 328
第一节　基本概念 …… 328
第二节　网络图的绘制 …… 329
第三节　网络计划时间参数的计算 …… 330
第四节　双代号时标网络计划 …… 335
第五节　网络计划的优化 …… 336
第六节　单代号搭接网络计划和多级网络计划系统 …… 339
第四章　建设工程进度计划实施中的监测与调整 …… 342
第一节　实际进度监测与调整的系统过程 …… 342
第二节　实际进度与计划进度的比较方法 …… 343
第三节　进度计划实施中的调整方法 …… 353
参考答案及解析 …… 357
第一节　实际进度监测与调整的系统过程 …… 357
第二节　实际进度与计划进度的比较方法 …… 358
第三节　进度计划实施中的调整方法 …… 361
第五章　建设工程设计阶段的进度控制 …… 365
第一节　设计阶段进度控制的意义和工作程序 …… 365

第二节　设计阶段进度控制目标体系 …… 365
第三节　设计进度控制措施 …… 366
参考答案及解析 …… 368
第一节　设计阶段进度控制的意义和工作程序 …… 368
第二节　设计阶段进度控制目标体系 …… 368
第三节　设计进度控制措施 …… 368
第六章　建设工程施工阶段进度控制 …… 371
第一节　施工阶段进度控制目标的确定 …… 371
第二节　施工阶段进度控制的内容 …… 372
第三节　施工进度计划的编制与审查 …… 374
第四节　施工进度计划实施中的检查与调整 …… 376
第五节　工程延期 …… 377
第六节　物资供应进度控制 …… 379
参考答案及解析 …… 382
第一节　施工阶段进度控制目标的确定 …… 382
第二节　施工阶段进度控制的内容 …… 383
第三节　施工进度计划的编制与审查 …… 385
第四节　施工进度计划实施中的检查与调整 …… 387
第五节　工程延期 …… 389
第六节　物资供应进度控制 …… 390

第一部分　建设工程质量控制

第一章　建设工程质量管理制度和责任体系

第一节　工程质量形成过程和影响因素

➢ **重难点：**

1. 建设工程质量特性。
2. 工程建设的五个阶段对质量形成的作用与影响。
3. 影响工程质量的因素（人、机械、材料、方法、环境）。

考点 1　建设工程质量特性

1. 【单选】建设工程质量的经济性是指工程（　　）的成本和消耗的费用。

A. 施工过程中

B. 设计、施工过程中

C. 使用过程中

D. 从规划、勘察、设计、施工到整个产品使用寿命周期内

2. 【多选】建设工程质量的特性表现为适用性、经济性、可靠性及（　　）等。

A. 耐久性　　B. 安全性

C. 与环境的协调性　　D. 系统性

E. 持续性

3. 【单选】建设工程规定合理使用寿命期，体现了建设工程质量的（　　）特性。

A. 适用性　　B. 耐久性

C. 可靠性　　D. 经济性

4. 【单选】建设工程在竣工验收时达到规定的指标，且在规定的使用期内保持正常功能，体现的是建设工程质量的（　　）特性。

A. 耐久性　　B. 安全性

C. 可靠性　　D. 经济性

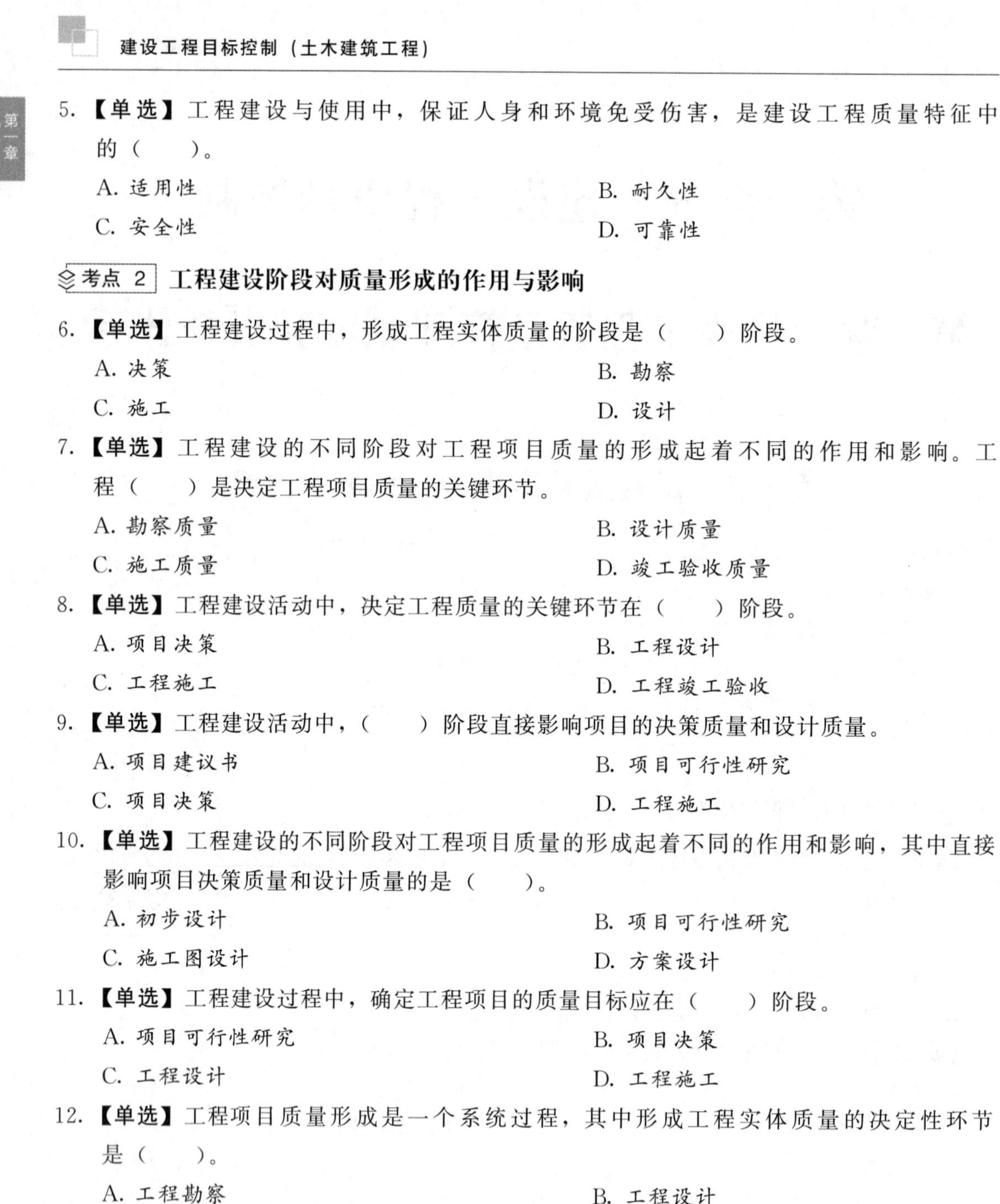

5. 【单选】工程建设与使用中，保证人身和环境免受伤害，是建设工程质量特征中的（　　）。

A. 适用性　　B. 耐久性

C. 安全性　　D. 可靠性

考点 2 工程建设阶段对质量形成的作用与影响

6. 【单选】工程建设过程中，形成工程实体质量的阶段是（　　）阶段。

A. 决策　　B. 勘察

C. 施工　　D. 设计

7. 【单选】工程建设的不同阶段对工程项目质量的形成起着不同的作用和影响。工程（　　）是决定工程项目质量的关键环节。

A. 勘察质量　　B. 设计质量

C. 施工质量　　D. 竣工验收质量

8. 【单选】工程建设活动中，决定工程质量的关键环节在（　　）阶段。

A. 项目决策　　B. 工程设计

C. 工程施工　　D. 工程竣工验收

9. 【单选】工程建设活动中，（　　）阶段直接影响项目的决策质量和设计质量。

A. 项目建议书　　B. 项目可行性研究

C. 项目决策　　D. 工程施工

10. 【单选】工程建设的不同阶段对工程项目质量的形成起着不同的作用和影响，其中直接影响项目决策质量和设计质量的是（　　）。

A. 初步设计　　B. 项目可行性研究

C. 施工图设计　　D. 方案设计

11. 【单选】工程建设过程中，确定工程项目的质量目标应在（　　）阶段。

A. 项目可行性研究　　B. 项目决策

C. 工程设计　　D. 工程施工

12. 【单选】工程项目质量形成是一个系统过程，其中形成工程实体质量的决定性环节是（　　）。

A. 工程勘察　　B. 工程设计

C. 工程施工　　D. 工程监理

考点 3 影响工程质量的因素

13. 【多选】在影响工程质量的诸多因素中，环境条件对工程质量特性起到重要作用。下列因素属于工程作业环境条件的有（　　）。

A. 防护设施　　B. 水文、气象

C. 施工作业面　　D. 组织管理体系

E. 通风照明

14. 【单选】以下影响工程质量的因素中，（　　）是工程质量的基础。

A. 工程材料　　B. 机械设备

C. 工艺方法　　D. 环境条件

15. 【多选】工程材料是工程建设的物质条件，是工程质量的基础，其包括（　　）。

A. 建筑材料　　B. 构配件

C. 施工机具设备　　D. 半成品

E. 各类测量仪器

第二节　工程质量控制原则

> **重难点：**
>
> 工程质量控制的五项原则。

考点 1　工程质量控制主体

1. 【单选】工程质量控制按其实施主体不同，分为自控主体和监控主体。下列单位中属于自控主体的是（　　）。

A. 设计单位　　B. 咨询单位

C. 监理单位　　D. 建设单位

2. 【多选】下列工程质量控制主体中，属于监控主体的有（　　）。

A. 政府质量监督部门　　B. 设计单位

C. 施工单位　　D. 监理单位

E. 勘察单位

考点 2　工程质量控制的原则

3. 【单选】通过对人的素质和行为的控制，以保证工程质量的做法，体现的质量控制原则是（　　）。

A. 质量第一　　B. 预防为主

C. 以人为核心　　D. 以合同为依据

4. 【单选】在工程质量控制中，应坚持以（　　）为核心的原则。

A. 人　　B. 机械

C. 材料　　D. 方法

5. 【多选】监理工程师在工程质量控制过程中应遵循的原则有（　　）。

A. 坚持以人为核心　　B. 坚持质量第一

C. 坚持旁站监理　　D. 坚持质量标准

E. 坚持科学公平

6. 【单选】工程质量控制应积极主动地对影响质量的各种因素加以控制，而不是消极被动地处理出现的质量问题，这体现了工程质量控制的（　　）原则。
   A. 以人为核心　　B. 预防为主
   C. 质量第一　　D. 坚持质量标准
7. 【单选】加强过程和中间产品质量检查与控制，体现了质量管理中的（　　）。
   A. 持续改进　　B. 预防为主
   C. 以人为核心　　D. 以合同为依据

第三节　工程质量管理制度

➢ **重难点：**

1. 工程质量监督。
2. 建筑工程施工许可。
3. 工程竣工验收与备案。
4. 工程质量保修。

考点 1　工程质量管理制度体系

1. 【单选】对全国的建设工程质量实施统一监督管理的部门是（　　）。
   A. 人力资源和社会保障部
   B. 国家市场监督管理总局
   C. 国家发展和改革委员会
   D. 国务院建设行政主管部门

考点 2　工程质量管理主要制度

2. 【单选】在工程施工过程中，检查施工现场工程建设各方主体的质量行为是（　　）的主要任务。
   A. 建设单位　　B. 监理单位
   C. 工程质量监督机构　　D. 工程质量检测机构
3. 【多选】根据《房屋建筑和市政基础设施工程质量监督管理规定》，建设行政主管部门对工程实体质量监督的内容有（　　）。
   A. 抽查施工单位完成施工质量的行为
   B. 抽查涉及工程主体结构安全的工程实体质量
   C. 抽查涉及主要使用功能的工程实体质量
   D. 抽查主要建筑材料和建筑构配件质量
   E. 对工程竣工验收进行监督

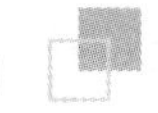

4. **【单选】**根据《建筑法》，中止施工满 1 年的工程恢复施工前，建设单位应当进行的工作是（　　）。
   A. 重新申请施工许可证　　B. 报发证机关核验施工许可证
   C. 申请换发施工许可证　　D. 报发证机关延期施工许可证

5. **【多选】**建设单位申请领取施工许可证应当具备的条件包括（　　）。
   A. 已经取得规划许可证　　B. 拆迁完毕
   C. 已经确定建筑施工企业　　D. 有保证工程质量和安全的具体措施
   E. 建设资金已经落实

6. **【单选】**根据《房屋建筑和市政基础设施工程竣工验收备案管理办法》，工程竣工验收合格后，负责向工程所在地的县级以上地方人民政府建设行政主管部门进行工程竣工验收备案的单位是（　　）。
   A. 建设单位　　B. 施工单位
   C. 监理单位　　D. 设计单位

7. **【多选】**建设工程竣工验收应当具备的条件有（　　）。
   A. 有监理单位签署的工程质量保修书
   B. 有完整的技术档案和施工管理资料
   C. 完成建设工程设计和合同约定的各项内容
   D. 有设计、施工等单位共同签署的质量合格文件
   E. 有工程使用的主要建筑材料、建筑构配件和设备的进场试验报告

8. **【多选】**建设单位办理工程竣工验收备案应当提交的文件有（　　）。
   A. 工程竣工验收备案表
   B. 工程竣工验收报告
   C. 设计、施工等单位分别签署的质量合格文件
   D. 监理单位签署的工程保修书
   E. 工程使用的主要建筑材料、建筑构配件和设备的进场试验报告

9. **【多选】**建设工程保修期内出现的质量问题，不属于施工单位保修责任的有（　　）。
   A. 建设单位负责采购的给排水管道破裂
   B. 分包单位完成的屋面防水工程出现渗漏
   C. 建设单位使用不当造成的质量缺陷
   D. 运输公司货车撞裂建筑墙体
   E. 不可抗力造成的质量缺陷

10. **【多选】**根据《建设工程质量管理条例》，在正常使用条件下，关于建设工程最低保修期限的说法，正确的有（　　）。
   A. 地基基础工程为设计文件规定的合理使用年限
   B. 屋面防水工程为设计文件规定的合理使用年限
   C. 供热与供冷系统为 2 个采暖期、供冷期
   D. 有防水要求的卫生间为 5 年

E. 电气管线和设备安装工程为 2 年

11. 【多选】根据《建设工程质量管理条例》，承包单位向建设单位提交工程竣工验收报告时，应当向建设单位出具质量保修书，质量保修书中应当明确建设工程的保修（　　）等。

A. 内容　　B. 范围

C. 期限　　D. 效果

E. 责任

12. 【多选】某工程施工合同中对最低保修期限作出如下约定，其中符合《建设工程质量管理条例》规定的有（　　）。

A. 主体结构工程的保修期限为设计文件规定的合理使用年限

B. 屋面防水工程的保修期限为 10 年

C. 房间和外墙面防渗漏的保修期限为 5 年

D. 装修工程的保修期限为 1 年

E. 安装工程的保修期限为 2 年

13. 【多选】政府建设主管部门建立的工程质量管理制度有（　　）。

A. 施工图设计文件审查制度

B. 工程施工许可制度

C. 工程质量保修制度

D. 工程质量监督制度

E. 工程质量评定制度

14. 【单选】建设工程开工前，（　　）应当按照国家有关规定向工程所在地县级以上人民政府建设行政主管部门申请领取施工许可证。

A. 建设单位　　B. 施工单位

C. 设计单位　　D. 监理单位

15. 【单选】建设工程承包单位在（　　）时，应当向建设单位出具质量保修书。

A. 施工完毕

B. 提交工程竣工验收报告

C. 竣工验收合格

D. 工程价款结算完毕

16. 【单选】备案机关发现建设单位在竣工验收过程中有违反国家有关建设工程质量管理规定行为的，应当在收讫竣工验收备案文件（　　）日内，责令停止使用，重新组织竣工验收。

A. 7　　B. 15

C. 28　　D. 30

17. 【单选】建设单位应当自工程竣工验收合格之日起（　　）日内，向工程所在地的县级以上地方人民政府建设行政主管部门备案。

A. 15　　B. 20

C. 25　　　　D. 30

18. 【单选】建设工程发生质量事故后，有关单位应当在（　　）小时内向当地建设行政主管部门和其他有关部门报告。

A. 1　　　　B. 2

C. 24　　　　D. 48

19. 【单选】按照国务院规定批准开工报告的建筑工程，因故不能按期开工超过（　　）的，应当重新办理开工报告的批准手续。

A. 3 个月　　　　B. 6 个月

C. 9 个月　　　　D. 12 个月

20. 【单选】根据《建设工程质量管理条例》，建设工程自竣工验收合格之日起 15 日内，（　　）应将竣工验收报告和相关文件报有关行政主管部门备案。

A. 施工单位工程　　　　B. 检测单位

C. 监理单位　　　　D. 建设单位

21. 【单选】建设单位应当自领取施工许可证之日起（　　）内开工，否则应向发证机关申请延期。

A. 3 个月　　　　B. 6 个月

C. 9 个月　　　　D. 1 年

22. 【单选】根据《建设工程质量检测管理办法》，检测机构完成检测业务后出具的检测报告，经确认后由（　　）归档。

A. 建设单位

B. 监理单位

C. 施工单位

D. 材料供应单位

23. 【多选】政府主管部门在履行工程质量监督检查职责时，具有的权利有（　　）。

A. 要求被检查单位提供有关工程质量的文件和资料

B. 要求被检查单位采用指定的品牌材料

C. 进入被检查单位施工现场进行检查

D. 发现并责令改正影响工程质量的问题

E. 拒绝工程竣工验收报告和相关文件的备案

24. 【多选】关于建设工程质量保修的说法，正确的有（　　）。

A. 房屋建筑工程保修期从工程竣工验收合格日起计算

B. 施工单位接到保修通知后，在工程质量保修书约定的时间内予以保修

C. 保修费用由施工单位承担

D. 屋面防水工程最低保修期限为 5 年

E. 因工程质量缺陷造成使用人人身及财产损失的，由施工单位予以赔偿

第四节　工程参建各方的质量责任和义务

➢ **重难点：**

1. 建设单位的质量责任和义务（必须实施监理的工程、竣工验收应当具备的条件）。
2. 施工单位的质量责任和义务。
3. 监理单位和工程质量检测单位的质量责任和义务。

考点 1　建设单位的质量责任和义务

1. **【单选】**涉及建筑承重结构变动的装修工程设计方案，应经（　　）审批后方可实施。

A. 建设单位　　B. 监理单位
C. 质量监督部门　　D. 原设计单位

2. **【多选】**下列质量事故中，属于建设单位责任的有（　　）。

A. 商品混凝土未经检验造成的质量事故
B. 总包和分包单位职责不明造成的质量事故
C. 地下管线资料不准确造成的质量事故
D. 施工中使用了禁止使用的材料造成的质量事故
E. 工程未经竣工验收堆放生产用物品导致建筑结构开裂的质量事故

3. **【单选】**根据《建设工程质量管理条例》，在建设工程开工前，应当按照国家有关规定办理工程质量监督手续，下列选项中可以与工程质量监督手续合并办理的是（　　）。

A. 施工许可证　　B. 招标备案手续
C. 施工图审查批准书　　D. 监理委托书

4. **【多选】**根据《建设工程质量管理条例》，必须实行监理的工程有（　　）。

A. 国家重点建设工程　　B. 住宅区绿化工程
C. 城市道路桥梁维护工程　　D. 大中型公用事业工程
E. 住宅小区水电设备维修工程

考点 2　勘察单位的质量责任和义务

5. **【多选】**勘察单位对其编制的勘察文件质量负责，应履行的主要职责有（　　）。

A. 审查基础工程施工方案
B. 参与施工验槽
C. 解决工程施工中的勘察问题
D. 提出因勘察原因造成质量事故的技术处理方案
E. 提出因设计原因造成质量事故的技术处理方案

6.【单选】工程勘察单位应履行的勘察后期服务职责是（　　）。

A. 审查施工设计图纸

B. 配合桩基工程施工

C. 签署工程保修书

D. 参与工程质量事故分析

考点 3　设计单位的质量责任和义务

7.【单选】根据《建设工程质量管理条例》，设计文件应符合国家规定的设计深度要求并注明工程（　　）。

A. 材料生产厂家　　B. 保修期限

C. 材料供应单位　　D. 合理使用年限

8.【单选】根据《建设工程质量管理条例》，设计文件中选用的材料、构配件和设备，应当注明（　　）。

A. 生产厂　　B. 规格和型号

C. 供应商　　D. 使用年限

考点 4　施工单位的质量责任和义务

9.【单选】下列工作中，施工单位不得擅自开展的是（　　）。

A. 对已完成的分项工程进行自检

B. 对预拌混凝土进行检验

C. 对分包工程质量进行检查

D. 修改工程设计，纠正设计图纸差错

10.【多选】根据《建设工程质量管理条例》，关于施工单位的质量责任和义务的说法，正确的有（　　）。

A. 施工单位依法取得相应等级的资质证书，并在其资质等级许可范围内承揽工程

B. 总承包单位与分包单位对分包工程的质量承担连带责任

C. 施工单位在施工过程中发现设计文件和图纸有差错的，应当及时要求设计单位改正

D. 施工单位对建筑材料、设备进行检验，须有书面记录，并经项目经理或技术负责人签字

E. 施工单位对施工中出现质量问题的建设工程或者竣工验收不合格的工程，应当负责返修

考点 5　工程监理单位的质量责任和义务

11.【单选】关于工程监理单位的说法，正确的是（　　）。

A. 工程监理单位代表政府部门对施工质量实施监督管理

B. 工程监理单位代表施工单位对施工质量实施监督管理

C. 工程监理单位可将专业性较强的业务转让给其他监理单位

D. 工程监理单位选派具备相应资格的总监理工程师进驻施工现场

12.【单选】根据《建设工程质量管理条例》，未经（ ）签字，建筑材料、建筑构配件和设备不得在工程上使用或安装。

A. 建筑师　　B. 监理工程师

C. 建造师　　D. 建设单位项目负责人

考点 6 工程质量检测单位的质量责任和义务

13.【单选】工程质量检测机构出具的检测报告需经（ ）确认后，方可按规定归档。

A. 监理单位　　B. 施工单位

C. 设计单位　　D. 工程质量监督机构

参考答案及解析

第一部分 建设工程质量控制

第一章 建设工程质量管理制度和责任体系

第一节 工程质量形成过程和影响因素

考点 1 建设工程质量特性

1. **【答案】** D

【解析】 建设工程质量的经济性是指工程从规划、勘察、设计、施工到整个产品使用寿命周期内的成本和消耗的费用。工程经济性具体表现为设计成本、施工成本、使用成本三者之和。

2. **【答案】** ABC

【解析】 建设工程作为一种特殊的产品，除具有一般产品共有的质量特性外，还具有特定的内涵。建设工程质量的特性主要表现在七个方面：适用性、耐久性、安全性、可靠性、经济性、节能性、与环境的协调性。

3. **【答案】** B

【解析】 建设工程质量的耐久性是指工程在规定的条件下，满足规定功能要求使用的年限，也就是工程竣工后的合理使用寿命期。

4. **【答案】** C

【解析】 建设工程质量的可靠性是指工程在规定的时间和规定的条件下完成规定功能的能力。工程不仅要求在交工验收时要达到规定的指标，而且在一定的使用时期内要保持应有的正常功能。

5. **【答案】** C

【解析】 建设工程质量特性中的安全性，是指工程建成后在使用过程中保证结构安全、保证人身和环境免受危害的程度。

考点 2 工程建设阶段对质量形成的作用与影响

6. **【答案】** C

【解析】 工程建设各阶段对质量形成的影响见下表。

阶段	影响
项目可行性研究	直接影响项目的决策质量和设计质量
项目决策	主要是确定工程项目应达到的质量目标和水平

续表

阶段	影响
工程勘察、设计	工程设计质量是决定工程质量的关键环节
工程施工	是形成实体质量的决定性环节
工程竣工验收	保证最终产品的质量

7. **【答案】**B

【解析】工程设计质量是决定工程质量的关键环节。

8. **【答案】**B

【解析】工程建设各阶段对质量形成的影响见下表。

阶段	影响
项目可行性研究	直接影响项目的决策质量和设计质量
项目决策	主要是确定工程项目应达到的质量目标和水平
工程勘察、设计	工程设计质量是决定工程质量的关键环节
工程施工	是形成实体质量的决定性环节
工程竣工验收	保证最终产品的质量

9. **【答案】**B

【解析】工程建设活动中，项目可行性研究阶段直接影响项目的决策质量和设计质量。

10. **【答案】**B

【解析】项目可行性研究阶段直接影响项目的决策质量和设计质量。

11. **【答案】**B

【解析】项目决策阶段对工程质量的影响主要是确定工程项目应达到的质量目标和水平。

12. **【答案】**C

【解析】在一定程度上，工程施工是形成实体质量的决定性环节。

考点3 影响工程质量的因素

13. **【答案】**ACE

【解析】环境条件是指对工程质量特性起重要作用的环境因素，具体见下表。

环境条件	技术环境	工程地质、水文、气象
	作业环境	施工作业面大小、防护设施、通风照明和通信条件
	管理环境	工程实施的合同环境与管理关系的确定，组织体制及管理制度
	周边环境	工程邻近的地下管线、建（构）筑物

14. **【答案】**A

【解析】影响工程质量的因素主要有五个方面，即人员素质、机械设备、工程材料、建造方法和环境条件。其中，工程材料是工程建设的物质条件，是工程质量的基础。

15. **【答案】**ABD

【解析】工程材料是指构成工程实体的各类建筑材料、构配件、半成品等。它是工程建设的物质条件，是工程质量的基础。

第二节　工程质量控制原则

考点 1　工程质量控制主体

1.【答案】A

【解析】工程质量控制按其实施主体不同，分为自控主体和监控主体。其中，自控主体是指直接从事质量职能的活动者，包括勘察设计单位、施工单位。

2.【答案】AD

【解析】监控主体是指对他人质量能力和效果的监控者，包括政府、建设单位、工程监理单位。选项 B、C、E 属于自控主体。

考点 2　工程质量控制的原则

3.【答案】C

【解析】坚持以人为核心的原则：在工程质量控制中，要以人为核心，重点控制人的素质和人的行为，充分发挥人的积极性和创造性，以人的工作质量保证工程质量。

4.【答案】A

【解析】工程质量控制的原则：①坚持质量第一的原则；②坚持以人为核心的原则；③坚持预防为主的原则；④以合同为依据，坚持质量标准的原则；⑤坚持科学、公平、守法的职业道德规范的原则。

5.【答案】ABDE

【解析】工程质量控制应遵循以下原则：①坚持质量第一的原则；②坚持以人为核心的原则；③坚持预防为主的原则；④以合同为依据，坚持质量标准的原则；⑤坚持科学、公平、守法的职业道德规范的原则。

6.【答案】B

【解析】坚持预防为主的原则：工程质量控制应该是积极主动的，事先对影响质量的各种因素加以控制，而不是消极被动的，等出现质量问题再进行处理，以免造成不必要的损失。所以，要重点做好质量的事前控制和事中控制，以预防为主，加强过程和中间产品的质量检查和控制。

7.【答案】B

【解析】工程质量控制原则中的坚持以预防为主的原则：工程质量控制应该是积极主动的，应事先对影响质量的各种因素加以控制，而不能是消极被动的，等出现质量问题再进行处理，以免造成不必要的损失。所以，要重点做好质量的事前控制和事中控制，以预防为主，加强过程和中间产品的质量检查和控制。

第三节　工程质量管理制度

考点 1　工程质量管理制度体系

1. **【答案】** D

【解析】 根据《建设工程质量管理条例》，国务院建设行政主管部门对全国的建设工程质量实施统一监督管理。国务院交通、水利等有关部门按照国务院规定职责分工，负责对全国的有关专业建设工程质量的监督管理。

考点 2　工程质量管理主要制度

2. **【答案】** C

【解析】 根据《房屋建筑和市政基础设施工程质量监督管理规定》，工程质量监督管理是指主管部门依据有关法律法规和工程建设强制性标准，对工程实体质量和工程建设、勘察、设计、施工、监理单位和质量检测等单位的工程质量行为实施监督，具体工作可由县级以上地方人民政府建设主管部门委托所属的工程质量监督机构实施。

3. **【答案】** BCDE

【解析】 工程质量监督管理包括下列内容：①执行法律法规和工程建设强制性标准的情况；②抽查涉及工程主体结构安全和主要使用功能的工程实体质量；③抽查工程质量责任主体（建设、勘察、设计、施工和监理单位）和质量检测等单位的工程质量行为；④抽查主要建筑材料、建筑构配件的质量；⑤对工程竣工验收进行监督；⑥组织或者参与工程质量事故的调查处理；⑦定期对本地区工程质量状况进行统计分析；⑧依法对违法违规行为实施处罚。

4. **【答案】** B

【解析】 在建的建筑工程因故中止施工的，建设单位应当自中止施工之日起1个月内，向发证机关报告，并按照规定做好建筑工程的维护管理工作。建筑工程恢复施工时，应当向发证机关报告；中止施工满1年的工程恢复施工前，建设单位应当报发证机关核验施工许可证。

5. **【答案】** CD

【解析】 申请领取施工许可证，应具备下列条件：①已经办理该建筑工程用地批准手续；②依法应当办理建设工程规划许可证的，已经取得建设工程规划许可证；③需要拆迁的，其拆迁进度符合施工要求；④已经确定施工企业；⑤有满足施工需要的资金安排、施工图纸及技术资料；⑥有保证工程质量和安全的具体措施。

6. **【答案】** A

【解析】 建设单位收到建设工程竣工报告后，应当组织设计、施工、工程监理等有关单位进行竣工验收。建设单位应当自工程竣工验收合格之日起15日内，向工程所在地的县级以上地方人民政府建设行政主管部门备案。

7. **【答案】** BCE

【解析】建设单位收到建设工程竣工报告后，应当组织设计、施工、工程监理等有关单位进行竣工验收。建设工程竣工验收应当具备下列条件：①完成建设工程设计和合同约定的各项内容；②有完整的技术档案和施工管理资料；③有工程使用的主要建筑材料、建筑构配件和设备的进场试验报告；④有勘察、设计、施工、工程监理等单位分别签署的质量合格文件；⑤有施工单位签署的工程质量保修书。

8. 【答案】AB

【解析】建设单位收到建设工程竣工报告后，应当组织设计、施工、工程监理等有关单位进行竣工验收。建设单位办理工程竣工验收备案应当提交下列文件：①工程竣工验收备案表；②工程竣工验收报告；③法律、行政法规规定应当由规划、环保等部门出具的认可文件或者准许使用文件；④法律规定应当由消防部门出具的对大型的人员密集场所和其他特殊建设工程验收合格的证明文件；⑤施工单位签署的工程质量保修书；⑥法规、规章规定必须提供的其他文件。住宅工程还应当提交《住宅质量保证书》和《住宅使用说明书》。

9. 【答案】CDE

【解析】因使用不当或者第三方造成的质量缺陷和不可抗力造成的质量缺陷不属于规定的施工单位保修范围。

10. 【答案】ACDE

【解析】在正常使用条件下，建设工程的最低保修期限为：①基础设施工程、房屋建筑的地基基础工程和主体结构工程，为设计文件规定的该工程的合理使用年限；②屋面防水工程，有防水要求的卫生间、房间和外墙面的防渗漏，为5年；③供热与供冷系统，为2个采暖期、供冷期；④电气管线、给排水管道、设备安装和装修工程，为2年。

11. 【答案】BCE

【解析】建设工程承包单位在向建设单位提交工程竣工验收报告时，应当向建设单位出具质量保修书。质量保修书中应当明确建设工程的保修范围、保修期限和保修责任等。

12. 【答案】ACE

【解析】在正常使用条件下，建设工程的最低保修期限为：①基础设施工程、房屋建筑的地基基础工程和主体结构工程，为设计文件规定的该工程的合理使用年限；②屋面防水工程，有防水要求的卫生间、房间和外墙面的防渗漏，为5年；③供热与供冷系统，为2个采暖期、供冷期；④电气管线、给排水管道、设备安装和装修工程，为2年。

13. 【答案】ABCD

【解析】工程质量管理主要制度：①工程质量监督制度；②施工图设计文件审查制度；③建设工程施工许可制度；④工程质量检测制度；⑤工程竣工验收与备案制度；⑥工程质量保修制度。

14. 【答案】A

【解析】建筑工程开工前，建设单位应当按照国家有关规定向工程所在地县级以上人民政府建设行政主管部门申请领取施工许可证；但是，国务院建设行政主管部门确定的限额以下的小型工程除外。按照国务院规定的权限和程序批准开工报告的建筑工程，不再

领取施工许可证。

15.【答案】B

【解析】建设工程承包单位在向建设单位提交工程竣工验收报告时，应当向建设单位出具质量保修书。质量保修书中应当明确建设工程的保修范围、保修期限和保修责任等。

16.【答案】B

【解析】备案机关发现建设单位在竣工验收过程中有违反国家有关建设工程质量管理规定行为的，应当在收讫竣工验收备案文件15日内，责令停止使用，重新组织竣工验收。

17.【答案】A

【解析】建设单位应当自工程竣工验收合格之日起15日内，依照有关规定，向工程所在地的县级以上地方人民政府建设行政主管部门备案。

18.【答案】C

【解析】建设工程发生质量事故后，有关单位应当在24小时内向当地建设行政主管部门和其他有关部门报告。

19.【答案】B

【解析】按照国务院规定批准开工报告的建筑工程，因故不能按期开工或者中止施工的，应当及时向批准机关报告情况。因故不能按期开工超过6个月的，应当重新办理开工报告的批准手续。

20.【答案】D

【解析】建设单位收到建设工程竣工报告后，应当组织设计、施工、工程监理等有关单位进行竣工验收。建设单位应当自工程竣工验收合格之日起15日内，向工程所在地的县级以上地方人民政府建设行政主管部门备案。

21.【答案】A

【解析】建设单位应当自领取施工许可证之日起3个月内开工。因故不能按期开工的，应当向发证机关申请延期；延期以2次为限，每次不超过3个月。既不开工又不申请延期或者超过延期时限的，施工许可证自行废止。

22.【答案】C

【解析】检测报告经建设单位或者工程监理单位确认后，由施工单位归档。

23.【答案】ACD

【解析】县级以上地方人民政府建设行政主管部门和其他有关部门履行监督检查职责时，有权要求被检查单位提供有关工程质量的文件和资料，有权进入被检查单位的施工现场进行检查；在检查中发现工程质量存在问题时，有权责令其改正。

24.【答案】ABD

【解析】选项C错误，保修费用由责任方承担。选项E错误，在保修期限内，因工程质量缺陷造成建设工程所有人、使用人或者第三方人身、财产损害的，建设工程所有人、使用人或者第三方可以向建设单位提出索赔要求。

第四节　工程参建各方的质量责任和义务

考点 1 建设单位的质量责任和义务

1. 【答案】D

【解析】涉及建筑主体和承重结构变动的装修工程，应当在施工前委托原设计单位或者具有相应资质等级的设计单位提出设计方案；没有设计方案的，不得施工。房屋建筑使用者在装修过程中，不得擅自变动房屋建筑主体和承重结构。

2. 【答案】CE

【解析】选项 A、B、D 属于施工单位的质量责任。

3. 【答案】A

【解析】在建设工程开工前，应当按照国家有关规定办理工程质量监督手续，工程质量监督手续可以与施工许可证或者开工报告合并办理。

4. 【答案】AD

【解析】下列建设工程必须实行监理：①国家重点建设工程；②大中型公用事业工程；③成片开发建设的住宅小区工程；④利用外国政府或者国际组织贷款、援助资金的工程；⑤国家规定必须实行监理的其他工程。

考点 2 勘察单位的质量责任和义务

5. 【答案】BCD

【解析】勘察单位提供的勘察成果文件应当符合国家规定的勘察深度要求，且必须真实、准确。勘察单位应参与施工验槽，及时解决工程设计和施工中与勘察工作有关的问题；参与建设工程质量事故的分析，对因勘察原因造成的质量事故，提出相应的技术处理方案。

6. 【答案】D

【解析】根据《建设工程质量管理条例》和《建设工程勘察设计管理条例》，勘察单位应当对勘察后期服务工作负责：组织相关勘察人员及时解决工程设计和施工中与勘察工作有关的问题；组织参与施工验槽；组织勘察人员参加工程竣工验收，验收合格后在相关验收文件上签字，对城市轨道交通工程，还应参加单位工程、项目工程验收，并在验收文件上签字；组织勘察人员参与相关工程质量安全事故分析，并对因勘察原因造成的质量事故，提出与勘察工作有关的技术处理措施。

考点 3 设计单位的质量责任和义务

7. 【答案】D

【解析】设计单位应当根据勘察成果文件进行建设工程设计。设计文件应当符合国家规定的设计深度要求，并注明工程合理使用年限。

8. 【答案】B

【解析】设计单位提供的设计文件应当符合国家规定的设计深度要求，并注明工程合理使用年限。设计文件中选用的材料、构配件和设备，应当注明规格、型号、性能等技术指标，其质量必须符合国家规定的标准。

考点 4 施工单位的质量责任和义务

9. 【答案】D

【解析】施工单位必须按照工程设计图纸和施工技术标准施工，不得擅自修改工程设计，不得偷工减料。施工单位在施工过程中发现设计文件和图纸有差错的，应当及时提出意见和建议。

10. 【答案】ABE

【解析】根据《建设工程质量管理条例》，施工单位的质量责任和义务有：①应当依法取得相应等级的资质证书，并在其资质等级许可的范围内承揽工程。②对建设工程的施工质量负责。应当建立质量责任制，确定工程项目的项目经理、技术负责人和施工管理负责人。③总承包单位依法将建设工程分包给其他单位的，分包单位应当按照分包合同的约定对其分包工程的质量向总承包单位负责，总承包单位与分包单位对分包工程的质量承担连带责任。④必须按照工程设计图纸和施工技术标准施工，不得擅自修改工程设计，不得偷工减料。在施工过程中发现设计文件和图纸有差错的，应当及时提出意见和建议。⑤必须按照工程设计要求、施工技术标准和合同约定，对建筑材料、建筑构配件、设备和商品混凝土进行检验，检验应当有书面记录和专人签字；未经检验或者检验不合格的，不得使用。⑥必须建立、健全施工质量的检验制度，严格工序管理，做好隐蔽工程的质量检查和记录。隐蔽工程在隐蔽前，应当通知建设单位和建设工程质量监督机构。⑦施工人员对涉及结构安全的试块、试件以及有关材料，应当在建设单位或者工程监理单位监督下现场取样，并送具有相应资质等级的质量检测单位进行检测。⑧对施工中出现质量问题的建设工程或者竣工验收不合格的建设工程，应当负责返修。

考点 5 工程监理单位的质量责任和义务

11. 【答案】D

【解析】根据《建设工程质量管理条例》，监理单位的质量责任和义务有：①应当依法取得相应等级的资质证书，并在其资质等级许可的范围内承担工程监理业务。禁止超越本单位资质等级许可的范围或者以其他工程监理单位的名义承担工程监理业务。禁止允许其他单位或者个人以本单位的名义承担工程监理业务。不得转让工程监理业务。②与被监理工程的施工承包单位以及建筑材料、建筑构配件和设备供应单位有隶属关系或者其他利害关系的，不得承担该项建设工程的监理业务。③应当依照法律、法规以及有关技术标准、设计文件和建设工程承包合同，代表建设单位对施工质量实施监理，并对施工质量承担监理责任。④应当选派具备相应资格的总监理工程师和监理工程师进驻施工现场。⑤监理工程师应当按照工程监理规范的要求，采取旁站、巡视和平行检验等形式，对建设工程实施监理。

12.【答案】B

【解析】未经监理工程师签字，建筑材料、建筑构配件和设备不得在工程上使用或者安装，施工单位不得进行下一道工序的施工。

考点 6 工程质量检测单位的质量责任和义务

13.【答案】A

【解析】工程质量检测机构出具的检测报告经建设单位或工程监理单位确认后，由施工单位归档。

第二章　ISO 质量管理体系及卓越绩效模式

第一节　ISO 质量管理体系构成和质量管理原则

➢ **重难点：**

1. ISO 质量管理体系的七项质量管理原则及内容。
2. 质量管理体系的特征。

考点　**ISO 质量管理体系的质量管理原则及特征**

扫码听课

1. **【多选】** ISO 质量管理体系中，领导作用的基本内容有（　　）。
   A. 确定质量方针、目标　　B. 形成内部环境
   C. 识别相关方的关系　　D. 建立 PDCA 循环
   E. 建立管理评审机制
2. **【单选】** 重点管理能改进组织关键活动的各种因素，是 ISO 质量管理体系的质量管理原则中（　　）的基本内容。
   A. 以顾客为关注焦点　　B. 领导作用
   C. 全员参与　　D. 过程方法
3. **【单选】** 应用 PDCA 循环，是 ISO 质量管理体系的质量管理原则中（　　）的基本内容。
   A. 以顾客为关注焦点　　B. 领导作用
   C. 全员参与　　D. 过程方法
4. **【单选】** ISO 质量管理体系提出的“持续改进”质量管理原则，其核心内容是（　　）。
   A. 需求的变化要求组织不断改进
   B. 确立挑战性的改进目标
   C. 提高有效性和效率
   D. 全员参与
5. **【单选】** “持续改进”是 ISO 质量管理体系七项质量管理原则之一，其核心是提高质量管理体系的（　　）。
   A. 有效性和效率　　B. 管理水平
   C. 科学性　　D. 创造价值能力

6.【单选】监理单位质量管理体系持续改进的核心是提高企业质量管理体系的（　　）。

A. 科学性和价值

B. 有效性和效率

C. 创造性和价值

D. 管理水平和效率

7.【多选】国际标准化组织（ISO）发布的质量管理体系中确定的质量管理原则有（　　）。

A. 以领导为关注焦点　　B. 全员参与

C. 循证决策　　D. 关系管理

E. 改进

8.【单选】根据 ISO 质量管理体系中的质量管理原则，建立清晰与开放的沟通渠道，是（　　）的基本内容。

A. 过程方法　　B. 持续改进

C. 循证决策　　D. 关系管理

9.【多选】下列属于 ISO 质量管理体系特征的有（　　）。

A. 系统性　　B. 持续受控

C. 有效性　　D. 动态性

E. 先进性

10.【单选】组织依据相关标准对质量管理体系的设计、建立应符合行业特点、组织规模、人员素质和能力，同时还要考虑到产品和过程的复杂性、过程的相互作用情况、顾客的特点等。以上体现了质量管理体系（　　）的特征。

A. 符合性　　B. 持续受控

C. 有效性　　D. 动态性

第二节　工程监理单位质量管理体系的建立与实施

➢ **重难点：**

1. 质量管理体系的建立。
2. 质量管理体系的实施。
3. 质量控制系统建立和运行的主要工作。

考点 1　监理企业质量管理体系的建立与实施

1.【单选】根据 ISO 质量管理体系标准，工程监理单位应以（　　）为框架，制定具体的质量目标。

A. 质量计划　　B. 质量方针

C. 质量策划　　D. 质量要求

2. 【单选】根据 ISO 9000 族标准的术语和定义，由组织的最高管理者正式发布的该组织总的质量宗旨和方向称为（　　）。

A. 质量目标　　B. 质量战略

C. 质量方针　　D. 质量经营

3. 【单选】质量目标通常依据组织的（　　）制定。

A. 质量意识　　B. 质量方针

C. 质量计划　　D. 质量需求

4. 【多选】根据质量管理体系标准的要求，监理单位质量管理体系文件由（　　）组成。

A. 规程与标准　　B. 设计文件与图纸

C. 质量手册　　D. 程序文件

E. 作业文件

5. 【单选】在质量管理体系文件中，（　　）是监理单位内部质量管理的行动准则。

A. 质量手册　　B. 程序文件

C. 作业文件　　D. 记录

6. 【单选】根据质量管理体系标准的要求，监理单位应编制的基本程序文件不包括（　　）。

A. 文件控制程序　　B. 质量记录控制程序

C. 合格品控制程序　　D. 纠正措施控制程序

7. 【多选】下列记录中，属于监理服务“产品”的有（　　）。

A. 旁站记录　　B. 材料设备验收记录

C. 培训记录　　D. 不合格品处理记录

E. 管理评审记录

8. 【单选】（　　）是产品满足质量要求的程度和监理单位质量管理体系中各项质量活动结果的客观反映。

A. 程序文件　　B. 作业文件

C. 质量记录　　D. 质量目标

9. 【单选】监理单位质量管理体系运行中，定期召开监理例会体现了（　　）要求。

A. 文件标识与控制　　B. 产品质量的追踪检查

C. 物资管理　　D. 内部审核

10. 【单选】ISO 质量管理体系运行中，体系要素管理到位的前提和保证是（　　）。

A. 管理体系的适时管理　　B. 管理体系的行为到位

C. 管理体系的适中控制　　D. 管理体系的识别能力

11. 【多选】工程监理企业质量管理体系管理评审的目的有（　　）。

A. 对现行质量目标的环境适应性作出评价

B. 发现质量管理体系持续改进的机会

C. 对现行质量管理体系能否适应质量方针作出评价

D. 修改质量管理体系文件使其更加完整有效

E. 对现行质量管理体系的环境适应性作出评价

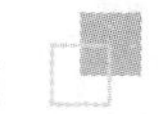

12. 【单选】关于质量管理体系的认证，下列说法正确的是（　　）。
    A. 认证由授权机构进行
    B. 认可由第三方进行
    C. 认可是书面保证
    D. 认可是证明认可对象具备从事特定任务的能力
13. 【单选】关于监理单位质量方针的说法，正确的是（　　）。
    A. 质量方针应由管理者代表制定
    B. 质量方针应由技术负责人制定
    C. 质量方针应由最高管理者发布
    D. 质量方针应由管理者代表发布
14. 【单选】建立监理单位质量管理体系时，明确工程建设相关方要求属于（　　）方面的工作。
    A. 确定质量方针、目标
    B. 过程适用性评价
    C. 确定体系覆盖范围
    D. 组织结构调整方案

考点 2　项目质量控制系统的建立和实施

15. 【单选】关于工程质量控制系统特性的说法，正确的是（　　）。
    A. 工程项目质量控制系统是监理单位质量管理体系的子系统
    B. 工程项目质量控制系统是一个一次性的质量控制工作体系
    C. 工程项目质量控制系统是监理单位建立的质量控制工作体系
    D. 工程项目质量控制系统不随项目监理机构的解体而消失
16. 【多选】建设工程获得开工许可的条件有（　　）。
    A. 设计交底和图纸会审已完成
    B. 施工组织设计已由总监理工程师签认
    C. 施工单位现场质量、安全生产管理体系已建立，管理及施工人员已到位
    D. 进场道路及水、电、通信等已满足开工要求
    E. 施工单位资金全部到位
17. 【单选】项目监理机构应在（　　）后编写工程质量评估报告。
    A. 单位工程完工　　B. 竣工验收交付使用
    C. 竣工预验收合格　　D. 竣工验收
18. 【单选】项目监理机构审查施工单位报送的工程材料、构配件、设备报审表时，应重点审查（　　）。
    A. 采购合同　　B. 技术标准
    C. 质量证明文件　　D. 设计文件要求
19. 【单选】工程施工过程中，对已进场但经检验不合格的工程材料，项目监理机构应要求

施工单位（　　）。

A. 停工整改并封存不合格材料

B. 征求设计单位对不合格材料的使用意见

C. 限期将不合格材料撤出施工现场

D. 征求检测机构对不合格材料的使用意见

20. **【单选】**根据《建设工程监理规范》，工程竣工预验收合格后，项目监理机构应编写（　　）报建设单位。

A. 工程质量确认报告　　B. 工程质量评估报告

C. 工程质量验收方案　　D. 工程质量验收证书

21. **【多选】**项目监理机构建立工程项目质量控制系统的工作内容有（　　）。

A. 确定企业质量方针、目标　　B. 建立组织机构

C. 制定工作制度　　D. 明确工作程序

E. 编写企业质量管理体系文件

22. **【多选】**项目质量控制系统运行中，监理工作的主要手段有（　　）。

A. 编制监理规划和监理实施细则　　B. 签发监理指令

C. 组织召开设计交底会议　　D. 旁站与巡视

E. 平行检验与见证取样

23. **【单选】**管理人员参加施工图设计交流会，有利于（　　）。

A. 了解工程材料的来源有无保证

B. 掌握关键工程部位的质量要求

C. 了解建设单位的建设意图

D. 了解设计方法

第三节　卓越绩效模式

> **重难点：**
>
> 1. 卓越绩效模式的基本特征和核心价值观。
> 2. 《卓越绩效评价准则》的评价内容。
> 3. 《卓越绩效评价准则》与 ISO 9000 的相同点与不同点。

考点 1　卓越绩效模式的基本特征和核心价值观

1. **【单选】**根据《卓越绩效评价准则》，卓越绩效模式的基本特征中，（　　）应该作为组织质量管理的首要原则。

A. 以顾客和市场为中心　　B. 强调以效益为中心

C. 强调大质量观　　D. 强调以经营为中心

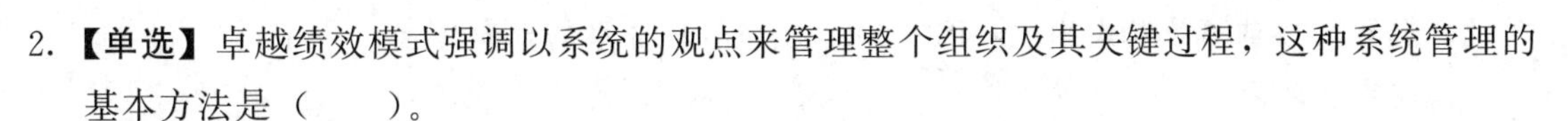

2. 【单选】卓越绩效模式强调以系统的观点来管理整个组织及其关键过程，这种系统管理的基本方法是（　　）。

A. 反馈方法　　B. 过程方法

C. 评价方法　　D. 监督方法

3. 【单选】根据《卓越绩效评价准则》，下列属于卓越绩效模式基本特征的是（　　）。

A. 强调以经营为中心

B. 强调以效益为中心

C. 强调大质量观

D. 强调企业责任

4. 【多选】在卓越绩效模式中，为了实现质量对组织绩效的增值作用，需要关注的要素有（　　）。

A. 标准化导向

B. 符合性评审

C. 质量管理与质量经营的系统融合

D. 促进组织效率最大化

E. 促进顾客价值最大化

考点 2 《卓越绩效评价准则》的结构模式与评价内容

5. 【多选】卓越绩效模式中，在关注组织如何做正确的事时，需要强调的组成要素有（　　）。

A. 领导作用　　B. 战略

C. 资源　　D. 过程管理

E. 以顾客和市场为中心

考点 3 《卓越绩效评价准则》与 ISO 9000 的比较

6. 【单选】根据《卓越绩效评价准则》，采用卓越绩效模式的驱动力来自（　　）。

A. 标准化导向　　B. 市场竞争

C. 市场准入　　D. 符合性评审

7. 【单选】《卓越绩效评价准则》与 ISO 9000 质量管理体系的不同点是（　　）。

A. 基本原理和原则不同

B. 基本理念和思维方式不同

C. 关注点和目标不同

D. 使用方法（工具）不同

扫码听课

8. 【多选】《卓越绩效评价准则》与 ISO 9000 标准的不同点体现在（　　）方面。

A. 目标　　B. 导向

C. 评价方式　　D. 基本理念

E. 基本原理

9. **【单选】**与卓越绩效模式相比，ISO 9000 质量管理体系的导向是（　　）。

A. 成熟度评价　　B. 标准化管理

C. 全过程控制　　D. 战略管理

10. **【单选】**《卓越绩效评价准则》的实质是一种（　　）评价。

A. 标准化导向　　B. 符合性

C. 合格性　　D. 成熟度

参考答案及解析

第二章　ISO 质量管理体系及卓越绩效模式

第一节　ISO 质量管理体系构成和质量管理原则

考点　ISO 质量管理体系的质量管理原则及特征

1.【答案】ABE

【解析】领导作用的基本内容包括：①确定质量方针、质量目标（质量方针是由组织的最高管理者正式发布的该组织总的质量宗旨和方向，质量目标是组织在质量方面的追求目标）；②建立组织的发展前景；③形成内部环境；④确立组织结构、职责权限和相互关系；⑤提供所需资源；⑥培训教育，人才资源；⑦管理评审。

2.【答案】D

【解析】过程方法的基本内容包括：①应用 PDCA 循环；②过程策划；③明确管理的职责和权限；④配备过程所需资源；⑤重点管理能改进组织关键活动的各种因素；⑥评估过程风险以及对顾客、供方和其他相关方可能产生的影响和后果。

3.【答案】D

【解析】过程方法的基本内容包括：①应用 PDCA 循环；②过程策划；③明确管理的职责和权限；④配备过程所需资源；⑤重点管理能改进组织关键活动的各种因素；⑥评估过程风险以及对顾客、供方和其他相关方可能产生的影响和后果。

4.【答案】C

【解析】改进的基本内容包括：①需求的变化要求组织不断改进；②组织的目标应是实现持续改进，以求与顾客需求相适应；③持续改进的核心是提高有效性和效率，实现质量目标；④确立挑战性的改进目标；⑤为员工提供有关持续改进方法和手段的培训；⑥提供资源；⑦对业绩进行定期评价，确定改进领域；⑧改进成果的认可，总结推广，肯定成果并奖励。

5.【答案】A

【解析】改进的基本内容包括：①需求的变化要求组织不断改进；②组织的目标应是实现持续改进，以求与顾客需求相适应；③持续改进的核心是提高有效性和效率，实现质量目标；④确立挑战性的改进目标；⑤为员工提供有关持续改进方法和手段的培训；⑥提供资源；⑦对业绩进行定期评价，确定改进领域；⑧改进成果的认可，总结推广，肯定成果并奖励。

6.【答案】B

【解析】持续改进的核心是提高质量管理体系的有效性和效率，实现质量目标。

7.【答案】BCDE

【解析】为了确保质量目标的实现，ISO质量管理体系明确了以下七项质量管理原则：①以顾客为关注焦点；②领导作用；③全员参与；④过程方法；⑤改进；⑥循证决策；⑦关系管理。

8. 【答案】D

【解析】关系管理的基本内容包括：①权衡短期利益与长期效益，确立相关方的关系；②识别和建设好关键相关方关系；③与关键相关方共享专有技术和资源；④建立清晰与开放的沟通渠道；⑤开展与相关方的联合改进活动。

9. 【答案】ABD

【解析】质量管理体系的特征包括：符合性、系统性、全面有效性、预防性、动态性及持续受控。

10. 【答案】A

【解析】质量管理体系的符合性：欲有效开展质量管理，必须设计、建立、实施和保持质量管理体系。组织依据相关标准对质量管理体系的设计、建立应符合行业特点、组织规模、人员素质和能力，同时还要考虑到产品和过程的复杂性、过程的相互作用情况、顾客的特点等。

第二节　工程监理单位质量管理体系的建立与实施

考点 1　监理企业质量管理体系的建立与实施

1. 【答案】B

【解析】质量管理体系总体设计的主要工作包括：确定质量方针、目标；过程适用性评价和体系覆盖范围确定；组织结构调整方案。质量方针是由组织的最高管理者正式发布的该组织总的质量宗旨和方向，质量目标是指组织在质量方面所追求的目标。质量方针的建立为质量目标的建立和评审提供了框架。质量目标应以质量方针为框架具体展开。

2. 【答案】C

【解析】质量管理体系总体设计的主要工作包括：确定质量方针、目标；过程适用性评价和体系覆盖范围确定；组织结构调整方案。质量方针是由组织的最高管理者正式发布的该组织总的质量宗旨和方向，质量目标是指组织在质量方面所追求的目标。

3. 【答案】B

【解析】质量管理体系总体设计的主要工作包括：确定质量方针、目标；过程适用性评价和体系覆盖范围确定；组织结构调整方案。质量目标是指组织在质量方面所追求的目标。质量目标的建立为组织的运作提供了具体的要求，质量目标应以质量方针为框架具体展开。

4. 【答案】CDE

【解析】质量管理体系是文件化的管理体系，应通过文件确定体系各方面的要求。质量管理体系文件由质量手册、程序文件、作业文件组成。

5. 【答案】A

【解析】质量手册是监理单位内部质量管理的纲领性文件和行动准则，应阐明监理单位的质量方针和质量目标，并描述其质量管理体系。

6.【答案】C

【解析】监理单位应编制控制质量管理体系要求的过程和活动的文件，例如：文件控制程序、质量记录控制程序、不合格品控制程序、内部审核控制程序、纠正措施控制程序和预防措施控制程序等。

7.【答案】ABD

【解析】质量记录是产品满足质量要求的程度和监理单位质量管理体系中各项质量活动结果的客观反映。与监理服务“产品”有关的质量记录包括监理旁站记录、材料设备验收记录、纠正预防措施记录和不合格品处理记录。

8.【答案】C

【解析】质量记录是产品满足质量要求的程度和监理单位质量管理体系中各项质量活动结果的客观反映。

9.【答案】B

【解析】监理单位各部门应按质量管理体系文件的规定实施管理，并留下规定的记录。其工作要点有文件的标识与控制、产品质量的追踪检查和物资管理。其中，产品质量的追踪检查包括：①建立两级质量管理体系，严格控制服务产品质量；②坚持定期召开监理例会，为产品服务质量提供保障。

10.【答案】D

【解析】所谓有效识别就是管理行为对于事物状态的识别能力，对于问题、真伪的鉴别能力以及对于严重程度的判断能力等。质量管理体系要素管理到位的前提和保证是管理体系的识别能力、鉴别能力和解决能力。

11.【答案】CDE

【解析】管理评审是由监理单位最高管理者关于质量管理体系现状及其对质量方针和目标的适宜性、充分性和有效性所作的正式评价。内部、外部审核结果可作为评审的依据之一。管理评审的目的主要有：①对现行的质量管理体系能否适应质量方针和质量目标作出正式的评价；②对质量管理体系与组织的环境变化的适宜性作出评价；③调整质量管理体系结构，修改质量管理体系文件，使质量管理体系更加完整有效，持续改进。

12.【答案】D

【解析】认证与认可的区别：①认证由第三方进行，认可由授权的机构进行；②认证是书面保证，认可是正式承认；③认证是证明认证对象与认证所依据的标准符合性，认可是证明认可对象具备从事特定任务的能力。

13.【答案】C

【解析】质量方针是由组织的最高管理者正式发布的该组织总的质量宗旨和方向。

14.【答案】C

【解析】确定质量管理体系范围是监理单位建立质量管理体系时必须考虑的前提之一，其目的就是界定体系的边界和应用范围。质量管理体系的范围界定应包含下列内容：

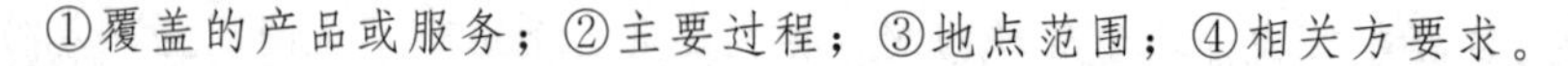

①覆盖的产品或服务；②主要过程；③地点范围；④相关方要求。

考点 2 项目质量控制系统的建立和实施

15. 【答案】B

【解析】项目监理机构的工程质量控制系统是在监理单位质量管理体系框架下建立的一次性目标控制工作系统，具有下列特性：①工程项目质量控制系统是以工程项目为对象，由项目监理机构负责建立的面向监理项目开展质量控制的工作体系；②工程项目质量控制系统是项目监理机构的一个目标控制子系统；③工程项目质量控制系统根据工程项目监理合同的实施而建立，随着建设工程项目监理工作的完成和项目监理机构的解体而消失，因此，是一个一次性的质量控制工作体系，不同于监理单位的质量管理体系。

16. 【答案】ABCD

【解析】当工程项目的主要施工准备工作已完成时，施工单位可填报《工程开工报审表》，总监理工程师组织专业监理工程师审查施工单位报送的开工报审表及相关资料；同时具备下列条件时，应由总监理工程师签署审查意见，并应报建设单位批准后，总监理工程师签发工程开工令：①设计交底和图纸会审已完成；②施工组织设计已由总监理工程师签认；③施工单位现场质量、安全生产管理体系已建立，管理及施工人员已到位，施工机械具备使用条件，主要工程材料已落实；④进场道路及水、电、通信等已满足开工要求。

17. 【答案】C

【解析】施工单位完工，自检合格并提交单位工程竣工验收报审表及竣工资料后，项目监理机构应组织审查资料和组织工程竣工预验收。工程存在质量问题的，应要求施工单位及时整改；工程质量合格的，总监理工程师应签认单位工程竣工验收报审表。工程竣工预验收合格后，项目监理机构应编写工程质量评估报告，并应经总监理工程师和工程监理单位技术负责人审核签字后报建设单位。

18. 【答案】C

【解析】项目监理机构收到施工单位报送的“工程材料、构配件、设备报审表”后，应审查施工单位报送的用于工程的材料、构配件、设备的质量证明文件，并应按有关规定、建设工程监理合同约定，对用于工程的材料进行见证取样。

19. 【答案】C

【解析】对已进场但经检验不合格的工程材料、构配件、设备，应要求施工单位限期将其撤出施工现场。

20. 【答案】B

【解析】工程竣工预验收合格后，项目监理机构应编写工程质量评估报告，并应经总监理工程师和工程监理单位技术负责人审核签字后报建设单位。

21. 【答案】BCD

【解析】项目质量控制系统建立和运行的工作内容有：①建立组织机构；②制定工作制度；③明确工作程序；④确定工作方法和手段；⑤项目质量控制系统的改进。

22.【答案】BDE

【解析】监理工作的主要手段有：①签发监理指令；②旁站；③巡视；④平行检验和见证取样。

23.【答案】B

【解析】施工图设计交底有利于进一步贯彻设计意图和修改图纸中的错、漏、碰、缺；帮助施工单位和监理单位加深对施工图设计文件的理解，掌握关键工程部位的质量要求，确保工程质量。

第三节　卓越绩效模式

考点 1　卓越绩效模式的基本特征和核心价值观

1.【答案】A

【解析】卓越绩效模式的基本特征：①强调大质量观。由产品、服务质量扩展到工作过程、体系的质量，进而扩展到企业的经营质量。②强调以顾客为中心和重视组织文化。以顾客和市场为中心应该作为组织质量管理的首要原则。③强调系统思考和系统整合。④强调可持续发展和社会责任。⑤强调质量对组织绩效的增值和贡献。

2.【答案】B

【解析】卓越绩效模式强调以系统的观点来管理整个组织及其关键过程，过程方法（PDCA）是系统管理的基本方法。

3.【答案】C

【解析】卓越绩效模式的基本特征可以归纳为：强调大质量观、强调以顾客为中心和重视组织文化、强调系统思考和系统整合、强调可持续发展和社会责任、强调质量对组织绩效的增值和贡献。

4.【答案】CDE

【解析】卓越绩效模式强调质量对组织绩效的增值和贡献。《卓越绩效评价准则》中的质量，是组织的一种系统运营的全面质量。它关注质量和绩效、质量管理与质量经营的系统整合，促进组织效率最大化和顾客价值最大化。

考点 2　《卓越绩效评价准则》的结构模式与评价内容

5.【答案】ABE

【解析】“领导作用”“战略”与“以顾客和市场为中心”构成了“领导作用”三角，强调高层领导在组织所处的特定环境中，通过制定以顾客和市场为中心的战略，为组织谋划长远未来，关注的是组织如何做正确的事，是驱动力；“资源”“过程管理”与“结果”构成了“过程结果”三角，强调如何充分调动组织中人的积极性和能动性，通过组织中的人在各个业务流程中发挥作用和过程管理的规范，高效地实现组织所追求的经营结果，关注的是组织如何正确地做事，解决的是效率和效果业绩的问题，是从动的。“测量、分析与改进”是连接两个三角的“链条”，转动着 PDCA 循环。

考点 3 《卓越绩效评价准则》与 ISO 9000 的比较

6.【答案】B

【解析】ISO 9000 来自市场准入的驱动，组织需要满足合格评定要求。卓越绩效模式来自市场竞争的驱动，通过质量奖及自我评价促进竞争力水平提高。

7.【答案】C

【解析】《卓越绩效评价准则》与 ISO 9000 的相同点：①基本原理和原则相同；②基本理念和思维方式相同；③使用方法（工具）相同。故选项 A、B、D 错误。

8.【答案】ABC

【解析】《卓越绩效评价准则》与 ISO 9000 的不同点：①导向不同；②驱动力不同；③评价方式不同；④关注点不同；⑤目标不同；⑥责任人不同；⑦对组织的要求不同。

9.【答案】B

【解析】卓越绩效模式的导向是战略导向；ISO 9000 的导向是标准化导向。

10.【答案】D

【解析】《卓越绩效评价准则》模式是成熟度评价，采用目标驱动和绩效激励，对过程绩效与结果绩效进行诊断，通过对过程绩效的评价，可以了解企业处于成熟度的哪个阶段。故属于成熟度评价。

第三章　建设工程质量的统计分析和试验检测方法

第一节　工程质量统计分析

> **重难点：**
> 1. 质量数据的特征值（集中趋势、离散趋势）。
> 2. 质量数据的分布特征。
> 3. 抽样检验及检验批、抽样检验方法、分类及抽样方案。
> 4. 工程质量统计的七种分析方法。

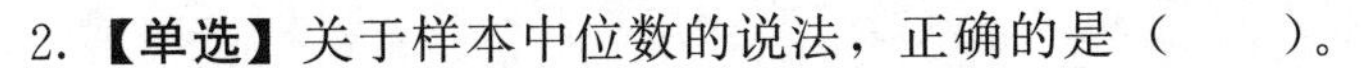

考点 1　工程质量统计及抽样检验的基本原理和方法

1. **【单选】** 在工程质量统计分析中，用来描述数据离散趋势的特征值是（　　）。

   A. 平均数与标准偏差　　B. 中位数与变异系数
   C. 标准偏差与变异系数　　D. 中位数与标准偏差

扫码听课

2. **【单选】** 关于样本中位数的说法，正确的是（　　）。

   A. 样本数为偶数时，中位数是按数值大小排序后居中两数的平均值
   B. 中位数反映了样本数据的分散状况
   C. 中位数反映了中间数据的分布
   D. 样本中位数是样本极差值的平均值

3. **【单选】** 根据数据统计规律，进行材料强度检测随机抽样的样本容量较大时，其工程质量特性数据均值服从的分布是（　　）。

   A. 二项分布　　B. 正态分布
   C. 泊松分布　　D. 非正态分布

4. **【多选】** 在实际生产中，质量数据波动的偶然性原因的特点有（　　）。

   A. 不可避免、难以测量和控制
   B. 大量存在但对质量的影响很小
   C. 原材料质量规格有显著差异
   D. 机械设备过度磨损

E. 经济上不值得消除

5. 【单选】下列造成质量数据波动的原因中，属于偶然性原因的是（　　）。

A. 现场温湿度的微小变化

B. 机械设备过度磨损

C. 材料质量规格有显著差异

D. 工人未遵守操作规程

6. 【单选】某家庭装修时买了 1 000 块地砖，每 20 块一组，现在要抽 50 块检查其质量。若随机抽取 5 组，在每组中抽取 10 块检查，则属于（　　）的方法。

A. 系统随机抽样　　B. 分层抽样

C. 简单随机抽样　　D. 多阶段抽样

7. 【单选】施工单位采购的某类钢材分多批次进场时，为了保证在抽样检测中样品分布均匀、更具代表性，最合适的随机抽样方法是（　　）。

A. 分层抽样　　B. 机械随机抽样

C. 完全随机抽样　　D. 多阶段抽样

8. 【单选】某产品质量检验采用计数型二次抽样检验方案，已知：$N=1\ 000$，$n_1=40$，$n_2=60$，$C_1=1$，$C_2=4$；经二次抽样检得：$d_1=2$，$d_2=3$，则正确的结论是（　　）。

A. 经第一次抽样检验即可判定该批产品质量合格

B. 经第一次抽样检验即可判定该批产品质量不合格

C. 经第二次抽样检验即可判定该批产品质量合格

D. 经第二次抽样检验即可判定该批产品质量不合格

9. 【多选】根据抽样检验分类方法，属于计量型抽样检验的质量特性的有（　　）。

A. 几何尺寸　　B. 焊点不合格数

C. 标高　　D. 焊条数

E. 强度

10. 【单选】在制定检验批的抽样方案时，为合理分配生产方和使用方的风险，主控项目对应于合格质量水平的 α 和 β 值均不宜超过（　　）。

A. 5%　　B. 6%

C. 8%　　D. 10%

11. 【单选】抽样检验中，将不合格产品判为合格而误收时所发生的风险称为（　　）。

A. 供方风险　　B. 用户风险

C. 生产方风险　　D. 系统风险

12. 【单选】计数型一次抽样检验方案为（N，n，C），其中 N 为送检批的大小，n 为抽样的样本数大小，C 为合格判定数，如果发现 n 中有 d 件不合格品，当（　　）时，该送检批合格。

A. $d=C+1$　　B. $d<C+1$

C. $d>C$　　D. $d\leqslant C$

13. 【多选】在检验批量为 N 的一批产品中，随机抽取 n_1 件产品进行检验。发现 n_1 中的不

合格数为 d_1，则（　　）。

A. $d_1 \leqslant C_1$，判定该批产品合格

B. $d_1 \leqslant C_1$，判定该批产品不合格

C. $d_1 > C_2$，判定该批产品不合格

D. $d_1 > C_2$，判定该批产品合格

E. $C_1 < d_1 \leqslant C_2$，应在同批产品中继续随机抽取 n_2 件产品进行检验

14. **【单选】**关于抽样检验的说法，正确的是（　　）。

A. 计量型抽样检验是对单位产品的质量采取计数抽样的方法

B. 一次抽样检验涉及 3 个参数，二次抽样检验涉及 5 个参数

C. 一次抽样检验和二次抽样检验均为计量型抽样检验

D. 一次抽样检验和二次抽样检验均涉及 3 个参数，即批量、样本数和合格判定数

15. **【单选】**工程质量统计分析中，用来描述样本数据集中趋势的特征值的是（　　）。

A. 算术平均数和标准偏差

B. 中位数和变异系数

C. 算术平均数和中位数

D. 中位数和标准偏差

16. **【单选】**工程质量特征值的正常波动是由（　　）引起的。

A. 单一性原因　　B. 必然性原因

C. 系统性原因　　D. 偶然性原因

17. **【单选】**将样本总体中的抽样单元按某种次序排列，在规定的范围内随机抽取一组初始单元，然后按一套规则确定其他样本单元的抽样方法称为（　　）。

A. 简单随机抽样

B. 系统随机抽样

C. 分层随机抽样

D. 多阶段抽样

18. **【单选】**正常情况下，混凝土强度检测数据服从（　　）分布。

A. 三角形　　B. 梯形

C. 正态　　D. 随机

19. **【多选】**根据《建筑工程施工质量验收统一标准》，关于二次抽样检验的说法，正确的有（　　）。

A. α 和 β 分别代表使用方风险和生产方风险

B. α 和 β 分别代表错判概率和漏判概率

C. 主控项目对应于合格质量水平的 α 和 β 不宜超过 5%

D. 一般项目对应于合格质量水平的 α 不宜超过 5%

E. 主控项目对应于合格质量水平的 α 和 β 不宜超过 10%

考点 2 工程质量统计分析方法

20. 【单选】工程质量统计分析方法中，（　　）是对质量数据进行收集、整理和粗略分析质量状态的方法。

A. 因果图分析法　　B. 排列图法
C. 直方图法　　D. 调查表法

21. 【单选】工程质量统计分析方法中，根据不同的目的和要求将调查收集的原始数据，按某一性质进行分组、整理，分析产品存在的质量问题和影响因素的方法是（　　）。

A. 调查表法　　B. 分层法
C. 排列图法　　D. 控制图法

22. 【单选】工程质量统计分析方法中，可以更深入地发现和认识质量问题的原因的是（　　）。

A. 因果图分析法　　B. 排列图法
C. 直方图法　　D. 分层法

23. 【单选】工程质量统计分析方法中，寻找影响质量主次因素的有效方法是（　　）。

A. 调查表法　　B. 控制图法
C. 排列图法　　D. 相关图法

24. 【单选】采用排列图法划分质量影响因素时，累计频率达到 75% 对应的影响因素是（　　）。

A. 主要因素　　B. 次要因素
C. 一般因素　　D. 基本因素

25. 【多选】在质量管理中，应用排列图法可以分析（　　）。

A. 造成质量问题的薄弱环节
B. 各生产班组的技术水平差异
C. 产品质量的受控状态
D. 提高质量措施的有效性
E. 生产过程的质量能力

26. 【单选】在下列质量控制的统计分析方法中，需要听取各方意见，集思广益，相互启发的方法是（　　）。

A. 排列图法　　B. 因果分析图法
C. 直方图法　　D. 控制图法

27. 【多选】采用直方图法进行工程质量统计分析时，可以实现的目的有（　　）。

A. 掌握质量特性的分布规律
B. 寻找影响质量的主次因素
C. 调查收集质量特性原始数据
D. 估算施工生产过程总体不合格品率
E. 评价实际生产过程能力

28. 【单选】由于分组组数不当或者组距确定不当，将形成（　　）直方图。

A. 折齿型　　B. 缓坡型

C. 孤岛型　　D. 双峰型

29. 【多选】在工程质量控制中，直方图可用于（　　）。

A. 分析产生质量问题的原因

B. 分析判断质量状况

C. 估算生产过程总体的不合格品率

D. 分析生产过程是否稳定

E. 评价实际生产过程能力

30. 【单选】在质量管理中，将正常型直方图与质量标准进行比较时，可以判断生产过程的（　　）。

A. 质量问题成因　　B. 质量薄弱环节

C. 计划质量能力　　D. 实际质量能力

31. 【多选】当质量控制图同时满足（　　）时，可认为生产过程处于稳定状态。

A. 点子多次同侧

B. 点子分布出现链

C. 控制界限内的点子排列没有缺陷

D. 点子几乎全部落在控制界限之内

E. 点子有趋势或倾向

32. 【多选】工程质量控制中，采用控制图法的目的有（　　）。

A. 找出薄弱环节　　B. 进行过程控制

C. 评价过程能力　　D. 进行过程分析

E. 掌握质量分布规律

33. 【单选】工程质量统计分析相关图中，散布点形成由左至右向下分布的较分散的直线带，表明反映产品质量特征的变量之间存在（　　）关系。

A. 不相关　　B. 正相关

C. 弱正相关　　D. 弱负相关

34. 【多选】排列图是质量管理的重要工具之一，它可用于（　　）。

A. 分析造成质量问题的薄弱环节

B. 找出生产不合格品最多的关键过程

C. 分析比较各单位技术水平和质量管理水平

D. 分析费用、安全问题

E. 分析质量特性的分布规律

35. 【单选】在采用排列图法分析工程质量问题时，按累计频率划分质量影响因素，次要因素对应的累计频率区间为（　　）。

A. 70%～80%　　B. 80%～90%

C. 80%～100%　　D. 90%～100%

36. **【多选】**采用排列图法分析工程质量影响因素时，可将影响因素分为（　　）。
A. 偶然因素
B. 主要因素
C. 系统因素
D. 次要因素
E. 一般因素

37. **【单选】**将两种不同方法或两台设备或两组工人进行生产的质量特性统计数据混在一起整理，将形成（　　）直方图。
A. 折齿型
B. 缓坡型
C. 孤岛型
D. 双峰型

38. **【单选】**工程质量统计分析方法中，直方图法的主要用途是（　　）。
A. 描述质量缺陷的数据状况
B. 确定质量问题的主要原因
C. 掌握质量特性的分布规律
D. 分门别类地分析质量问题

39. **【单选】**采用直方图法分析工程质量时，出现孤岛型直方图的原因是（　　）。
A. 组数或组距确定不当
B. 不同设备生产的数据混合
C. 原材料发生变化
D. 人为地去掉上限或下限数据

40. **【单选】**下列统计分析方法中，可用来了解产品质量波动情况，掌握产品质量特性分布规律的是（　　）。
A. 因果分析图法
B. 直方图法
C. 相关图法
D. 排列图法

41. **【单选】**进行工程质量统计分析时，因分组组数不当绘制的直方图可能会形成（　　）直方图。
A. 折齿型
B. 孤岛型
C. 双峰型
D. 绝壁型

42. **【单选】**用样本数据来分析判断生产过程是否处于稳定状态的有效工具是（　　）。
A. 因果分析图
B. 控制图
C. 直方图
D. 相关图

43. **【单选】**通过质量控制的动态分析能随时了解生产过程中的质量变化情况，预防出现废品。下列方法中，属于动态分析方法的是（　　）。
A. 排列图法
B. 直方图法
C. 控制图法
D. 解析图法

44. **【多选】**工程质量统计分析中，应用控制图分析判断生产过程是否处于稳定状态时，可判断生产过程为异常的情形有（　　）。
A. 点子几乎全部落在控制界线内
B. 中心线一侧出现 7 点链
C. 中心线两侧有 5 点连续上升
D. 点子排列显示周期性变化
E. 连续 11 点中有 10 点在同侧

45.【单选】工程质量统计分析方法中，用来显示两种质量数据之间关系的是（　　）。

A. 因果分析图法　　B. 相关图法

C. 直方图法　　D. 控制图法

46.【多选】采用控制图进行工程质量分析时，表明工程质量属于正常情形的有（　　）。

A. 质量点在控制界限内的排列呈周期性变化

B. 连续 25 点以上处于控制界限内

C. 连续 7 点以上呈上升排列

D. 连续 35 点中有 1 点超出控制界限

E. 连续 100 点中有不多于 2 点超出控制界限

47.【单选】工程质量统计分析方法中，将收集到的产品质量数据进行分组整理，通过绘制频数分布图形，用以分析判断产品质量波动情况和实际生产过程能力的方法称为（　　）。

A. 排列图法　　B. 因果分析图法

C. 相关图法　　D. 直方图法

48.【单选】采用直方图法分析工程质量状况时，两种不同工艺方法产生的数据混在一起，可能绘制出（　　）直方图。

A. 孤岛型　　B. 双峰型

C. 折齿型　　D. 绝壁型

第二节　工程质量主要试验检测方法

➢ **重难点：**

1. 基本材料性能检验（混凝土结构材料、焊接材料、砌体结构材料、桩基承载力试验）。
2. 实体检测（混凝土强度检测、连接检测、砌体结构强度检测、变形检测）。

考点 1　基本材料性能检验

1.【多选】钢材进场时，应按相关标准进行检验，检验的主要内容包括（　　）。

A. 产品出厂合格证　　B. 运输通行证

C. 出厂检验报告　　D. 货物检疫报告

E. 进场复验报告

2.【多选】下列钢筋力学性能指标中，属于拉力试验检验指标的有（　　）。

A. 屈服强度　　B. 伸长率

C. 抗拉强度　　D. 可焊性能

E. 弯曲性能

3. 【单选】对于同一厂家、同一类型且未超过 30t 的一批成型钢筋，检验其外观质量与尺寸偏差时所采取的抽样方法和抽取数量是（　　）。

A. 随机抽取 3 个成型钢筋试件　　B. 随机抽取 2 个成型钢筋试件

C. 随机抽取 1 个成型钢筋试件　　D. 全数检查所有成型钢筋

4. 【单选】根据有关标准，对于有抗震设防要求的主体结构，纵向受力钢筋的屈服强度实测值与屈服强度标准值的比值不应大于（　　）。

A. 1.30　　B. 1.35

C. 1.40　　D. 1.45

5. 【单选】关于钢绞线进场复验的说法，正确的是（　　）。

A. 同一规格的钢绞线每批不得大于 6t

B. 检验试验必须进行现场抽样

C. 力学性能的抽样检验需进行反复弯曲试验

D. 抽样检验时，应从每批钢绞线中任选 3 盘取样送检

6. 【单选】关于钢丝进场复验的说法，正确的是（　　）。

A. 同一规格的钢丝每批不得大于 6t

B. 检验试验必须进行现场抽样

C. 抽样检验时，应从每批钢丝中任选 3 盘取样送检

D. 抽样检验时，应从经外观检查合格的每批钢丝中任选总盘数的 5%（不少于 6 盘）取样送检

7. 【单选】用来表征混凝土拌合物流动性的指标是（　　）。

A. 徐变量　　B. 凝结时间

C. 维勃稠度　　D. 弹性模量

8. 【单选】一组混凝土立方体抗压强度试件测量值分别为 42.3MPa、47.6MPa、54.9MPa 时，该组试件的试验结果是（　　）。

A. 47.6MPa　　B. 48.3MPa

C. 51.3MPa　　D. 无效

9. 【单选】当普通螺栓作为永久性连接螺栓，且设计文件有要求或对其质量有疑义时，应进行螺栓实物最小拉力载荷复验，复验时每一规格螺栓应抽查（　　）个。

A. 2　　B. 5

C. 8　　D. 12

10. 【单选】进行桩基工程单桩静承载力试验时，在同一条件下试桩数不宜少于总桩数的（　　），并不应少于 3 根。

A. 1%　　B. 2%

C. 3%　　D. 5%

11. 【多选】对于有抗震设防要求的钢筋混凝土结构，其纵向受力钢筋的延性应符合（　　）的规定。

A. 钢筋的抗拉强度实测值与屈服强度实测值的比值不应小于 1.25

B. 钢筋的抗拉强度实测值与屈服强度实测值的比值不应大于 1.30

C. 钢筋的屈服强度实测值与屈服强度标准值的比值不应大于 1.30

D. 钢筋的最大力下总伸长率不应小于 9%

E. 钢筋断后伸长率不应大于 5%

12. 【单选】根据有关标准，对于有抗震设防要求的主体结构，其纵向受力钢筋在最大力下的总伸长率不应小于（　　）。

A. 3%　　B. 5%

C. 7%　　D. 9%

13. 【单选】根据《混凝土结构工程施工质量验收规范》，钢筋运到施工现场后，应进行的主要力学性能试验是（　　）。

A. 抗拉强度和抗剪强度试验

B. 冷弯试验和耐高温试验

C. 屈服强度和疲劳强度试验

D. 拉力试验和弯曲性能试验

14. 【单选】在地质条件相近、桩型和施工条件相同的情形下，采用单桩高应变动测法检测桩基础时，检测数量不宜少于总桩数的（　　），且不应少于 5 根。

A. 1%　　B. 2%

C. 3%　　D. 5%

15. 【单选】根据《建筑砂浆基本性能试验方法标准》，同一验收批砌筑砂浆试块强度平均值应不小于设计强度等级值的（　　）倍。

A. 1.05　　B. 1.10

C. 1.15　　D. 1.20

16. 【多选】抗震用钢筋应进行延性检验，检验合格应满足的要求有（　　）。

A. 抗拉强度实测值与抗拉强度标准值的比值不小于 1.15

B. 抗拉强度实测值与屈服强度实测值的比值不小于 1.25

C. 抗拉强度实测值与屈服强度标准值的比值不大于 1.30

D. 最大力下总压缩率不大于 9%

E. 最大力下总伸长率不小于 9%

17. 【多选】项目监理机构对进场用于工程的钢材，应查验的质量证明文件有（　　）。

A. 使用说明　　B. 产品出厂合格证

C. 出厂检验报告　　D. 进场复验报告

E. 生产许可证

18. 【单选】用非标准试件 200mm×200mm×200mm 检测强度等级<C60 的混凝土构件时，测得的强度值尺寸换算系数为（　　）。

A. 1.05　　B. 1.10

C. 0.95　　D. 0.90

19. 【单选】经试验测得一组 3 块 200mm×200mm×200mm 混凝土试件的立方体抗压强度

分别为 42.5MPa、45.8MPa 和 52.8MPa，则该组混凝土试件抗压强度是（　　）。

A. 45.8MPa　　B. 47.0MPa

C. 48.1MPa　　D. 49.4MPa

考点 2 实体检测

20. **【单选】**（　　）适用于检测一般建筑构件、桥梁及各种混凝土构件（板、梁、柱、桥架）的强度。

A. 回弹法　　B. 超声回弹综合法

C. 钻芯法　　D. 超声波对测法

21. **【多选】**进行砌体结构实体质量检测时，需要进行的强度检测有（　　）。

A. 砌筑块材强度　　B. 砌筑砂浆强度

C. 砌体结构　　D. 砌块材料强度

E. 砌体强度

22. **【多选】**砌体结构的变形可分为倾斜和基础不均匀沉降。砌筑构件或砌体结构的倾斜可采用（　　）检测。

A. 吊坠　　B. 全站仪

C. 水准仪　　D. 经纬仪

E. 激光定位仪

23. **【多选】**钢结构工程的焊缝质量无损检测，应满足的要求有（　　）。

A. 一级焊缝应进行 100%检验

B. 特殊焊缝应进行不小于 85%比例的抽验

C. 四级焊缝应进行不小于 60%比例的抽验

D. 二级焊缝应进行不小于 20%比例的抽验

E. 一般情况下，三级焊缝可不进行抽验

24. **【多选】**下列检测方法中，属于实体混凝土构件抗压强度检测方法的有（　　）。

A. 贯入法　　B. 回弹法

C. 钻芯法　　D. 后装拔出法

E. 静载试验法

25. **【多选】**下列检测方法中，属于砌体结构抗压强度现场检测方法的有（　　）。

A. 回弹法　　B. 轴压法

C. 扁顶法　　D. 吊坠法

E. 剪切法

参考答案及解析

第三章　建设工程质量的统计分析和试验检测方法

第一节　工程质量统计分析

考点 1　工程质量统计及抽样检验的基本原理和方法

1. **【答案】** C

【解析】 描述数据集中趋势的特征值：①算术平均数（均值）；②样本中位数。描述数据离散趋势的特征值：①极差；②标准偏差（标准差或均方差）；③变异系数（离散系数）。

2. **【答案】** A

【解析】 样本中位数是将样本数据按数值大小有序排列，位置居中的数值。当样本数 n 为奇数，数列居中的一位数为中位数；当样本数 n 为偶数，取居中两个数的平均值作为中位数。

3. **【答案】** B

【解析】 一般计量值数据服从正态分布，计件值数据服从二项分布，计点值数据服从泊松分布等。实践中只要是受许多起微小作用的因素影响的质量数据，都可认为是近似服从正态分布的。如果是随机抽取的样本，无论它来自的总体是何种分布，在样本容量较大时，其样本均值也将服从或近似服从正态分布。

4. **【答案】** ABE

【解析】 质量数据波动的原因包括偶然性原因和系统性原因。其中偶然性原因的特点有：影响因素的微小变化具有随机发生的特点，是不可避免、难以测量和控制的，或者是在经济上不值得消除，它们大量存在但对质量影响很小，属于允许偏差、允许位移范畴。

5. **【答案】** A

【解析】 质量数据波动的系统性原因表现为：影响质量的人、机、料、法、环等因素发生了较大变化，如工人未遵守操作规程、机械设备发生故障或过度磨损、原材料质量规格有显著差异等情况发生时，没有及时排除。

6. **【答案】** D

【解析】 抽样检验方法见下表。

检验方法	内容	
简单随机抽样；系统随机抽样；分层随机抽样	整个过程中只有一次随机抽样，统称为单阶段抽样	
多阶段抽样	当总体很大时，很难一次抽样完成预定目标，于是将各种单阶段抽样方法结合使用，通过多次随机抽样来实现检验	检验钢材、水泥等的质量

7. **【答案】** D

【解析】 随机抽样可分为简单随机抽样、系统随机抽样、分层随机抽样和多阶段抽样等，前三者的整个过程中只有一次随机抽样，多阶段抽样是将各种单阶段抽样方法结合使用，通过多次随机抽样来实现的抽样方法。如检验钢材、水泥等质量时，可以对总体按不同批次分为 R 群，从中随机抽取 r 群，而后在 r 群中的 M 个个体中随机抽取出 m 个个体。

8. **【答案】** D

【解析】 二次抽样检验包括五个参数，即 N、n_1、n_2、C_1、C_2。在检验批量为 N 的一批产品中，随机抽取 n_1 件产品进行检验。发现 n_1 中的不合格数为 d_1，若 $d_1 \leqslant C_1$，则判定该批产品合格；若 $d_1 > C_1$，则判定该批产品不合格；若 $C_1 < d_1 < C_2$，不能判定其是否合格，则在同批产品中继续随机抽取 n_2 件产品进行检验。若发现 n_2 中有 d_2 件不合格产品，则：$d_1 + d_2 \leqslant C_2$，判定该批产品合格；$d_1 + d_2 > C_2$，判定该批产品不合格。

9. **【答案】** ACE

【解析】 有些产品的质量特性，属于连续型变量，其特点是在任意两个数值之间都可以取精度较高一级的数值。它通常由测量得到，如质量、强度、几何尺寸、标高、位移等。此外，一些属于定性的质量特性，可由专家主观评分、划分等级而使之数量化，得到的数据也属于计量值数据。

10. **【答案】** A

【解析】《建筑工程施工质量验收统一标准》（GB 50300—2013）规定，在制定检验批的抽样方案时，对生产方风险和使用方风险可按下列规定采取：①主控项目，对应于合格质量水平的 α 和 β 均不宜超过 5%；②一般项目，对应于合格质量水平的 α 不宜超过 5%，β 不宜超过 10%。

11. **【答案】** B

【解析】 抽样检验是建立在数理统计基础上的，从数理统计的观点看，抽样检验必然存在着两类风险。第一类风险：弃真错误。即：合格批被判定为不合格批，此类错误对生产方或供货方不利，故称为生产方风险或供货方风险。第二类风险：存伪错误。即：不合格批被判定为合格批。此类错误对用户不利，故称为用户风险。

12. **【答案】** D

【解析】 一次抽样检验是最简单的计数检验方案，通常用（N，n，C）表示。即从批量为 N 的交验产品中随机抽取 n 件进行检验，并且预先规定一个合格判定数 C。如果发现 n 中有 d 件不合格品，当 $d \leqslant C$ 时，则判定该批产品合格；当 $d > C$ 时，则判定该批产品不合格。

13. **【答案】** ACE

【解析】 二次抽样的操作程序：在检验批量为 N 的一批产品中，随机抽取 n_1 件产品进行检验。发现 n_1 中的不合格数为 d_1，则：①若 $d_1 \leqslant C_1$，则判定该批产品合格。②若 $d_1 > C_2$，则判定该批产品不合格。③若 $C_1 < d_1 \leqslant C_2$，不能判断是否合格，则在同批产品中继续随机抽取 n_2 件产品进行检验。

14. **【答案】** B

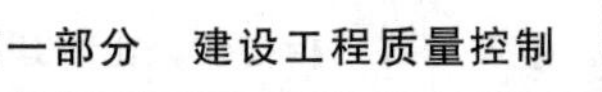

【解析】选项 A 错误，计数型抽样检验是对单位产品的质量采取计数抽样的方法。选项 C 错误，一次抽样检验和二次抽样检验均为计数型抽样检验。选项 D 错误，一次抽样检验涉及 3 个参数（批量、样本数和合格判定数），二次抽样检验涉及 5 个参数（批量、第一次抽取的样本数、第二次抽取的样本数、第一次抽取样本时的不合格判定数和第二次抽取样本时的不合格判定数）。

15. 【答案】C

【解析】描述数据分布集中趋势的有算术平均数和中位数；描述数据分布离中趋势的有极差、标准偏差和变异系数。

16. 【答案】D

【解析】偶然性原因大量存在但对质量的影响很小，属于允许偏差、允许位移范畴，引起的是正常波动，一般不会因此造成废品。

17. 【答案】B

【解析】系统随机抽样：将样本总体中的抽样单元按某种次序排列，在规定的范围内随机抽取一个或一组初始单元，然后按一套规则确定其他样本单元的抽样方法。如第一个样本随机抽取，然后每隔一定时间或空间抽取一个样本。

18. 【答案】C

【解析】一般计量值数据服从正态分布，计件值数据服从二项分布，计点值数据服从泊松分布等。实践中只要是受许多起微小作用的因素影响的质量数据，都可认为是近似服从正态分布的，如构件的几何尺寸、混凝土强度等。如果是随机抽取的样本，无论它来自的总体是何种分布，在样本容量较大时，其样本均值也将服从或近似服从正态分布。

19. 【答案】BCD

【解析】选项 A 错误，α 和 β 分别代表生产方风险（或错判概率）和使用方风险（或漏判概率）。选项 E 错误，主控项目中对应于合格质量水平的 α 和 β 均不宜超过 5%。

考点 2　工程质量统计分析方法

20. 【答案】D

【解析】统计调查表法又称统计调查分析法，它是利用专门设计的统计表对质量数据进行收集、整理和粗略分析质量状态的一种方法。

21. 【答案】B

【解析】分层法又叫分类法，是将调查收集的原始数据，根据不同的目的和要求，按某一性质进行分组、整理的分析方法。这种方法可以更深入地发现和认识质量问题的原因。

22. 【答案】D

【解析】分层法又叫分类法，是将调查收集的原始数据，根据不同的目的和要求，按某一性质进行分组、整理的分析方法。这种方法可以更深入地发现和认识质量问题的原因。

23. 【答案】C

【解析】排列图法是利用排列图寻找影响质量主次因素的一种有效方法。排列图又叫帕累托图或主次因素分析图。

24.【答案】A

【解析】在排列图中，影响因素可分为A、B、C三类，见下表。

影响因素	A类	主要因素	累计频率为0%～80%
	B类	次要因素	累计频率为80%～90%
	C类	一般因素	累计频率为90%～100%

25.【答案】ABD

【解析】排列图可以形象、直观地反映主次因素。其主要应用有：①按不合格点的内容分类，可以分析出造成质量问题的薄弱环节；②按生产作业分类，可以找出生产不合格品最多的关键过程；③按生产班组或单位分类，可以分析比较各单位技术水平和质量管理水平；④将采取提高质量措施前后的排列图进行对比，可以分析措施是否有效；⑤可以用于成本费用分析、安全问题分析等。

26.【答案】B

【解析】绘制和使用因果分析图时应注意的问题：①集思广益；②制订对策。具体实施时，一般应编制一个对策计划表。

27.【答案】ADE

【解析】通过直方图的观察与分析，可了解产品质量的波动情况，掌握质量特性的分布规律，以便对质量状况进行分析判断。同时可通过质量数据特征值的计算，估算施工生产过程总体的不合格品率，评价实际生产过程能力等。

28.【答案】A

【解析】凡属非正常型直方图，其图形分布有各种不同缺陷，归纳起来有五种类型，具体见下表。

类型	形成原因
折齿型直方图	分组组数不当或者组距确定不当
缓坡型直方图	操作中对上限（或下限）控制太严
孤岛型直方图	原材料发生变化，或者临时他人顶班作业
双峰型直方图	用两种不同方法或两台设备或两组工人进行生产，然后把两方面数据混在一起整理
绝壁型直方图	数据收集不正常，可能有意识地去掉下限以下的数据，或是在检测过程中存在某种人为因素

29.【答案】BCE

【解析】通过直方图的观察与分析，可了解产品质量的波动情况，掌握质量特性的分布规律，以便对质量状况进行分析判断。同时可通过质量数据特征值的计算，估算施工生产过程总体的不合格品率，评价实际生产过程能力等。

30.【答案】D

【解析】直方图的观察与分析：①观察直方图的形状、判断质量分布状态；②将直方图

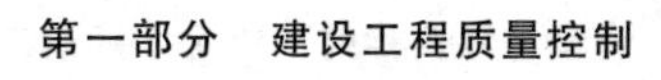

与质量标准进行比较，判断实际生产过程能力。

31. 【答案】CD

【解析】当控制图同时满足以下两个条件时，可认为生产过程基本上处于稳定状态：①点子几乎全部落在控制界限之内，即连续25点以上处于控制界限内，连续35点中仅有1点超出控制界限，连续100点中不多于2点超出控制界限；②控制界限内的点子排列没有缺陷。

32. 【答案】BD

【解析】控制图的用途：①过程分析，即分析生产过程是否稳定；②过程控制，即控制生产过程质量状态。

33. 【答案】D

【解析】在相关图中，当两个变量呈弱负相关关系时，散布点形成由左至右向下分布的较分散的直线带，说明两个变量的相关关系较弱，且变化趋势相反。

34. 【答案】ABCD

【解析】排列图可以形象、直观地反映主次因素。其主要应用有：①按不合格点的内容分类，可以分析出造成质量问题的薄弱环节；②按生产作业分类，可以找出生产不合格品最多的关键过程；③按生产班组或单位分类，可以分析比较各单位技术水平和质量管理水平；④将采取提高质量措施前后的排列图进行对比，可以分析措施是否有效；⑤可以用于成本费用分析、安全问题分析等。

35. 【答案】B

【解析】主要因素的累计频率区间为0%～80%；次要因素的累计频率区间为80%～90%；一般因素的累计频率区间为90%～100%。

36. 【答案】BDE

【解析】排列图在实际应用中，通常按累计频率划分为0%～80%、80%～90%、90%～100%三部分，与其对应的影响因素分别为A、B、C三类。A类为主要因素，B类为次要因素，C类为一般因素。

37. 【答案】D

【解析】双峰型直方图是由于用两种不同方法或两台设备或两组工人进行生产，然后把两方面数据混在一起整理产生的。

38. 【答案】C

【解析】直方图法即频数分布直方图法，它是将收集到的质量数据进行分组整理，绘制成频数分布直方图，用以描述质量分布状态的一种分析方法，所以又称质量分布图法。通过直方图的观察与分析，可了解产品质量的波动情况，掌握质量特性的分布。

39. 【答案】C

【解析】出现孤岛型直方图的原因是原材料发生变化，或者临时他人顶班作业。

40. 【答案】B

【解析】通过直方图的观察与分析，可了解产品质量的波动情况，掌握质量特性的分布规律，以便对质量状况进行分析判断。

41. 【答案】A

【解析】折齿型直方图是由于分组组数不当或者组距确定不当出现的；孤岛型直方图是原材料发生变化，或者临时他人顶班作业造成的；双峰型直方图是由于用两种不同方法或两台设备或两组工人进行生产，然后把两方面数据混在一起整理产生的；绝壁型直方图是由于数据收集不正常，可能有意识地去掉下限以下的数据，或是在检测过程中存在某种人为因素影响所造成的。

42. 【答案】B

【解析】控制图是用样本数据来分析判断生产过程是否处于稳定状态的有效工具。它的用途主要有两个：①过程分析，即分析生产过程是否稳定；②过程控制，即控制生产过程质量状态。

43. 【答案】C

【解析】只有采用动态分析法，才能随时了解生产过程中质量的变化情况，及时采取措施，使生产处于稳定状态，起到预防出现废品的作用。控制图法就是典型的动态分析法。

44. 【答案】BDE

【解析】选项A不符合题意，点子几乎全部落在控制界限之内属于非异常情形。选项C不符合题意，连续7点或7点以上呈上升或下降排列，应判定生产过程中有异常因素影响。

45. 【答案】B

【解析】相关图又称散布图，在质量控制中它是用来显示两种质量数据之间关系的一种图形。质量数据之间的关系多属相关关系。一般有三种类型：一是质量特性和影响因素之间的关系；二是质量特性和质量特性之间的关系；三是影响因素和影响因素之间的关系。我们可以用 Y 和 X 分别表示质量特性值和影响因素，通过绘制散布图，计算相关系数等，分析研究两个变量之间是否存在相关关系，以及这种关系密切程度如何，进而在相关程度密切的两个变量中，通过对其中一个变量的观察控制，去估计控制另一个变量的数值，以达到保证产品质量的目的。这种统计分析方法，称为相关图法。

46. 【答案】BDE

【解析】生产过程基本上处于稳定状态的条件：①点子几乎全部落在控制界限之内：连续25点以上处于控制界限内；连续35点中仅有1点超出控制界限；连续100点中不多于2点超出控制界限。②控制界限内的点子排列没有缺陷。选项A不符合题意，质量点在控制界限内的排列呈周期性变化属于排列异常。选项C不符合题意，连续7点以上呈上升排列属于排列异常。

47. 【答案】D

【解析】直方图法即频数分布直方图法，它是将收集到的质量数据进行分组整理，绘制成频数分布直方图，用以描述质量分布状态的一种分析方法，所以又称质量分布图法。通过直方图的观察与分析，可了解产品质量的波动情况，掌握质量特性的分布规律，以便对质量状况进行分析判断。同时可通过质量数据特征值的计算，估算施工生产过程总体的不合格品率，评价实际生产过程能力等。

48. **【答案】** B

【解析】 折齿型直方图：分组组数不当或者组距确定不当。缓坡型直方图：操作中对上限（或下限）控制太严。孤岛型直方图：原材料发生变化，或者临时他人顶班作业。双峰型直方图：用两种不同方法或两台设备或两组工人进行生产，然后把两方面数据混在一起整理。绝壁型直方图：数据收集不正常，可能有意识地去掉下限以下的数据，或是在检测过程中存在某种人为因素。

第二节　工程质量主要试验检测方法

考点 1　基本材料性能检验

1. **【答案】** ACE

【解析】 钢材进场时，应做力学性能和质量偏差检验。检验内容包括产品出厂合格证、出厂检验报告和进场复验报告。

2. **【答案】** ABC

【解析】 钢材进场时，应做力学性能和质量偏差检验。主要力学试验包括拉力试验（屈服强度、抗拉强度、伸长率）和弯曲性能试验（冷弯试验、反复弯曲试验），必要时，还需进行化学分析。

3. **【答案】** A

【解析】 钢筋进场检验时，成型钢筋的外观质量和尺寸偏差应符合现行国家标准。对于同一厂家、同一类型的成型钢筋，不超过 30t 为一批，每批随机抽取 3 个成型钢筋。

4. **【答案】** A

【解析】 钢筋进场检验时，对于抗震钢筋，要求其抗拉强度实测值与屈服强度实测值的比值不应小于 1.25；屈服强度实测值与屈服强度标准值的比值不应大于 1.30；最大力下总伸长率不应小于 9%。

5. **【答案】** D

【解析】 钢绞线进场复验的方法：①每批钢绞线应由同一牌号、同一规格、同一生产工艺的钢绞线组成，并不得大于 60t。②钢绞线应逐盘进行表面质量、直径偏差和捻距的外观检查。③力学性能的抽样检验。应从每批钢绞线中任选 3 盘取样送检。在选定的各盘端部正常部位截取一根试样，进行拉力（整根钢绞线的最大负荷、屈服负荷、伸长率）试验。

6. **【答案】** D

【解析】 钢丝复验的方法：①每批钢丝应由同一钢号、同一规格、同一生产工艺的钢丝组成，并不得大于 3t。②钢丝的外观应逐盘检查。③力学性能的抽样检验。应从经外观检查合格的每批钢丝中任选总盘数的 5%（不少于 6 盘）取样送检。

7. **【答案】** C

【解析】 混凝土拌合物稠度是表征混凝土拌合物流动性的指标，可用坍落度、维勃稠度或扩展度表示。

8.【答案】A

【解析】立方体抗压强度值的确定：三个试件测量值的算术平均值作为该组试件的强度值（精确至0.1MPa）；三个测量值中的最大值和最小值中如有一个与中间值的差值超过中间值的15%时，则把最大值和最小值一并去除，取中间值作为该组试件的抗压强度值；如最大值和最小值与中间值的差均超过中间值的15%，则该组试件的试验结果无效。47.6×15%=7.14，47.6−42.3=5.3，54.9−47.6=7.3，7.3>7.14。

9.【答案】C

【解析】当普通螺栓作为永久性连接螺栓，且设计文件有要求或对其质量有疑义时，应进行螺栓实物最小拉力载荷复验。复验时，每一规格螺栓抽查8个，并检查螺栓实物复验报告。

10.【答案】A

【解析】进行桩基工程单桩静承载力试验时，在同一条件下，试桩数不宜少于总桩数的1%，并不应少于3根；工程总桩数50根以下的，不少于2根。

11.【答案】ACD

【解析】钢筋的抗拉强度实测值与屈服强度实测值的比值不应小于1.25；屈服强度实测值与屈服强度标准值的比值不应大于1.30；最大力下总伸长率不应小于9%。

12.【答案】D

【解析】钢筋的强度和最大力下总伸长率的实测值应符合下列规定：①钢筋的抗拉强度实测值与屈服强度实测值的比值不应小于1.25；②钢筋的屈服强度实测值与屈服强度标准值的比值不应大于1.30；③钢筋的最大力下总伸长率不应小于9%。

13.【答案】D

【解析】钢筋主要力学试验包括拉力试验（屈服强度、抗拉强度、伸长率）和弯曲性能试验（冷弯试验、反复弯曲试验），必要时，还需进行化学分析。

14.【答案】D

【解析】单桩动测试验的高应变动测法的检测数量：在地质条件相近、桩型和施工条件相同时，不宜少于总桩数的5%，且不应少于5根。

15.【答案】B

【解析】砌筑砂浆试块强度试验采用立方体抗压强度试验方法，且砌筑砂浆试块强度验收的合格标准应符合下列规定：①同一验收批砂浆试块强度平均值应大于或等于设计强度等级值的1.10倍；②同一验收批砂浆试块抗压强度的最小一组平均值应大于或等于设计强度等级值的85%。

16.【答案】BE

【解析】钢筋的抗拉强度实测值与屈服强度实测值的比值不应小于1.25；屈服强度实测值与屈服强度标准值的比值不应大于1.30；最大力下总伸长率不应小于9%。

17.【答案】BCD

【解析】钢材进场时，应做力学性能和质量偏差检验。检验内容包括产品出厂合格证、

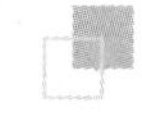

出厂检验报告和进场复验报告。主要力学试验包括拉力试验（屈服强度、抗拉强度、伸长率）和弯曲性能试验（冷弯试验、反复弯曲试验），必要时，还需进行化学分析。

18. **【答案】** A

【解析】 当混凝土强度等级<C60时，用非标准试件测得的强度值均应乘尺寸换算系数，其值对200mm×200mm×200mm的试件为1.05，对100mm×100mm×100mm的试件为0.95。当混凝土强度等级≥C60时，宜采用标准试件；如使用非标准试件，尺寸换算系数应经试验确定。

19. **【答案】** C

【解析】 三个试件测量值的算术平均值作为该组试件的强度值（精确至0.1MPa）；三个测量值中的最大值与最小值中如有一个与中间值的差值超过中间值的15%时，则把最大及最小值一并去除，取中间值作为该组试件的抗压强度值；如最大值和最小值的差均超过中间值的15%，则该组试件的试验结果无效。52.8>45.8×1.15=52.67，故取中间值作为该组试件的抗压强度值。混凝土强度等级<C60时，用非标准试件测得的强度值均应乘以尺寸换算系数，其值对200mm×200mm×200mm的试件为1.05，对100mm×100mm×100mm的试件为0.95。则该组混凝土试件的抗压强度为45.8×1.05=48.1（MPa）。

考点2　实体检测

20. **【答案】** A

【解析】 回弹法适用于检测一般建筑构件、桥梁及各种混凝土构件的强度。超声回弹综合法根据实测声速值和回弹值综合推定混凝土强度，是目前我国使用较广的一种结构中混凝土强度非破损检验方法，具有精度高、适用范围广等优点。钻芯法可用于确定检测批或单个构件的混凝土抗压强度推定值、劈裂抗拉强度推定值以及混凝土构件的抗折强度推定值，是一种半破损检测方法。超声波对测法适用于检测现浇混凝土的厚度。

21. **【答案】** ABE

【解析】 砌体结构的强度检测可分为砌筑块材强度、砌筑砂浆强度、砌体强度等项目。

22. **【答案】** ADE

【解析】 砌体结构的变形可分为倾斜和基础不均匀沉降。砌筑构件或砌体结构的倾斜可采用经纬仪、激光定位仪、三轴定位仪或吊坠检测。基础的不均匀沉降可用水准仪检测。

23. **【答案】** ADE

【解析】 钢结构焊缝质量检测一般分为对承受静荷载结构焊接质量的检验和需疲劳验算结构的焊缝质量检验，检测方法为无损检测、表面检测。承受静荷载结构焊接质量的具体检测内容如下：①无损检测的基本要求。②设计要求全焊透的焊缝，内部缺陷的检测规定：一级焊缝应100%检验；二级焊缝应进行抽验，抽验比例不小于20%；三级焊缝应根据设计要求进行相关的检测，一般情况下可不进行无损检测。

24. **【答案】** BCD

【解析】混凝土结构或构件抗压强度的检测，可采用回弹法、超声回弹综合法、钻芯法或后装拔出法等。

25.【答案】BC

【解析】砌体结构强度检测方法有原位轴压法、扁顶法、切制抗压试件法和原位单剪法。

第四章 建设工程勘察设计阶段质量管理

第一节 工程勘察阶段质量管理

➤ 重难点：

1. 工程勘察各阶段工作要求。
2. 工程勘察成果审查要点。

考点 1 工程勘察各阶段工作要求

1. 【单选】提供工程地质条件的各项技术参数并满足施工图设计要求，是（　　）勘察阶段的主要任务。

A. 可行性研究　　B. 选址

C. 初步　　D. 详细

考点 2 工程勘察质量管理主要工作

2. 【单选】承担工程勘察相关服务的监理单位，应协助建设单位编制（　　）和选择工程勘察单位。

A. 勘察任务书　　B. 勘察工作计划

C. 勘察方案　　D. 勘察成果评估报告

3. 【多选】在工程勘察现场作业的质量控制中，监理工程师应负责（　　）。

A. 组织勘察成果验收

B. 向建设单位提交勘察成果评估报告

C. 审查勘察单位提交的勘察成果报告

D. 做好施工阶段的勘察配合及验收工作

E. 对重要点位的勘探与测试应进行现场检查

4. 【单选】下列属于工程监理单位勘察质量管理工作的是（　　）。

A. 制定勘察实施方案

B. 编制工程勘察任务书

C. 审查勘察单位提交的勘察成果报告

D. 选择工程勘察单位

5. **【多选】** 监理单位在工程勘察阶段提供相关服务时，向建设单位提交的工程勘察成果评估报告中应包括的内容有（　　）。

A. 勘察报告编制深度

B. 勘察任务书的完成情况

C. 与勘察标准的符合情况

D. 勘察人员资格和业绩情况

E. 勘察工作概况

6. **【单选】** 在工程勘察阶段，监理单位可进行的工作是（　　）。

A. 协助建设单位编制勘察任务书

B. 编写勘察方案

C. 参与建设工程质量事故分析

D. 编写勘察细则

7. **【单选】** 工程勘察阶段，监理单位质量控制最重要的工作是审查（　　）。

A. 勘察方案　　B. 勘察合同

C. 勘察任务书　　D. 勘察成果

考点 3 工程勘察成果审查要点

8. **【多选】** 项目监理机构对工程勘察成果进行技术性审查时，审查的主要内容有（　　）。

A. 勘察场地的工程地质条件

B. 勘察场地的基坑设计方案

C. 勘察场地存在的地质问题

D. 边坡工程的设计准则

E. 岩土工程施工的指导性意见

第二节　初步设计阶段质量管理

> **重难点：**
>
> 1. 初步设计和技术设计文件的深度要求。
> 2. 工程初步设计质量管理服务的主要工作内容。

考点 1 初步设计文件的编制条件

1. **【单选】** 为解决重大技术问题，在（　　）之后可增加技术设计。

A. 方案设计　　B. 初步设计

C. 扩初设计　　D. 施工图设计

2. 【单选】关于设计阶段划分的说法，正确的是（ ）。
   A. 民用建筑项目，应分为方案设计、施工图设计和施工设计三个阶段
   B. 能源建设项目，按合同约定可以不做初步设计，直接进行施工图设计
   C. 工业建设项目，一般分为初步设计和施工图设计两个阶段
   D. 简单的民用建筑项目，初步设计之后应增加单项技术设计阶段

考点 2 初步设计和技术设计文件的深度要求

3. 【单选】主要设备和材料明细表要满足订货要求，这是对（ ）的深度要求。
   A. 施工图设计
   B. 施工组织设计
   C. 初步设计
   D. 方案设计

考点 3 初步设计质量管理

4. 【多选】监理单位接受委托审查设计单位的设计成果后，向建设单位提交的评估报告包括的内容有（ ）。
   A. 设计深度、与设计标准的符合情况
   B. 设计任务书的完成情况
   C. 有关部门审查意见的落实情况
   D. 设计工作概况
   E. 主要设计人员的水平和业绩
5. 【多选】下列工程设计质量管理工作中，属于工程监理单位工作的有（ ）。
   A. 协助建设单位编制设计任务书
   B. 协助建设单位组织工程设计评审
   C. 审查设计单位提交的设计成果
   D. 将设计文件送审图机构审查
   E. 深化设计的协调管理
6. 【单选】工程监理单位协助建设单位组织设计方案评审时，对总体方案评审的重点是（ ）。
   A. 设计规模
   B. 施工进度
   C. 设计深度
   D. 材料选型
7. 【单选】下列审查内容中属于设计方案评审的是（ ）。
   A. 设计基础资料的可靠性
   B. 建筑造型的合理性
   C. 设计方案是否全面
   D. 工艺流程能否实现
8. 【多选】初步设计阶段，项目监理机构开展质量管理相关服务的工作内容有（ ）。
   A. 协助起草设计任务书
   B. 协助组织专项技术论证
   C. 协助组织设计成果评审
   D. 协助项目设计报审
   E. 协助组织施工设计图审查

9. 【多选】项目监理机构提交的初步设计评估报告中，应对（　　）做出评审意见。
   A. 设计深度满足要求情况
   B. 与设计标准的符合情况
   C. 设计任务书完成情况
   D. 能否照图施工的情况
   E. 有关部门审查意见的落实情况

第三节　施工图设计阶段质量管理

➢ 重难点：
   1. 施工图设计的条件和深度要求。
   2. 施工图设计的协调管理和施工图审查。

考点 1　施工图设计的条件和深度要求

1. 【多选】开展施工图设计的条件包括（　　）。
   A. 项目初步设计已经完成
   B. 施工图设计招标文件已达到初步设计的深度
   C. 建设资金已全部落实
   D. 详细勘察及地形测绘图已经完成
   E. 大型及主要设备订货已基本落实
2. 【单选】下列不属于施工图设计深度要求的是（　　）。
   A. 满足土建施工和设备安装
   B. 项目内容、规格、标准与工程量应满足施工招标投标、计量计价需要
   C. 满足设备材料的安排
   D. 满足设备报价不高于当地价格平均水平

考点 2　施工图设计质量管理

3. 【单选】工程设计阶段，监理单位协助建设单位组织施工图设计评审时，评审的重点是（　　）。
   A. 设计深度是否符合规定
   B. 施工进度能否实现
   C. 经济评价是否合理
   D. 设计标准是否符合预定要求
4. 【多选】建设单位应当将施工图送审查机构审查。建设单位可以自主选择审查机构，但审查机构不得与所审查项目的（　　）有隶属关系或者其他利害关系。
   A. 设计单位　　　　B. 承包单位

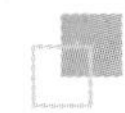

C. 建筑材料供应单位　　D. 勘察单位

E. 建设单位

5. 【多选】建设单位应当将施工图送审查机构审查。施工图审查的主要内容包括（　）。

A. 是否违背公共利益

B. 是否符合工程建设强制性标准

C. 地基基础和主体结构的安全性

D. 勘察设计企业是否按规定在施工图上加盖相应的图章和签字

E. 注册执业人员以及相关人员是否按规定在施工图上加盖相应的图章和签字

6. 【单选】项目监理机构承担设计阶段相关服务的，应做好的工作是（　）。

A. 协助审查施工图是否符合工程建设强制性标准

B. 协助审查施工图中的消防安全性

C. 协助建设单位建立设计过程的联席会议制度

D. 审查地基基础和主体结构的安全性

7. 【单选】建设单位委托专业设计单位进行二次深化设计绘制的图纸，应由（　）审核签认。

A. 建设单位　　B. 管理单位

C. 原设计单位　　D. 勘察单位

8. 【多选】工程监理单位承担施工图设计的协调管理服务，应完成的工作有（　）。

A. 明确施工图设计的深度要求

B. 审查新材料、新工艺、新技术、新设备在相关部门的备案情况

C. 建立设计过程的联席会议制度

D. 开展深化设计管理

E. 开展施工图审查

参考答案及解析

第四章　建设工程勘察设计阶段质量管理

第一节　工程勘察阶段质量管理

考点 1　工程勘察各阶段工作要求

1. **【答案】** D

【解析】 工程勘察工作一般分三个阶段，即可行性研究勘察（选址勘察）、初步勘察、详细勘察。其中，详细勘察提供设计所需的工程地质条件的各项技术参数，以满足施工图设计的要求。

考点 2　工程勘察质量管理主要工作

2. **【答案】** A

【解析】 工程监理单位承担勘察阶段相关服务的，应协助建设单位编制工程勘察任务书和选择工程勘察单位，并协助签订工程勘察合同。

3. **【答案】** BCE

【解析】 工程监理单位承担勘察阶段相关服务的，应做好下列工作：①协助建设单位编制工程勘察任务书和选择工程勘察单位，并协助签订工程勘察合同。②审查勘察单位提交的勘察方案，提出审查意见，并报建设单位。变更勘察方案时，应按原程序重新审查。③检查勘察现场及室内试验主要岗位操作人员的资格，以及所使用设备、仪器计量的检定情况。④督促勘察单位完成勘察合同约定的工作内容，审核勘察单位提交的勘察费用支付申请表，以及签发勘察费用支付证书，并应报建设单位。⑤检查勘察单位执行勘察方案的情况，对重要点位的勘探与测试应进行现场检查。⑥审查勘察单位提交的勘察成果报告，必要时对各阶段的勘察成果报告组织专家论证或专家审查，并向建设单位提交勘察成果评估报告，同时应参与勘察成果验收。经验收合格后勘察成果报告才能正式使用。⑦做好后期服务质量保证，督促勘察单位做好施工阶段的勘察配合及验收工作，对施工过程中出现的地址问题进行跟踪。⑧检查勘察单位技术档案管理情况，要求将全部资料特别是质量审查、监督主要依据的原始资料，分类编目，归档保存。

4. **【答案】** C

【解析】 选项 A 错误，工程监理单位应审查勘察单位提交的勘察方案，提出审查意见，并报建设单位；变更勘察方案时，应按原程序重新审查。选项 B、D 错误，工程监理单位应协助建设单位编制工程勘察任务书和选择工程勘察单位，并协助签订工程勘察合同。

5. **【答案】** ABCE

【解析】 监理单位应负责审查勘察单位提交的勘察成果报告，必要时对各阶段的勘察成果

报告组织专家论证或专家审查，并向建设单位提交勘察成果评估报告，同时应参与勘察成果验收。经验收合格后勘察成果报告才能正式使用。勘察成果评估报告应包括：①勘察工作概况；②勘察报告编制深度，与勘察标准的符合情况；③勘察任务书的完成情况；④存在问题及建议；⑤评估结论。

6. **【答案】** A

【解析】 选项 B、D 均为勘察单位的工作；选项 C 属于施工阶段的监理工作。

7. **【答案】** D

【解析】 项目监理机构对勘察成果的审查是勘察阶段质量控制最重要的工作，包括程序性审查和技术性审查。

考点 3　工程勘察成果审查要点

8. **【答案】** ACDE

【解析】 对于房屋建筑工程，技术性审查的内容主要包括：①是否提出勘察场地的工程地质条件和存在的地质问题；②是否结合工程设计、施工条件，以及地基处理、开挖、支护、降水等工程的具体要求，进行技术论证和评价，提出岩土工程问题及解决问题的决策性具体建议；③是否提出基础、边坡等工程的设计准则和岩土工程施工的指导性意见，为设计、施工提供依据，服务于工程建设全过程；④是否满足勘察任务书和相应设计阶段的要求，即针对不同勘察阶段，对工程勘察报告的深度和内容进行检查。

第二节　初步设计阶段质量管理

考点 1　初步设计文件的编制条件

1. **【答案】** B

【解析】 有独特要求的项目，或复杂的，采用新工艺、新技术又缺乏设计经验的重大项目，或有重大技术问题的主体单项工程，在初步设计之后可增加单项技术设计阶段。

2. **【答案】** C

【解析】 我国的工程建设项目设计，按不同的专业工程分为 2～3 个阶段：①建筑与人防专业建设项目，一般分为方案设计、初步设计和施工图设计三个阶段。对于技术要求简单的民用建筑工程，经有关主管部门同意，并在合同中有约定不做初步设计的，可在方案设计审批后直接进行施工图设计。②工业、交通、能源、农林、市政等专业建设项目，一般分为初步设计和施工图设计两个阶段。③有独特要求的项目，或复杂的，采用新工艺、新技术又缺乏设计经验的重大项目，或有重大技术问题的主体单项工程，在初步设计之后可增加单项技术设计阶段。

考点 2　初步设计和技术设计文件的深度要求

3. **【答案】** C

【解析】 初步设计的深度应满足下列基本要求：①通过多方案比较，在充分论证经济效益、社会效益、环境效益的基础上，择优推荐设计方案；②项目单项工程齐全，有详尽

第四章 必刷

的主要工程量清单，工程量误差应在允许范围以内；③主要设备和材料明细表，要满足订货要求；④项目总概算应控制在可行性研究报告估算投资额的±10%以内；⑤满足施工图设计的要求；⑥满足土地征用、工程总承包招标、建设准备和生产准备等工作的要求；⑦满足经核准的可行性研究报告所确定的主要设计原则和方案。

考点 3 初步设计质量管理

4. 【答案】ABCD

【解析】监理单位应审查设计单位提交的设计成果，并提出评估报告。评估报告应包括下列主要内容：①设计工作概况；②设计深度、与设计标准的符合情况；③设计任务书的完成情况；④有关部门审查意见的落实情况；⑤存在的问题及建议。

5. 【答案】ABC

【解析】工程初步设计质量管理工作包括：①设计单位选择。②起草设计任务书。③起草设计合同。④质量管理的组织：协助建设单位组织对新材料、新工艺、新技术、新设备工程应用的专项技术论证与调研；协助建设单位组织专家对设计成果进行评审；协助建设单位向政府有关部门报审有关工程设计文件，并应根据审批意见督促设计单位完善设计成果。⑤审查设计单位提交的设计成果，并提出评估报告。选项D、E均属于建设单位的工作。

6. 【答案】A

【解析】总体方案评审重点审核设计依据、设计规模、产品方案、工艺流程、项目组成及布局、设备配套、占地面积、建筑面积、建筑造型、协作条件、环保设施、防震防灾、建设期限、投资概算等的可靠性、合理性、经济性、先进性和协调性。

7. 【答案】B

【解析】审查设计单位提交的设计成果包括设计方案和初步设计，并提出评估报告。设计方案评审包括总体方案评审、专业设计方案评审及设计方案审核。其中总体方案评审重点审核设计依据、设计规模、产品方案、工艺流程、项目组成及布局、设备配套、占地面积、建筑面积、建筑造型、协作条件、环保设施、防震防灾、建设期限、投资概算等的可靠性、合理性、经济性、先进性和协调性。选项A、C、D属于初步设计评审内容。

8. 【答案】AC

【解析】工程初步设计质量管理服务的主要工作内容如下：①设计单位选择。②起草设计任务书。③起草设计合同。④质量管理的组织：协助建设单位组织对新材料、新工艺、新技术、新设备工程应用的专项技术论证与调研；协助建设单位组织专家对设计成果进行评审；协助建设单位向政府有关部门报审有关工程设计文件，并应根据审批意见督促设计单位完善设计成果。⑤设计成果审查。

9. 【答案】ABCE

【解析】评估报告应包括下列主要内容：①设计工作概况；②设计深度、与设计标准的符合情况；③设计任务书的完成情况；④有关部门审查意见的落实情况；⑤存在的问题及建议。

第三节 施工图设计阶段质量管理

考点 1 施工图设计的条件和深度要求

1. 【答案】ABDE

【解析】开展施工图设计的条件：①项目初步设计已经完成，或施工图设计招标文件已达到初步设计的深度；②初步设计审查提出的重大问题和遗留问题已经解决，详细勘察及地形测绘图已经完成；③外部协作条件，包括水、电、交通等已基本落实；④大型及主要设备订货已基本落实，有关基础资料已收集齐全，可满足施工图设计。

2. 【答案】D

【解析】施工图设计的深度要求：①满足土建施工和设备安装；②满足设备材料的安排；③满足非标准设备和结构件的加工制作；④满足施工招标文件和施工组织设计的编制；⑤项目内容、规格、标准与工程量应满足施工招标投标、计量计价需要；⑥设计说明和技术要求应满足施工质量检验、竣工验收的要求。

考点 2 施工图设计质量管理

3. 【答案】A

【解析】施工图设计评审的内容包括：对工程对象物的尺寸、布置、选材、构造、相互关系、施工及安装质量要求的详细设计图和说明。评审的重点是：使用功能是否满足质量目标和标准，设计文件是否齐全、完整，设计深度是否符合规定。

4. 【答案】ADE

【解析】工程监理单位可协助建设单位开展施工图审查的送审工作。根据《房屋建筑和市政基础设施工程施工图设计文件审查管理办法》，建设单位应当将施工图送审查机构审查。审查机构不得与所审查项目的建设单位、勘察设计企业有隶属关系或者其他利害关系。

5. 【答案】BCDE

【解析】审查机构应当对施工图审查下列内容：①是否符合工程建设强制性标准；②地基基础和主体结构的安全性；③消防安全性；④人防工程（不含人防指挥工程）防护安全性；⑤是否符合民用建筑节能强制性标准，对执行绿色建筑标准的项目，还应当审查是否符合绿色建筑标准；⑥勘察设计企业和注册执业人员以及相关人员是否按规定在施工图上加盖相应的图章和签字；⑦法律、法规、规章规定必须审查的其他内容。根据国务院办公厅《关于全面开展工程建设项目审批制度改革的实施意见》，施工图审查的内容还应包括技防设计审查。

6. 【答案】C

【解析】工程监理单位承担设计阶段相关服务的，应做好下列工作：①协助建设单位审查设计单位提出的新材料、新工艺、新技术、新设备（简称“四新”）在相关部门的备案情况；②协助建设单位建立设计过程的联席会议制度，组织设计单位各专业主要设计人员定期或不定期开展设计讨论，共同研究和探讨设计过程中出现的矛盾，集思广益，根

据项目的具体特性和处于主导地位的专业要求进行综合分析，提出解决的方法；③协助建设单位开展深化设计管理。

7. **【答案】**C

【解析】对于专业性较强或有行业专门资质要求的项目，如钢结构、混凝土装配式结构、幕墙等工程设计，目前多以委托具有专业设计资质的设计单位进行二次深化设计。对于二次深化设计，应组织深化设计单位与原设计单位充分协商沟通，出具深化设计图纸，由原设计单位审核会签。

8. **【答案】**BCD

【解析】工程监理单位承担设计阶段相关服务的，应做好下列工作：①协助建设单位审查设计单位提出的新材料、新工艺、新技术、新设备（简称“四新”）在相关部门的备案情况。必要时应协助建设单位组织专家评审。②协助建设单位建立设计过程的联席会议制度，组织设计单位各专业主要设计人员定期或不定期开展设计讨论，共同研究和探讨设计过程中出现的矛盾，集思广益，根据项目的具体特性和处于主导地位的专业要求进行综合分析，提出解决的方法。③协助建设单位开展深化设计管理。

第五章　建设工程施工质量控制和安全生产管理

第一节　施工质量控制的依据和工作程序

> **重难点：**
>
> 施工质量控制的依据。

第五章 必刷

考点 1　施工质量控制的依据

1. 【单选】工程中采用新工艺、新材料的，应有（　　）及有关质量数据。

扫码听课

   A. 施工单位组织的专家论证意见
   B. 权威性技术部门的技术鉴定书
   C. 设计单位组织的专家论证意见
   D. 建设单位组织的专家论证意见

2. 【单选】根据《建设工程监理规范》，工程施工采用新技术、新工艺时，应由（　　）组织必要的专题论证。
   A. 施工单位　　B. 监理单位
   C. 建设单位　　D. 设计单位

3. 【多选】在施工阶段，监理工程师进行质量检验与控制所依据的专门技术法规性文件包括（　　）。
   A.《建筑工程施工质量验收统一标准》
   B. 施工材料及其制品质量的技术标准
   C. 质量管理体系标准
   D. 控制施工作业活动质量的技术规程
   E. 有关新技术、新材料的质量标准

4. 【多选】工程采用新工艺、新技术、新材料时，应满足的要求包括（　　）。
   A. 完成了相应试验并有相关质量指标
   B. 有权威性的技术鉴定书
   C. 制定了质量标准和工艺规程
   D. 符合现行强制性标准规定

E. 有类似工程的应用

考点 2 **施工质量控制的工作程序**

5. **【单选】** 在建筑工程施工质量验收时，对涉及结构安全的试块、试件，按规定应进行（　　）检测。

A. 抽样　　B. 全数

C. 无损　　D. 见证取样

6. **【单选】** 收到施工单位报送的单位工程竣工验收报审表及相关资料后，（　　）应组织监理人员进行工程质量竣工预验收。

A. 建设单位法人代表　　B. 建设单位现场代表

C. 总监理工程师　　D. 专业监理工程师

7. **【多选】** 项目监理机构对施工单位报送的工程开工报审表及相关资料进行审查的内容有（　　）。

A. 施工单位资质等级是否符合相应施工工作

B. 施工组织设计是否已由总监理工程师签认

C. 施工单位的管理及施工人员是否已到位

D. 施工机械是否已具备使用条件

E. 施工单位现场质量安全生产管理体系是否已建立

第二节　施工准备阶段的质量控制

➢ **重难点：**

1. 图纸会审与设计交底。
2. 施工组织设计审查。
3. 施工方案审查。
4. 现场施工准备的质量控制。

考点 1 **图纸会审与设计交底**

1. **【单选】** 图纸会审的会议纪要应由（　　）负责整理，与会各方会签。

A. 监理单位　　B. 建设单位

C. 施工单位　　D. 设计单位

2. **【单选】** 施工图设计文件审查合格后，（　　）应及时主持召开图纸会审会议，与会各方会签会议纪要。

A. 建设单位　　B. 施工单位

C. 项目监理机构　　D. 设计单位

3. 【单选】设计交底是保证工程质量的重要环节，设计交底会议应由（　　）主持。

A. 监理单位　　B. 建设单位

C. 设计单位　　D. 施工图审查单位

4. 【单选】工程开工前，施工图纸会审会议应由（　　）主持召开。

A. 项目监理机构　　B. 施工单位

C. 建设单位　　D. 设计单位

5. 【多选】总监理工程师组织监理人员参加图纸会审的目的有（　　）。

A. 了解设计意图

B. 发现图纸中的差错

C. 检查设计深度是否达到要求

D. 熟悉设计文件对主要工程材料的要求

E. 审查消防设计是否符合设计规范要求

考点 2　施工组织设计审查

6. 【单选】根据《建设工程监理规范》，下列施工单位报审表中，需由总监理工程师签字并加盖执业印章的是（　　）。

A. 工程复工报审表

B. 监理通知回复单

C. 分部工程报验表

D. 施工组织设计报审表

7. 【单选】根据《建设工程监理规范》，下列工程资料中，需由建设单位签署审批意见的是（　　）。

A. 监理规划

B. 施工组织设计

C. 工程暂停令

D. 超过一定规模的危险性较大的分部分项工程专项施工方案

8. 【单选】施工单位编制的施工组织设计应经施工单位（　　）审核签认后，方可报送项目监理机构审查。

A. 法定代表人　　B. 技术负责人

C. 项目负责人　　D. 项目技术负责人

9. 【单选】施工组织设计是指导施工单位进行施工的实施性文件，应经（　　）审核签认后方可实施。

A. 施工项目经理　　B. 总监理工程师

C. 专业监理工程师　　D. 建设单位代表

10. 【单选】根据《建设工程监理规范》，项目监理机构应将已审核签认的施工组织设计报送（　　）。

A. 工程质量监督机构　　B. 建设单位

C. 监理单位　　D. 施工单位

11. 【多选】项目监理机构对施工组织设计的审查内容有（　　）。

A. 施工总平面布置　　B. 施工进度安排

C. 施工方案　　D. 生产安全事故应急预案

E. 分包单位的类似工程业绩

12. 【多选】关于施工组织设计报审的说法，正确的有（　　）。

A. 施工单位的技术负责人应审查并签认

B. 总监理工程师应及时组织各专业监理工程师审查

C. 专业监理工程师应签署意见

D. 总监理工程师签署意见后应报建设单位审批

E. 总监理工程师签署意见之前应征求监理单位技术负责人意见

考点 3　施工方案审查

13. 【单选】下列属于项目监理机构对施工方案进行审查的内容是（　　）。

A. 施工总平面布置

B. 计算书及相关图纸

C. 资金、劳动力等资源供应计划

D. 施工预算

14. 【单选】施工方案应由（　　）审批签字后提交项目监理机构。

A. 建设单位项目负责人　　B. 项目技术负责人

C. 建设单位技术负责人　　D. 施工单位技术负责人

15. 【单选】总监理工程师组织专业监理工程师对施工方案内容进行审查时，应重点审查（　　）。

A. 施工方案编制人资格是否符合要求

B. 施工方案是否具有针对性和可操作性

C. 施工方案审批人资格是否符合要求

D. 工程概况是否全面

考点 4　现场施工准备的质量控制

16. 【单选】在施工单位提交的下列报审表、报验表中，专业监理工程师进行审核并提出审查意见后，总监理工程师还应签署审核意见的是（　　）。

A. 分包单位资格报审表　　B. 施工控制测量成果报验表

C. 分项工程质量报验表　　D. 工程材料、构配件、设备报审表

17. 【多选】项目监理机构审核施工单位报送的分包单位资格报审表及有关资料的内容包括（　　）。

A. 营业执照、企业资质等级证书

B. 安全生产许可文件

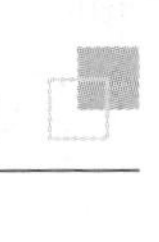

C. 类似工程业绩

D. 专职管理人员和特种作业人员的资格

E. 分包合同协议条款和分包工程内容

18. **【单选】**承包单位向项目监理机构报送的分包单位资格报审表中应附有分包单位的（　　）。

A. 资质和业绩材料　　B. 营业执照和经营范围

C. 资质和分包合同　　D. 项目经理职责和施工计划

19. **【多选】**项目监理机构审查施工单位报送的施工控制测量成果报验表及相关资料时，应重点审查（　　）是否符合标准及规范的要求。

A. 测量依据　　B. 测量管理制度

C. 测量人员资格　　D. 测量手段

E. 测量成果

20. **【多选】**项目监理机构对施工单位提供的试验室进行检查的内容有（　　）。

A. 试验室的资质等级　　B. 试验室的试验范围

C. 试验室的性质和规模　　D. 试验室的管理制度

E. 试验人员资格证书

21. **【单选】**用于工程的进口设备进场后，应由（　　）组织相关单位进行联合检查验收。

A. 建设单位　　B. 项目监理机构

C. 施工单位　　D. 设备供应单位

22. **【多选】**项目监理机构对进场工程原材料外观质量进行检查的主要内容有（　　）。

A. 外观尺寸　　B. 规格

C. 型号　　D. 产品标志

E. 工艺性能

23. **【多选】**下列文件中，属于工程材料质量证明文件的有（　　）。

A. 材料供货合同　　B. 出厂合格证

C. 质量检验报告　　D. 质量验收标准

E. 性能检测报告

24. **【单选】**建设单位负责采购的主要设备进场后，应由（　　）三方共同进行开箱检查。

A. 建设单位、供货单位、施工单位

B. 供货单位、施工单位、项目监理机构

C. 建设单位、施工单位、项目监理机构

D. 供货单位、设计单位、施工单位

25. **【单选】**对于进口材料、构配件和设备，除常规质量证明文件外，专业监理工程师应要求施工单位报送（　　）。

A. 合格证　　B. 检验报告

C. 进口商检证明文件　　D. 材料复试报告

26. **【单选】**用于工程的（　　）采购的主要设备应经建设单位、施工单位、项目监理机构与供货方共同进行开箱检查，并在开箱检查记录上签字，合格的方可使用。

A. 建设单位　　B. 施工单位

C. 安装单位　　D. 代理商

27. **【单选】**监理工程师发现施工现场有不合格的构配件时，应（　　）。

A. 下达工程暂停令

B. 责令不得用于工程重要部位

C. 责令限期清除出场

D. 责令限期修补合格后备用

28. **【单选】**对于进口材料、构配件和设备，专业监理工程师应要求施工单位报送进口商检证明文件，并按合同约定进行联合检查验收。联合检查由（　　）组织。

A. 施工单位　　B. 设计单位

C. 建设单位　　D. 项目监理机构

29. **【单选】**总监理工程应在工程开工日期（　　）天前向施工单位发出工程开工令。

A. 5　　B. 7

C. 10　　D. 14

30. **【单选】**总监理工程师组织专业监理工程师审查施工单位报送的工程开工报审表及相关资料时，不属于审查内容的是（　　）。

A. 设计交底和图纸会审是否已完成

B. 施工许可证是否已办理

C. 施工组织设计是否已由总监理工程师签认

D. 进场道路及水、电、通信等是否已满足开工要求

31. **【单选】**对已进场经检验不合格的工程材料，项目监理机构应要求施工单位将该批材料（　　）。

A. 就地封存

B. 重新试验检测，合格后方可使用

C. 限期撤出施工现场

D. 降低标准使用

32. **【单选】**分包工程开工前，应由（　　）对施工单位报送的分包单位资格报审表进行审批并签署意见。

A. 专业监理工程师　　B. 总监理工程师

C. 总监理工程师代表　　D. 建设工程质量监督机构

33. **【单选】**质量合格的材料、构配件进场后，到其使用或安装时通常要经过一定的时间间隔。在此时间里，专业监理工程师应对施工单位在材料、半成品、构配件的（　　）方面实行监控。

A. 产品标志、包装　　B. 型号、规格、数量

C. 尺寸、规格　　D. 存放、保管及使用期限

34. **【多选】**专业监理工程师应检查、复核施工单位报送的施工控制测量成果及保护措施，

检查复核的内容包括（　　）。

A. 测量管理制度
B. 测量设备检定证书
C. 施工高程控制网
D. 施工平面控制网
E. 施工临时水准点

35. **【多选】**专业监理工程师应会同相关单位及人员对合同约定的进场设备进行开箱检查，检查其是否符合（　　）的要求。

A. 建设单位
B. 设计文件
C. 订货合同
D. 安装单位
E. 相关规范

36. **【单选】**项目监理机构收到施工单位报送的施工控制测量成果报验表后，应由（　　）签署审查意见。

A. 总监理工程师
B. 监理单位技术负责人
C. 专业监理工程师
D. 监理员

37. **【单选】**用于工程的进口材料、构配件和设备，按合同约定需要进行联合检查验收的，应由（　　）提出联合检查验收申请。

A. 施工单位
B. 项目监理机构
C. 供货单位
D. 建设单位

38. **【单选】**根据《建设工程监理规范》，下列施工控制测量成果及保护措施中，项目监理机构复核的内容不包括（　　）。

A. 施工单位测量人员的资格证书
B. 施工平面控制网的测量成果
C. 测量设备的养护记录
D. 控制桩的保护措施

39. **【单选】**工程施工工期应自（　　）中载明的开工日期起计算。

A. 工程开工报审表
B. 施工组织设计报审表
C. 施工控制测量成果报验表
D. 工程开工令

40. **【多选】**分包工程开工前，项目监理机构应审核施工单位报送的分包单位资格报审表及有关资料，对分包单位资格审核的基本内容包括（　　）。

A. 分包单位资质及其业绩
B. 分包单位专职管理人员和特种作业人员资格证书
C. 安全生产许可文件
D. 施工单位对分包单位的管理制度
E. 分包单位施工规划

41. **【多选】**总监理工程师签发工程开工令时，审核开工应具备的条件有（　　）。

A. 设计交底和图纸会审已完成
B. 现场勘察和设计人员已到位
C. 主要工程材料已落实
D. 进场道路已满足开工要求
E. 现场临时办公用房已搭建完毕

第三节　施工过程的质量控制

➤ **重难点：**

1. 巡视、旁站、见证取样与平行检验。
2. 工程实体质量控制（钢筋工程、混凝土/装配式混凝土工程、钢结构工程）。
3. 监理通知单、工程暂停令、复工令的签发。
4. 工程变更的控制。

考点 1　巡视与旁站

1. **【单选】**特种作业人员不包括（　　）。

A. 建筑电工　　B. 建筑架子工

C. 建筑起重机械司机　　D. 抹灰工

2. **【多选】**项目监理机构安排监理人员对工程施工进行巡视的主要内容有（　　）。

A. 是否按工程设计文件、工程建设标准和批准的施工方案施工

B. 使用的工程材料、构配件和设备是否合格

C. 实际费用支出是否与资金使用计划一致

D. 施工现场质量管理人员是否到位

E. 特种作业人员是否持证上岗

3. **【单选】**项目监理机构对施工现场进行的定期或不定期的检查活动称为（　　）。

A. 巡视　　B. 旁站

C. 见证　　D. 检验

4. **【多选】**项目监理机构对关键部位的施工质量进行旁站时，主要职责有（　　）。

A. 检查施工单位现场质检人员到岗情况

B. 现场监督关键部位的施工方案执行情况

C. 现场监督关键部位的工程建设强制性标准执行情况

D. 现场监督施工单位技术交底

E. 核查进场材料采购管理制度

5. **【单选】**根据《建设工程监理规范》，项目监理机构应根据工程特点和（　　），确定需要旁站的关键部位、关键工序。

A. 监理实施细则　　B. 施工组织设计

C. 监理规划　　D. 设计图纸

6. **【单选】**项目监理机构对工程的关键部位或关键工序的施工质量进行的监督活动称为（　　）。

A. 巡视　　B. 旁站

C. 见证 D. 检验

7. 【单选】下列内容不属于监理巡视要点的是（ ）。

A. 挖土机械有无碰撞或损伤基坑围护

B. 墙体拉结筋形式是否正确

C. 施工单位的教育培训制度是否合理

D. 钢筋有无锈蚀

8. 【单选】根据《建筑施工特种作业人员管理规定》，必须持证上岗的工种是（ ）。

A. 混凝土工 B. 木工

C. 建筑架子工 D. 在吊篮上作业的抹灰工

9. 【单选】旁站记录内容应真实、准确并与（ ）相吻合。

A. 监理大纲 B. 监理日志

C. 施工方案 D. 设计图纸

10. 【单选】项目监理机构监理人员实施旁站监理时，发现施工单位有违反工程建设强制性标准行为时，应当（ ）。

A. 向施工企业项目经理报告

B. 责令施工企业整改

C. 向建设行政主管部门报告

D. 向建设单位驻工地代表报告

11. 【单选】房屋建筑内装修饰面材料的样板应经过（ ）和项目监理机构共同确认。

A. 设计单位 B. 建设单位

C. 装修单位 D. 施工总承包单位

12. 【多选】项目监理机构在主体结构工程施工阶段进行巡视的内容有（ ）。

A. 检查钢筋连接方式是否符合设计要求

B. 查看模板拆除是否符合已审批的施工方案

C. 审查装配式预制构件的吊装方案

D. 监督钢筋在梁柱节点的安装质量

E. 检查基坑坑边的荷载是否在允许范围内

考点 2 见证取样与平行检验

13. 【单选】关于见证取样工作的说法，正确的是（ ）。

A. 见证取样项目和数量应按施工单位编制的检测试验计划执行

B. 选定的检测机构应在工程质量监督机构备案

C. 施工单位取样人员不能由专职质检人员担任

D. 负责见证取样的监理人员应有资格证书

14. 【单选】项目监理机构实施平行检验的项目、数量、频率和费用应按（ ）执行。

A. 相关法规 B. 质量检测管理办法

C. 合同约定 D. 施工方案

15. 【单选】项目监理机构对施工单位进行的涉及结构安全的试块、试件及工程材料见证取样的试验室应是（　　）。

A. 施工单位的试验室

B. 建设单位指定的试验室

C. 监理单位指定的试验室

D. 和施工单位没有行政隶属关系的第三方

16. 【多选】关于工程材料见证取样的说法，正确的有（　　）。

A. 检测试验室应具有相应资质

B. 见证取样人员应经培训考核合格

C. 项目监理机构应将见证人员报送质量监督机构备案

D. 项目监理机构应按规定制定检测试验计划

E. 实施取样前施工单位应通知见证人员到场见证

17. 【多选】建设单位要求监理单位进行平行检验的，双方应在监理合同中明确的内容有（　　）。

A. 检验项目　　B. 检验数量

C. 检验结果　　D. 检验频率

E. 检验效率

18. 【单选】关于见证取样及相关人员的说法，正确的是（　　）。

A. 现场取样应依据经过批准的施工组织设计进行

B. 负责取样的施工人员和负责见证取样的监理人员应向质量监督机构备案

C. 取样完成后，负责见证取样的监理人员应将试样封装，并进行标识、封志和签字

D. 见证取样人员应具有材料、试验等方面的专业知识，并经培训考核合格

考点 3 工程实体质量控制

19. 【单选】关于钢筋混凝土工程施工的说法，正确的是（　　）。

A. 施工缝浇筑混凝土时，不应清除表面的浮浆

B. 焊接连接接头试件应从试焊试验件中截取

C. 圆形箍筋两末端均应做不大于45°的弯钩

D. 受力钢筋保护层厚度的合格点率应达到90%及以上

20. 【单选】根据《工程质量安全手册（试行）》，关于混凝土分项工程施工的说法，正确的是（　　）。

A. 泵送混凝土的坍落度小于14cm时，可以少量加水

B. 楼板后浇带的模板支撑体系应按规定单独设置

C. 混凝土应在终凝时间内浇筑完毕

D. 混凝土振捣棒每次插入振捣的时间不少于15s

21. 【单选】钢结构工程一级焊缝应按照其数量（　　）的比例进行探伤检测。

A. 100%　　B. 90%

C. 70%　　D. 50%

考点 4 装配式建筑 PC 构件施工质量控制

22. 【单选】装配式建筑 PC 构件生产阶段的质量控制中，对钢筋制作、钢筋安装、预埋件安装等环节，必须检验合格并经（　　）完成隐蔽工程验收，才能进行下一道工序。

A. 总监理工程师　　B. 专业监理工程师

C. 驻厂监理工程师　　D. 监理员

23. 【单选】下列报审、报验表中，需要建设单位签署审批意见的是（　　）。

A. 分包单位资格报审表

B. 施工进度计划报审表

C. 分项工程报验表

D. 工程复工报审表

24. 【多选】项目监理机构对混凝土预制构件型式检验报告的审核内容有（　　）。

A. 运输路线　　B. 外观质量

C. 尺寸偏差　　D. 卸车条件

E. 混凝土抗压强度

25. 【多选】项目监理机构应对装配式建筑工程施工作业实施旁站的有（　　）。

A. 构件吊装施工　　B. 钢筋浆锚搭接灌浆作业

C. 预制构件的模板安装　　D. 预制构件装车运输

E. 预制构件的养护

26. 【多选】项目监理机构应对 PC 构件生产原材料见证检验的内容包括（　　）。

A. 混凝土强度试块取样检验　　B. 钢筋取样检验

C. 塑料套筒型式检验　　D. 拉结件取样检验

E. 保温材料取样检验

考点 5 监理通知单、工程暂停令、复工令的签发

27. 【多选】在工程质量控制方面，项目监理机构应及时签发监理通知单，要求施工单位整改的情形有（　　）。

A. 施工存在质量问题的

B. 施工单位采用不适当的施工工艺的

C. 施工单位违反工程建设强制性标准的

D. 施工单位施工不当造成工程质量不合格的

E. 施工单位拒绝项目监理机构管理的

28. 【单选】根据《建设工程监理规范》，总监理工程师应签发工程暂停令的情形是（　　）。

A. 施工存在质量事故隐患

B. 施工单位未按施工方案施工

C. 施工单位未按审查通过的工程设计文件施工

D. 施工不当造成工程质量缺陷

29. 【单选】在工程质量控制方面，项目监理机构发现施工单位采用不适当的施工工艺，或施工不当，造成工程质量不合格的，应及时签发（　　）。

A. 监理通知单　　B. 不合格项通知单

C. 工程暂停令　　D. 隐蔽工程检查记录单

30. 【单选】项目监理机构发现施工单位未按审查通过的工程设计文件施工的，总监理工程师应（　　）。

A. 签发监理通知单　　B. 签发工作联系单

C. 签发工程暂停令　　D. 提交监理报告

31. 【多选】在工程施工中，总监理工程师应及时签发工程暂停令的情形有（　　）。

A. 建设单位要求暂停施工经论证没必要暂停的

B. 施工单位未按审查通过的工程设计文件施工的

C. 施工单位拒绝项目监理机构管理的

D. 施工单位违反工程建设强制性标准的

E. 施工存在重大质量、安全事故隐患的

32. 【单选】对需要返工处理的质量事故，项目监理机构应要求施工单位报送（　　）和经设计等相关单位认可的处理方案，并应对质量事故的处理过程进行跟踪检查。

A. 质量事故调查报告　　B. 检测单位的鉴定意见

C. 质量事故状况观测记录　　D. 质量事故处理依据

33. 【单选】施工中出现需要加固的质量缺陷时，项目监理机构应审查施工单位提交的（　　）。

A. 按设计规范编制的加固处理方案

B. 经该项目设计单位认可的加固处理方案

C. 经有相应设计资质的设计单位认可的加固处理方案

D. 经建设单位认可的加固处理方案

考点 6　工程变更的控制

34. 【单选】施工单位提出的工程变更，经各方同意签字后，由（　　）组织实施。

A. 项目经理　　B. 业主代表

C. 专业监理工程师　　D. 总监理工程师

35. 【单选】涉及主体结构及安全的工程变更，要按有关规定报送（　　）审批，否则变更不能实施。

A. 当地建设行政主管部门　　B. 质量监督机构

C. 施工图原审查单位　　D. 建设单位主管部门

36. 【多选】对施工单位提出的工程变更，总监理工程师应履行的职责有（　　）。

A. 组织专业监理工程师审查变更申请并提出审查意见

B. 提交原设计单位修改工程设计文件

C. 组织专业监理工程师对工程变更费用及工期影响作出评估
D. 组织相关单位共同协商工程变更费用及工期变化
E. 组织会签工程变更单

考点 7　质量记录资料的管理

37. 【多选】施工单位实施工程质量控制活动的质量记录资料有（　　）。
A. 施工现场质量管理检查记录
B. 施工图设计文件审查记录
C. 施工过程作业活动质量记录
D. 工程材料质量记录
E. 工程有关合同文件评审记录

38. 【多选】根据施工质量验收的基本规定，施工单位提交给总监理工程师的《现场质量管理检查记录》中应包括的检查内容有（　　）。
A. 现场质量管理制度
B. 主要专业工种操作上岗证书
C. 施工技术标准
D. 地质勘察资料
E. 工程承包合同

第四节　安全生产的监理行为和现场控制

> **重难点：**
> 安全生产现场控制。

考点　安全生产现场控制

1. 【单选】根据《工程质量安全手册（试行）》，高处作业吊篮内作业人员不应超过（　　）。
A. 1人　　B. 2人
C. 3人　　D. 专项施工方案所确定的人数

2. 【多选】根据《工程质量安全手册（试行）》，项目监理机构应对（　　）分部分项工程、施工机械和生产工作进行现场控制。
A. 混凝土工程　　B. 钢筋工程
C. 基坑工程　　D. 起重机械
E. 临时用电

第五节　危险性较大的分部分项工程施工安全管理

> **重难点：**
> 1. 危大工程范围。
> 2. 专项施工方案的编制及论证审查。
> 3. 施工单位、监理单位现场安全管理工作。

考点 1　危大工程范围

1. **【单选】** 根据《危险性较大的分部分项工程安全管理规定》，施工单位应编制专项施工方案，并组织专家论证的是（　　）工程。
   A. 开挖深度为 4.5m 的基坑
   B. 45m 高的脚手架
   C. 悬挂高度为 100m 的高处作业吊篮
   D. 20m 高的悬挑脚手架
2. **【多选】** 关于超过一定规模的危大工程，下列说法正确的有（　　）。
   A. 与本工程有利害关系的人员不得参加专家论证会
   B. 参与论证的专家应符合专业要求且人数为 5 人以上单数
   C. 实行施工总承包的，由施工总承包单位组织召开专家论证会
   D. 监理单位应当组织召开专家论证会对专项施工方案进行论证
   E. 专家论证前专项施工方案应当通过施工单位审核和总监理工程师审查
3. **【单选】** 根据《危险性较大的分部分项工程安全管理规定》，针对超过一定规模的危险性较大的分部分项工程专项施工方案，负责组织召开专家论证会的单位是（　　）。
   A. 建设单位　　　　B. 施工单位
   C. 监理单位　　　　D. 工程质量监督机构
4. **【多选】** 根据《危险性较大的分部分项工程安全管理规定》，属于超过一定规模的危险性较大的分部分项工程有（　　）。
   A. 开挖深度 6m 的深基坑工程
   B. 搭设高度 30m 的落地式钢管脚手架工程
   C. 搭设跨度 20m 的混凝土模板支撑工程
   D. 开挖深度 16m 的人工挖孔桩工程
   E. 提升高度 50m 的附着式升降平台工程

考点 2　专项施工方案

5. **【单选】** 某混凝土工程总高度为 80m，拟采用滑模技术施工。根据《危险性较大的分部分

项工程安全管理规定》，施工单位编制的专项施工方案的正确处理方式是（　　）。

A. 报送项目监理机构审批同意后方可实施

B. 经施工单位技术负责人审核和总监理工程师审查后，组织专家论证

C. 组织专家论证通过后，报送项目监理机构审查

D. 经总监理工程师审查同意后，报送监理单位技术负责人审批

考点 3 现场安全管理

6. **【多选】**对于危险性较大的分部分项工程资料，项目监理机构应纳入档案管理的有（　　）。

A. 专项施工方案审查文件　　B. 监理实施细则

C. 专项巡视检查资料　　D. 工程验收及整改资料

E. 工程技术交底记录

7. **【多选】**深基坑工程事故应急抢险结束后，建设单位应当组织（　　）制定工程恢复方案。

A. 设计单位　　B. 勘察单位

C. 检测单位　　D. 监理单位

E. 施工单位

参考答案及解析

第五章　建设工程施工质量控制和安全生产管理

第一节　施工质量控制的依据和工作程序

考点 1　施工质量控制的依据

1. **【答案】** B

【解析】 凡采用新工艺、新技术、新材料的工程，事先应进行试验，并应有权威性技术部门的技术鉴定书及有关的质量数据、指标，在此基础上制定相应的质量标准和施工工艺规程，以此作为判断与控制质量的依据。

2. **【答案】** A

【解析】 专业监理工程师应审查施工单位报送的新材料、新工艺、新技术、新设备的质量认证材料和相关验收标准的适用性，必要时，应要求施工单位组织专题论证，审查合格后报总监理工程师签认。

3. **【答案】** ABD

【解析】 项目监理机构在施工质量控制中，依据的工程建设的质量标准主要有以下几类：①工程项目施工质量验收标准。例如，《建筑工程施工质量验收统一标准》《混凝土结构工程施工质量验收规范》《建筑装饰装修工程质量验收标准》。②有关工程材料、半成品和构配件质量控制方面的专门技术法规性依据：有关材料及其制品质量的技术标准；有关材料或半成品等的取样、试验等方面的技术标准或规程；有关材料验收、包装、标志方面的技术标准和规定。③控制施工作业活动质量的技术规程。

4. **【答案】** ABC

【解析】 凡采用新工艺、新技术、新材料的工程，事先应进行试验，并应有权威性技术部门的技术鉴定书及有关的质量数据、指标，在此基础上制定相应的质量标准和施工工艺规程，以此作为判断与控制质量的依据。如果拟采用的新工艺、新技术、新材料，不符合现行强制性标准规定的，应当由拟采用单位提请建设单位组织专题技术论证，报批准标准的建设行政主管部门或者国务院有关主管部门审定。

考点 2　施工质量控制的工作程序

5. **【答案】** D

【解析】 在施工质量验收过程中，对涉及结构安全的试块、试件以及有关材料，应按规定进行见证取样检测；对涉及结构安全和使用功能的重要分部工程，应进行抽样检测。

6. **【答案】** C

【解析】按照单位工程施工总进度计划，施工单位已完成施工合同所约定的所有工程量，并完成自检工作，工程验收资料已整理完毕，应填报单位工程竣工验收报审表，报送项目监理机构进行竣工验收。总监理工程师组织专业监理工程师进行竣工预验收，并签署验收意见。

7. 【答案】BCDE

【解析】在工程开始前，施工单位需做好施工准备工作，待开工条件具备时，应向项目监理机构报送工程开工报审表及相关资料。专业监理工程师重点审查施工单位的施工组织设计是否已由总监理工程师签认，是否已建立相应的现场质量、安全生产管理体系，管理及施工人员是否已到位，主要施工机械是否已具备使用条件，主要工程材料是否已落实到位，设计交底和图纸会审是否已完成，进场道路及水、电、通信等是否已满足开工要求。

第二节　施工准备阶段的质量控制

考点 1　图纸会审与设计交底

1. 【答案】C

【解析】图纸会审的会议纪要由施工单位整理，与会各方会签。

2. 【答案】A

【解析】监理人员应熟悉工程设计文件，并应参加建设单位主持的图纸会审会议，建设单位应及时主持召开图纸会审会议，组织项目监理机构、施工单位等相关人员进行图纸会审，并整理成会审问题清单，由建设单位在设计交底前约定的时间内提交设计单位。图纸会审的会议纪要由施工单位整理，与会各方会签。

3. 【答案】B

【解析】建设单位应在收到施工图设计文件后 3 个月内组织并主持召开工程施工图设计交底会。

4. 【答案】C

【解析】监理人员应熟悉工程设计文件，并应参加建设单位主持的图纸会审会议，建设单位应及时主持召开图纸会审会议，组织项目监理机构、施工单位等相关人员进行图纸会审。

5. 【答案】AB

【解析】总监理工程师组织监理人员熟悉工程设计文件是项目监理机构实施事前质量控制的一项重要工作。其目的：一是通过熟悉工程设计文件，了解设计意图和工程设计特点、工程关键部位的质量要求；二是发现图纸差错，将图纸中的质量隐患消灭在萌芽之中。

考点 2　施工组织设计审查

6. 【答案】D

【解析】选项 A、B、C 由总监理工程师签字即可，不需要加盖执业印章。施工组织设计或（专项）施工方案报审表需由总监理工程师签字并加盖执业印章。

7. 【答案】D

【解析】对于超过一定规模的危险性较大的分部分项工程专项施工方案，需由建设单位签署审批意见。

8. 【答案】B

【解析】施工单位编制的施工组织设计经施工单位技术负责人审核签认后，与施工组织设计报审表一并报送项目监理机构。

9. 【答案】B

【解析】施工组织设计是指导施工单位进行施工的实施性文件。项目监理机构应审查施工单位报审的施工组织设计，符合要求时，应由总监理工程师签认后报建设单位。项目监理机构应要求施工单位按已批准的施工组织设计组织施工。施工组织设计需要调整时，项目监理机构应按程序重新审查。

10. 【答案】B

【解析】项目监理机构应审查施工单位报审的施工组织设计，符合要求时，应由总监理工程师签认后报送建设单位。

11. 【答案】AB

【解析】施工组织设计审查应包括下列内容：①编审程序应符合相关规定；②施工组织设计的基本内容是否完整，应包括编制依据、工程概况、施工部署、施工进度计划、施工准备与资源配置计划、主要施工方法、施工现场平面布置及主要施工管理计划等；③工程进度、质量、安全、环境保护、造价等方面应符合施工合同要求；④资金、劳动力、材料、设备等资源供应计划应满足工程施工需要，施工方法及技术措施应可行与可靠；⑤施工总平面布置应科学合理。选项 C、D 属于施工方案审查的内容，选项 E 属于现场施工准备的质量控制内容。

12. 【答案】ABC

【解析】施工组织设计的报审应遵循下列程序及要求：①施工单位编制的施工组织设计经施工单位技术负责人审核签认后，与施工组织设计报审表一并报送项目监理机构。②总监理工程师应及时组织专业监理工程师进行审查，需要修改的，由总监理工程师签发书面意见退回修改；符合要求的，由总监理工程师签认。③已签认的施工组织设计由项目监理机构报送建设单位。④施工组织设计在实施过程中，施工单位如需做较大的变更，应经总监理工程师审查同意。总监理工程师应在约定的时间内，组织各专业监理工程师进行审查，专业监理工程师在报审表上签署审查意见后，总监理工程师审核批准。

考点 3 施工方案审查

13. 【答案】B

【解析】总监理工程师应组织专业监理工程师审查施工单位报审的施工方案，符合要求

后应予以签认。审查施工方案的基本内容是否完整，包括：工程概况；编制依据；施工安排；施工工艺技术；施工保护措施；计算书及相关图纸。

14. 【答案】D

【解析】根据相关规定，通常情况下，施工方案应由项目技术负责人组织编制，并经施工单位技术负责人审批签字后提交项目监理机构。

15. 【答案】B

【解析】总监理工程师应组织专业监理工程师审查施工单位报审的施工方案，符合要求后应予以签认。审查施工方案的基本内容是否完整，包括：工程概况；编制依据；施工安排；施工工艺技术；施工保护措施；计算书及相关图纸。应重点审查：施工方案是否具有针对性、指导性、可操作性；现场施工管理机构是否建立了完善的质量保证体系，是否明确工程质量要求及标准，是否健全了质量保证体系组织机构及岗位职责，是否配备了相应的质量管理人员，是否建立了各项质量管理制度和质量管理程序等；施工质量保证措施是否符合现行的规范、标准等，特别是与工程建设强制性标准的符合性。

考点 4　现场施工准备的质量控制

16. 【答案】A

【解析】分包工程开工前，项目监理机构应审核施工单位报送的分包单位资格报审表及有关资料，专业监理工程师进行审核并提出审查意见，符合要求后，应由总监理工程师审批并签署意见。

17. 【答案】ABCD

【解析】分包单位资格审核应包括的基本内容：①营业执照、企业资质等级证书；②安全生产许可文件；③类似工程业绩；④专职管理人员和特种作业人员的资格。

18. 【答案】A

【解析】分包单位资格报审表中应附有：①分包单位资质材料；②分包单位业绩材料；③分包单位专职管理人员和特种作业人员的资格证书；④施工单位对分包单位的管理制度。

19. 【答案】ACE

【解析】项目监理机构收到施工单位报送的施工控制测量成果报验表后，由专业监理工程师审查。专业监理工程师应审查施工单位的测量依据、测量人员资格和测量成果是否符合规范及标准要求，符合要求的，予以签认。

20. 【答案】ABDE

【解析】试验室的检查应包括下列内容：①试验室的资质等级及试验范围；②法定计量部门对试验设备出具的计量检定证明；③试验室管理制度；④试验人员资格证书。

21. 【答案】B

【解析】对于进口材料、构配件和设备，专业监理工程师应要求施工单位报送进口商检证明文件，并会同建设单位、施工单位、供货单位等相关单位有关人员按合同约定进行联合检查验收。联合检查由施工单位提出申请，项目监理机构组织，建设单位主持。

22. **【答案】** ABCD

【解析】 原材料、（半）成品、构配件进场时，专业监理工程师应检查其尺寸、规格、型号、产品标志、包装等外观质量，并判定其是否符合设计、规范、合同等要求。

23. **【答案】** BCE

【解析】 用于工程的材料、构配件、设备的质量证明文件包括出厂合格证、质量检验报告、性能检测报告以及施工单位的质量抽检报告等。对于工程设备应同时附有设备出厂合格证、技术说明书、质量检验证明、有关图纸、配件清单及技术资料等。

24. **【答案】** C

【解析】 建设单位负责采购的主要设备由建设单位、施工单位、项目监理机构进行开箱检查，并由三方在开箱检查记录上签字。

25. **【答案】** C

【解析】 对于进口材料、构配件和设备，专业监理工程师应要求施工单位报送进口商检证明文件，并会同建设单位、施工单位、供货单位等相关单位有关人员按合同约定进行联合检查验收。

26. **【答案】** A

【解析】 建设单位负责采购的主要设备由建设单位、施工单位、项目监理机构进行开箱检查，并由三方在开箱检查记录上签字。

27. **【答案】** C

【解析】 项目监理机构收到施工单位报送的工程材料、构配件、设备报审表后，应审查施工单位报送的用于工程的材料、构配件、设备的质量证明文件，并应按有关规定、建设工程监理合同约定，对用于工程的材料进行见证取样。对已进场经检验不合格的工程材料、构配件、设备，应要求施工单位限期将其撤出施工现场。

28. **【答案】** D

【解析】 对于进口材料、构配件和设备，专业监理工程师应要求施工单位报送进口商检证明文件，并会同建设单位、施工单位、供货单位等相关单位有关人员按合同约定进行联合检查验收。联合检查由施工单位提出申请，项目监理机构组织，建设单位主持。

29. **【答案】** B

【解析】 总监理工程师应在开工日期 7 天前向施工单位发出工程开工令。工期自总监理工程师发出的工程开工令中载明的开工日期起计算。施工单位应在开工日期后尽快施工。

30. **【答案】** B

【解析】 总监理工程师应组织专业监理工程师审查施工单位报送的工程开工报审表及相关资料。同时具备下列条件时，应由总监理工程师签署审查意见，并应报建设单位批准后，总监理工程师签发工程开工令：①设计交底和图纸会审已完成；②施工组织设计已由总监理工程师签认；③施工单位现场质量、安全生产管理体系已建立，管理及施工人员已到位，施工机械具备使用条件，主要工程材料已落实；④进场道路及水、电、通信等已满足开工要求。

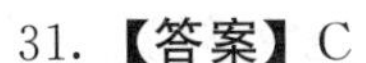

31. 【答案】C

【解析】对已进场经检验不合格的工程材料、构配件、设备，应要求施工单位限期将其撤出施工现场。

32. 【答案】B

【解析】分包工程开工前，项目监理机构应审核施工单位报送的分包单位资格报审表及有关资料，专业监理工程师进行审核并提出审查意见，符合要求后，应由总监理工程师审批并签署意见。

33. 【答案】D

【解析】质量合格的材料、构配件进场后，到其使用或安装时通常要经过一定的时间间隔。在此时间里，专业监理工程师应对施工单位在材料、半成品、构配件的存放、保管及使用期限方面实行监控。

34. 【答案】BCDE

【解析】专业监理工程师应检查、复核施工单位报送的施工控制测量成果及保护措施，签署意见，并应对施工单位在施工过程中报送的施工测量放线成果进行查验。施工控制测量成果及保护措施的检查、复核包括：①施工单位测量人员的资格证书及测量设备检定证书；②施工平面控制网、高程控制网和临时水准点的测量成果及控制桩的保护措施。

35. 【答案】BCE

【解析】对进场的设备，专业监理工程师应会同设备安装单位、供货单位等的有关人员进行开箱检验，检查其是否符合设计文件、合同文件和规范等所规定的厂家、型号、规格、数量、技术参数等，检查设备图纸、说明书、配件是否齐全。

36. 【答案】C

【解析】项目监理机构收到施工单位报送的施工控制测量成果报验表后，由专业监理工程师审查。专业监理工程师应审查施工单位的测量依据、测量人员资格和测量成果是否符合规范及标准要求，符合要求的，予以签认。

37. 【答案】A

【解析】联合检查由施工单位提出申请，项目监理机构组织，建设单位主持。

38. 【答案】C

【解析】专业监理工程师应检查、复核施工单位报送的施工控制测量成果及保护措施，并签署意见。检查、复核的内容有：①施工单位测量人员的资格证书及测量设备检定证书；②施工平面控制网、高程控制网和临时水准点的测量成果及控制桩的保护措施。

39. 【答案】D

【解析】工期自总监理工程师发出的工程开工令中载明的开工日期起计算。

40. 【答案】ABC

【解析】分包单位资格审核应包括的基本内容：①营业执照、企业资质等级证书；②安全生产许可文件；③类似工程业绩；④专职管理人员和特种作业人员的资格。

41. 【答案】ACD

【解析】同时具备下列条件时，应由总监理工程师签署审查意见，并应报建设单位批准后，总监理工程师签发工程开工令：①设计交底和图纸会审已完成；②施工组织设计已由总监理工程师签认；③施工单位现场质量、安全生产管理体系已建立，管理及施工人员已到位，施工机械具备使用条件，主要工程材料已落实；④进场道路及水、电、通信等已满足开工要求。

第三节　施工过程的质量控制

考点 1　巡视与旁站

1. 【答案】D

【解析】特种作业人员包括建筑电工、建筑架子工、建筑起重信号司索工、建筑起重机械司机、建筑起重机械安装拆卸工、高处作业吊篮安装拆卸工、焊接切割操作工以及经省级以上人民政府建设主管部门认定的其他特种作业人员。

2. 【答案】ABDE

【解析】巡视应包括下列主要内容：①施工单位是否按工程设计文件、工程建设标准和批准的施工组织设计、（专项）施工方案施工；②使用的工程材料、构配件和设备是否合格；③施工现场管理人员，特别是施工质量管理人员是否到位；④特种作业人员是否持证上岗。

3. 【答案】A

【解析】巡视是项目监理机构对施工现场进行的定期或不定期的检查活动，是项目监理机构对工程实施建设监理的方式之一。

4. 【答案】ABC

【解析】旁站人员的主要职责：①检查施工单位现场质检人员到岗、特殊工种人员持证上岗及施工机械、建筑材料准备情况；②在现场监督关键部位、关键工序的施工方案执行情况以及工程建设强制性标准情况；③核查进场建筑材料、构配件、设备和商品混凝土的质量检验报告等，并可在现场监督施工单位进行检验或者委托具有资格的第三方进行复验；④做好旁站记录，保存旁站原始资料。

5. 【答案】B

【解析】开工前，项目监理机构应根据工程特点和施工单位报送的施工组织设计，确定旁站的关键部位、关键工序，并书面通知施工单位。

6. 【答案】B

【解析】旁站是指项目监理机构对工程的关键部位或关键工序的施工质量进行的监督活动。

7. 【答案】C

【解析】选项 A 属于基坑土方开挖工程的巡视要点。选项 B 属于砌体工程的巡视要点。选项 D 属于钢筋工程的巡视要点。选项 C 不属于监理单位的职责范围，故符合题意。

8. 【答案】C

【解析】根据《建筑施工特种作业人员管理规定》，建筑电工、建筑架子工、建筑起重信号司索工、建筑起重机械司机、建筑起重机械安装拆卸工、高处作业吊篮安装拆卸工、焊接切割操作工以及经省级以上人民政府建设主管部门认定的其他特种作业人员，必须持施工特种作业人员操作证上岗。

9. **【答案】** B

【解析】 旁站记录内容应真实、准确并与监理日志相吻合。

10. **【答案】** B

【解析】 旁站人员应对施工中出现的偏差及时纠正，保证施工质量。发现施工单位有违反工程建设强制性标准行为的，应责令施工单位立即整改；发现其施工活动已经或者可能危及工程质量的，应当及时向专业监理工程师或总监理工程师报告，由总监理工程师下达暂停令，指令施工单位整改。

11. **【答案】** B

【解析】 下列项目必须设立样板：①材料、设备的型号、订货必须验收样板，并经建设单位和项目监理机构确认；②现场成品、半成品加工前，必须先做样板，根据样板质量的标准进行后续大批量的加工和验收；③结构施工时每道工序的第一板块，应作为样板，并经过项目监理机构、设计代表和施工项目部的三方验收后，方可大面积施工；④在装修工程开始前，要先做出样板间，样板间应达到竣工验收的标准，并经建设单位、项目监理机构、设计代表和施工项目部四方验收合格后，方可正式施工。

12. **【答案】** ABD

【解析】 选项C错误，巡视，即项目监理机构应对工程项目进行的定期或不定期的检查。检查的主要内容有：施工单位的施工质量、安全、进度、投资各方面实施情况；工程变更、施工工艺等调整情况；跟踪检查上次巡视发现的问题，监理指令的执行落实情况等，对于巡视发现的问题，应及时做出处理。选项E错误，检查基坑坑边的荷载不属于主体结构施工阶段的内容。

考点 2　见证取样与平行检验

13. **【答案】** B

【解析】 项目监理机构要将选定的试验室报送负责本项目的质量监督机构备案并得到认可，同时要将项目监理机构中负责见证取样的监理人员在该质量监督机构备案。施工单位应按照规定制定检测试验计划，配备取样人员，负责施工现场的取样工作，并将检测试验计划报送项目监理机构。负责见证取样的监理人员要具有材料、试验等方面的专业知识，并经培训考核合格，且要取得见证人员培训合格证书。施工单位从事取样的人员一般应由试验室人员或专职质检人员担任。

14. **【答案】** C

【解析】 平行检验是指项目监理机构在施工单位自检的同时，按有关规定、建设工程监理合同约定对同一检验项目进行的检测试验活动。项目监理机构应根据工程特点、专业要求，以及建设工程监理合同约定，对施工质量进行平行检验。平行检验的项目、数量、频率和费用等应符合建设工程监理合同的约定。

15. **【答案】** D

【解析】 工程项目施工前，由施工单位和项目监理机构共同对见证取样的检测机构进行考察确定。对于施工单位提出的试验室，专业监理工程师要进行实地考察。试验室一般是和施工单位没有行政隶属关系的第三方。

16. **【答案】** ABCE

【解析】 选项A正确，试验室要具有相应的资质，经国家或地方计量、试验主管部门认证。选项B正确，负责见证取样的专业监理工程师要具有材料、试验等方面的专业知识，并经培训考核合格，且要取得见证人员培训合格证书。选项C正确，项目监理机构要将选定的试验室报送负责本项目的质量监督机构备案并得到认可，同时要将项目监理机构中负责见证取样的监理人员在该质量监督机构备案。选项D错误，施工单位应按照规定制定检测试验计划。选项E正确，施工单位在对进场材料、试块、试件、钢筋接头等实施见证取样前要通知负责见证取样的专业监理工程师。

17. **【答案】** ABD

【解析】 平行检验的项目、数量、频率和费用等应符合建设工程监理合同的约定。

18. **【答案】** D

【解析】 选项A错误，质量检测试样的取样应当严格执行有关工程建设标准和国家有关规定，在建设单位或者工程监理单位监督下现场取样。选项B错误，项目监理机构要将选定的试验室报送负责本项目的质量监督机构备案，同时要将项目监理机构中负责见证取样的监理人员在该质量监督机构备案。选项C错误，完成取样后，施工单位取样人员应在试样或其包装上作出标识、封志；标识和封志应标明工程名称、取样部位、取样日期、样品名称和样品数量等信息，并由见证取样的监理人员和施工单位取样人员签字。

考点3 工程实体质量控制

19. **【答案】** D

【解析】 选项A错误，施工缝浇筑混凝土，应清除浮浆、松动石子、软弱混凝土层。选项B错误，焊接连接接头试件应从工程实体中截取。选项C错误，圆形箍筋两末端均应做不小于135°的弯钩。

20. **【答案】** B

【解析】 选项A错误，严禁在混凝土中加水。选项C错误，混凝土应在初凝时间内浇筑完毕。选项D错误，混凝土振捣棒每次插入振捣的时间为20～30s，并以混凝土不再显著下沉，不出现气泡，开始泛浆为准。

21. **【答案】** A

【解析】 一、二级焊缝应采用超声波探伤进行内部缺陷检验，超声波探伤不能对缺陷做

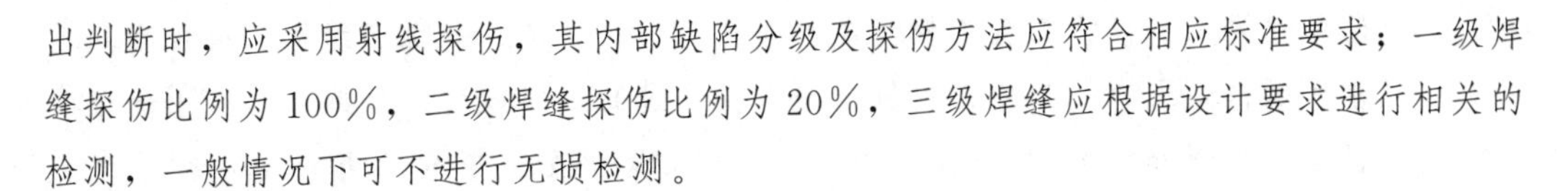

出判断时，应采用射线探伤，其内部缺陷分级及探伤方法应符合相应标准要求；一级焊缝探伤比例为100%，二级焊缝探伤比例为20%，三级焊缝应根据设计要求进行相关的检测，一般情况下可不进行无损检测。

考点 4　装配式建筑PC构件施工质量控制

22. **【答案】** C

【解析】 PC构件制作质量控制环节要求如下：制作的各个作业环节的统计由生产质检员签字确认，报驻厂监理认可。组模、涂刷隔离剂、钢筋制作、钢筋安装、套筒安装、预埋件安装等环节，必须检验合格并经驻厂监理完成隐蔽工程验收，才能进行下一道工序。

23. **【答案】** D

【解析】 项目监理机构收到施工单位报送的工程复工报审表及有关材料后，应对施工单位的整改过程、结果进行检查、验收，符合要求的，总监理工程师应及时签署审批意见，并报建设单位批准后签发工程复工令，施工单位接到工程复工令后组织复工。

24. **【答案】** BCE

【解析】 审核工厂提供的预制构件型式检验报告，除工程概况、检测鉴定内容和依据外，重点审查各项检测指标与鉴定结论是否满足设计及规范要求，包括：①外观质量；②尺寸偏差；③钢筋保护层厚度；④混凝土抗压强度；⑤放射性核素限量。

25. **【答案】** AB

【解析】 构件（外挂板、外墙板、内墙板、隔墙板、预制柱、叠合梁、叠合板、楼梯）吊装时，项目监理机构应对吊装施工进行旁站监理。PC构件灌浆时，项目监理机构应对钢筋套筒灌浆连接、钢筋浆锚搭接灌浆作业实施旁站监理。

26. **【答案】** ABDE

【解析】 PC构件生产原材料，除混凝土制备所需原材料外还包括：PC构件配置的钢筋、夹心保温材料、预埋灌浆筒、吊钉、玄武岩钢筋和玻璃纤维筋等。项目监理机构应依据相关标准规范对原材料质量进行审查，对原材料取样检验进行见证。PC构件见证检验包括：①混凝土强度试块取样检验；②钢筋取样检验；③钢筋套筒取样检验；④拉结件取样检验；⑤预埋件取样检验；⑥保温材料取样检验。

考点 5　监理通知单、工程暂停令、复工令的签发

27. **【答案】** ABD

【解析】 在工程质量控制方面，项目监理机构发现施工存在质量问题的，或施工单位采用不适当的施工工艺，或施工不当，造成工程质量不合格的，应及时签发监理通知单，要求施工单位整改。

28. **【答案】** C

【解析】 项目监理机构发现下列情形之一时，总监理工程师应及时签发工程暂停令：

①建设单位要求暂停施工且工程需要暂停施工的；②施工单位未经批准擅自施工或拒绝项目监理机构管理的；③施工单位未按审查通过的工程设计文件施工的；④施工单位违反工程建设强制性标准的；⑤施工存在重大质量、安全事故隐患或发生质量、安全事故的。

29. **【答案】** A

【解析】 在工程质量控制方面，项目监理机构发现施工存在质量问题的，或施工单位采用不适当的施工工艺，或施工不当，造成工程质量不合格的，应及时签发监理通知单，要求施工单位整改。监理通知单由专业监理工程师或总监理工程师签发。

30. **【答案】** C

【解析】 项目监理机构发现下列情形之一时，总监理工程师应及时签发工程暂停令：①建设单位要求暂停施工且工程需要暂停施工的；②施工单位未经批准擅自施工或拒绝项目监理机构管理的；③施工单位未按审查通过的工程设计文件施工的；④施工单位违反工程建设强制性标准的；⑤施工存在重大质量、安全事故隐患或发生质量、安全事故的。

31. **【答案】** BCDE

【解析】 项目监理机构发现下列情形之一时，总监理工程师应及时签发工程暂停令：①建设单位要求暂停施工且工程需要暂停施工的；②施工单位未经批准擅自施工或拒绝项目监理机构管理的；③施工单位未按审查通过的工程设计文件施工的；④施工单位违反工程建设强制性标准的；⑤施工存在重大质量、安全事故隐患或发生质量、安全事故的。

32. **【答案】** A

【解析】 对需要返工处理或加固补强的质量事故，项目监理机构应要求施工单位报送质量事故调查报告和经设计等相关单位认可的处理方案，并应对质量事故的处理过程进行跟踪检查，对处理结果进行验收。项目监理机构应及时向建设单位提交质量事故书面报告，并应将完整的质量事故处理记录整理归档。

33. **【答案】** B

【解析】 对需要返工处理或加固补强的质量缺陷，项目监理机构应要求施工单位报送经设计等相关单位认可的处理方案，并应对质量缺陷的处理过程进行跟踪检查，同时应对处理结果进行验收。

考点 6 工程变更的控制

34. **【答案】** D

【解析】 施工单位提出的工程变更，当为要求进行某些材料/工艺/技术方面的技术修改时，即根据施工现场具体条件和自身的技术、经验和施工设备等，在不改变原设计文件原则的前提下，提出的对设计图纸和技术文件的某些技术上的修改要求，应在工程变更单及其附件中说明要求修改的内容及原因或理由，并附上有关文件和相应图纸。经各方同意签字后，由总监理工程师组织实施。

35. 【答案】C

【解析】如果变更涉及项目功能、结构主体安全，该工程变更还要按有关规定报送施工图原审查机构及管理部门进行审查与批准。

36. 【答案】ACDE

【解析】对施工单位提出的工程变更，项目监理机构可按下列程序处理：①总监理工程师组织专业监理工程师审查施工单位提出的工程变更申请，提出审查意见。对涉及工程设计文件修改的工程变更，应由建设单位转交原设计单位修改工程设计文件。必要时，项目监理机构应建议建设单位组织设计、施工等单位召开论证工程设计文件修改方案的专题会议。②总监理工程师组织专业监理工程师对工程变更费用及工期影响作出评估。③总监理工程师组织建设、施工单位等共同协商确定工程变更费用及工期变化，会签工程变更单。④项目监理机构根据批准的工程变更文件监督施工单位实施工程变更。

考点 7　质量记录资料的管理

37. 【答案】ACD

【解析】质量记录资料包括：施工现场质量管理检查记录资料；工程材料质量记录；施工过程作业活动质量记录资料。

38. 【答案】ABCD

【解析】施工现场质量管理检查记录资料主要包括：施工单位现场质量管理制度、质量责任制；主要专业工种操作上岗证书；分包单位资质及总承包施工单位对分包单位的管理制度；施工图审查核对资料（记录）、地质勘察资料；施工组织设计、施工方案及审批记录；施工技术标准；工程质量检验制度；混凝土搅拌站（级配填料拌合站）及计量设置；现场材料、设备存放与管理等。

第四节　安全生产的监理行为和现场控制

考点　安全生产现场控制

1. 【答案】B

【解析】对于高处作业吊篮的使用，各限位装置应齐全有效，安全锁必须在有效的标定期限内，吊篮内作业人员不应超过 2 人；安全绳的设置和使用、吊篮悬挂机构前支架设置均应符合规范及专项施工方案要求；吊篮配重件质量和数量应符合说明书及专项施工方案要求。

2. 【答案】CDE

【解析】根据住房和城乡建设部发布的《工程质量安全手册（试行）》，项目监理机构应对下述分部分项工程、施工机械和生产工作进行现场控制：①基坑工程；②脚手架工程；③起重机械；④模板支撑体系；⑤临时用电；⑥安全防护及其他。

第五节　危险性较大的分部分项工程施工安全管理

考点 1　危大工程范围

1.【答案】D

【解析】对于超过一定规模的危大工程，施工单位应当组织召开专家论证会对专项施工方案进行论证。超过一定规模的危险性较大的分部分项工程范围包括：①深基坑工程，包括开挖深度超过5m（含5m）的基坑（槽）的土方开挖、支护、降水工程；②模板工程及支撑体系；③起重吊装及起重机械安装拆卸工程；④脚手架工程，包括搭设高度50m及以上的落地式钢管脚手架工程、提升高度150m及以上的附着式升降脚手架工程或附着式升降操作平台工程、分段架体搭设高度20m及以上的悬挑式脚手架工程；⑤拆除工程；⑥暗挖工程；⑦其他。

2.【答案】CE

【解析】对于超过一定规模的危大工程，施工单位应当组织召开专家论证会对专项施工方案进行论证。实行施工总承包的，由施工总承包单位组织召开专家论证会。专家论证前专项施工方案应当通过施工单位审核和总监理工程师审查。专家应当从地方人民政府住房和城乡建设主管部门建立的专家库中选取，符合专业要求且人数不得少于5名。与本工程有利害关系的人员不得以专家身份参加专家论证会。

3.【答案】B

【解析】对于超过一定规模的危大工程，施工单位应当组织召开专家论证会对专项施工方案进行论证。

4.【答案】ACD

【解析】选项B错误，搭设高度50m及以上的落地式钢管脚手架工程属于超过一定规模的危大工程。选项E错误，提升高度150m及以上的附着式升降脚手架工程或附着式升降操作平台工程属于超过一定规模的危大工程。

考点 2　专项施工方案

5.【答案】B

【解析】滑模属于超过一定规模的危险性较大的分部分项工程。对于超过一定规模的危大工程，施工单位应当组织召开专家论证会对专项施工方案进行论证。实行施工总承包的，由施工总承包单位组织召开专家论证会。专家论证前专项施工方案应当通过施工单位审核和总监理工程师审查。

考点 3　现场安全管理

6.【答案】ACDE

【解析】对于危险性较大的分部分项工程，应当将专项施工方案及审核、专家论证、交底、现场检查、验收及整改等相关资料纳入档案管理。

7.【答案】ABDE

【解析】危大工程发生险情或者事故时，施工单位应当立即采取应急处置措施，并报告工程所在地住房和城乡建设主管部门。建设、勘察、设计、监理等单位应当配合施工单位开展应急抢险工作。危大工程应急抢险结束后，建设单位应当组织勘察、设计、施工、监理等单位制定工程恢复方案，并对应急抢险工作进行后评估。

第六章　建设工程施工质量验收

第一节　建筑工程施工质量验收

➢ **重难点：**

1. 建筑工程施工质量验收层次划分原则。
2. 建筑工程施工质量验收程序和合格规定。
3. 建筑工程质量验收时不符合要求的处理。

考点 1　建筑工程施工质量验收层次划分原则

1. **【单选】**某新建学校项目由教学楼、行政楼等构成，按建设工程项目划分，教学楼属于（　　）。

A. 专业工程　　B. 单项工程

C. 单位工程　　D. 分项工程

扫码听课

2. **【多选】**当分部工程较大或较复杂时，可按（　　）将分部工程划分为若干子分部工程。

A. 材料种类　　B. 施工特点

C. 工程部位　　D. 专业系统

E. 质量要求

3. **【单选】**单位工程中的分部工程是按（　　）划分的。

A. 设计系统或类别　　B. 工种、材料

C. 施工工艺、设备类别　　D. 专业性质、工程部位

4. **【多选】**根据《建筑工程施工质量验收统一标准》，分项工程可按（　　）进行划分。

A. 主要工种　　B. 施工工艺

C. 施工特点　　D. 设备类别

E. 专业性质

5. **【多选】**检验批可根据施工、质量控制和专业验收的需要，按（　　）进行划分。

A. 工程量　　B. 施工段

C. 楼层　　D. 工程特点

E. 变形缝

6. 【多选】施工质量验收层次的划分中，安装工程的检验批可按（　　）来划分。

A. 设计系统　　B. 安装工艺

C. 主要工种　　D. 设备组别

E. 楼层

7. 【单选】室外工程可根据专业类别和工程规模划分，其中室外设施工程属于（　　）。

A. 子分部工程　　B. 分部工程

C. 子单位工程　　D. 单位工程

8. 【单选】工程施工前，检验批的划分方案应由（　　）审核。

A. 施工单位　　B. 建设单位

C. 项目监理机构　　D. 设计单位

9. 【多选】根据《建筑工程施工质量验收统一标准》，室外设施工程中所包括的分部工程有（　　）。

A. 挡土墙　　B. 广场与停车场

C. 边坡　　D. 人行地道

E. 路基

考点 2 建筑工程施工质量验收基本规定

10. 【单选】根据《建筑工程施工质量验收统一标准》，对应于主控项目合格质量水平的错判概率 α 和漏判概率 β，正确的取值范围是（　　）。

A. α 和 β 均不宜超过 5%　　B. α 不宜超过 5%，β 不宜超过 10%

C. α 不宜超过 3%，β 不宜超过 5%　　D. α 不宜超过 3%，β 不宜超过 10%

11. 【单选】根据《建筑工程施工质量验收统一标准》，验收规范对工程验收项目未作出相应规定的，应由（　　）组织相关单位制定专项验收要求。

A. 建设单位　　B. 监理单位

C. 施工单位　　D. 设计单位

12. 【单选】对于项目监理机构提出检查要求的重要工序，应经（　　）检查认可，才能进行下道工序施工。

A. 总监理工程师　　B. 专业监理工程师

C. 现场监理员　　D. 施工单位质量负责人

13. 【单选】对于项目监理机构提出检查要求的重要工序，未经专业监理工程师检查认可，不得（　　）。

A. 进行下道工序　　B. 更换施工作业人员

C. 拨付工程款　　D. 进行竣工验收

14. 【单选】工程施工过程中，同一项目重复利用同一抽样对象已有检验成果的实施方案时，应事先报（　　）认可。

A. 建设单位　　B. 设计单位

C. 施工单位　　D. 项目监理机构

15. 【单选】工程施工过程中，采用计数抽样检验时，检验批容量为 20 时的最小抽样数量是（　　）。

A. 2　　B. 3

C. 5　　D. 8

16. 【单选】根据《建筑工程施工质量验收统一标准》，符合专业验收规范规定适当调整试验数量的实施方案，需报（　　）审核确认。

A. 建设单位　　B. 施工单位

C. 项目监理机构　　D. 设计单位

17. 【单选】根据《建筑工程施工质量验收统一标准》，涉及安全、节能、环境保护等项目的专项验收要求，应由（　　）组织专家论证。

A. 建设单位　　B. 监理单位

C. 设计单位　　D. 施工单位

18. 【单选】检验批的质量检验，可根据生产连续性和生产控制稳定性情况，采用（　　）方案。

A. 多次抽样　　B. 全数检验

C. 调整型抽样　　D. 计数抽样

考点 3 建筑工程施工质量验收程序和合格规定

19. 【单选】工程施工质量验收的最小单位是（　　）。

A. 分项工程　　B. 检验批

C. 单项工程　　D. 分部工程

20. 【单选】根据《建筑工程施工质量验收统一标准》，对于采用计数抽样的检验批一般项目的验收，合格点率应符合（　　）的规定。

A. 质量验收统一标准　　B. 工程技术规程

C. 建设工程监理规范　　D. 专业验收规范

21. 【多选】根据《建筑工程施工质量验收统一标准》，属于检验批质量验收合格条件的有（　　）。

A. 主控项目的质量经抽样检验合格

B. 一般项目的质量经抽样检验合格

C. 具有完整的质量验收记录

D. 具有完整的施工操作依据

E. 观感质量应符合要求

22. 【多选】填写建筑工程检验批质量验收记录时，应具有现场验收检查原始记录，该原始记录应由（　　）共同签署。

A. 施工单位项目技术负责人

B. 施工单位专业质量检查员

C. 施工单位专业工长

D. 专业监理工程师

E. 设计单位项目负责人

23. 【多选】根据《建筑工程施工质量验收统一标准》，分项工程质量验收合格的条件有（　　）。

A. 主控项目的质量均应检验合格

B. 一般项目的质量均应检验合格

C. 所含检验批的质量均应验收合格

D. 所含检验批的质量验收记录应完整

E. 观感质量应符合相应要求

24. 【单选】根据《建筑工程施工质量验收统一标准》，电梯分部工程质量验收应由（　　）组织。

A. 安装单位技术负责人　　B. 总监理工程师

C. 施工单位项目负责人　　D. 专业监理工程师

25. 【多选】根据《建筑工程施工质量验收统一标准》，应参加建筑节能分部工程质量验收的人员有（　　）。

A. 施工单位项目负责人　　B. 设计单位项目负责人

C. 质量监督机构人员　　D. 勘察单位项目负责人

E. 总监理工程师

26. 【多选】验收建筑工程地基与基础分部工程质量时，应由（　　）参加。

A. 施工单位项目负责人　　B. 设计单位项目负责人

C. 总监理工程师　　D. 勘察单位项目负责人

E. 建设单位项目负责人

27. 【多选】分部工程质量验收合格条件有（　　）。

A. 所含主要分项工程的质量验收合格

B. 有关安全、节能抽样检验结果符合规定

C. 有关环境保护抽样检验结果符合规定

D. 观感质量符合要求

E. 质量控制资料完整

28. 【单选】在施工过程中，当分部工程达到验收条件时，应由（　　）组织验收。

A. 专业监理工程师　　B. 总监理工程师

C. 施工单位项目负责人　　D. 建设单位现场代表

29. 【多选】单位工程竣工验收时需要核查的安全和功能检验资料中，属于“建筑与结构”部分的项目有（　　）。

A. 桩基承载力检验报告　　B. 节能保温测试记录

C. 给水管道通水试验记录　　D. 沉降观测测量记录

E. 混凝土强度试验报告

30. 【单选】单位工程中的分包工程验收合格后，分包单位应将所分包工程的质量控制资料

移交给（　　）。

A. 建设单位　　B. 施工总包单位

C. 项目监理机构　　D. 城建档案管理部门

31. 【单选】根据《建筑工程施工质量验收统一标准》，单位工程质量竣工验收记录表中的综合验收结论由（　　）填写。

A. 建设单位　　B. 监理单位　　C. 施工单位　　D. 设计单位

32. 【单选】在单位工程的质量验收中，对于涉及结构安全和使用功能的分部工程应进行（　　）。

A. 见证取样检测　　B. 主控项目的复查

C. 抽样检测　　D. 检验资料检查

33. 【单选】单位工程质量竣工验收记录表中，验收结论由（　　）填写。

A. 监理单位　　B. 项目监理机构

C. 建设单位　　D. 总监理工程师

34. 【单选】关于项目监理机构对检验批验收的说法，正确的是（　　）。

A. 检验批施工完成后就可以验收

B. 检验批应在隐蔽工程隐蔽后验收

C. 检验批应在分项工程验收后验收

D. 检验批在施工单位自检合格并报验后可以验收

35. 【单选】对检验批基本质量起决定性作用的主控项目，必须全部符合有关（　　）的规定。

A. 检验技术规程　　B. 专业工程验收规范

C. 统一验收标准　　D. 工程监理规范

36. 【多选】质量控制资料的完整性是检验批质量合格的前提，这是因为其反映了检验批从原材料到验收的各施工工序的（　　）。

A. 操作依据　　B. 质量保证所必需的管理制度

C. 过程控制　　D. 质量检查情况

E. 质量特性指标

37. 【多选】建筑工程检验批质量验收中的主控项目是指对（　　）起决定性作用的检验项目。

A. 节能　　B. 安全

C. 环境保护　　D. 质量评价

E. 主要使用功能

38. 【单选】根据《建筑工程施工质量验收统一标准》，对于采用计数抽样的检验批一般项目的验收，合格点率应符合（　　）的规定。

A. 质量验收统一标准　　B. 工程技术规程

C. 建设工程监理规范　　D. 专业验收规范

39. 【单选】根据《建筑工程施工质量验收统一标准》，负责组织分项工程验收的人员是（　　）。

A. 专业监理工程师

B. 施工单位项目技术负责人

C. 建设单位现场负责人

D. 总监理工程师

40. **【多选】**根据《建筑工程施工质量验收统一标准》，参加主体结构工程质量验收的人员有（　　）。

A. 施工单位项目负责人

B. 勘察单位项目负责人

C. 总监理工程师

D. 设计单位项目负责人

E. 施工单位技术负责人

41. **【单选】**根据《建设工程监理规范》，单位工程完工后，工程竣工预验收应由（　　）组织相关人员进行。

A. 总监理工程师

B. 建设单位项目负责人

C. 总监理工程师代表

D. 施工单位项目负责人

42. **【多选】**根据《建设工程质量管理条例》，建设工程竣工验收应当具备的条件有（　　）。

A. 完成建设工程合同约定的各项内容

B. 有完整的技术档案和施工管理资料

C. 有建设单位签署的质量合格文件

D. 有监理单位提供的巡视记录文件

E. 有施工单位签署的工程保修书

43. **【单选】**装配式混凝土结构连接部位浇筑混凝土之前应进行的工作是（　　）。

A. 施工方案论证

B. 隐蔽工程验收

C. 施工工艺试验

D. 平行检验

44. **【多选】**质量评估报告应由（　　）审核签字后报建设单位。

A. 总监理工程师

B. 总监理工程师代表

C. 监理单位技术负责人

D. 监理单位法定代表人

E. 监理单位质量部经理

45. **【多选】**单位工程安全和功能检验资料核查及主要功能抽查记录表中所包含的安全和功能检查项目有（　　）。

A. 通风、空调系统试运行记录

B. 绝缘电阻测试记录

C. 排水干管通球试验记录

D. 各结构层梁、板、柱静载试验报告

E. 建筑物沉降观测记录

46. **【单选】**建设工程施工过程中，分项工程质量验收应由（　　）组织。

A. 设计单位专业工程师

B. 监理员

C. 专业监理工程师

D. 建设单位代表

47. 【多选】在装配式混凝土结构连接部位及叠合构件浇筑混凝土之前，应进行隐蔽工程验收的内容有（　　）。

A. 混凝土粗糙面的质量

B. 键槽的尺寸、数量、位置

C. 钢筋的牌号、规格、数量、位置

D. 与预制件之间的防水、防火等构造做法

E. 构件出厂合格证

考点 4 建筑工程质量验收时不符合要求的处理

48. 【单选】施工质量不合格经加固补强的分项、分部工程，通过改变外形尺寸但能满足安全使用要求的，可按（　　）和协商文件进行验收。

A. 技术处理方案　　B. 设计单位意见

C. 设计变更处理　　D. 质量事故责任

49. 【单选】建筑工程施工质量验收中，经返工重做或更换器具、设备的检验批，应（　　）。

A. 予以验收　　B. 重新进行验收

C. 鉴定验收　　D. 协商验收

50. 【单选】为把质量隐患消灭在萌芽状态，在（　　）验收时应及时发现并处理不合格的施工质量。

A. 检验批　　B. 分项工程

C. 子分部工程　　D. 分部工程

51. 【单选】对于经过返修或加固的分部、分项工程，可按技术处理方案和协商文件进行检验的前提是（　　）。

A. 不改变结构的外形尺寸

B. 不造成永久性缺陷

C. 不影响主要功能和正常使用寿命

D. 不影响安全和主要使用功能

52. 【单选】检验批质量验收时，对于一般的质量缺陷可通过返修、更换予以解决，施工单位采取相应措施整改完后，该检验批应（　　）进行验收。

A. 重新　　B. 协商后

C. 经检测鉴定后　　D. 在设计单位到场后

53. 【单选】根据《建筑工程施工质量验收统一标准》，经返工或返修的检验批，应（　　）。

A. 重新进行验收

B. 按技术处理方案和协商文件进行验收

C. 经检测单位检测鉴定后予以验收

D. 由监督机构决定是否予以验收

第二节　城市轨道交通工程施工质量验收

> **重难点：**
>
> 1. 城市轨道交通建设工程验收的三个阶段。
> 2. 单位工程验收、项目工程验收和竣工验收的内容和程序。

考点 1　单位工程验收

1. **【单选】** 为了确认建设项目是否达到设计目标及标准要求，城市轨道交通建设工程竣工验收应在（　　）后进行。

A. 试运行 3 个月，并通过全部专项验收

B. 试运行 3 个月，并通过主要专项验收

C. 试运营 3 个月，并通过全部单位工程验收

D. 试运营 3 个月，并通过全部专项验收

2. **【单选】** 城市轨道交通建设工程验收中，项目工程验收合格后、试运营之前进行的验收是（　　）。

A. 竣工验收　　B. 专项验收

C. 项目工程验收　　D. 分部工程验收

3. **【单选】** 城市轨道交通建设工程验收中，单位工程预验由（　　）组织。

A. 建设单位　　B. 施工单位

C. 总监理工程师　　D. 负责专项验收的城市政府有关部门

4. **【单选】** 根据《城市轨道交通建设工程验收管理暂行办法》，城市轨道交通建设工程所包含的单位工程验收合格且通过相关专项验收后，方可组织项目工程验收，项目工程验收合格后，建设单位应组织（　　）个月的不载客试运行。

A. 1　　B. 2

C. 3　　D. 6

考点 2　项目工程验收

5. **【单选】** 轨道交通建设项目的项目工程验收在（　　）进行。

A. 所有单位工程验收后，试运营之前

B. 所有单位工程验收后，试运行之前

C. 所有专项验收后，试运营之前

D. 所有专项验收后，试运行之前

6. 【单选】城市轨道交通建设工程验收中，项目工程验收工作由（　　）组织。

A. 建设单位　　B. 施工单位

C. 总监理工程师　　D. 负责专项验收的城市政府有关部门

第三节　工程质量保修管理

> 重难点：

1. 保修范围、期限、义务以及工程质量保证金的规定。
2. 工程保修阶段的主要工作。

考点 1　工程保修的相关规定

1. 【单选】根据《建设工程质量保证金管理办法》，质量保证金预留总额不得高于工程价款结算总额的（　　）。

A. 5%　　B. 4%

C. 3%　　D. 2%

考点 2　工程保修阶段的主要工作

2. 【多选】工程保修阶段监理单位的主要工作有（　　）。

A. 协调联系　　B. 定期回访

C. 界定责任　　D. 检查验收

E. 资料归档

3. 【单选】在正常使用条件下，房屋建筑主体结构工程的最低保修期限为（　　）。

A. 建设单位要求的使用年限　　B. 设计文件规定的合理使用年限

C. 30 年　　D. 50 年

参考答案及解析

第六章　建设工程施工质量验收

第一节　建筑工程施工质量验收

考点 1　建筑工程施工质量验收层次划分原则

1. 【答案】C

【解析】具备独立施工条件并能形成独立使用功能的建筑物或构筑物为一个单位工程。如一所学校中的教学楼、办公楼、传达室，某城市的广播电视塔等。

2. 【答案】ABD

【解析】当分部工程较大或较复杂时，可按材料种类、施工特点、施工程序、专业系统及类别将分部工程划分为若干子分部工程。

3. 【答案】D

【解析】分部工程的划分：①可按专业性质、工程部位确定；②当分部工程较大或较复杂时，可按材料种类、施工特点、施工程序、专业系统及类别将分部工程划分为若干子分部工程。

4. 【答案】ABD

【解析】分项工程是分部工程的组成部分，可按主要工种、材料、施工工艺、设备类别进行划分。

5. 【答案】ABCE

【解析】检验批是指按相同的生产条件或按规定的方式汇总起来供抽样检验用的，由一定数量样本组成的检验体。检验批可根据施工、质量控制和专业验收的需要，按工程量、楼层、施工段、变形缝进行划分。

6. 【答案】AD

【解析】安装工程一般按一个设计系统或设备组别划分为一个检验批。

7. 【答案】D

【解析】室外工程可根据专业类别和工程规模划分为单位工程、子单位工程、分部工程和分项工程。室外工程的室外设施属于单位工程。

8. 【答案】C

【解析】工程施工前，应由施工单位制定分项工程和检验批的划分方案，并由项目监理机构审核。

9. 【答案】ABDE

【解析】室外工程的划分见下表。

单位工程	子单位工程	分部工程
室外设施	道路	路基、基层、面层、广场与停车场、人行道、人行地道、挡土墙、附属构筑物
	边坡	土石方、挡土墙、支护
附属建筑及室外环境	附属建筑	车棚、围墙、大门、挡土墙
	室外环境	建筑小品、亭台、水景、连廊、花坛、场坪绿化、景观桥

考点 2　建筑工程施工质量验收基本规定

10. **【答案】** A

【解析】 计量抽样的错判概率 α 和漏判概率 β 可按下列规定采取：①主控项目：对应于合格质量水平的 α 和 β 均不宜超过5%。②一般项目：对应于合格质量水平的 α 不宜超过5%，β 不宜超过10%。错判概率 α 是指合格批被判为不合格批的概率，即合格批被拒收的概率。漏判概率 β 是指不合格批被判为合格批的概率，即不合格批被误收的概率。

11. **【答案】** A

【解析】 当专业验收规范对工程中的验收项目未作出相应规定时，应由建设单位组织监理、设计、施工等相关单位制定专项验收要求。涉及结构安全、节能、环境保护等项目的专项验收要求应由建设单位组织专家论证。

12. **【答案】** B

【解析】 对于项目监理机构提出检查要求的重要工序，应经专业监理工程师检查认可，才能进行下道工序施工。

13. **【答案】** A

【解析】 对于项目监理机构提出检查要求的重要工序，应经专业监理工程师检查认可，才能进行下道工序施工。

14. **【答案】** D

【解析】 符合下列条件之一时，可按相关专业验收规范的规定适当调整抽样复验、试验数量，调整后的抽样复验、试验方案应由施工单位编制，并报项目监理机构审核确认：①同一项目中由相同施工单位施工的多个单位工程，使用同一生产厂家的同品种、同规格、同批次的材料、构配件、设备；②同一施工单位在现场加工的成品、半成品、构配件用于同一项目中的多个单位工程；③在同一项目中，针对同一抽样对象已有检验成果可以重复利用。

15. **【答案】** B

【解析】 检验批的容量为16～25时，其最小抽样数量是3。

16. **【答案】** C

【解析】 符合专业验收规范的规定适当调整抽样复验、试验数量，调整后的抽样复验、试验方案应由施工单位编制，并报项目监理机构审核确认。

17. **【答案】** A

【解析】当专业验收规范对工程中的验收项目未作出相应规定时，应由建设单位组织监理、设计、施工等相关单位制定专项验收要求。涉及结构安全、节能、环境保护等项目的专项验收要求应由建设单位组织专家论证。

18.【答案】C

【解析】检验批的质量检验，应根据检验项目的特点在下列抽样方案中进行选择：①计量、计数或计量-计数的抽样方案；②一次、二次或多次抽样方案；③对重要的检验项目，当有简易快速的检验方法时，选用全数检验方案；④根据生产连续性和生产控制稳定性情况，采用调整型抽样方案；⑤经实践检验有效的抽样方案。

考点3　建筑工程施工质量验收程序和合格规定

19.【答案】B

【解析】建筑工程施工质量验收层次划分：单位（子单位）工程→分部工程→子分部工程→分项工程→检验批。检验批是工程施工质量验收的最小单位。

20.【答案】D

【解析】检验批质量验收合格规定：①主控项目的质量经抽样检验均应合格。②一般项目的质量经抽样检验合格。当采用计数抽样时，合格点率应符合有关专业验收规范的规定，且不得存在严重缺陷。③具有完整的施工操作依据、质量验收记录。

21.【答案】BCD

【解析】检验批质量验收合格规定：①主控项目的质量经抽样检验均应合格。②一般项目的质量经抽样检验合格。当采用计数抽样时，合格点率应符合有关专业验收规范的规定，且不得存在严重缺陷。③具有完整的施工操作依据、质量验收记录。

22.【答案】BCD

【解析】填写检验批质量验收记录时应具有现场验收检查原始记录，该原始记录应由专业监理工程师和施工单位专业质量检查员、专业工长共同签署，并在单位工程竣工验收前存档备查，保证该记录的可追溯性。

23.【答案】CD

【解析】分项工程质量验收合格应符合下列规定：①所含检验批的质量均应验收合格；②所含检验批的质量验收记录应完整。

24.【答案】B

【解析】分部工程应由总监理工程师组织施工单位项目负责人和项目技术负责人等进行验收。

25.【答案】ABE

【解析】分部工程应由总监理工程师组织施工单位项目负责人和项目技术负责人等进行验收。勘察、设计单位项目负责人和施工单位技术、质量部门负责人应参加地基与基础分部工程的验收。设计单位项目负责人和施工单位技术、质量部门负责人应参加主体结构、节能分部工程的验收。

26.【答案】ABCD

【解析】分部工程应由总监理工程师组织施工单位项目负责人和项目技术负责人等进行验收。勘察、设计单位项目负责人和施工单位技术、质量部门负责人应参加地基与基础分部工程的验收。设计单位项目负责人和施工单位技术、质量部门负责人应参加主体结构、节能分部工程的验收。

27. 【答案】BCDE

【解析】分部工程质量验收合格应符合下列规定：①所含分项工程的质量均应验收合格；②质量控制资料应完整；③有关安全、节能、环境保护和主要使用功能的抽样检验结果应符合相应规定；④观感质量应符合要求。

28. 【答案】B

【解析】分部工程应由总监理工程师组织施工单位项目负责人和项目技术负责人等进行验收。

29. 【答案】ABDE

【解析】给水管道通水试验记录属于“给水排水与供暖”项目的资料，故选项C错误。

30. 【答案】B

【解析】单位工程中的分包工程完工后，分包单位应对所承包的工程项目进行自检，并应按标准规定的程序进行验收。验收时，总包单位应派人参加。验收合格后，分包单位应将所分包工程的质量控制资料整理完整，并移交给总包单位。建设单位组织单位工程质量验收时，分包单位负责人应参加验收。

31. 【答案】A

【解析】单位工程质量竣工验收记录表中的验收记录由施工单位填写，验收结论由监理单位填写；综合验收结论由参加验收各方共同商定，由建设单位填写，应对工程质量是否符合设计和相关标准的规定要求及总体质量水平作出评价。

32. 【答案】D

【解析】单位工程质量验收合格规定：①所含分部工程的质量均应验收合格；②质量控制资料应完整；③所含分部工程中有关安全、节能、环境保护和主要使用功能的检验资料应完整；④主要使用功能的抽查结果应符合相关专业质量验收规范的规定；⑤观感质量应符合要求。

33. 【答案】A

【解析】单位工程质量竣工验收记录表中的验收记录由施工单位填写，验收结论由监理单位填写；综合验收结论由参加验收各方共同商定，由建设单位填写，应对工程质量是否符合设计和相关标准的规定要求及总体质量水平作出评价。

34. 【答案】D

【解析】验收前，施工单位应对施工完成的检验批进行自检，对存在的问题自行整改处理，合格后填写检验批报审、报验表及检验批质量验收记录，并将相关资料报送项目监理机构申请验收。

35. 【答案】B

【解析】主控项目是对检验批的基本质量起决定性影响的检验项目，是保证工程安全和使用功能的重要检验项目，必须全部符合有关专业工程验收规范的规定。

36. **【答案】** ABD

【解析】 质量控制资料反映了检验批从原材料到最终验收的各施工工序的操作依据、质量检查情况以及保证工程质量所必需的管理制度等。对其完整性的检查，实际上是对过程控制的确认，这是检验批质量合格的前提。

37. **【答案】** ABCE

【解析】 主控项目是指建筑工程中对安全、节能、环境保护和主要使用功能起决定性作用的检验项目。主控项目是对检验批的基本质量起决定性影响的检验项目，是保证工程安全和使用功能的重要检验项目，必须从严要求，因此要求主控项目必须全部符合有关专业验收规范的规定。

38. **【答案】** D

【解析】 当采用计数抽样时，合格点率应符合有关专业验收规范的规定，且不得存在严重缺陷。

39. **【答案】** A

【解析】 分项工程应由专业监理工程师组织施工单位项目专业技术负责人等进行验收。

40. **【答案】** DE

【解析】 根据《建筑工程施工质量验收统一标准》，设计单位项目负责人和施工单位技术、质量部门负责人应参加主体结构、节能分部工程的验收。

41. **【答案】** A

【解析】 总监理工程师应组织专业监理工程师审查施工单位提交的单位工程竣工验收报审表及有关竣工资料，并对工程质量进行竣工预验收。

42. **【答案】** ABE

【解析】 根据《建设工程质量管理条例》，建设工程竣工验收应当具备的条件有：①完成建设工程设计和合同约定的各项内容；②有完整的技术档案和施工管理资料；③有工程使用的主要建筑材料、建筑构配件和设备的进场试验报告；④有勘察、设计、施工、工程监理等单位分别签署的质量合格文件；⑤有施工单位签署的工程保修书。

43. **【答案】** B

【解析】 装配式混凝土结构连接部位及叠合构件浇筑混凝土之前，应进行隐蔽工程验收。

44. **【答案】** AC

【解析】 总监理工程师应组织各专业监理工程师审查施工单位报送的相关竣工资料，并对工程质量进行竣工预验收。存在施工质量问题时，应由施工单位及时整改。整改完毕且复验合格后，总监理工程师应签认单位工程竣工验收的相关资料。项目监理机构应编写工程质量评估报告，并应经总监理工程师和监理单位技术负责人审核签字后报建设单位。

45. **【答案】** ABCE

【解析】 单位工程安全和功能检验资料核查及主要功能抽查记录表中所包含的安全和功能检查项目包括：①建筑物沉降观测记录；②排水干管通球试验记录；③通风、空调系统试运行记录；④绝缘电阻测试记录。

46.【答案】C

【解析】分项工程质量验收应由专业监理工程师组织施工单位项目技术负责人等进行验收。

47.【答案】ABCD

【解析】对于装配式混凝土结构连接部位及叠合构件浇筑混凝土之前，应进行隐蔽工程验收。隐蔽工程验收主要内容包括：混凝土粗糙面的质量；键槽的尺寸、数量、位置；钢筋的牌号、规格、数量、位置、间距，箍筋弯钩的弯折角度及平直段长度；钢筋的连接方式、接头位置、接头数量、接头面积百分率、搭接长度、锚固方式及锚固长度；预埋件、预留管线的规格、数量、位置；预制混凝土构件接缝处防水、防火等构造做法，保温及其节点施工；其他隐蔽项目；隐蔽项目施工过程记录照片。

考点 4 建筑工程质量验收时不符合要求的处理

48.【答案】A

【解析】施工质量不合格经加固补强的分项、分部工程，通过改变外形尺寸但能满足安全使用要求的，可按技术处理方案和协商文件进行验收。

49.【答案】B

【解析】经返工或返修的检验批，应重新进行验收。

50.【答案】A

【解析】检验批是工程施工质量验收的最小单位，是分项工程、分部工程、单位工程质量验收的基础。按检验批验收有助于及时发现和处理施工过程中出现的质量问题，确保工程施工质量符合有关标准和要求，也符合工程施工的实际需要，把质量隐患消灭在萌芽状态。

51.【答案】D

【解析】为了避免建筑物的整体或局部拆除，避免社会财富更大的损失，在不影响安全和主要使用功能条件下，可按技术处理方案和协商文件进行验收，责任方应按法律法规承担相应的经济责任和接受处罚。需要特别注意的是，这种方法不能作为降低质量要求、变相通过验收的一种出路。

52.【答案】A

【解析】对于严重的质量缺陷应重新施工，一般的质量缺陷可通过返修、更换予以解决，允许施工单位在采取相应的措施后重新验收。如能够符合相应的专业验收规范要求，应认为该检验批合格。

53.【答案】A

【解析】经返工或返修的检验批，应重新进行验收。

第二节 城市轨道交通工程施工质量验收

考点 1 单位工程验收

1.【答案】A

【解析】城市轨道交通建设工程所包含的单位工程验收合格且通过相关专项验收后，方可组织项目工程验收；项目工程验收合格后，建设单位应组织不载客试运行，试运行 3 个月，并通过全部专项验收后，方可组织竣工验收；竣工验收合格后，城市轨道交通建设工程方可履行相关试运营手续。

2. **【答案】** A

【解析】 单位工程验收是指在单位工程完工后，检查工程设计文件和合同约定内容的执行情况，评价单位工程是否符合有关法律法规和工程技术标准，符合设计文件及合同要求，对各参建单位的质量管理进行评价的验收。项目工程验收是指各项单位工程验收后、试运行之前，确认建设项目工程是否达到设计文件及标准要求，是否满足城市轨道交通试运行要求的验收。竣工验收是指项目工程验收合格后、试运营之前，结合试运行效果，确认建设项目是否达到设计目标及标准要求的验收。

3. **【答案】** C

【解析】 施工单位对单位工程质量自验合格后，总监理工程师应组织专业监理工程师，对施工单位报送的验收资料进行审查后，组织单位工程预验。单位工程各相关参建单位须参加预验，预验程序可参照单位工程验收程序。

4. **【答案】** C

【解析】 城市轨道交通建设工程自项目工程验收合格之日起可投入不载客试运行，试运行时间不应少于 3 个月。

第六章 必刷

考点 2　项目工程验收

5. **【答案】** B

【解析】 项目工程验收在各项单位工程验收后、试运行之前进行，项目工程验收合格后，建设单位应组织不载客试运行，试运行 3 个月，并通过全部专项验收后，方可组织竣工验收。

6. **【答案】** A

【解析】 项目工程验收工作由建设单位组织，各参建单位项目负责人以及运营单位、负责专项验收的城市政府有关部门代表参加，组成验收组。

第三节　工程质量保修管理

考点 1　工程保修的相关规定

1. **【答案】** C

【解析】《建设工程质量保证金管理办法》规定，发包人应按照合同约定方式预留保证金，保证金总预留比例不得高于工程价款结算总额的 3%。合同约定由承包人以银行保函替代预留保证金的，保函金额不得高于工程价款结算总额的 3%。

考点 2　工程保修阶段的主要工作

2. **【答案】** ABCD

【解析】工程保修阶段的主要工作：①定期回访；②协调联系；③界定责任；④督促维修；⑤检查验收。

3.【答案】B

【解析】在正常使用条件下，建设工程的最低保修期限为：①基础设施工程、房屋建筑的地基基础工程和主体结构工程，为设计文件规定的该工程的合理使用年限；②屋面防水工程、有防水要求的卫生间、房间和外墙面的防渗漏，为5年；③供热与供冷系统，为2个采暖期、供冷期；④电气管线、给排水管道、设备安装和装修工程，为2年。其他项目的保修期限由发包方与承包方约定。建设工程的保修期，自竣工验收合格之日起计算。

第七章　建设工程质量缺陷及事故处理

第一节　工程质量缺陷及处理

➢ **重难点：**

1. 常见质量缺陷的成因。
2. 工程质量缺陷的处理程序。

考点 1　工程质量缺陷的成因

1. **【单选】** 水泥安定性不合格会造成的质量缺陷是（　　）。

A. 混凝土蜂窝麻面　　B. 混凝土不密实

C. 混凝土碱骨料反应　　D. 混凝土爆裂

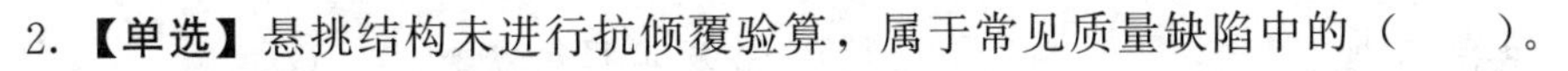

2. **【单选】** 悬挑结构未进行抗倾覆验算，属于常见质量缺陷中的（　　）。

A. 违背基本建设程序　　B. 地勘数据失真

C. 违反法律法规　　D. 设计差错

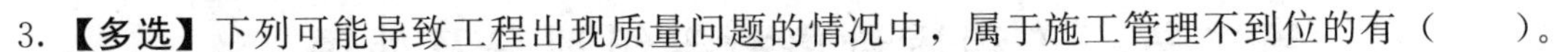

3. **【多选】** 下列可能导致工程出现质量问题的情况中，属于施工管理不到位的有（　　）。

A. 选用了不恰当的标准图集

B. 采用不正确的结构方案，荷载取值过小

C. 挡土墙未按图设滤水层、排水孔

D. 悬挑结构未进行抗倾覆验算

E. 未进行技术交底，违章作业

4. **【多选】** 建设程序是工程项目建设过程及客观规律的反映，不按建设程序办事是导致工程质量问题的重要原因，常见的违背基本建设程序的事件包括（　　）。

A. 边设计边施工　　B. 无图施工

C. 无证施工　　D. 越级施工

E. 技术交底不清

5. **【单选】** 下列导致工程质量缺陷的原因中，属于设计缺陷的是（　　）。

A. 边勘察、边设计、边施工

B. 荷载取值过小，内力分析有误

C. 勘察报告不准、不细

D. 施工人员不具备上岗的技术资质

6. **【多选】** 下列可能导致工程质量缺陷的因素中，属于施工与管理不到位的有（　　）。

A. 采用不正确的结构方案　　B. 未经设计单位同意擅自修改设计

C. 技术交底不清　　D. 施工方案考虑不周全

E. 图纸未经会审

7. **【单选】** 下列可能导致工程质量缺陷的因素中，属于违背基本建设程序的是（　　）。

A. 未按有关施工规范施工

B. 计算简图与实际受力情况不符

C. 图纸技术交底不清

D. 不经竣工验收就交付使用

考点 2 工程质量缺陷的处理程序

8. **【单选】** 施工中出现需要加固的质量缺陷时，项目监理机构应审查施工单位提交的（　　）。

A. 按设计规范编制的加固处理方案

B. 经该项目设计单位认可的加固处理方案

C. 经有相应设计资质的设计单位认可的加固处理方案

D. 经建设单位认可的加固处理方案

9. **【单选】** 施工过程中，对出现的工程质量问题，监理工程师首先应（　　）。

A. 签发监理通知单　　B. 签发工程暂停令

C. 报告业主　　D. 判断其严重程度

第二节　工程质量事故等级划分及处理

➢ **重难点：**

1. 工程质量事故等级划分。
2. 工程质量事故处理依据和程序。
3. 工程质量事故处理方案的确定。

考点 1 工程质量事故等级划分

1. **【单选】** 工程施工过程中发生质量事故造成 6 人死亡、50 人重伤、600 万元直接经济损失，则该事故等级属于（　　）。

A. 一般事故　　B. 较大事故

C. 重大事故　　D. 特别重大事故

2.【单选】工程施工过程发生质量事故造成 5 人死亡、直接经济损失 5 000 万元，则该事故属于（　　）事故。

A. 一般　　B. 较大

C. 重大　　D. 特别重大

3.【单选】工程施工过程中发生质量事故造成 8 人死亡、50 人重伤、6 000 万元直接经济损失，则该事故等级属于（　　）。

A. 一般事故　　B. 较大事故

C. 重大事故　　D. 特别重大事故

4.【单选】工程发生质量安全事故，造成 2 人死亡、3 800 万元直接经济损失，则该事故等级是（　　）。

A. 一般事故　　B. 较大事故

C. 重大事故　　D. 特别重大事故

5.【单选】某工程施工过程中发生质量事故，造成 3 人死亡、6 000 万元直接经济损失，则该质量事故等级属于（　　）。

A. 一般事故　　B. 较大事故

C. 重大事故　　D. 特别重大事故

考点 2　工程质量事故处理

6.【多选】工程施工过程中，处理质量事故的依据有（　　）。

A. 相关法律法规　　B. 有关合同文件

C. 质量事故实况资料　　D. 有关工程定额

E. 有关工程技术文件

7.【单选】质量事故发生后，（　　）有责任就所发生的质量事故进行周密的调查、研究，掌握情况，并在此基础上写出调查报告，提交项目监理机构和建设单位。

A. 施工单位　　B. 监理单位应要求施工单位

C. 监理员　　D. 事故调查小组

8.【多选】工程质量事故的实况资料是找出质量事故原因和确定处理对策的基础，它主要来自（　　）。

A. 施工单位的质量事故调查报告

B. 项目监理机构所掌握的质量事故相关资料

C. 监理单位调查研究所获得的第一手资料

D. 工程质量事故调查组的事故分析会议记录

E. 有关的技术文件和档案

9.【单选】工程质量事故发生后，总监理工程师应采取的做法是（　　）。

A. 立即组织抢险

B. 立即征得建设单位同意后签发工程暂停令

C. 立即进行事故调查

D. 立即要求施工单位查清原因和责任人

10. **【单选】**关于项目监理机构处理工程质量事故的说法，正确的是（　　）。

A. 签发监理通知单，要求施工单位及时处理

B. 签发工程暂停令，暂停与其关联部位的施工

C. 签发监理报告，向政府主管部门报告

D. 签发工作联系单，要求施工单位及时处理

11. **【单选】**工程质量事故发生后，项目监理机构应及时签发工程暂停令，要求施工单位采取（　　）的措施。

A. 抓紧整改、早日复工

B. 防止事故信息非正常扩散

C. 对事故责任人进行监管

D. 防止事故扩大并保护好现场

12. **【单选】**工程质量事故发生后，涉及结构安全和加固处理的重大技术处理方案应由（　　）提出。

A. 原设计单位

B. 事故调查组建议的单位

C. 施工单位

D. 法定检测单位

13. **【单选】**对于由质量事故调查组处理的质量事故，（　　）应积极配合，客观地提供相应证据。

A. 建设单位　　B. 项目监理机构

C. 质量监督机构　　D. 质量检测机构

14. **【多选】**工程质量事故处理完后，项目监理机构应该及时向建设单位提交质量事故书面报告，报告的主要内容包括（　　）。

A. 工程及各参建单位名称

B. 事故处理的过程及结果

C. 事故发生后采取的措施和处理方案

D. 质量事故发生的时间、地点、工程部位

E. 对质量事故责任人的处理意见

15. **【多选】**监理单位向建设单位提交的质量事故处理报告中应包括的内容有（　　）。

A. 质量事故的工程部位　　B. 事故发生的原因

C. 事故的责任人及其责任　　D. 事故处理的过程

E. 事故处理的结果

16. **【多选】**工程施工过程中，质量事故处理的基本要求有（　　）。

A. 安全可靠，不留隐患

B. 满足建筑物的功能和使用要求

C. 技术可行，经济合理

D. 满足建设单位的要求

E. 造型美观，节能环保

17. 【单选】某工程的混凝土构件尺寸偏差不符合验收规范要求，经原设计单位验算，得出的结论是该构件能够满足结构安全和使用功能要求，则该混凝土构件的处理方式是（　　）。

A. 返工处理　　B. 不做处理　　C. 试验检测　　D. 限制使用

18. 【单选】对涉及技术领域广泛、问题复杂、仅依据合同约定难以决策的工程质量缺陷，应选用的辅助决策方法是（　　）。

A. 专家论证法　　B. 方案比较法

C. 试验验证法　　D. 定期观测法

19. 【多选】工程质量事故处理方案的辅助决策方法有（　　）。

A. 检查验收　　B. 定期观测

C. 试验验证　　D. 方案比较

E. 专家论证

20. 【单选】为确保设计结构使用安全，对质量事故的处理结果，需由项目监理机构组织进行的工作是（　　）。

A. 检验鉴定　　B. 定期观测

C. 专家论证　　D. 定期评估

21. 【多选】下列文件资料中，属于质量事故实况资料的有（　　）。

A. 有关合同文件　　B. 有关设计文件

C. 施工方案与施工计划　　D. 施工单位质量事故调查报告

E. 项目监理机构所掌握的质量事故相关资料

22. 【单选】工程质量事故发生后，应由（　　）签发工程暂停令。

A. 建设单位项目负责人

B. 总监理工程师

C. 施工单位项目经理

D. 设计负责人

23. 【单选】工程质量事故处理方案的确定，需要按照一般处理原则和基本要求进行，其一般处理原则是（　　）。

A. 正确确定事故性质、处理范围

B. 安全可靠，不留隐患

C. 满足建筑物的功能和使用要求

D. 技术可行，经济合理

24. 【多选】工程施工过程中，质量事故处理的基本要求有（　　）。

A. 安全可靠，不留隐患　　B. 满足建筑物的功能和使用要求

C. 技术可行，经济合理　　D. 满足建设单位的要求

E. 造型美观，节能环保

25. 【单选】工程质量事故处理方案的类型有返工处理、不做处理和（　　）。

A. 修补处理
B. 试验验证后处理
C. 定期观察处理
D. 专家论证后处理

26. 【多选】下列工程质量问题中，可不做处理的有（　　）。

A. 不影响结构安全和正常使用的质量问题
B. 经过后续工序可以弥补的质量问题
C. 存在一定的质量缺陷，若处理则影响工期的质量问题
D. 质量问题经法定检测单位鉴定为合格
E. 出现的质量问题，经原设计单位核算，仍能满足结构安全和使用功能

27. 【单选】施工质量验收时，抽样样本经试验室检测达不到规范及设计要求，但经检测单位的现场检测鉴定能够达到要求的，可（　　）处理。

A. 返工
B. 补强
C. 不做
D. 延后

28. 【单选】某检验批混凝土试块强度值不满足规范要求，强度不足，在法定检测单位对混凝土实体采用非破损检验方法，测定其实际强度已达规范允许和设计要求值，这时宜采取的处理方法是（　　）。

A. 加固处理
B. 修补处理
C. 不做处理
D. 返工处理

29. 【多选】工程质量事故处理方案的辅助决策方法有（　　）。

A. 试验验证法
B. 定期观测法
C. 专家论证法
D. 头脑风暴法
E. 线性规划法

30. 【单选】建设工程发生施工质量事故后，施工单位应提交质量事故调查报告，其中在质量事故发展情况中应明确的内容是（　　）。

A. 事故范围是否继续扩大
B. 是否发生直接经济损失
C. 应急措施是否直接有效
D. 是否发生人员伤亡

31. 【多选】建设工程施工事故发生后，施工单位提交的质量事故调查报告应包括的内容有（　　）。

A. 事故发生的简要经过
B. 事故原因的初步判断
C. 事故责任范围的初步界定
D. 事故主要责任者情况
E. 事故等级的初步推定

32. 【单选】质量事故处理完毕，施工单位提交复工报审表后，项目监理机构的正确做法是（　　）。

A. 提交质量事故调查报告
B. 签发复工令
C. 审查复工报审表，符合要求后报建设单位
D. 继续进行观测

参考答案及解析

第七章　建设工程质量缺陷及事故处理

第一节　工程质量缺陷及处理

考点 1　工程质量缺陷的成因

1. 【答案】D

【解析】近年来，假冒伪劣的材料、构配件和设备大量出现，一旦把关不严，不合格的建筑材料及制品被用于工程，将导致质量隐患，造成质量缺陷和质量事故。例如，钢筋物理力学性能不良导致钢筋混凝土结构破坏；骨料中碱活性物质导致碱骨料反应使混凝土产生破坏；水泥安定性不合格会造成混凝土爆裂等。

2. 【答案】D

【解析】设计差错包括盲目套用图纸、采用不正确的结构方案、计算简图与实际受力情况不符、荷载取值过小、内力分析有误、沉降缝或变形缝设置不当、悬挑结构未进行抗倾覆验算，以及计算错误等。

3. 【答案】CE

【解析】施工管理不到位是指不按图施工或未经设计单位同意擅自修改设计。例如，将铰接做成刚接，将简支梁做成连续梁，导致结构破坏；挡土墙不按图设滤水层、排水孔，导致压力增大，墙体破坏或倾覆；不按有关的施工规范和操作规程施工，浇筑混凝土时振捣不良，造成薄弱部位；砖砌体砌筑上下通缝，灰浆不饱满等均能导致砖墙破坏。施工组织管理紊乱，不熟悉图纸，盲目施工；施工方案考虑不周，施工顺序颠倒；图纸未经会审，仓促施工；技术交底不清，违章操作；疏于检查、验收等。

4. 【答案】AB

【解析】违背基本建设程序的情形包括：未搞清地质情况就仓促开工；边设计、边施工；无图施工；不经竣工验收就交付使用等。

5. 【答案】B

【解析】设计差错包括盲目套用图纸、采用不正确的结构方案、计算简图与实际受力情况不符、荷载取值过小、内力分析有误、沉降缝或变形缝设置不当、悬挑结构未进行抗倾覆验算，以及计算错误等。

6. 【答案】BCDE

【解析】施工与管理不到位是指不按图施工或未经设计单位同意擅自修改设计。例如，将铰接做成刚接，将简支梁做成连续梁，导致结构破坏；挡土墙不按图设滤水层、排水孔，导致压力增大，墙体破坏或倾覆；不按有关的施工规范和操作规程施工，浇筑混凝土时振捣不良，造成薄弱部位；砖砌体砌筑上下通缝、灰浆不饱满等均能导致砖墙破坏。施工组织管理紊乱，不熟悉图纸，盲目施工；施工方案考虑不周，施工顺序颠倒；图纸未经会审，仓促施工；技术交底不清，违章作业；疏于检查、验收等。选项 A 属于设计差错。

7.【答案】D

【解析】违背基本建设程序的情形包括：未搞清地质情况就仓促开工；边设计、边施工；无图施工；不经竣工验收就交付使用等。

考点 2 工程质量缺陷的处理程序

8.【答案】B

【解析】工程质量缺陷的处理程序：发生工程质量缺陷→工程监理单位签发监理通知单要求施工单位予以修复→施工单位进行质量缺陷调查，提出经设计等相关单位认可的处理方案→工程监理单位审查施工单位报送的处理方案并签署意见→施工单位实施处理，工程监理单位对处理过程进行跟踪检查，对处理结果进行验收→工程监理单位应对工程质量缺陷原因进行调查分析并确定责任归属。

9.【答案】A

【解析】施工过程中发生工程质量缺陷，工程监理单位安排监理人员进行检查和记录并签发监理通知单，责成施工单位进行修复处理。

第二节 工程质量事故等级划分及处理

考点 1 工程质量事故等级划分

1.【答案】C

【解析】根据工程质量事故造成的人员伤亡或者直接经济损失，工程质量事故分为 4 个等级，见下表。

等级	死亡人数	重伤人数	直接经济损失
特别重大事故	≥30 人	≥100 人	≥1 亿元
重大事故	10～30 人	50～100 人	5 000 万～10 000 万元
较大事故	3～10 人	10～50 人	1 000 万～5 000 万元
一般事故	<3 人	<10 人	100 万～1 000 万元

注：下限包括本数，上限不包括本数。

2.【答案】C

【解析】重大事故是指造成 10 人以上 30 人以下死亡，或者 50 人以上 100 人以下重伤，或者 5 000 万元以上 1 亿元以下直接经济损失的事故。（“以上”包括本数，“以下”不包括本数）

3.【答案】C

【解析】重大事故是指造成 10 人以上 30 人以下死亡，或者 50 人以上 100 人以下重伤，或者 5 000 万元以上 1 亿元以下直接经济损失的事故。（“以上”包括本数，“以下”不包

括本数）

4.【答案】B

【解析】较大事故是指造成3人以上10人以下死亡，或者10人以上50人以下重伤，或者1 000万元以上5 000万元以下直接经济损失的事故。（“以上”包括本数，“以下”不包括本数）

5.【答案】C

【解析】重大事故是指造成10人以上30人以下死亡，或者50人以上100人以下重伤，或者5 000万元以上1亿以下直接经济损失的事故。（“以上”包括本数，“以下”不包括本数）

考点2　工程质量事故处理

6.【答案】ABCE

【解析】工程质量事故处理的依据包括：①相关法律法规；②有关合同及合同文件；③质量事故的实况资料；④有关的工程技术文件、资料和档案。

7.【答案】A

【解析】质量事故发生后，施工单位有责任就所发生的质量事故进行周密的调查、研究，掌握情况，并在此基础上写出调查报告，提交项目监理机构和建设单位。

8.【答案】AB

【解析】要搞清质量事故的原因和确定处理对策，首要的是要掌握质量事故的实际情况。有关质量事故实况的资料主要来自两方面：①施工单位的质量事故调查报告；②项目监理机构所掌握的质量事故相关资料。

9.【答案】B

【解析】工程质量事故发生后，总监理工程师应签发工程暂停令，要求暂停质量事故部位和与其有关联部位的施工，要求施工单位采取必要的措施，防止事故扩大并保护好现场。同时，要求质量事故发生单位迅速按类别和等级向相应的主管部门上报。

10.【答案】B

【解析】工程质量事故发生后，总监理工程师应签发工程暂停令，要求暂停质量事故部位和与其有关联部位的施工，要求施工单位采取必要的措施，防止事故扩大并保护好现场。同时，要求质量事故发生单位迅速按类别和等级向相应的主管部门上报。

11.【答案】D

【解析】工程质量事故发生后，总监理工程师应签发工程暂停令，要求暂停质量事故部位和与其有关联部位的施工，要求施工单位采取必要的措施，防止事故扩大并保护好现场。同时，要求质量事故发生单位迅速按类别和等级向相应的主管部门上报。

12.【答案】A

【解析】根据施工单位的质量调查报告或质量事故调查组提出的处理意见，项目监理机构要求相关单位完成技术处理方案。质量事故技术处理方案一般由施工单位提出，经原设计单位同意签认，并报建设单位批准。对于涉及结构安全和加固处理等的重大技术处理方案，一般由原设计单位提出。

13.【答案】B

【解析】工程质量事故处理程序：①工程质量事故发生后，总监理工程师应签发工程暂停令，要求暂停质量事故部位和与其有关联部位的施工，要求施工单位采取必要的措施，防止事故扩大并保护好现场。同时，要求质量事故发生单位迅速按类别和等级向相应的主管部门上报。②项目监理机构要求施工单位进行质量事故调查、分析质量事故产生的原因，并提交质量事故调查报告。对于由质量事故调查组处理的质量事故，项目监理机构应积极配合，客观地提供相应证据。

14.【答案】ABCD

【解析】项目监理机构应及时向建设单位提交质量事故书面报告，并应将完整的质量事故处理记录整理归档。质量事故书面报告应包括如下内容：①工程及各参建单位名称；②质量事故发生的时间、地点、工程部位；③事故发生的简要经过、造成工程损伤状况、伤亡人数和直接经济损失的初步估计；④事故发生原因的初步判断；⑤事故发生后采取的措施及处理方案；⑥事故处理的过程及结果。

15.【答案】ADE

【解析】项目监理机构应及时向建设单位提交质量事故书面报告，并应将完整的质量事故处理记录整理归档。质量事故书面报告应包括如下内容：①工程及各参建单位名称；②质量事故发生的时间、地点、工程部位；③事故发生的简要经过、造成工程损伤状况、伤亡人数和直接经济损失的初步估计；④事故发生原因的初步判断；⑤事故发生后采取的措施及处理方案；⑥事故处理的过程及结果。

16.【答案】ABC

【解析】工程质量事故处理的基本要求：①安全可靠，不留隐患；②满足建筑物的功能和使用要求；③技术可行，经济合理。

17.【答案】B

【解析】某些工程质量缺陷虽然不符合规定的要求和标准构成质量事故，但视其严重情况，经过分析、论证、法定检测单位鉴定和设计等有关单位认可，对工程或结构使用及安全影响不大，可不做专门处理。通常包括以下几种情况：①不影响结构安全和正常使用；②有些质量缺陷，经过后续工序可以弥补；③经法定检测单位鉴定合格；④经原设计单位核算，仍能满足结构安全和使用功能。

18.【答案】A

【解析】选择最适用工程质量事故处理方案的辅助方法见下表。

辅助方法	内容
试验验证	对某些有严重质量缺陷的项目，可采取合同规定的常规试验以外的试验方法进一步进行验证，以便确定缺陷的严重程度
定期观测	有些工程在发现其质量缺陷时，其状态可能尚未达到稳定仍会继续发展，在这种情况下一般不宜过早作出决定，可以对其进行一段时间的观测，然后再根据情况作出决定

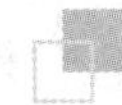

续表

辅助方法	内容
专家论证	对于某些工程质量缺陷，可能涉及的技术领域比较广泛，或问题很复杂，有时仅根据合同规定难以决策，这时可提请专家论证
方案比较	是比较常用的一种方法。同类型和同一性质的事故可先设计多种处理方案，进行对比，选择最优处理方案

19.【答案】BCDE

【解析】工程质量事故处理方案的辅助决策方法有试验验证、定期观测、专家论证、方案比较。

20.【答案】A

【解析】为确保工程质量事故的处理效果，凡涉及结构承载力等使用安全和其他重要性能的处理工作，常需做必要的试验和检验鉴定工作。

21.【答案】DE

【解析】有关质量事故实况的资料主要来自以下两个方面：①施工单位的质量事故调查报告；②项目监理机构所掌握的质量事故相关资料。

22.【答案】B

【解析】工程质量事故发生后，总监理工程师应签发工程暂停令。

23.【答案】A

【解析】工程质量事故处理的一般原则是：正确确定事故性质，是表面性还是实质性、是结构性还是一般性、是迫切性还是可缓性；正确确定处理范围，除直接发生部位。还应检查处理事故相邻影响作用范围的结构部位或构件。其处理基本要求是：安全可靠，不留隐患；满足建筑物的功能和使用要求；技术可行，经济合理。

24.【答案】ABC

【解析】工程质量事故处理的基本要求是：①安全可靠，不留隐患；②满足建筑物的功能和使用要求；③技术可行，经济合理。

25.【答案】A

【解析】工程质量事故处理方案类型：①修补处理；②返工处理；③不做处理。

26.【答案】ABDE

【解析】通常不用专门处理的情况有以下几种：①不影响结构安全和正常使用；②有些质量缺陷，经过后续工序可以弥补；③经法定检测单位鉴定合格；④出现的质量缺陷，经检测鉴定达不到设计要求，但经原设计单位核算，仍能满足结构安全和使用功能。

27.【答案】C

【解析】某些工程质量缺陷虽然不符合规定的要求和标准构成质量事故，但视其严重情况，经过分析、论证、法定检测单位鉴定和设计等有关单位认可，对工程或结构使用及安全影响不大，也可不做专门处理。

28.【答案】C

【解析】某些工程质量缺陷虽然不符合规定的要求和标准构成质量事故，但视其严重情况，经过分析、论证、法定检测单位鉴定和设计等有关单位认可，对工程或结构使用及安全影响不大，也可不做专门处理。

29. **【答案】** ABC

【解析】 工程质量事故处理方案的辅助决策方法：①试验验证；②定期观测；③专家论证；④方案比较。

30. **【答案】** A

【解析】 质量事故发生后，施工单位有责任就所发生的质量事故进行周密的调查、研究，掌握情况，并在此基础上写出调查报告，提交项目监理机构和建设单位。在调查报告中首先就与质量事故有关的实际情况做详尽的说明，其内容应包括：①质量事故发生的时间、地点、工程部位及工程情况；②质量事故发生的简要经过，造成工程损失状况，伤亡人数和直接经济损失的初步估计；③质量事故发展的情况（其范围是否继续扩大，程度是否已经稳定，是否已采取应急措施等）；④事故原因的初步判断；⑤质量事故调查中收集的有关数据和资料；⑥涉及人员和主要责任者的情况。

31. **【答案】** ABD

【解析】 在调查报告中首先就与质量事故有关的实际情况做详尽的说明，其内容应包括：①质量事故发生的时间、地点、工程部位及工程情况；②质量事故发生的简要经过，造成工程损失状况，伤亡人数和直接经济损失的初步估计；③质量事故发展的情况（其范围是否继续扩大，程度是否已经稳定，是否已采取应急措施等）；④事故原因的初步判断；⑤质量事故调查中收集的有关数据和资料；⑥涉及人员和主要责任者的情况。

32. **【答案】** C

【解析】 质量事故处理完毕后，具备工程复工条件时，施工单位提出复工申请，项目监理机构应审查施工单位报送的工程复工报审表及有关资料，符合要求后，总监理工程师签署审核意见，报建设单位批准后，签发工程复工令。

第八章 设备采购和监造质量控制

第一节 设备采购质量控制

➢ 重难点：

向生产厂家订购设备质量控制。

考点 1 市场采购设备质量控制

1. 【单选】采购设备时，根据设计文件要求编制的设备采购方案应由（　　）批准后方可实施。

A. 施工单位
B. 设计单位
C. 项目监理机构
D. 建设单位

2. 【多选】监理单位对总包单位提交的设备采购方案进行审查的内容有（　　）。

A. 采购内容和范围
B. 设备质量标准
C. 设备供货厂商资质
D. 设备检查及验收程序
E. 保证设备质量的措施

3. 【单选】由总承包单位或安装单位负责采购的设备，采购前应向（　　）提交设备采购方案，并按相关程序审查批准后方可实施。

A. 建设单位
B. 设计单位
C. 总承包单位或安装单位技术负责人
D. 项目监理机构

4. 【单选】根据建设项目总体计划和相关设计文件的要求编制的设备采购方案，最终应获得（　　）的批准。

A. 监理工程师
B. 设计负责人
C. 安装单位
D. 建设单位

5. 【单选】设备由建设单位直接采购的，项目监理机构应（　　）。

A. 直接确定采购方案
B. 与设计单位协商后确定采购方案

C. 协助建设单位编制设备采购方案

D. 与建设单位、设计单位协商后确定采购方案

6. **【多选】**对于施工单位提交的设备采购方案，项目监理机构审查的内容有（　　）。

A. 采购的基本原则

B. 依据的设计图纸

C. 采购合同条款

D. 依据的质量标准

E. 检查和验收程序

考点 2 向生产厂家订购设备质量控制

7. **【单选】**向生产厂家订购设备，其质量控制工作的首要环节是对（　　）进行评审。

A. 质量合格标准

B. 合格供货厂商

C. 适宜运输方式

D. 工艺方案的合理性

8. **【多选】**关于设备采购的质量控制，下列说法正确的有（　　）。

A. 成套设备及生产线设备采购，宜采用招标采购的方式

B. 总承包单位采购，采购方案由监理工程师编写并报建设单位批准

C. 市场采购方式，一般用于小型通用设备的采购

D. 建设单位采购，监理工程师要协助编制设备采购方案

E. 向生产厂家订购设备，质量控制工作的首要环节是选择一个合格的供货厂商

9. **【单选】**建设单位负责采购设备时，控制质量的首要环节是（　　）。

A. 编制设备监造方案

B. 选择合格的供货厂商

C. 确定主要技术参数

D. 选择适宜的运输方式

10. **【多选】**向生产厂家订购设备前，对供货厂商进行初选的内容包括（　　）。

A. 供货厂商的营业执照、经营范围

B. 企业设备供货能力

C. 企业性质及规模

D. 正在生产的设备情况

E. 需要另行分包采购的原材料、配套零部件及元器件的情况

考点 3 招标采购设备的质量控制

11. **【单选】**大型、复杂、关键设备和成套设备，一般采用（　　）订货方式。

A. 市场采购　　B. 指定厂家

C. 招标采购　　D. 委托采购

第二节　设备监造质量控制

➤ **重难点：**

1. 设备监造的质量控制方式。
2. 设备制造前、制造过程的质量控制。
3. 质量记录资料。

考点 1　设备监造的质量控制方式

1. **【单选】** 监理单位对制造周期长的设备，采用的质量控制方式是（　　）。

A. 驻厂监造　　B. 巡回监控
C. 定点监控　　D. 目标监控

2. **【单选】** 对于特别重要的设备制造过程，项目监理机构可采取（　　）的方式实施质量控制。

A. 巡回监控　　B. 定点监控
C. 设置质量控制点监控　　D. 驻厂监造

3. **【单选】** 在设备制造过程中，监造人员应定期及不定期到制造现场，检查了解设备制造过程中的质量状况，做好相应记录，发现问题及时处理。这种设备监造的质量控制方式属于（　　）。

A. 驻厂监造　　B. 定点监控
C. 日常监控　　D. 巡回监控

考点 2　设备监造的质量控制内容

4. **【单选】** 项目监理机构在设备监造过程中的质量控制工作是（　　）。

A. 审查工艺方案　　B. 检查生产人员上岗资格
C. 控制加工作业条件　　D. 检查设备出厂包装质量

5. **【多选】** 工程监理单位控制设备制造过程质量的主要工作内容有（　　）。

A. 控制设计变更　　B. 控制加工作业条件
C. 处置不合格零件　　D. 明确设备制造过程的要求
E. 检查工序产品

6. **【单选】** 向厂家订货的设备在制造过程中如需对设备的设计提出修改，应由原设计单位进行设计变更，并由（　　）审核设计变更文件和处理相关事宜。

A. 原设计负责人　　B. 建设单位代表
C. 总监理工程师　　D. 采购方负责人

7.【多选】项目监理机构进行设备监造时，设备制造过程质量记录资料包括的内容有（　　）。

扫码听课

A. 设备制造单位质量管理检查资料

B. 设备订货合同

C. 设备制造依据及工艺资料

D. 设备制造原材料、构配件的质量记录

E. 制造过程的检查、验收记录

8.【单选】设备制造前，监理单位的质量控制工作是（　　）。

A. 审查设备制造分包单位

B. 检查工序产品质量

C. 处理不合格零件

D. 控制加工作业条件

9.【多选】监理单位在设备制造前进行质量控制的内容有（　　）。

A. 审查设备制造工艺方案

B. 审查坯料质量证明文件

C. 控制加工作业条件

D. 检查生产人员上岗资格

E. 处理设计变更

10.【单选】设备制造过程中，项目监理机构控制设备装配质量的工作内容是（　　）。

A. 复核设备制造图纸

B. 检查零部件定位质量

C. 审查设备制造分包单位资格

D. 审查零部件运输方案

考点 3　设备运输与交接的质量控制

11.【单选】监造的设备从制造厂运往安装现场前，项目监理机构应（　　）。

A. 检查运输安全措施，并审查设备运输方案

B. 检查设备包装质量，并审查设备运输方案

C. 审查设备运输方案及海关、保险手续

D. 检查起重和加固方案，并审查设备运输方案

参考答案及解析

第八章　设备采购和监造质量控制

第一节　设备采购质量控制

考点 1　市场采购设备质量控制

1. **【答案】** D

【解析】 设备采购方案要根据建设项目的总体计划和相关设计文件的要求编制，使采购的设备符合设计文件要求。设备采购方案最终应获得建设单位的批准。

2. **【答案】** ABDE

【解析】 对设备采购方案的审查，重点应包括以下内容：采购的基本原则、范围和内容；依据的图纸、规范和标准、质量标准、检查及验收程序；质量文件要求；保证设备质量的具体措施等。

3. **【答案】** D

【解析】 市场采购设备的质量控制要点：总承包单位或安装单位负责采购的设备，采购前应向项目监理机构提交设备采购方案，并按相关程序审查同意后方可实施。

4. **【答案】** D

【解析】 设备采购方案要根据建设项目的总体计划和相关设计文件的要求编制，使采购的设备符合设计文件要求。设备采购方案最终应获得建设单位的批准。

5. **【答案】** C

【解析】 设备由建设单位直接采购的，项目监理机构应协助建设单位编制设备采购方案。

6. **【答案】** ABDE

【解析】 总承包单位或安装单位负责采购的设备，采购前应向项目监理机构提交设备采购方案，按相关程序审查同意后方可实施。对设备采购方案的审查，重点应包括以下内容：采购的基本原则、范围和内容；依据的图纸、规范和标准、质量标准、检查及验收程序；质量文件要求；保证设备质量的具体措施等。

考点 2　向生产厂家订购设备质量控制

7. **【答案】** B

【解析】 选择一个合格的供货厂商，是向生产厂家订购设备的质量控制工作的首要环节。为此，设备订购前应做好厂商的初选入围与实地考察。

8. **【答案】** ADE

【解析】 选项B错误，设备由总承包单位或设备安装单位采购的，项目监理机构要对总承包单位或安装单位编制的采购方案进行审查。设备采购方案最终应获得建设单位的批准。选项C错误，市场采购方式主要用于标准设备的采购。

9.【答案】B

【解析】选择一个合格的供货厂商，是向生产厂家订购设备的质量控制工作的首要环节。

10.【答案】ABDE

【解析】对供货厂商进行初选的内容可包括以下几项：①供货厂商的资质审查。审查供货厂商的营业执照、生产许可证、经营范围是否涵盖了拟采购设备，对需要承担设计并制造专用设备的供货厂商或承担制造并安装设备的供货厂商，还应审查是否具有设计资格证书或安装资格证书。②设备供货能力。③近几年供应、生产、制造类似设备的情况，目前正在生产的设备情况、生产制造设备情况、产品质量状况。④过去几年的资金平衡表和资产负债表。⑤需要另行分包采购的原材料、配套零部件及元器件的情况。⑥各种检验检测手段及试验室资质。⑦企业的各项生产、质量、技术、管理制度等的执行情况。

考点3 招标采购设备的质量控制

11.【答案】C

【解析】设备招标采购一般用于大型、复杂、关键设备和成套设备及生产线设备的采购。

第二节 设备监造质量控制

考点1 设备监造的质量控制方式

1.【答案】B

【解析】对于特别重要设备，监理单位可以采取驻厂监造的方式。对于某些设备（如制造周期长的设备），则可采用巡回监控的方式。大部分设备可以采取定点监控的方式。

2.【答案】D

【解析】对于特别重要设备，监理单位可以采取驻厂监造的方式。对某些设备（如制造周期长的设备），则可采用巡回监控的方式。大部分设备可以采取定点监控的方式。

3.【答案】D

【解析】对于某些设备（如制造周期长的设备），可采用巡回监控的方式。采取这种方式实施设备监造时，质量控制的主要任务是监督管理制造厂商不断完善质量管理体系，审查设备制造生产计划和工艺方案，监督检查主要材料进厂使用的质量控制，复核专职质检人员质量检验的准确性、可靠性。在设备制造过程中，监造人员应定期及不定期到制造现场，检查了解设备制造过程中的质量状况，做好相应记录，发现问题及时处理。

考点2 设备监造的质量控制内容

4.【答案】C

【解析】设备制造过程的质量控制包括：①加工作业条件的控制；②工序产品的检查与控制；③不合格零件的处置；④设计变更；⑤零件、半成品、制成品的保护。

5.【答案】ABCE

【解析】设备制造过程的质量控制包括：①加工作业条件的控制；②工序产品的检查与控制；③不合格零件的处置；④设计变更；⑤零件、半成品、制成品的保护。选项D属于设备制造前的质量控制。

6.【答案】C

【解析】在设备制造过程中，如由于设备订货方、原设计单位、监造单位或设备制造单位需要对设备的设计提出修改时，应由原设计单位出具书面设计变更通知或变更图，并由总监理工程师组织项目监理机构审核设计变更及因变更引起的费用增减和制造工期的变化。

7.【答案】ACDE

【解析】质量记录资料包括：①设备制造单位质量管理检查资料；②设备制造依据及工艺资料；③设备制造材料（原材料、构配件）的质量记录；④零部件加工检查验收资料。

8.【答案】A

【解析】选项B、C、D均为设备制造过程的质量控制中监理的质量控制工作。

9.【答案】ABD

【解析】设备制造前的质量控制包括：①熟悉图纸、合同，掌握相关的标准、规范和规程，明确质量要求；②明确设备制造过程的要求及质量标准；③审查设备制造的工艺方案；④对设备制造分包单位的审查；⑤检验计划和检验要求的审查；⑥对生产人员上岗资格的检查；⑦用料的检查。选项C、E属于设备制造过程的质量控制。

10.【答案】B

【解析】项目监理机构应监督装配过程，检查配合面的配合质量、零部件的定位质量及连接质量、运动件的运动精度等，符合装配质量要求后予以签认。

考点3　设备运输与交接的质量控制

11.【答案】B

【解析】为保证设备的质量，制造单位在设备运输前应做好包装工作，制订合理的运输方案。项目监理机构要对设备包装质量进行检查，并审查设备运输方案。

第二部分　建设工程投资控制

第一章　建设工程投资控制概述

第一节　建设工程项目投资的概念和特点

➢ **重难点：**

1. 建设工程项目投资的概念。
2. 建设工程项目投资的特点。

考点 1　建设工程项目投资的概念

1. **【单选】**某生产性项目的建设投资为 2 000 万元，建设期利息为 300 万元，流动资金为 500 万元，则该项目的固定资产投资为（　　）万元。

扫码听课

A. 2 000　　B. 2 300

C. 2 500　　D. 2 800

2. **【单选】**下列费用中，属于静态投资的是（　　）。

A. 建设期利息　　B. 工程建设其他费用

C. 涨价预备费　　D. 汇率变动增加的费用

3. **【单选】**某建设项目，静态投资 3 460 万元，建设期贷款利息为 60 万元，涨价预备费为 80 万元，流动资金为 800 万元，则该项目的建设投资为（　　）万元。

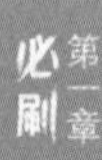

A. 520　　B. 3 540

C. 3 600　　D. 4 400

4. **【单选】**建设工程项目总投资包括（　　）。

A. 固定资产投资和流动资金

B. 工程造价和建设期利息

C. 流动资金和建筑安装工程费用

D. 建设投资和建设期利息

5. **【多选】**下列费用中，属于动态投资的有（　　）。

A. 基本预备费

B. 建筑安装工程费

C. 设备及工器具购置费

D. 涨价预备费

E. 建设期利息

6. **【单选】**在生产性建设工程项目投资中，属于积极部分的是（　　）。

A. 工程建设其他费用

B. 建筑安装工程费

C. 基本预备费

D. 设备及工器具投资

7. **【单选】**某项目的设备及工器具购置费为 6 000 万元，建筑安装工程费为 5 000 万元，工程建设其他费为3 600万元，基本预备费为 450 万元，涨价预备费为 610 万元，建设期利息为 650 万元，流动资金为 900 万元，则该项目的动态投资部分为（　　）万元。

A. 2 160　　B. 1 260

C. 1 060　　D. 610

考点 2　建设工程项目投资的特点

8. **【单选】**从确定建设工程投资的依据看，编制估算指标的直接基础是（　　）。

A. 概算定额　　B. 预算定额

C. 工程量清单　　D. 施工定额

9. **【单选】**凡是具有独立的设计文件、竣工后可以独立发挥生产能力或工程效益的工程称为（　　）。

A. 分部工程　　B. 单位工程

C. 单项工程　　D. 分项工程

10. **【单选】**编制工程概算定额的基础是（　　）。

A. 估算指标　　B. 概算指标

C. 预算指标　　D. 预算定额

第二节　建设工程投资控制原理

> **重难点：**
>
> 投资控制的措施。

考点 1　投资控制的目标

1. **【单选】**选择建设工程设计方案和进行初步设计时，应以（　　）作为投资控制的目标。

A. 投资估算　　B. 设计概算

C. 施工图预算　　D. 施工预算

2.【多选】投资估算是建设工程（　　）的投资控制目标。

A. 技术设计　　B. 设计方案选择

C. 初步设计　　D. 施工图设计

E. 承包合同价

3.【单选】初步设计阶段投资控制的目标应不超过（　　）。

A. 投资估算　　B. 设计总概算

C. 修正总概算　　D. 施工图预算

4.【单选】建设工程项目设计和施工图设计应依据（　　）设置投资控制目标。

A. 投资估算　　B. 设计概算

C. 施工图预算　　D. 工程量清单

考点 2　投资控制的重点

5.【多选】建设工程项目的投资控制应贯穿于项目建设的全过程，但各阶段对投资的影响程度是不同的，应以（　　）阶段为重点。

A. 决策　　B. 设计

C. 招投标　　D. 施工

E. 试运行

6.【单选】建设项目投资决策后，投资控制的关键阶段是（　　）。

A. 设计阶段　　B. 施工招标阶段

C. 施工阶段　　D. 竣工阶段

考点 3　投资控制的措施

7.【多选】监理工程师在施工阶段进行投资控制的经济措施有（　　）。

A. 分解投资控制目标

B. 进行工程计量

C. 严格控制设计变更

D. 审查施工组织设计

E. 审核竣工结算

8.【单选】项目监理机构进行施工阶段投资控制的组织措施之一是（　　）。

A. 编制施工阶段投资控制工作流程

B. 制定施工方案并对其进行分析论证

C. 审核竣工结算

D. 防止和处理施工索赔

9.【单选】监理工程师平时做好工程施工记录，保存各种文件图纸，属于投资控制的（　　）措施。

A. 合同　　B. 技术

C. 组织　　D. 经济

10. 【单选】施工阶段监理工程师审核承包人编制的施工组织设计，对主要施工方案进行技术经济分析属于（　　）。

A. 组织措施　　B. 经济措施

C. 技术措施　　D. 合同措施

11. 【多选】项目监理机构在施工阶段进行投资控制的措施包括（　　）。

A. 对工程项目造价目标进行风险分析

B. 审核竣工结算

C. 严格控制设计变更

D. 审查设计概算

E. 开展限额设计

12. 【单选】下列建设工程投资控制措施中，属于技术措施的是（　　）。

A. 明确各管理部门投资控制职责

B. 安排专人负责投资控制

C. 组织设计方案评审和优化

D. 在合同中订立成本节超奖罚条款

第三节　建设工程投资控制的主要任务

➤ **重难点：**

1. 施工阶段投资控制的主要工作。
2. 相关服务阶段投资控制的主要工作。

考点　我国项目监理机构在建设工程投资控制中的主要工作

1. 【多选】项目监理机构在施工阶段进行投资控制的主要工作有（　　）。

A. 进行工程计量　　B. 对完成工程量进行偏差分析

C. 审核竣工结算款　　D. 审核竣工结算款

E. 处理费用索赔

2. 【单选】工程款支付证书由（　　）签发。

A. 专业监理工程师　　B. 建设单位

C. 总监理工程师　　D. 项目审计部门

3. 【多选】在决策阶段，监理机构投资控制的主要工作包括（　　）。

A. 投资估算编制　　B. 工程项目财务分析

C. 经济分析报告编制　　D. 审查施工图预算

E. 融资方案研究

4. **【多选】**项目监理机构处理施工单位提出的工程变更费用时，正确的做法有（　　）。

A. 自主评估工程变更费用

B. 组织建设单位、施工单位协商确定工程变更费用

C. 根据工程变更引起的费用和工期变化变更施工合同

D. 变更实施前，与建设单位、施工单位协商确定工程变更的计价原则、方法

E. 建设单位与施工单位未能就工程变更费用达成协议时，自主确定一个价格作为最终结算的依据

5. **【多选】**下列各项中，属于工程监理单位提供相关服务的工作内容有（　　）。

A. 审查设计单位提出的设计概算

B. 审查设计单位提出的新材料备案情况

C. 处理施工单位提出的工程变更费用

D. 处理施工单位提出的费用索赔

E. 调查使用单位提出的工程质量缺陷的原因

6. **【单选】**下列不属于工程监理机构在保修阶段的投资控制工作的是（　　）。

A. 监督施工单位对工程质量缺陷的修复

B. 对工程质量缺陷原因进行调查

C. 签认工程款支付证书

D. 审查设计单位提出的设计概算

参考答案及解析

第二部分　建设工程投资控制

第一章　建设工程投资控制概述

第一节　建设工程项目投资的概念和特点

考点 1　建设工程项目投资的概念

1. 【答案】B

【解析】生产性建设工程项目总投资包括建设投资、建设期利息和流动资金三部分。其中建设投资和建设期利息之和对应于固定资产投资。

2. 【答案】B

【解析】静态投资部分由建筑安装工程费、设备及工器具购置费、工程建设其他费用和基本预备费构成。

3. 【答案】B

【解析】建设投资由设备及工器具购置费、建筑安装工程费、工程建设其他费用、预备费（包括基本预备费和涨价预备费）组成。故该项目的建设投资为：3 460＋80＝3 540（万元）。

4. 【答案】A

【解析】建设工程项目总投资是指为完成工程项目建设并达到使用要求或生产条件，在建设期内预计或实际投入的全部费用之和。其主要包括固定资产投资和流动资金。

5. 【答案】DE

【解析】动态投资部分是指在建设期内，因建设期利息和国家新批准的税费、汇率、利率变动以及建设期价格变动引起的固定资产投资增加额，包括涨价预备费和建设期利息。

6. 【答案】D

【解析】在生产性建设工程中，设备及工器具投资主要表现为其他部门创造的价值向建设工程中的转移，但这部分投资是建设工程项目投资中的积极部分，它占项目投资比重的提高，意味着生产技术的进步和资本有机构成的提高。

7. 【答案】B

【解析】固定资产投资＝静态投资＋动态投资。动态投资＝涨价预备费＋建设期利息＝610＋650＝1 260（万元）。

考点 2　建设工程项目投资的特点

8. 【答案】A

【解析】建设工程项目投资的确定依据繁多，关系复杂。在不同的建设阶段有不同的确定依据，且互为基础和指导，互相影响。如预算定额是概算定额（指标）编制的基础，概算定额（指标）又是估算指标编制的基础；反过来，估算指标又控制概算定额（指标）的水平，概算定额（指标）又控制预算定额的水平。

9. 【答案】C

【解析】在建设工程项目中，凡是具有独立的设计文件、竣工后可以独立发挥生产能力或工程效益的工程为单项工程，也可将它理解为具有独立存在意义的完整的工程项目。

10. 【答案】D

【解析】预算定额是概算定额（指标）编制的基础，概算定额（指标）又是估算指标编制的基础；反过来，估算指标又控制概算定额（指标）的水平，概算定额（指标）又控制预算定额的水平。

第二节　建设工程投资控制原理

考点 1 投资控制的目标

1. 【答案】A

【解析】目标的设置应是很严肃的，应有科学的依据。投资控制目标的设置应是随着工程项目建设实践的不断深入而分阶段设置，具体来讲，投资估算应是建设工程设计方案选择和进行初步设计的投资控制目标；设计概算应是进行技术设计和施工图设计的投资控制目标；施工图预算或建安工程承包合同价则应是施工阶段投资控制的目标。

2. 【答案】BC

【解析】投资估算应是建设工程设计方案选择和进行初步设计的投资控制目标；设计概算应是进行技术设计和施工图设计的投资控制目标；施工图预算或建安工程承包合同价则应是施工阶段投资控制的目标。

3. 【答案】A

【解析】投资估算应是建设工程设计方案选择和进行初步设计的投资控制目标；设计概算应是进行技术设计和施工图设计的投资控制目标；施工图预算或建安工程承包合同价则应是施工阶段投资控制的目标。前者控制后者，后者补充前者。

4. 【答案】B

【解析】投资估算应是建设工程设计方案选择和进行初步设计的投资控制目标；设计概算应是进行技术设计和施工图设计的投资控制目标；施工图预算或建安工程承包合同价则应是施工阶段投资控制的目标。

考点 2 投资控制的重点

5. 【答案】AB

【解析】项目投资控制的重点在于施工以前的投资决策和设计阶段，而在项目做出投资决策后，控制项目投资的关键就在于设计。

6. 【答案】A

【解析】项目投资控制的重点在于施工以前的投资决策和设计阶段，而在项目做出投资决策后，控制项目投资的关键就在于设计。

考点 3 投资控制的措施

7.【答案】ABE

【解析】项目监理机构在施工阶段进行投资控制的经济措施：①编制资金使用计划，确定、分解投资控制目标；②进行工程计量；③复核工程付款账单，签发付款证书；④进行投资跟踪控制，定期进行投资实际支出值与计划目标值的比较；⑤协商确定工程变更的价款，审核竣工结算；⑥对投资支出做好分析与预测，提交项目投资控制及其存在问题的报告。

8.【答案】A

【解析】项目监理机构在施工阶段进行投资控制的组织措施：①在项目监理机构中落实从投资控制角度进行施工跟踪的人员、任务分工和职能分工；②编制本阶段投资控制工作计划和详细的工作流程图。

9.【答案】A

【解析】项目监理机构在施工阶段进行投资控制的合同措施：①做好工程施工记录，保存各种文件图纸，特别是注有实际施工变更情况的图纸，注意积累素材，为正确处理可能发生的索赔提供依据，参与处理索赔事宜；②参与合同修改、补充工作，着重考虑它对投资控制的影响。

10.【答案】C

【解析】项目监理机构在施工阶段进行投资控制的技术措施：①对设计变更进行技术经济比较，严格控制设计变更；②继续寻找通过设计挖潜节约投资的可能性；③审核承包人编制的施工组织设计，对主要施工方案进行技术经济分析。

11.【答案】ABC

【解析】选项 A、B 属于经济措施；选项 C 属于技术措施。

12.【答案】C

【解析】项目监理机构在施工阶段进行投资控制的技术措施：①对设计变更进行技术经济比较，严格控制设计变更；②继续寻找通过设计挖潜节约投资的可能性；③审核承包人编制的施工组织设计，对主要施工方案进行技术经济分析。

第三节　建设工程投资控制的主要任务

考点 我国项目监理机构在建设工程投资控制中的主要工作

1.【答案】ABCE

【解析】施工阶段投资控制的主要工作：①进行工程计量和付款签证；②对完成工程量进行偏差分析；③审核竣工结算款；④处理施工单位提出的工程变更费用；⑤处理费用索赔。

2.【答案】C

【解析】总监理工程师根据建设单位的审批意见，向施工单位签发工程款支付证书。

3.【答案】ABCE

【解析】在决策阶段，监理机构投资控制的主要工作包括：①投资估算编制；②融资方案研究；③工程项目财务分析和经济分析报告编制；④PPP项目物有所值与财政承受能力论证等。

4.【答案】BD

【解析】项目监理机构在施工阶段处理施工单位提出的工程变更费用主要工作有：①总监理工程师组织专业监理工程师对工程变更费用及工期影响做出评估。②总监理工程师组织建设单位、施工单位等共同协商确定工程变更费用及工期变化，会签工程变更单。③项目监理机构可在工程变更实施前与建设单位、施工单位等协商确定工程变更的计价原则、计价方法或价款。④建设单位与施工单位未能就工程变更费用达成协议时，项目监理机构可提出一个暂定价格并经建设单位同意，作为临时支付工程款的依据；工程变更款项最终结算时，应以建设单位与施工单位达成的协议为依据。

5.【答案】ABE

【解析】选项C错误，处理施工单位提出的工程变更费用属于施工阶段投资控制的主要工作。选项D错误，处理施工单位提出的费用索赔属于施工阶段投资控制的主要工作。

6.【答案】D

【解析】工程保修阶段，工程监理机构的投资控制工作：①对建设单位或使用单位提出的工程质量缺陷，工程监理单位应安排监理人员进行检查和记录，并应要求施工单位予以修复，同时应监督实施，合格后应予以签认。②工程监理单位应对工程质量缺陷原因进行调查，并应与建设单位、施工单位协商确定责任归属。对非施工单位原因造成的工程质量缺陷，应核实施工单位申报的修复工程费用，并应签认工程款支付证书。

必刷 第一章

第二章　建设工程投资构成

第一节　建设工程投资构成概述

> **重难点：**
> 我国现行建设工程总投资构成（图表）。

考点 1　我国现行建设工程投资构成

1. **【单选】** 某建设项目，设备及工器具购置费为 1 000 万元，建筑安装工程费为 1 500 万元，工程建设其他费用为 700 万元，基本预备费为 160 万元，涨价预备费为 200 万元，则该项目的工程费用为（　　）万元。

A. 2 500　　B. 3 200
C. 3 360　　D. 3 560

2. **【单选】** 某生产性项目的建设投资为 2 000 万元，建设期利息为 300 万元，流动资金为 500 万元，则该项目的固定资产投资为（　　）万元。

A. 2 000　　B. 2 300
C. 2 500　　D. 2 800

3. **【单选】** 某项目的建筑安装工程费为 3 000 万元，设备及工器具购置费为 2 000 万元，工程建设其他费用为 1 000 万元，建设期利息为 500 万元，基本预备费为 300 万元，则该项目的静态投资为（　　）万元。

A. 5 800　　B. 6 300
C. 6 500　　D. 6 800

考点 2　世界银行和国际咨询工程师联合会建设工程投资构成

4. **【单选】** 根据世界银行和国际咨询师联合会建设工程投资构成的规定，下列费用应计入项目间接建设成本的是（　　）。

A. 生产前费用　　B. 土地征购费
C. 管理系统费用　　D. 服务性建筑费用

5. **【单选】** 在世界银行和国际咨询工程师联合会建设工程投资构成中，下列费用中，只是一种储备，可能不动用的是（　　）。

A. 直接建设成本

B. 建设成本上升费

C. 不可预见准备金

D. 未明确项目的准备金

6. **【单选】** 世界银行和国际咨询工程师联合会对项目的总建设成本作了统一规定，内容包括项目直接建设成本、间接建设成本及（　　）。

A. 未明确项目的准备金和建设成本上升费用

B. 基本预备费和涨价预备费

C. 应急费和建设成本上升费用

D. 未明确项目的准备金和不可预见准备金

第二节　建筑安装工程费用的组成和计算

➢ **重难点：**

1. 按费用构成要素划分的建筑安装工程费用项目组成。
2. 按造价形成划分的建筑安装工程费用项目组成。
3. 建筑安装工程费用计算方法。

考点 1　按费用构成要素划分的建筑安装工程费用项目组成

1. **【单选】** 下列费用中，属于建筑安装工程规费的是（　　）。

A. 教育费附加

B. 地方教育附加

C. 职工教育经费

D. 住房公积金

2. **【单选】** 按照有关标准规定，对建筑以及材料、构件和建筑安装物进行一般鉴定、检查所发生的费用在（　　）中列支。

A. 材料费

B. 企业管理费

C. 规费

D. 工程建设其他费用

3. **【多选】** 下列费用中，属于建筑安装工程人工费的有（　　）。

A. 特殊地区施工津贴

B. 劳动保护费

C. 社会保险费

D. 职工福利费

E. 支付给个人的物价补贴

4. **【多选】** 下列费用中，属于施工机具使用费的有（　　）。

A. 吊车司机的人工工资

B. 施工机械按规定应缴纳的车船使用税

C. 大型机械进出场及安拆费

D. 施工所需仪器的摊销费

E. 施工机械运转日常保养费

5. 【多选】下列费用中，属于施工机具使用费的有（ ）。
A. 折旧费
B. 维护费
C. 安拆费
D. 操作人员保险费
E. 场外运费

6. 【单选】在建筑安装工程费用组成中，（ ）不属于规费。
A. 养老保险费
B. 失业保险费
C. 工伤保险费
D. 劳动保护费

7. 【单选】根据《建筑安装工程费用项目组成》的规定，劳动保险和职工福利费应计入（ ）。
A. 企业管理费
B. 社会保险费
C. 规费
D. 人工费

8. 【多选】下列费用中，属于建筑安装工程人工费的有（ ）。
A. 职工教育经费
B. 工会经费
C. 高空作业津贴
D. 节约奖金
E. 探亲假期间工资

9. 【多选】下列费用中，属于建筑安装工程规费的有（ ）。
A. 劳动保护费
B. 住房公积金
C. 工伤保险费
D. 医疗保险费
E. 劳动保险费

10. 【单选】根据《建筑安装工程费用项目组成》（建标〔2013〕44号），因停工学习按计时工资标准的一定比例支付的工资属于（ ）。
A. 奖金
B. 计时工资或计件工资
C. 津贴补贴
D. 特殊情况下支付的工资

11. 【单选】下列费用中，属于建筑安装工程费中人工费的是（ ）。
A. 劳动保险费
B. 劳动保护费
C. 职工教育经费
D. 流动施工津贴

12. 【单选】下列费用中，不应列入建筑安装工程材料费的是（ ）。
A. 施工中耗费的辅助材料费用
B. 施工企业自设试验室进行试验所耗用的材料费用
C. 在运输装卸过程中发生的材料损耗费用
D. 在施工现场发生的材料保管费用

13. 【多选】下列费用中，属于建筑安装工程施工机具使用费的有（ ）。
A. 施工机械临时故障排除所需的费用
B. 机上司机的人工费
C. 财产保险费
D. 仪器仪表使用费
E. 施工机械检修费

14. **【单选】**根据《建筑安装工程费用项目组成》（建标〔2013〕44号），工程施工中所使用的工具用具使用费应计入（　　）。

A. 施工机具使用费　　B. 措施项目费
C. 固定资产使用费　　D. 企业管理费

15. **【单选】**建筑安装工程企业管理费中的检验试验费是用于（　　）试验的费用。

A. 一般材料　　B. 构件破坏性
C. 新材料　　D. 新构件

16. **【多选】**下列费用中，属于建筑安装工程企业管理费的有（　　）。

A. 施工企业集体福利费用
B. 施工现场防暑降温费用
C. 施工现场对构件进行常规破坏性试验费用
D. 混凝土坍落度测试费用
E. 施工现场安全文明施工费用

17. **【单选】**按费用构成要素划分，下列费用中，属于建筑安装工程费用中企业管理费的是（　　）。

A. 工伤保险费　　B. 养老保险费
C. 劳动保护费　　D. 流动施工津贴

18. **【单选】**下列费用中，属于建筑安装工程费中人工费的是（　　）。

A. 职工福利费　　B. 高空作业津贴
C. 养老保险费　　D. 工伤保险费

19. **【单选】**施工企业按照有关标准规定，对建筑及材料、构件和建筑安装物进行一般鉴定、检查所发生的费用属于建筑安装工程费中的（　　）。

A. 材料费　　B. 规费
C. 企业管理费　　D. 仪器仪表使用费

20. **【多选】**下列费用中，属于建筑安装工程企业管理费的有（　　）。

A. 职工教育经费　　B. 社会保险费
C. 特殊地区施工津贴　　D. 劳动保护费
E. 夏季防暑降温费

考点 2　按造价形成划分的建筑安装工程费用项目组成

21. **【多选】**下列费用中，属于建筑安装工程措施项目费的有（　　）。

A. 建筑工人实名制管理费　　B. 大型机械进出场及安拆费
C. 建筑材料鉴定、检查费　　D. 工程定位复测费
E. 施工单位临时设施费

22. **【多选】**下列费用中，属于安全文明施工费的有（　　）。

A. 环境保护费用　　B. 设备维护费用
C. 脚手架工程费用　　D. 临时设施费用

E. 工程定位复测费用

23. 【单选】按造价形成划分，总承包服务费属于（　　）。

A. 规费　　B. 其他项目费

C. 措施项目费　　D. 企业管理费

24. 【多选】下列费用中，属于建筑安装工程措施项目费的有（　　）。

A. 已完工程及设备保护费　　B. 工程定位复测费

C. 夜间施工增加费　　D. 新材料试验费

E. 临时设施费

25. 【多选】下列费用中，属于建筑安装工程安全文明施工费的有（　　）。

A. 环境保护费　　B. 医疗保险费

C. 施工单位临时设施费　　D. 建筑工人实名制管理费

E. 已完工程及设备保护费

26. 【单选】施工合同签订时尚未确定或者不可预见的所需材料、工程设备、服务的采购、施工中可能发生的工程变更、合同约定调整因素出现时的工程价款调整等费用应列入（　　）。

A. 暂列金额　　B. 总承包服务费

C. 计日工　　D. 措施项目费

考点 3 建筑安装工程费用计算方法

27. 【多选】分部分项工程材料费的构成包括（　　）。

A. 材料在运输装卸过程中不可避免的损耗费

B. 材料仓储费

C. 新材料的试验费

D. 对建筑材料进行一般鉴定、检查所发生的费用

E. 为验证设计参数，对构件做破坏性试验的费用

28. 【单选】某材料的出厂价为 2 500 元/t，运杂费为 80 元/t，运输损耗率为 1%，采购保管费率为 2%，则该材料的（预算）单价为（　　）元/t。

A. 2 575.50　　B. 2 655.50　　C. 2 657.40　　D. 2 657.92

29. 【单选】关于建筑安装工程费用中建筑业增值税的计算，下列说法正确的是（　　）。

A. 当事人可以自主选择一般计税法或简易计税法计税

B. 一般计税法和简易计税法中的建筑业增值税税率相同

C. 采用简易计税法时，税前造价不包含增值税的进项税额

D. 采用一般计税法时，税前造价不包含增值税的进项税额

30. 【单选】施工单位以 60 万元价格购买一台挖掘机，预计可使用 1 000 个台班，残值率为 5%。施工单位使用 15 个日历天，每日历天按 2 个台班计算，司机每台班工资与台班动力费等合计为 100 元，则该台挖掘机的使用费为（　　）万元。

A. 1.41　　B. 1.71

C. 1.86　　D. 2.01

31. **【单选】**根据建筑安装工程费用相关规定，规费中住房公积金的计算基础是（　　）。

A. 定额人工费　　B. 定额材料费

C. 定额机械费　　D. 分部分项工程费

32. **【单选】**某建筑施工材料采购原价为150元/t，运杂费为30元/t，运输损耗率为0.5%，采购保管费率为2%，则该材料的单价为（　　）元/t。

A. 184.52　　B. 183.75

C. 153.77　　D. 123.01

33. **【单选】**某施工机械预算价格为30万元，残值率为2%，折旧年限为10年，年平均工作225个台班，采用平均折旧法计算，则该施工机械的台班折旧费为（　　）元。

A. 130.67　　B. 13.33

C. 1 306.67　　D. 1 333.33

34. **【单选】**当采用一般计税方法计算计入建筑安装工程造价的增值税销项税额时，增值税的税率为（　　）。

A. 3%　　B. 6%

C. 9%　　D. 13%

考点 4　建筑安装工程计价程序

35. **【单选】**某招标工程，分部分项工程费为41 000万元（其中定额人工费占15%），措施项目费以分部分项工程费的2.5%计算，暂列金额800万元，规费以定额人工费为基础计算，规费费率为8%，税率为9%，则该工程的招标控制价为（　　）万元。

A. 46 343.530　　B. 47 143.530

C. 47 215.530　　D. 47 247.794

36. **【单选】**某项目分部分项工程费为3 000万元，措施项目费为90万元，其中安全文明施工费为60万元，其他项目费为80万元，规费为40.5万元。以上费用均不含增值税进项税额，则该项目的增值税销项税额为（　　）万元。

A. 96.315　　B. 283.545

C. 288.945　　D. 321.050

考点 5　国际工程项目建筑安装工程费用的构成

37. **【单选】**在国际工程项目建筑安装工程费用构成中，暂列金额属于（　　）。

A. 业主方的备用金

B. 承包商的风险准备金

C. 建筑安装工程的暂定单价

D. 工程师风险控制基金

第三节　设备、工器具购置费用的组成与计算

> **重难点：**
>
> 进口设备抵岸价的构成及其计算。

考点　设备购置费组成和计算

1. 【单选】国产标准设备原价一般是指（　　）。

A. 设备出厂价与采购保管费之和

B. 设备购置费

C. 设备出厂价与运杂费之和

D. 设备出厂价

2. 【单选】在进口设备交货类别中，买卖双方应承担的风险，下列表述正确的是（　　）。

A. 内陆交货类由卖方承担交货前的一切费用和风险

B. 目的地交货类对买卖双方的风险做了合理均摊

C. 装运港船上交货由卖方承担海运风险

D. 采用装运港船上交货价时，由卖方负担货物装船后的一切风险

3. 【多选】某进口设备采用装运港船上交货价（FOB），该设备的到岸价除货价外，还应包括（　　）。

A. 进口关税　　B. 边境口岸至工地仓库的运费

C. 国外运费　　D. 国外运输保险费

E. 进口产品增值费

4. 【多选】进口设备的交货方式有（　　）。

A. 内陆交货　　B. 目的地交货

C. 场址交货　　D. 装运港交货

E. 海上交货

5. 【单选】某进口设备按人民币计算的离岸价格为210万元，国外运费为5万元，国外运输保险费为0.9万元。进口关税税率为10%，增值税税率为13%，不征收消费税，则该进口设备应缴纳增值税税额为（　　）万元。

A. 27.300　　B. 28.067

C. 30.797　　D. 30.874

6. 【单选】某进口设备，按人民币计算的离岸价为2 000万元，国外运费为160万元，国外运输保险费为9万元，银行财务费为8万元，则该设备进口关税的计算基数是（　　）万元。

A. 2 000　　B. 2 160

C. 2 169　　D. 2 177

7.【单选】按人民币计算，某进口设备离岸价为 1 000 万元，到岸价为 1 050 万元，银行财务费为 5 万元，外贸手续费为 15 万元，进口关税为 70 万元，增值税税率为 17%，不考虑消费税和海关监管手续费，则该设备的抵岸价为（　　）万元。

A. 1 260.00　　B. 1 271.90

C. 1 321.90　　D. 1 333.80

8.【单选】进口设备银行财务费的计算公式为：银行财务费=（　　）×人民币外汇牌价×银行财务费率。

A. 离岸价　　B. 到岸价

C. 离岸价+国外运费　　D. 到岸价+外贸手续费

9.【单选】进口设备外贸手续费的计算公式为：外贸手续费=（　　）×人民币外汇牌价×外贸手续费率。

A. 离岸价　　B. 离岸价+国外运费

C. 离岸价+国外运输保险费　　D. 到岸价

10.【多选】进口设备采用装运港船上交货时，买方的责任有（　　）。

A. 承担货物装船前的一切费用

B. 承担货物装船后的一切费用

C. 负责租船或订舱，支付运费

D. 负责办理保险及支付保险费

E. 提供出口国有关方面签发的证件

11.【单选】进口设备增值税额应以（　　）乘以增值税税率计算。

A. 到岸价格　　B. 离岸价格

C. 关税与消费税之和　　D. 组成计税价格

12.【单选】进口一套机械设备，离岸价为 40 万美元，国际运费为 5 万美元，国外运输保险费为 1.2 万美元，关税税率为 22%，汇率为 1 美元=6.10 元人民币，则该套机械设备应缴纳的进口关税为（　　）万元人民币。

A. 53.68　　B. 55.29

C. 60.39　　D. 62.00

13.【多选】进口设备抵岸价的构成部分有（　　）。

A. 设备离岸价　　B. 外贸手续费

C. 设备运杂费　　D. 进口设备增值税

E. 进口设备检验鉴定费

14.【单选】某进口设备，装运港船上交货价（FOB）为 10 万美元，国外运费 1 万美元，国外运输保险费为 0.029 万美元，关税税率为 10%，银行外汇牌价为 1 美元=7.10 元人民币，没有消费税，则该进口设备计算增值税时的组成计税价格为（　　）万元人民币。

A. 71.21　　B. 78.31　　C. 78.83　　D. 86.14

15. **【单选】**某进口设备按人民币计算，离岸价为 100 万元，到岸价为 112 万元，增值税税率为 13%，进口关税税率为 5%，则该进口设备的关税为（　　）万元。

A. 5.000　　B. 5.600

C. 5.650　　D. 6.328

16. **【单选】**某进口设备，装运港船上交货价（FOB）为 70 万美元，到岸价（CIF）为 78 万美元，关税税率为 10%，增值税税率为 13%，美元汇率为：1 美元＝6.9 元人民币，则该进口设备的增值税为人民币（　　）万元。

A. 62.790 0　　B. 69.966 0

C. 76.245 0　　D. 76.962 6

第四节　工程建设其他费用、预备费、建设期利息、铺底流动资金的组成与计算

➤ **重难点：**

1. 工程建设其他费用。
2. 基本预备费、涨价预备费的构成及计算。
3. 建设期利息。

考点 1　工程建设其他费用

1. **【多选】**下列费用中，属于取得国有土地使用费的有（　　）。

A. 土地管理费　　B. 土地使用权出让金

C. 城市建设配套费　　D. 拆迁补偿与临时安置补助费

E. 土地补偿费

2. **【多选】**下列费用中，属于引进技术和进口设备其他费的有（　　）。

A. 单台设备调试费用　　B. 进口设备检验鉴定费用

C. 设备无负荷联动试运转费用　　D. 国外工程技术人员来华费用

E. 生产职工培训费用

3. **【多选】**下列费用中，属于工程建设其他费用的有（　　）。

A. 进口设备检验鉴定费　　B. 施工单位临时设施费

C. 建设单位临时设施费　　D. 专项评价费

E. 进口设备银行手续费

4. **【单选】**下列费用中，属于建设单位管理费的是（　　）。

A. 可行性研究费　　B. 工程竣工验收费

C. 环境影响评价费　　D. 劳动安全卫生评价费

5.【单选】下列费用中，属于工程建设其他费用的是（　　）。

A. 设备及工器具购置费　　B. 建设期利息

C. 基本预备费　　D. 勘察设计费

6.【多选】在建设项目投资构成中，引进技术和进口设备其他费包括（　　）。

A. 分期或延期付款利息　　B. 进口设备运输保险费

C. 进口设备检验鉴定费用　　D. 担保费

E. 国外工程技术人员来华费用

7.【单选】在建设项目中，按规定支付给商品检验部门的进口设备检验鉴定费用应计入（　　）。

A. 引进技术和进口设备其他费

B. 建设单位管理费

C. 设备安装工程费

D. 进口设备购置费

8.【单选】下列费用中，属于生产准备费的是（　　）。

A. 试运转所需的原料费　　B. 生产职工培训费

C. 办公家具购置费　　D. 生产家具购置费

9.【多选】下列费用中，属于工程建设其他费用的有（　　）。

A. 建设单位管理费　　B. 企业管理费

C. 生产准备费　　D. 工程监理费

E. 工程保险费

10.【单选】生产单位提前进厂参加施工、设备安装、调试的人员，其工资、工资性补贴等费用应从（　　）中支付。

A. 建筑安装工程费　　B. 设备工器具购置费

C. 建设单位管理费　　D. 生产准备费

11.【多选】取得国有土地使用费包括（　　）。

A. 土地使用权出让金　　B. 青苗补偿费

C. 城市建设配套费　　D. 拆迁补偿费

E. 临时安置补助费

12.【单选】下列费用中，属于生产准备费的是（　　）。

A. 联合试运转费　　B. 办公家具购置费

C. 工程保险费　　D. 生产职工培训费

13.【多选】下列属于工程建设其他费用的有（　　）。

A. 工程招标费　　B. 环境影响评价费

C. 单台设备调试费　　D. 进口设备检验鉴定费

E. 生产准备费

考点 2　预备费

14. 【单选】某建设项目建筑安装工程费为 6 000 万元，设备购置费为 1 000 万元，工程建设其他费用为 2 000 万元，建设期利息为 500 万元。若基本预备费费率为 5%，则该建设项目的基本预备费为（　　）万元。

A. 350　　B. 400

C. 450　　D. 475

15. 【单选】某建设项目静态投资为 20 000 万元，项目建设前期年限为 1 年，建设期为 2 年，计划每年完成投资 50%，年均投资价格上涨率为 5%，则该项目建设期涨价预备费为（　　）万元。

A. 1 006.25　　B. 1 525.00

C. 2 056.56　　D. 2 601.25

16. 【单选】某工程设备及工器具购置费为 5 000 万元，建筑安装工程费为 10 000 万元，工程建设其他费用为 4 000 万元，铺底流动资金为 6 000 万元，基本预备费费率为 5%，则该项目估算的基本预备费为（　　）万元。

A. 500　　B. 750

C. 950　　D. 1 250

考点 3　建设期利息

17. 【单选】某新建项目建设期为 2 年，计划银行贷款 3 000 万元，第一年贷款 1 800 万元，第二年贷款 1 200 万元，年利率为 5%，则该项目估算的建设期利息为（　　）万元。

A. 90.00　　B. 167.25

C. 240.00　　D. 244.50

18. 【多选】某项目建设期为 2 年，资金来源部分为银行贷款，贷款年利率为 4%，按年计息且建设期不支付利息，第一年贷款额为 1 500 万元，第二年贷款额为 1 000 万元。假设贷款在每年的年中支付，则建设期贷款利息的计算正确的有（　　）。

扫码听课

A. 第一年的利息为 30 万元

B. 第二年的利息为 60 万元

C. 第二年的利息为 81.2 万元

D. 第二年的利息为 82.4 万元

E. 两年的总利息为 112.4 万元

第二章　必刷

参考答案及解析

第二章　建设工程投资构成

第一节　建设工程投资构成概述

考点 1　我国现行建设工程投资构成

1. 【答案】A

【解析】工程费用＝建筑安装工程费＋设备及工器具购置费＝1 500＋1 000＝2 500（万元）。

2. 【答案】B

【解析】固定资产投资＝建设投资＋建设期利息＝2 000＋300＝2 300（万元）。

3. 【答案】B

【解析】静态投资＝建筑安装工程费＋设备及工器具购置费＋工程建设其他费用＋基本预备费＝3 000＋2 000＋1 000＋300＝6 300（万元）。

考点 2　世界银行和国际咨询工程师联合会建设工程投资构成

4. 【答案】A

【解析】项目间接建设成本包括：①项目管理费；②开工试车费；③业主的行政性费用；④生产前费用；⑤运费和保险费；⑥地方税。选项 B、C、D 属于直接建设成本。

5. 【答案】C

【解析】不可预见准备金用于在估算达到了一定的完整性并符合技术标准的基础上，物质、社会和经济的变化，会导致估算增加的情况。此种情况可能发生，也可能不发生。因此，不可预见准备金只是一种储备，可能不动用。

6. 【答案】C

【解析】世界银行和国际咨询工程师联合会对项目的总建设成本作了统一规定，内容包括：①项目直接建设成本；②项目间接建设成本；③应急费；④建设成本上升费用。

第二节　建筑安装工程费用的组成与计算

考点 1　按费用构成要素划分的建筑安装工程费用项目组成

1. 【答案】D

【解析】规费是指按国家法律、法规规定，由省级政府和省级有关权力部门规定必须缴纳或计取的费用。包括：①社会保险费（养老、失业、医疗、生育、工伤）；②住房公积金。其他应列而未列入的规费，按实际发生计取。

2.【答案】B

【解析】检验试验费是指施工企业按照有关标准规定，对建筑以及材料、构件和建筑安装物进行一般鉴定、检查所发生的费用，包括自设试验室进行试验所耗用的材料等费用。不包括新结构、新材料的试验费，对构件做破坏性试验及其他特殊要求检验试验的费用和建设单位委托检测机构进行检测的费用，对此类检测发生的费用，由建设单位在工程建设其他费用中列支。但对施工企业提供的具有合格证明的材料进行检测其结果不合格的，该检测费用由施工企业支付。检验试验费属于企业管理费。

3.【答案】AE

【解析】人工费包括：①计时工资或计件工资；②奖金；③津贴补贴；④加班加点工资；⑤特殊情况下支付的工资。其中，津贴补贴含物价补贴，如流动施工津贴、特殊地区施工津贴、高温（寒）作业临时津贴、高空津贴等。选项B、D属于企业管理费，选项C属于规费。

4.【答案】ABDE

【解析】施工机具使用费指施工作业所发生的施工机械、仪器仪表使用费或其租赁费。施工机械使用费包括：①折旧费；②检修费；③维护费，指施工机械在规定的耐用总台班内，按规定的维护间隔进行各级维护和临时故障排除所需的费用；④安拆费及场外运费；⑤人工费，指机上司机（司炉）和其他操作人员的人工费；⑥燃料动力费；⑦税费，指施工机械按照国家规定应缴纳的车船使用税、保险费及年检费等。仪器仪表使用费包括工程施工所需使用的仪器仪表的摊销及维修费用。

5.【答案】ABCE

【解析】施工机具使用费指施工作业所发生的施工机械、仪器仪表使用费或其租赁费。其中，施工机械使用费包括：①折旧费；②检修费；③维护费；④安拆费及场外运费；⑤人工费；⑥燃料动力费；⑦税费。

6.【答案】D

【解析】规费包括：①社会保险费（养老、失业、医疗、生育、工伤）；②住房公积金。其他应列而未列入的规费，按实际发生计取。劳动保护费属于企业管理费。

7.【答案】A

【解析】企业管理费包括：①管理人员工资；②办公费；③差旅交通费；④固定资产使用费；⑤工具用具使用费；⑥劳动保险和职工福利费；⑦劳动保护费；⑧检验试验费；⑨工会经费；⑩职工教育经费；⑪财产保险费；⑫财务费；⑬税金；⑭城建税；⑮教育费附加；⑯地方教育附加；⑰其他。

8.【答案】CDE

【解析】人工费包括：①计时工资或计件工资；②奖金，指对超额劳动和增收节支支付给个人的劳动报酬，如节约奖、劳动竞赛奖等；③津贴补贴，含物价补贴，如流动施工津贴、特殊地区施工津贴、高温（寒）作业临时津贴、高空作业津贴等；④加班加点工资；⑤特殊情况下支付的工资，如疾病、工伤、产假、计划生育假、婚丧假、事假、探亲假、定期休假、停工学习、执行国家或社会义务等原因按计时工资标准或计时工资标准的一定比例支付的工资。选项 A、B 属于企业管理费。

9.【答案】BCD

【解析】规费包括：①社会保险费（养老、失业、医疗、生育、工伤）；②住房公积金。其他应列而未列入的规费，按实际发生计取。劳动保护费、劳动保险费均属于企业管理费。

10.【答案】D

【解析】特殊情况下支付的工资是指根据国家法律、法规和政策规定，疾病、工伤、产假、计划生育假、婚丧假、事假、探亲假、定期休假、停工学习、执行国家或社会义务等原因按计时工资标准或计时工资标准的一定比例支付的工资。

11.【答案】D

【解析】人工费包括计时工资或计件工资、奖金、津贴补贴、加班加点工资和特殊情况下支付的工资。

12.【答案】B

【解析】材料费是指施工过程中耗费的原材料、辅助材料、构配件、零件、半成品或成品、工程设备的费用。内容包括：①材料原价；②运杂费；③运输损耗费；④采购及保管费。

13.【答案】ABDE

【解析】施工机具使用费是施工作业所发生的施工机械、仪器仪表使用费或其租赁费，包括施工机械使用费（①折旧费；②检修费；③维护费；④安拆费及场外运费；⑤人工费；⑥燃料动力费；⑦税费）和仪器仪表使用费。

14.【答案】D

【解析】企业管理费是指建筑安装企业组织施工生产和经营管理所需的费用，包括工具用具使用费。

15.【答案】A

【解析】检验试验费是指施工企业按照有关标准规定，对建筑以及材料、构件和建筑安装物进行一般鉴定、检查所发生的费用。不包括新结构、新材料的试验费，对构件做破坏性试验及其他特殊要求检验试验的费用。

16.【答案】ABD

【解析】企业管理费的劳动保险和职工福利费是指由企业支付的职工退职金、按规定支付给离休干部的经费、集体福利费、夏季防暑降温、冬季取暖补贴、上下班交通补贴等。企业管理费的检验试验费是指施工企业按照有关标准规定，对建筑以及材料、构件和建筑安装物进行一般鉴定、检查所发生的费用，包括自设试验室进行试验所耗用的材料等费用。不包括新结构、新材料的试验费，对构件做破坏性试验及其他特殊要求检验试验的费用和建设单位委托检测机构进行检测的费用，对此类检测发生的费用由建设单位在工程建设其他费用中列支。但对施工企业提供的具有合格证明的材料进行检测其结果不合格的，该检测费用由施工企业支付。

17.【答案】C

【解析】选项 A、B 属于规费；选项 D 属于人工费。

18. 【答案】B

【解析】人工费包括计时工资或计件工资、奖金、津贴补贴、加班加点工资和特殊情况下支付的工资。选项 C、D 属于规费，选项 A 属于企业管理费。

19. 【答案】C

【解析】企业管理费中的检验试验费指施工企业按照有关标准规定，对建筑以及材料、构件和建筑安装物进行一般鉴定、检查所发生的费用，包括自设试验室进行试验所耗用的材料等费用。不包括新结构、新材料的试验费，对构件做破坏性试验及其他特殊要求检验试验的费用和建设单位委托检测机构进行检测的费用，对此类检测发生的费用，由建设单位在工程建设其他费用中列支。但对施工企业提供的具有合格证明的材料进行检测其结果不合格的，该检测费用由施工企业支付。

20. 【答案】ADE

【解析】企业管理费包括：①管理人员工资；②办公费；③差旅交通费；④固定资产使用费；⑤工具用具使用费；⑥劳动保险和职工福利费，是指由企业支付的职工退职金、按规定支付给离休干部的经费、集体福利费、夏季防暑降温、冬季取暖补贴、上下班交通补贴等；⑦劳动保护费；⑧检验试验费；⑨工会经费；⑩职工教育经费；⑪财产保险费；⑫财务费；⑬税金；⑭城建税；⑮教育费附加；⑯地方教育附加；⑰其他。

考点 2　按造价形成划分的建筑安装工程费用项目组成

21. 【答案】ABDE

【解析】措施项目费包括：①安全文明施工费（环境保护费、文明施工费、安全施工费、临时设施费、建筑工人实名制管理费）；②夜间施工增加费；③二次搬运费；④冬雨期施工增加费；⑤已完工程及设备保护费；⑥工程定位复测费；⑦特殊地区施工增加费；⑧大型机械设备进出场及安拆费；⑨脚手架工程费。

22. 【答案】AD

【解析】安全文明施工费包括：①环境保护费；②文明施工费；③安全施工费；④临时设施费；⑤建筑工人实名制管理费。

23. 【答案】B

【解析】按造价形成划分，建筑安装工程费用包括分部分项工程费、措施项目费、其他项目费、规费及税金。其中，其他项目费包括暂列金额、计日工、总承包服务费。

24. 【答案】ABCE

【解析】措施项目费包括：①安全文明施工费（环境保护费、文明施工费、安全施工费、临时设施费、建筑工人实名制管理费）；②夜间施工增加费；③二次搬运费；④冬雨期施工增加费；⑤已完工程及设备保护费；⑥工程定位复测费；⑦特殊地区施工增加费；⑧大型机械设备进出场及安拆费；⑨脚手架工程费。

25. 【答案】ACD

【解析】安全文明施工费包括：①环境保护费；②文明施工费；③安全施工费；④临时

设施费；⑤建筑工人实名制管理费。

26.【答案】A

【解析】暂列金额指建设单位在工程量清单中暂定并包括在工程合同价款中的一笔款项。用于施工合同签订时尚未确定或者不可预见的所需材料、工程设备、服务的采购；施工中可能发生的工程变更、合同约定调整因素出现时的工程价款调整以及发生的索赔、现场签证确认等的费用。

考点 3 建筑安装工程费用计算方法

27.【答案】AB

【解析】选项 C、E 属于工程建设其他费用。选项 D 属于企业管理费中的检验试验费。

28.【答案】D

【解析】材料单价＝（材料原价＋运杂费）×（1＋运输损耗率）×（1＋采购保管费率）＝（2 500＋80）×（1＋1%）×（1＋2%）≈2 657.92（元/t）。

29.【答案】D

【解析】增值税的计税办法包括一般计税办法和简易计税方法，具体见下表。

计税方法	纳税人	计算公式	备注
一般计税方法	一般纳税人	税前造价×9%	均以不包含增值税可抵扣进项税额的价格计算
简易计税方法	小规模纳税人	税前造价×3%	均以包含增值税进项税额的含税价格计算

30.【答案】D

【解析】台班折旧费＝机械预算价格×（1－残值率）/耐用总台班数＝60×10^4×（1－5%）/1 000＝570（元）。使用费＝（570＋100）×2×15/10^4＝2.01（万元）。

31.【答案】A

【解析】规费包括社会保险费和住房公积金。社会保险费和住房公积金应以定额人工费为计算基础。

32.【答案】A

【解析】材料单价＝（材料原价＋运杂费）×（1＋运输损耗率）×（1＋保管费率）＝（150＋30）×（1＋0.5%）×（1＋2%）≈184.52（元/t）。

33.【答案】A

【解析】耐用总台班数＝折旧年限×年平均工作台班＝10×225＝2 250（个）；台班折旧费＝机械预算价格×（1－残值率）/耐用总台班数＝30×10^4×（1－2%）/2 250≈130.67（元）。

34.【答案】C

【解析】当采用一般计税方法时，建筑业增值税税率为9%。

考点 4 建筑安装工程计价程序

35.【答案】C

【解析】招标控制价＝分部分项工程费＋措施项目费＋其他项目费＋规费＋税金＝［41 000×（1＋2.5%）＋800＋41 000×15%×8%］×（1＋9%）＝47 215.530（万元）。

36.【答案】C

【解析】增值税销项税额＝（分部分项工程费＋措施项目费＋其他项目费＋规费）×9%＝（3 000＋90＋80＋40.5）×9%＝288.945（万元）。

考点 5　国际工程项目建筑安装工程费用的构成

37.【答案】A

【解析】暂列金额是指包括在合同中，供工程任何部分的施工，或提供货物、材料、设备或服务，或提供不可预料事件之费用的一项金额。暂列金额是业主方的备用金。这是由业主的咨询工程师事先确定并填入招标文件中的金额。

第三节　设备、工器具购置费用的组成与计算

考点　设备购置费组成和计算

1.【答案】D

【解析】国产标准设备原价一般指的是设备制造厂的交货价，即出厂价。如设备系由设备成套公司供应，则以订货合同价为设备原价。有的设备有两种出厂价，即带有备件的出厂价和不带有备件的出厂价。在计算设备原价时，一般按带有备件的出厂价计算。

2.【答案】A

【解析】选项 A 正确，内陆交货类，卖方及时提交合同规定的货物和有关凭证，并承担交货前的一切费用和风险；买方按时接受货物，交付货款，承担接货后的一切费用和风险。选项 B 错误，目的地交货类，买卖双方承担的责任、费用和风险是以目的地约定交货点为分界线。选项 C、D 错误，采用装运港船上交货价时，卖方负责货物装船前的一切费用和风险，买方承担货物装船后的一切费用和风险。

3.【答案】CD

【解析】进口设备到岸包括货价、国外运费、国外运输保险费。

4.【答案】ABD

【解析】进口设备的交货方式见下表。

交货方式	内容
内陆交货类	卖方在出口国内陆的某个地点完成交货任务
目的地交货类	目的港船上交货价；目的港船边交货价（FOS）；目的港码头交货价（关税已付）；完税后交货价（进口国目的地指定地点）
装运港交货类	装运港船上交货价（FOB，离岸价）；运费在内价（CFR）；运费保险费在内价（CIF，到岸价）

5.【答案】D

【解析】到岸价＝离岸价＋国外运费＋国外运输保险费＝210＋5＋0.9＝215.9（万元），进口关税＝到岸价×进口关税税率＝215.9×10%＝21.59（万元），增值税＝（到岸价＋进口关税＋消费税）×增值税率＝（215.9＋21.59）×13%≈30.874（万元）。

6.【答案】C

【解析】进口关税＝到岸价×进口关税税率，到岸价＝离岸价＋国外运费＋国外运输保险费。故该设备的进口关税的计算基数为：2 000＋160＋9＝2 169（万元）。

7.【答案】D

【解析】进口设备抵岸价＝货价＋国外运费＋国外运输保险费＋银行财务费＋外贸手续费＋进口关税＋增值税＋消费税＝（1 050＋5＋15＋70）×（1＋17%）＝1 333.80（万元）。

8.【答案】A

【解析】银行财务费＝离岸价×人民币外汇牌价×银行财务费率。

9.【答案】D

【解析】外贸手续费＝到岸价×人民币外汇牌价×外贸手续费率。

10.【答案】BCD

【解析】进口设备采用装运港船上交货时，买方的责任有：①负责租船或订舱，支付运费，并将船期、船名通知卖方；②承担货物装船后的一切费用和风险；③负责办理保险及支付保险费，办理在目的港的进口和收货手续；④接受卖方提供的有关装运单据，并按合同规定支付货款。

11.【答案】D

【解析】进口产品增值税额＝组成计税价格×增值税税率。

12.【答案】D

【解析】进口关税＝（40＋5＋1.2）×22%×6.10≈62.00（万元）。

13.【答案】ABD

【解析】进口设备抵岸价＝货价＋国外运费＋国外运输保险费＋银行财务费＋外贸手续费＋进口关税＋增值税＋消费税。其中，货价＝离岸价×人民币外汇牌价。

14.【答案】D

【解析】组成计税价格＝到岸价＋关税＋消费税＝（10＋1＋0.029）×（1＋10%）×7.10≈86.14（万元）。

15.【答案】B

【解析】进口关税＝到岸价×进口关税税率＝112×5%＝5.600（万元）。

16.【答案】D

【解析】进口关税＝到岸价×进口关税税率＝78×10%＝7.8（万美元），增值税＝（到岸价＋进口关税＋消费税）×增值税税率＝（78＋7.8）×13%×6.9＝76.962 6（万元人民币）。

第四节　工程建设其他费用、预备费、建设期利息、铺底流动资金的组成与计算

考点 1　工程建设其他费用

1. 【答案】BCD

【解析】取得国有土地使用费包括土地使用权出让金、城市建设配套费、拆迁补偿与临时安置补助费等。

2. 【答案】BD

【解析】引进技术和进口设备其他费包括出国人员费用、国外工程技术人员来华费用、技术引进费、分期或延期付款利息、担保费以及进口设备检验鉴定费。

3. 【答案】ACD

【解析】工程建设其他费用包括：①建设用地费；②与项目建设有关的其他费用（建设单位管理费、可行性研究费、研究试验费、勘察设计费、专项评价费、临时设施费、建设工程监理费、工程保险费、引进技术和进口设备其他费、特殊设备安全监督检验费、市政公用设施费）；③与未来企业生产经营有关的其他费用。

4. 【答案】B

【解析】建设单位管理费包括：①建设单位开办费；②建设单位经费（技术图书资料费、生产工人招募费、工程招标费、合同契约公证费、工程质量监督检测费、工程咨询费、法律顾问费、审计费、业务招待费、排污费、竣工交付使用清理及竣工验收费、后评估等费用）。

5. 【答案】D

【解析】与项目建设有关的其他费用包括建设单位管理费、可行性研究费、研究试验费、勘察设计费、专项评价费、临时设施费、建设工程监理费、工程保险费、引进技术和进口设备其他费、特殊设备安全监督检验费、市政公用设施费。

6. 【答案】ACDE

【解析】引进技术和进口设备其他费包括出国人员费用、国外工程技术人员来华费用、技术引进费、分期或延期付款利息、担保费以及进口设备检验鉴定费。

7. 【答案】A

【解析】引进技术和进口设备其他费包括出国人员费用、国外工程技术人员来华费用、技术引进费、分期或延期付款利息、担保费以及进口设备检验鉴定费。

8. 【答案】B

【解析】与未来企业生产经营有关的其他费用包括：①联合试运转费；②生产准备费（生产职工培训费、生产单位提前进厂的相关费用）；③办公和生活家具购置费。

9. 【答案】ACDE

【解析】工程建设其他费用：①建设用地费；②与项目建设有关的其他费用（建设单位管理费、可行性研究费、研究试验费、勘察设计费、专项评价费、临时设施费、建设工程

监理费、工程保险费、引进技术和进口设备其他费、特殊设备安全监督检验费、市政公用设施费）；③与未来企业生产经营有关的其他费用（联合试运转费、生产准备费、办公和生活家具购置费）。

10.【答案】D

【解析】生产准备费包括：①生产职工培训费；②生产单位提前进厂参加施工、设备安装、调试等以及熟悉工艺流程及设备性能等人员的工资、工资性补贴、职工福利费、差旅交通费、劳动保护费等。

11.【答案】ACDE

【解析】取得国有土地使用费包括土地使用权出让金、城市建设配套费、拆迁补偿与临时安置补助费等。

12.【答案】D

【解析】生产准备费是指新建企业或新增生产能力的企业，为保证竣工交付使用进行必要的生产准备所发生的费用。费用内容包括：①生产职工培训费，如自行培训或委托其他单位培训人员的工资、工资性补贴、职工福利费、差旅交通费、学习资料费、学费、劳动保护费。②生产单位提前进厂参加施工、设备安装、调试等以及熟悉工艺流程及设备性能等人员的工资、工资性补贴、职工福利费、差旅交通费、劳动保护费等。

13.【答案】ABDE

【解析】工程建设其他费用包括建设用地费、与项目建设有关的其他费用（工程招标费、环境影响评价费、进口设备检验鉴定费）和与未来企业生产经营有关的其他费用（生产准备费）。

考点 2 预备费

14.【答案】C

【解析】基本预备费＝（建筑安装工程费＋设备及工器具购置费＋工程建设其他费）×基本预备费费率＝（6 000＋1 000＋2 000）×5%＝450（万元）。

15.【答案】C

【解析】建设期每年完成投资＝20 000×50%＝10 000（万元）；第一年涨价预备费为：$P_1=10\,000\,[(1+5\%)(1+5\%)^{0.5}-1]\approx759.30$（万元）；第二年涨价预备费为：$P_2=10\,000\,[(1+5\%)(1+5\%)^{0.5}(1+5\%)-1]\approx1\,297.26$（万元）。所以，建设期的涨价预备费为：$P=759.30+1\,297.26=2\,056.56$（万元）。

16.【答案】C

【解析】基本预备费＝（建筑安装工程费＋设备及工器具购置费＋工程建设其他费）×基本预备费费率＝（10 000＋5 000＋4 000）×5%＝950（万元）。

考点 3 建设期利息

17.【答案】B

【解析】在建设期，各年利息为：

第一年应计利息$=\left(0+\frac{1}{2}\times1\ 800\right)\times5\%=45$（万元）；

第二年应计利息$=\left(1\ 800+45+\frac{1}{2}\times1\ 200\right)\times5\%=122.25$（万元）。

则该项目估算的建设期利息为：$45+122.25=167.25$（万元）。

18. **【答案】** AC

【解析】 第一年应计利息$=\left(0+\frac{1}{2}\times1\ 500\right)\times4\%=30$（万元）；

第二年应计利息$=\left(1\ 500+30+\frac{1}{2}\times1\ 000\right)\times4\%=81.2$（万元）。

建设期贷款利息$=30+81.2=111.2$（万元）。

第三章　建设工程项目投融资

第一节　工程项目资金来源

> **重难点：**
> 1. 项目资本金的比例。
> 2. 项目资本金、债务资金筹措渠道与方式。
> 3. 资金成本的计算。

考点 1　项目资本金制度

1. 【单选】关于项目资本金性质或特征的说法，正确的是（　　）。

A. 项目资本金是债务性资金
B. 项目法人不承担项目资本金的利息
C. 投资者不可转让其出资
D. 投资者可以任何方式抽回其出资

2. 【单选】除国家对采用高新技术成果有特别规定外，固定资产投资项目资本金中以工业产权、非专利技术作价出资的比例不得超过该项目资本金总额的（　　）。
A. 10%　　B. 15%
C. 20%　　D. 50%

3. 【多选】根据固定资产投资项目资本金制度相关规定，除用货币出资外，投资者还可以用（　　）作价出资。
A. 实物　　B. 工业产权
C. 专利技术　　D. 非专利技术
E. 无形资产

4. 【单选】根据《国务院关于调整和完善固定资产投资项目资本金制度的通知》，对于保障性住房和普通商品住房项目，项目资本金占项目总投资的最低比例是（　　）。
A. 20%　　B. 25%
C. 30%　　D. 35%

5. 【单选】基础设施领域项目通过发行权益型、股权类金融工具筹措的资本金，不得超过项

目资本金总额的（　　）。

A. 20%
B. 30%
C. 40%
D. 50%

6.【单选】城市公路项目的静态预算为20 000万元，动态预算为21 000万元，那么该项目所需的最低资本金为（　　）万元。

A. 4 000
B. 4 200
C. 5 000
D. 5 250

考点2　项目资金筹措渠道和方式

7.【单选】新设法人筹措项目资本金的方式是（　　）。

A. 公开募集
B. 增资扩股
C. 产权转让
D. 银行贷款

8.【多选】既有法人作为项目法人筹措项目资本金时，属于既有法人外部资金来源的有（　　）。

A. 企业增资扩股
B. 企业资产变现
C. 企业产权转让
D. 企业发行债券
E. 企业发行优先股股票

9.【多选】项目资金筹措应遵循的原则有（　　）。

A. 规模适宜
B. 时机适宜
C. 经济效益
D. 结构合理
E. 充分利用

10.【单选】关于优先股的说法，正确的是（　　）。

A. 优先股有还本期限
B. 优先股股息不固定
C. 优先股股东没有公司的控制权
D. 优先股股利在税前扣除

11.【单选】关于优先股与普通股的区别，说法正确的是（　　）。

A. 优先股股息固定，普通股股息不固定
B. 优先股有还本期限，普通股没有还本期限
C. 对于项目公司的债权人来说，均视为项目的资本金
D. 优先股股东有公司的控制权，普通股股东没有公司的控制权

12.【多选】债务融资的优点有（　　）。

A. 融资速度快
B. 融资成本低
C. 融资风险较小
D. 还本付息压力小
E. 企业控制权增大

13.【单选】商业银行的中期贷款是指贷款期限（　　）的贷款。

A. 1～2年
B. 1～3年

C. 2～4 年　　D. 3～5 年

14. 【单选】在公司融资和项目融资中，所占比重最大的债务融资方式是（　　）。

A. 发行股票　　B. 信贷融资

C. 发行债券　　D. 融资租赁

15. 【多选】相比其他债务资金筹措渠道与方式，债券筹资的优点有（　　）。

A. 保障股东控制权　　B. 发挥财务杠杆作用

C. 便于调整资本结构　　D. 经营性灵活降低

E. 筹资成本较低

考点 3 资金成本

16. 【单选】资金筹集成本的主要特点是（　　）。

A. 在资金使用过程中多次发生

B. 与资金使用时间的长短有关

C. 可作为筹资金额的一项扣除

D. 与资金筹集的次数无关

17. 【单选】下列资金成本中，属于筹资阶段发生且具有一次性特征的是（　　）。

A. 债券发行手续费

B. 债券利息

C. 股息和红利

D. 银行贷款利息

18. 【单选】下列融资成本中，属于资金使用成本的是（　　）。

A. 发行手续费　　B. 担保费

C. 资信评估费　　D. 债券利息

19. 【单选】在比较筹资方式、选择筹资方案时，作为项目公司资本结构决策依据的资金成本是（　　）。

A. 个别资金成本　　B. 筹集资金成本

C. 综合资金成本　　D. 边际资金成本

第二节　工程项目融资

➢ **重难点：**

1. 项目融资特点。
2. 项目融资主要方式［BOT（建造—运营—移交）、TOT（移交—运营—移交）、ABS（资产证券化）、PFI（私人主动融资）、PPP（政府和社会资本合作）］。

考点 1　项目融资特点和程序

1.【单选】与传统的贷款融资方式不同，项目融资主要是以（　　）来安排融资。

A. 项目资产和预期收益　　B. 项目投资者的资信水平

C. 项目第三方担保　　D. 项目管理的能力和水平

2.【单选】项目融资属于"非公司负债型融资"，其含义是指（　　）。

A. 项目借款不会影响项目投资人（借款人）的利润和收益水平

B. 项目借款可以不在项目投资人（借款人）的资产负债表中体现

C. 项目投资人（借款人）在短期内不需要偿还借款

D. 项目借款的法律责任应当由借款人法人代表而不是项目公司承担

3.【单选】与传统融资方式相比较，项目融资的特点是（　　）。

A. 融资涉及面较小　　B. 前期工作量较少

C. 融资成本较低　　D. 融资时间较长

4.【多选】与传统的贷款方式相比，项目融资的特点有（　　）。

A. 融资成本较低　　B. 信用结构多样化

C. 投资风险小　　D. 可利用税务优势

E. 属于资产负债表外的融资

5.【单选】在项目融资过程中，投资决策后首先应进行的工作是（　　）。

A. 融资谈判　　B. 融资决策分析

C. 融资执行　　D. 融资结构设计

6.【单选】根据项目融资程序，评价项目风险因素应在（　　）阶段进行。

A. 投资决策分析　　B. 融资谈判

C. 融资决策分析　　D. 融资结构设计

7.【多选】与传统的抵押贷款方式相比，项目融资的特点有（　　）。

A. 有限追索　　B. 融资成本低

C. 风险分担　　D. 非公司负债型融资

E. 项目导向

考点 2　项目融资主要方式

8.【单选】关于 BT 项目经营权和所有权归属的说法，正确的是（　　）。

A. 特许期经营权属于投资者，所有权属于政府

B. 经营权属于政府，所有权属于投资者

C. 经营权和所有权均属于投资者

D. 经营权和所有权均属于政府

9.【单选】采用 TOT 方式进行项目融资需要设立 SPC 或 SPV（特殊目的公司或特殊目的机构），SPC 或 SPV 的性质是（　　）。

A. 借款银团设立的项目监督机构

B. 项目发起人聘请的项目建设顾问机构

C. 政府设立或参与设立的具有特许权的机构

D. 社会资本投资人组建的特许经营机构

10. 【单选】采用ABS融资方式进行项目融资的物质基础是（　　）。

A. 债券发行机构的注册资金

B. 项目原始权益人的全部资产

C. 债券承销机构的担保资产

D. 具有可靠的未来现金流量的项目资产

11. 【单选】在下列项目融资方式中，需要组建一个特别用途公司SPC进行运作的是（　　）。

A. BOT和ABS

B. ABS和TOT

C. TOT和PFI

D. PFI和BOT

12. 【单选】采用PFI融资方式，政府部门与私营部门签署的合同类型是（　　）。

A. 服务合同　　B. 特许经营合同

C. 承包合同　　D. 融资租赁合同

13. 【单选】PFI项目融资方式的特点包括（　　）。

A. 有利于公共服务的产出大众化

B. 项目的控制权必须由公共部门掌握

C. 项目融资成本低、手续简单

D. 政府无需对私营企业作出特许承诺

14. 【单选】下列评价指标中，属于PPP物有所值定性评价的基本评价指标是（　　）。

A. 可融资性　　B. 项目规模大小

C. 运营收入增长潜力　　D. 行业示范性

15. 【多选】在政府和社会资本合作（PPP）项目物有所值评价中，风险承担支出应充分考虑各类风险出现的概率和带来的支出责任，可采用（　　）进行测算。

A. 比例法　　B. 概率法

C. 情景分析法　　D. 风险评价矩阵法

E. 蒙特卡罗模拟法

16. 【单选】为确保政府财政承受能力，每一年度全部PPP项目需要从预算中安排的支出占一般公共预算支出的比例，应当不超过（　　）。

A. 20%　　B. 15%

C. 10%　　D. 5%

扫码听课

17. 【单选】对于核心边界条件和技术经济参数明确、完整，符合国家法律法规和政府采购政策，且采购中不作更改的PPP项目，采购方式最适宜的是（　　）。

A. 公开招标　　B. 竞争性谈判

C. 竞争性磋商　　D. 单一来源采购

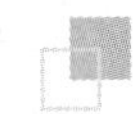

18. **【多选】** 在进行 PPP 项目物有所值定性评价时，可采用的基本评价指标有（　　）。

A. 项目规模大小

B. 全生命周期整合程度

C. 潜在竞争程度

D. 可融资性

E. 行业示范性

参考答案及解析

第三章　建设工程项目投融资

第一节　工程项目资金来源

考点 1　项目资本金制度

1. **【答案】** B

【解析】 项目资本金是指在项目总投资中由投资者认缴的出资额。对项目来说，项目资本金是非债务性资金，项目法人不承担这部分资金的任何利息和债务。投资者可按其出资的比例依法享有所有者权益，也可转让其出资，但不得以任何方式抽回。对于提供债务融资的债权人来说，项目的资本金可以视为负债融资的信用基础，项目资本金后于负债受偿，可以降低债权人债权的回收风险。

2. **【答案】** C

【解析】 项目资本金可以用货币出资，也可以用实物、工业产权、非专利技术、土地使用权作价出资。以工业产权、非专利技术作价出资的比例不得超过投资项目资本金总额的20%，国家对采用高新技术成果有特别规定的除外。

3. **【答案】** ABD

【解析】 项目资本金可以用货币出资，也可以用实物、工业产权、非专利技术、土地使用权作价出资。以工业产权、非专利技术作价出资的比例不得超过投资项目资本金总额的20%，国家对采用高新技术成果有特别规定的除外。

4. **【答案】** A

【解析】 对于保障性住房和普通商品住房项目，项目资本金占项目总投资的最低比例为20%。

5. **【答案】** D

【解析】 基础设施领域和其他国家鼓励发展的行业项目，可通过发行权益型、股权类金融工具筹措资本金，但不得超过项目资本金总额的50%。

6. **【答案】** B

【解析】 市轨道交通项目、铁路、公路项目的资本金占项目总投资的比例为20%。21 000×20%=4 200（万元）。

考点 2　项目资金筹措渠道和方式

7. **【答案】** A

【解析】 新设法人筹措项目资本金的方式：①在资本市场募集股本资金（私募与公开募集）；②合资合作。

8. 【答案】AE

【解析】既有法人可用于项目资本金的资金来源分为内、外两个方面，具体见下表。

内部资金来源	①企业的现金；②未来生产经营中获得的可用于项目的资金；③企业资产变现；④企业产权转让
外部资金来源	①企业增资扩股；②优先股；③国家预算内投资

9. 【答案】ABCD

【解析】项目资金筹措应遵循以下原则：①规模适宜原则；②时机适宜原则；③经济效益原则；④结构合理原则。

10. 【答案】C

【解析】优先股股东不参与公司的经营管理，没有公司控制权，不会分散普通股东的控股权。发行优先股通常不需要还本，只需支付固定股息，可减少公司的偿债风险和压力。但优先股融资成本较高，且股利不能像债权利息一样在税前扣除。

11. 【答案】A

【解析】优先股与普通股相同的是没有还本期限，与债券特征相似的是股息固定。相对于其他借款融资，优先股的受偿顺序通常靠后，对于项目公司的其他债权人来说，可视为项目资本金。而对于普通股股东来说，优先股通常要优先受偿，是一种负债。因此，优先股是一种介于股本资金与负债之间的融资方式。优先股股东不参与公司的经营管理，没有公司控制权，不会分散普通股东的控股权。

12. 【答案】AB

【解析】债务融资的优点是速度快、成本较低，缺点是融资风险较大，有还本付息的压力。

13. 【答案】B

【解析】商业银行贷款期限在1年以内的为短期贷款，1年至3年的为中期贷款，3年以上期限的为长期贷款。

14. 【答案】B

【解析】信贷方式融资是项目负债融资的重要组成部分，是公司融资和项目融资中最基本和最简单，也是所占比重最大的债务融资形式。

15. 【答案】ABCE

【解析】债券筹资的优点：①筹资成本较低；②保障股东控制权；③发挥财务杠杆作用；④便于调整资本结构。债券筹资的缺点：①可能产生财务杠杆负效应；②可能使企业总资金成本增大；③经营灵活性降低。

考点3　资金成本

16. 【答案】C

【解析】资金筹集成本是指在资金筹集过程中所支付的各项费用。资金筹措成本一般属于一次性费用，筹资次数越多，资金筹集成本也就越大。资金筹集成本是在筹措资金时一次支付的，在使用资金过程中不再发生，因此可作为筹资金额的一项扣除。

17.【答案】A

【解析】资金筹集成本是指在资金筹集过程中所支付的各项费用，如发行股票或债券支付的印刷费、发行手续费、律师费、资信评估费、公证费、担保费、广告费等。资金筹集成本一般属于一次性费用，筹资次数越多，资金筹集成本也就越大。

18.【答案】D

【解析】资金使用成本又称为资金占用费，包括股息和红利、利息等，具有经常性、定期性的特征。

19.【答案】C

【解析】资金成本的作用：个别资金成本主要用于比较各种筹资方式资金成本的高低，是确定筹资方式的重要依据；综合资金成本是项目公司资本结构决策的依据；边际资金成本是追加筹资决策的重要依据。

第二节　工程项目融资

考点 1　项目融资特点和程序

1.【答案】A

【解析】项目融资主要以项目的资产、预期收益、预期现金流等来安排融资，而不是以项目的投资者或发起人的资信为依据。债权人在项目融资过程中主要关注的是项目在贷款期间能够新产生多少现金流量用于还款。与传统融资方式相比较，项目融资一般可以获得较高的贷款比例。

2.【答案】B

【解析】非公司负债型融资亦称为资产负债表之外的融资，是指项目的债务不表现在项目投资者（实际借款人）的公司资产负债表中负债栏的一种融资形式，最多只以某种说明的形式反映在公司资产负债表的注释中。

3.【答案】D

【解析】项目融资特点：①项目导向；②有限追索；③风险分担；④非公司负债型融资；⑤信用结构多样化；⑥融资成本较高（相对筹资成本较高，组织融资所需要的时间较长，此特点限制了其使用范围）；⑦可以利用税务优势。

4.【答案】BDE

【解析】项目融资特点：①项目导向；②有限追索；③风险分担；④非公司负债型融资，亦称为资产负债之外的融资；⑤信用结构多样化；⑥融资成本较高（相对筹资成本较高，组织融资所需要的时间较长，此特点限制了其使用范围）；⑦可以利用税务优势。

5.【答案】B

【解析】项目融资大致可分为五个阶段：投资决策分析、融资决策分析、融资结构设计、融资谈判及融资执行。

6.【答案】D

【解析】在融资结构设计阶段，需评价项目风险因素、项目的融资结构和资金结构，以修正项目融资结构。

7.【答案】ACDE

【解析】与传统的抵押贷款方式相比，项目融资有其自身的特点，在融资出发点、资金使用的关注点等方面均有所不同。项目融资主要具有项目导向、有限追索、风险分担、非公司负债型融资、信用结构多样性、融资成本高、可利用税务优势等特点。

考点 2　项目融资主要方式

8.【答案】D

【解析】所谓 BT，是指政府在项目建成后从民营机构中购回项目；政府用于购回项目的资金往往是事后支付。在 BT 项目中，投资者仅获得项目的建设权，而项目的经营权则属于政府。如果承包商不是投资者，其建设资金不是从银行借的有限追索权贷款，或政府用于购回项目的资金完全没有基于项目的运营收入，此种情况实际上应称作“承包商垫资承包”或“政府延期付款”，属于异化 BT，在我国已被禁止。

9.【答案】C

【解析】项目发起人（同时又是投产项目的所有者）设立 SPC 或 SPV（特殊目的公司或特殊目的机构），发起人把完工项目的所有权和新建项目的所有权均转让给 SPC 或 SPV。SPC 或 SPV 通常是政府设立或政府参与设立的具有特许权的机构。

10.【答案】D

【解析】一般来说，投资项目所依附的资产只要在未来一定时期内能带来现金收入，就可以进行 ABS 融资。拥有这种未来现金流量所有权的企业（项目公司）成为原始权益人。这些未来现金流量所代表的资产，是 ABS 融资方式的物质基础。

11.【答案】B

【解析】TOT 的运作程序相对比较简单，一般包括：①制定 TOT 方案（项目建议书）并报批。②项目发起人（同时又是投产项目的所有者）设立 SPC 或 SPV（特殊目的公司或特殊目的机构），发起人把完工项目的所有权和新建项目的所有权均转让给 SPC 或 SPV；SPC 或 SPV 通常是政府设立或政府参与设立的具有特许权的机构。此外，成功组建 SPV 是 ABS 能够成功运作的基本条件和关键因素。

12.【答案】A

【解析】PFI 与 BOT 融资方式在本质上没有太大区别，但在一些细节上仍存在不同，主要表现在适用领域、合同类型（BOT 项目中政府与私营部门签署的是特许经营合同，而 PFI 项目中签署的是服务合同）、承担风险、合同期满处理方式等方面。

13.【答案】A

【解析】PFI 融资方式的核心旨在增加包括私营企业参与的公共服务或者是公共服务的产出大众化。

14.【答案】A

【解析】物有所值定性评价指标包括全生命周期整合程度、风险识别与分配、绩效导向与鼓励创新、潜在竞争程度、政府机构能力、可融资性（创新能力、融资分配、竞争整合）。补充评价指标包括项目规模大小、预期使用寿命长短、主要固定资产种类、全生命周期成本测算准确性、运营收入增长潜力、行业示范性。

15. **【答案】** ABC

【解析】 风险承担支出应充分考虑各类风险出现的概率和带来的支出责任，可采用比例法、情景分析法及概率法进行测算。

16. **【答案】** C

【解析】 每一年度全部 PPP 项目需要从预算中安排的支出，占一般公共预算支出比例应当不超过10%。在进行财政支出能力评估时，未来年度一般公共预算支出数额可参照前 5 年相关数额的平均值及平均增长率计算，并根据实际情况进行适当调整。

17. **【答案】** A

【解析】 公开招标主要适用于核心边界条件和技术经济参数明确、完整，符合国家法律法规和政府采购政策，且采购中不作更改的项目。

18. **【答案】** BCD

【解析】 物有所值定性评价的基本评价指标包括全生命周期整合程度、风险识别与分配、绩效导向与鼓励创新、潜在竞争程度、政府机构能力、可融资性（创新能力、融资分配、竞争整合）。选项 A、E 属于补充评价指标。

第四章　建设工程决策阶段投资控制

第一节　项目可行性研究

➤ **重难点：**

1. 可行性研究的作用和依据。
2. 投资估算与资金筹措、财务分析与经济分析。

考点 1　可行性研究的作用

1. **【单选】**关于项目可行性研究报告及其结论作用的说法，正确的是（　　）。

A. 可行性研究报告是政府投资主管部门核准项目的依据
B. 可行性研究报告是进行项目施工图设计的依据
C. 可行性研究结论可作为银行等金融机构对项目提供贷款的参考
D. 可行性研究结论是取得安全生产许可证的依据

考点 2　可行性研究的依据

2. **【单选】**下列文件资料中，属于项目可行性研究依据的是（　　）。
A. 经投资主管部门审批的投资概算
B. 经投资各方审定的初步设计方案
C. 建设项目环境影响评价报告书
D. 合资项目各投资方签订的协议书或意向书

考点 3　项目可行性研究的内容

3. **【单选】**下列可行性研究内容中，属于建设方案研究与比选的是（　　）。
A. 产品价格现状及预测　　B. 筹资方案与资金使用计划
C. 产品竞争力优劣势分析　　D. 产品方案与建设规模

4. **【单选】**下列可行性研究内容中，属于市场预测分析的是（　　）。
A. 主要投入物供应现状　　B. 工艺技术和主要设备方案
C. 项目组织机构和人力资源配置　　D. 项目资金来源及使用条件

第二节　资金时间价值

➢ **重难点：**

1. 利息和利率的计算（单利和复利）。
2. 实际利率和名义利率。
3. 复利法资金时间价值计算的基本公式及应用（一次支付终值、等额资金终值、等额资金偿债、等额资金回收、等额资金现值）。

考点 1　现金流量

1. 【单选】某项目现金流量见下表，则第 3 年初的净现金流量为（　　）万元。

时间/年	1	2	3	4	5
现金流入/万元	—	100	700	800	800
现金流出/万元	500	500	400	300	300

A. −500　　B. −400
C. 300　　D. 500

考点 2　资金时间价值的计算

2. 【单选】某项两年期借款年利率为 6%，按月复利计息，每季度结息一次，则该项借款的季度实际利率为（　　）。
A. 1.508%　　B. 1.534%
C. 1.542%　　D. 1.589%

3. 【单选】某银行给企业贷款 100 万元，年利率为 4%，贷款年限为 3 年，到期后企业一次性还本付息，利息按复利每半年计息一次，则到期后企业应支付给银行的利息为（　　）万元。
A. 12.000　　B. 12.616
C. 24.000　　D. 24.973

4. 【单选】建设单位从银行贷款 1 000 万元，贷款期为 2 年，年利率为 6%，每季度计息一次，则贷款的年实际利率为（　　）。
A. 6%　　B. 6.12%
C. 6.14%　　D. 12%

5. 【单选】某公司向银行借款，贷款年利率为 6%。第 1 年初借款 100 万元，每年计息一次；第 2 年末又借款 200 万元，每半年计息一次，两笔借款均在第 3 年末还本付息，则复本利和为（　　）万元。
A. 324.54　　B. 331.10

C. 331.28　　　　D. 343.82

6.【单选】下列关于实际利率和名义利率的说法，错误的是（　　）。

A. 当年内计息次数 m 大于 1 时，实际利率大于名义利率

B. 当年内计息次数 m 等于 1 时，实际利率等于名义利率

C. 在其他条件不变时，计息周期越短，实际利率与名义利率差距越小

D. 实际利率比名义利率更能反映资金的时间价值

7.【单选】某项目期初投资额为 500 万元，此后自第 1 年末开始每年末的作业费用为 40 万元，方案的寿命期为 10 年，10 年后的净残值为零。若基准收益率为 10%，则该项目总费用的现值是（　　）万元。

A. 745.78　　　　B. 834.45

C. 867.58　　　　D. 900.26

8.【单选】某企业用 50 万元购置一台设备，欲在 10 年内将该投资的复本利和全部回收，基准收益率为 12%，则每年均等的净收益至少应为（　　）万元。

A. 7.893　　　　B. 8.849

C. 9.056　　　　D. 9.654

9.【单选】某公司拟投资一项目，希望在 4 年内（含建设期）收回全部贷款的本金与利息。预计项目从第 1 年开始每年末能获得 60 万元，银行贷款年利率为 6%，则该项目总投资的现值应控制在（　　）万元以下。

A. 262.48　　　　B. 207.91

C. 75.75　　　　D. 240.00

10.【单选】某企业年初从金融机构借款 3 000 万元，月利率为 1%，按季复利计息，年末一次性还本付息，则该企业年末需要向金融机构支付的利息为（　　）万元。

A. 360.00　　　　B. 363.61

C. 376.53　　　　D. 380.48

11.【单选】某企业向银行借款，甲银行年利率为 8%，每年计息一次；乙银行年利率为 7.8%，每季度计息一次，则（　　）。

A. 甲银行实际利率低于乙银行实际利率

B. 甲银行实际利率高于乙银行实际利率

C. 甲、乙两家银行实际利率相同

D. 甲、乙两家银行的实际利率不可比

12.【单选】现有甲、乙两家银行可向借款人提供一年期贷款，均采用到期一次性偿还本息的还款方式。甲银行贷款年利率为 11%，每季度计息一次；乙银行贷款年利率为 12%，每半年计息一次。借款人按利率高低作出正确选择后，其贷款年实际利率为（　　）。

A. 11.00%　　　　B. 11.46%

C. 12.00%　　　　D. 12.36%

13. **【单选】**某项借款，年名义利率为10%，按季度计息，则每季度的实际利率为（　　）。

A. 5%　　B. 2.5%

C. 0.833%　　D. 0.027 4%

14. **【单选】**某项目建设期为3年。建设期间共向银行贷款1 500万元，其中第1年初贷款1 000万元，第2年初贷款500万元；贷款年利率为6%，按复利计息。则该项目的贷款在建设期末的终值为（　　）万元。

A. 1 653.60　　B. 1 702.49

C. 1 752.82　　D. 1 786.52

15. **【单选】**施工单位从银行贷款2 000万元，月利率为0.8%，按月复利计息，两个月后应一次性归还银行本息共计（　　）万元。

A. 2 008.00　　B. 2 016.00

C. 2 016.09　　D. 2 032.13

16. **【单选】**某人连续6年每年末存入银行50万元，银行年利率8%，按年复利计算，第6年末一次性收回本金和利息，则到期可以回收的金额为（　　）万元。

A. 366.80　　B. 324.00

C. 235.35　　D. 373.48

17. **【单选】**某公司计划在5年内每年末投资300万元，年利率为6%，按复利计息，则5年末可一次性回收的本利和为（　　）万元。

A. 1 556.41　　B. 1 253.22

C. 1 691.13　　D. 1 595.40

18. **【单选】**某公司第1年初借款100万元，年利率为6%，规定从第1年末起至第10年末止，每年末等额还本付息，则每年末应偿还（　　）万元。

A. 7.587　　B. 10.000

C. 12.679　　D. 13.587

19. **【单选】**连续3年年初购买10万元理财产品，第3年末一次性兑付本息。该理财产品年利率为3.5%，按年复利计息，则第3年末累计可兑付本息（　　）万元。

A. 30.70　　B. 31.05

C. 31.06　　D. 32.15

20. **【多选】**某项目建设期为2年，计算期为8年，总投资为1 100万元，全部为自有资金投入，计算期现金流量见下表，基准收益率为5%。

计算期/年	1	2	3	4	5	6	7	8
净现金流量/万元	−400	−700	100	200	200	200	200	200

关于该项目财务分析的说法，正确的有（　　）。

A. 运营期第3年的资本金净利润率为18.2%

B. 项目总投资收益率高于资本金净利润率

C. 项目静态投资回收期为8年

D. 项目内部收益率小于5%

E. 项目财务净现值小于0

21.【多选】某项目计算期8年，基准收益率为6%，基准动态投资回收期为7年，计算期现金流量见下表。根据该项目现金流量可得到的结论有（　　）。

计算期/年	1	2	3	4	5	6	7	8
净现金流量/万元	−3 300	500	500	500	500	500	500	600

A. 项目累计净现金流量为300万元

B. 项目年投资利润率为15.15%

C. 项目静态投资回收期为7.5年

D. 从动态投资回收期判断，项目可行

E. 项目前三年累计净现金流量现值为−2 248.4万元

第三节　投资估算

➢ 重难点：

1. 项目建议书阶段投资估算的编制方法。
2. 流动资金估算的编制方法。

考点1　投资估算的作用

1.【单选】关于项目投资估算的作用，下列说法正确的是（　　）。

A. 项目建议书阶段的投资估算是确定建设投资最高限额的依据

B. 可行性研究阶段的投资估算是项目投资决策的重要依据，不得突破

C. 投资估算不能作为制订建设贷款计划的依据

D. 投资估算是核算建设项目建设投资需要额的重要依据

2.【多选】项目可行性研究阶段进行的投资估算，在项目建设过程中的作用有（　　）。

A. 作为项目投资决策的重要依据

B. 对工程设计概算起控制作用

C. 作为编制施工最高投标限价的依据

D. 作为项目资金筹措的依据

E. 作为办理工程竣工结算的重要依据

考点2　投资估算编制方法

3.【单选】采用生产能力指数法估算某拟建项目的建设投资，拟建项目规模为已建类似项目规模的5倍，且是靠增加相同规格设备数量达到的，则生产能力指数的合理取值范围是（　　）。

A. 0.2～0.5

B. 0.6～0.7

C. 0.8～0.9

D. 1.1～1.5

4.【单选】某地2012年拟建年产30万t化工产品项目。依据调查，某生产相同产品的已建成项目，年产量为10万t，建设投资为12 000万元。若生产能力指数为0.9，综合调整

系数为 1.15，则该拟建项目的建设投资是（　　）万元。

A. 28 047　　B. 36 578

C. 37 093　　D. 37 260

5. 【单选】当采用分项详细估算法进行流动资金估算时，下列项目应计入流动负债的是（　　）。

A. 预收账款　　B. 存货

C. 库存资金　　D. 应收账款

6. 【单选】预计某年度应收账款为 1 800 万元，应付账款为 1 300 万元，预收账款为 700 万元，预付账款为 500 万元，存货为 1 000 万元，现金为 400 万元。则该年度流动资金估算额为（　　）万元。

A. 700　　B. 1 100

C. 1 700　　D. 2 100

7. 【单选】当采用设备系数法估算建设项目投资时，建筑安装工程费应以拟建项目的设备费为基数，根据（　　）计算。

A. 已建成同类项目建筑安装工程费与拟建项目设备费的比率

B. 拟建项目建筑安装工程量与已建成同类项目建筑安装工程量的比率

C. 已建成同类项目建筑安装工程费占设备价值的百分比

D. 已建成同类项目建筑安装工程费占总投资的百分比

8. 【单选】某生产性项目正常生产年份应收账款、预付账款、存货、现金的平均占用额度分别为 100 万元、80 万元、300 万元和 50 万元，应付账款、预收账款的平均余额分别为 90 万元和 120 万元，则该项目估算的流动资金为（　　）万元。

A. 270　　B. 320

C. 410　　D. 480

第四节　财务和经济分析

➤ 重难点：

1. 财务分析的主要指标。
2. 财务分析主要指标的计算（投资收益率、投资回收期、净现值、净年值、内部收益率）。
3. 经济分析和财务分析的联系和区别。

考点 1　财务分析的主要报表和主要指标

1. 【单选】下列方案经济评价指标中，属于偿债能力评价指标的是（　　）。

A. 净年值　　B. 利息备付率

C. 内部收益率　　D. 总投资收益率

2.【单选】下列投资方案经济评价指标中，属于盈利能力静态评价指标的是（　　）。

A. 利息备付率　　B. 资产负债率

C. 净现值率　　D. 静态投资回收期

3.【多选】下列评价指标中，反映项目偿债能力的有（　　）。

A. 资产负债率　　B. 累计盈余资金

C. 偿债备付率　　D. 投资回收期

E. 项目资本金净利润率

4.【单选】下列投资方案经济效果评价指标中，属于静态评价指标的是（　　）。

A. 资本金净利润率　　B. 净现值率

C. 内部收益率　　D. 净年值

5.【多选】下列投资方案经济评价指标中，属于动态评价指标的有（　　）。

A. 内部收益率　　B. 资本金净利润率

C. 资产负债率　　D. 净现值率

E. 总投资收益率

考点 2　财务分析主要指标的计算

6.【单选】某项目建设投资为 1 200 万元，建设期贷款利息为 100 万元，铺底流动资金为 90 万元，铺底流动资金为全部流动资金的 30%，项目正常生产年份税前利润为 260 万元，年利息为 20 万元，则该项目的总投资收益率为（　　）。

A. 16.25%　　B. 17.50%

C. 20.00%　　D. 20.14%

7.【单选】某项目总投资为 4 400 万元，年平均息税前利润为 595.4 万元，项目资本金为 1 840万元，利息及所得税为 194.34 万元，则该项目的总投资收益率为（　　）。

A. 9.18%　　B. 13.53%

C. 21.96%　　D. 32.55%

8.【单选】某项目的建设投资为 25 000 万元，项目资本金为 15 000 万元，流动资金为 5 000 万元。其试运行阶段的年平均净利润为 3 000 万元，运营阶段的年平均净利润为 4 500 万元，则其项目资本金净利润率为（　　）。

A. 15%　　B. 20%

C. 25%　　D. 30%

9.【多选】关于投资回收期的说法，正确的有（　　）。

A. 静态投资回收期就是方案累计现值等于零时的时间（年份）

B. 静态投资回收期是在不考虑资金时间价值的条件下，以项目的净收益回收其全部投资所需要的时间

C. 静态投资回收期可以从项目投产年开始算起，但应予以注明

D. 静态投资回收期可以从项目建设年开始算起，但应予以注明

E. 动态投资回收期一般比静态投资回收期短

10. 【单选】某投资方案的净现金流量及累计净现金流量见下表所示，则该投资方案的静态投资回收期是（　　）年。

计算期/年	1	2	3	4	5	6	7	8
净现金流量/万元	−800	−1000	400	600	600	600	600	600
累计净现金流量/万元	−800	−1800	−1400	−800	−200	400	1000	1600

A. 5.25　　B. 5.33　　C. 5.50　　D. 5.66

11. 【单选】关于净现值指标的说法，正确的是（　　）。

A. 该指标全面考虑了项目在整个计算期内的经济状况

B. 该指标未考虑资金的时间价值

C. 该指标反映了在项目投资中单位投资的使用效率

D. 该指标直接说明了在项目运营期内各年的经营成果

12. 【单选】某建设项目，第1～2年每年末投入建设资金为100万元，第3～5年每年末获得利润为80万元。已知行业基准收益率为8%，则该项目的净现值为（　　）万元。

A. −45.84　　B. −1.57

C. 27.76　　D. 42.55

13. 【单选】某建设项目前两年每年末投资400万元，从第3年开始，每年末等额回收260万元，项目计算期为10年。假设基准收益率为10%，则该项目的财务净现值为（　　）万元。

A. 256.79　　B. 347.92

C. 351.90　　D. 452.13

14. 【单选】某常规投资项目，在不同收益率下的项目净现值见下表，则采用线性内插法计算的项目内部收益率 *IRR* 为（　　）。

收益率	8%	10%	11%	12%
项目净现值/万元	220	50	−20	−68

A. 9.6%　　B. 10.3%

C. 10.7%　　D. 11.7%

15. 【单选】某项目采用试差法计算财务内部收益率，求得 $i_1=15\%$、$i_2=18\%$、$i_3=20\%$ 时所对应的净现值分别为150万元、30万元和−10万元，则该项目的财务内部收益率为（　　）。

A. 17.50%　　B. 19.50%

C. 19.69%　　D. 20.16%

16. 【单选】某技术方案在不同收益率 i 下的净现值为：$i=7\%$ 时，$FNPV=1\ 200$ 万元；$i=8\%$ 时，$FNPV=800$ 万元；$i=9\%$ 时，$FNPV=430$ 万元。则该方案的内部收益率的范围为（　　）。

A. 小于7%　　B. 7%～8%

C. 8%～9%　　　　D. 大于 9%

17. 【单选】下列关于项目盈利能力分析的说法，不正确的是（　　）。

A. 若财务内部收益率大于等于基准收益率，方案可行

B. 若投资回收期大于等于行业标准投资回收期，方案可行

C. 若财务净现值大于等于零，方案可行

D. 若总投资收益率高于同行业收益率参考值，方案可行

18. 【多选】某具有常规现金流量的投资项目，建设期为 2 年，计算期为 12 年，总投资为 1 800万元，投产后净现金流量见下表。项目基准收益率为 8%，基准动态投资回收期为 7 年，财务净现值为 150 万元。关于该项目财务分析的说法，正确的有（　　）。

计算期/年	3	4	5	6	7	…	12
净现金流量/万元	200	400	400	400	400	…	—

A. 项目内部收益率小于 8%

B. 项目静态投资回收期为 7 年

C. 用动态投资回收期评价，项目不可行

D. 计算期第 5 年投资利润率为 22.2%

E. 项目动态投资回收期小于 12 年

19. 【单选】总投资收益率是指项目达到设计能力后正常年份的（　　）与项目总投资的比率。

A. 年息税前利润　　　　B. 净利润

C. 总利润扣除应缴纳的税金　　　　D. 总利润扣除应支付的利息

20. 【单选】某项目投资方案的现金流量如下图所示，从投资回收期的角度评价项目，如基准静态投资回收期 P_c 为 7.5 年，则该项目的静态投资回收期（　　）。

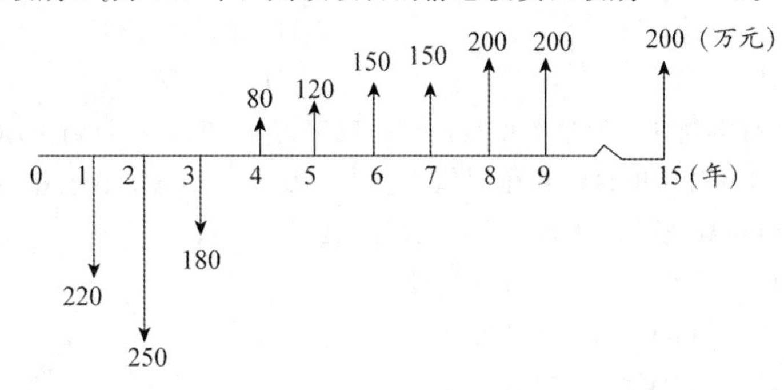

A. $>P_c$，项目不可行　　　　B. $=P_c$，项目不可行

C. $=P_c$，项目可行　　　　D. $<P_c$，项目可行

21. 【单选】某建设项目，第 1～3 年每年末投入建设资金 500 万元，第 4～8 年每年末获得利润 800 万元，则该项目的静态投资回收期为（　　）年。

A. 3.87　　　　B. 4.88

C. 4.90　　　　D. 4.96

22.【多选】确定基准收益率时，应综合考虑的因素包括（　　）。

A. 投资风险　　B. 资金限制

C. 资金成本　　D. 通货膨胀

E. 投资者意愿

23.【单选】已知技术方案的净现金流量见下表。若 i_c=10%，则该技术方案的净现值为（　　）万元。

计算期/年	1	2	3	4	5	6
净现金流量/万元	−300	−200	300	700	700	700

A. 1 399.56　　B. 1 426.83

C. 1 034.27　　D. 1 095.26

24.【单选】关于净现值指标的说法，正确的是（　　）。

A. 该指标能够直观地反映项目在运营期内各年的经营成果

B. 该指标可直接用于不同寿命期互斥方案的比选

C. 该指标小于零时，项目在经济上可行

D. 该指标大于等于零时，项目在经济上可行

25.【单选】某贷款项目，当银行贷款年利率为8%时，净现值为33.82万元；当银行贷款年利率为10%时，净现值为−16.64万元；当银行贷款年利率为（　　）时，企业净现值恰好为零。

A. 8.06%　　B. 8.66%

C. 9.34%　　D. 9.49%

26.【单选】某常规投资方案，当贷款利率为12%时，净现值为150万元；当贷款利率为14%时，净现值为100万元，则该方案内部收益率的取值范围为（　　）。

A. <12%　　B. 12%～13%

C. 13%～14%　　D. >14%

27.【单选】某具有常规现金流量的项目，当折现率为9%时，项目财务净现值为120万元；当折现率为11%时，项目财务净现值为−230万元。若基准收益率为10%，则关于该项目财务分析指标及可行性的说法，正确的是（　　）。

A. $IRR>10\%$，$NPV<0$，项目不可行

B. $IRR>10\%$，$NPV\geq0$，项目可行

C. $IRR<10\%$，$NPV<0$，项目不可行

D. $IRR<10\%$，$NPV\geq0$，项目可行

考点3 项目经济分析

28.【多选】关于项目财务分析和经济分析关系的说法，正确的有（　　）。

A. 财务分析的数据资料是经济分析的基础

B. 两种分析所站的立场和角度相同

C. 两种分析的内容和方法相同

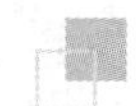

D. 两种分析的依据和结论时效性不同

E. 两种分析计量费用和效益的价格尺度不同

29. **【单选】**工程项目经济评价包括财务分析和经济分析，其中财务分析采用的标准和参数是（　　）。

A. 市场利率和净收益　　B. 社会折现率和净收益

C. 市场利率和净利润　　D. 社会折现率和净利润

30. **【单选】**在工程项目经济评价中，财务分析依据的基础数据是根据（　　）确定的。

A. 完全市场竞争的价格体系

B. 影子价格和影子工资

C. 最优资源配置的价格体系

D. 现行价格体系

31. **【单选】**在建设项目经济评价中，费用效果分析的基本指标是（　　）。

A. 费用效果比　　B. 经济净现值

C. 效果费用比　　D. 经济内部收益率

32. **【多选】**项目经济分析可采用的参数和指标有（　　）。

A. 社会折现率　　B. 经济净现值

C. 投资收益率　　D. 经济效益费用比

E. 累积净现金流量

参考答案及解析

第四章　建设工程决策阶段投资控制

第一节　项目可行性研究

考点 1　可行性研究的作用

1. 【答案】C

【解析】可行性研究的作用：①投资决策的依据。对企业投资项目，可行性研究的结论是企业内部投资决策的依据，同时，对属于《政府核准的投资项目目录（2016 年本）》内、须经政府投资主管部门核准的投资项目，可行性研究结论又可以作为编制项目申请报告的依据。政府投资的项目，可行性研究是政府投资主管部门审批决策的依据。②筹措资金和申请贷款的依据。银行等金融机构一般都要求项目业主提交可行性研究报告，通过对可行性研究报告的评估，作为对项目提供贷款的参考。③编制初步设计文件的依据。

考点 2　可行性研究的依据

2. 【答案】D

【解析】可行性研究的依据：①项目建议书（初步可行性研究报告），对于政府投资项目还需要批复文件；②国家和地方的经济和社会发展规划、行业部门的发展规划；③有关法律、法规和政策；④有关机构发布的工程建设方面的标准、规范、定额；⑤拟建厂（场）址的自然、经济、社会概况等基础资料；⑥合资、合作项目各方签订的协议书或意向书；⑦与拟建项目有关的各种市场信息；⑧有关专题研究报告。

考点 3　项目可行性研究的内容

3. 【答案】D

【解析】建设方案研究与比选主要包括：①产品方案与建设规模；②工艺技术和主要设备方案；③厂（场）址选择；④主要原材料、辅助材料、燃料供应；⑤总图运输和土建方案；⑥公用工程；⑦节能、节水措施；⑧环境保护治理措施方案；⑨安全、职业卫生措施和消防设施方案；⑩项目的组织机构与人力资源配置等；⑪对政府投资项目还应包括招标方案和代建制方案等。

4. 【答案】A

【解析】市场预测分析包括：①产品（服务）市场分析；②主要投入物市场预测；③市场竞争力分析；④营销策略；⑤主要投入物与产出物价格预测；⑥市场风险分析。其中，主要投入物市场预测包括主要投入物供应现状和主要投入物供需平衡预测。

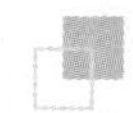

第二节 资金时间价值

考点 1 现金流量

1. 【答案】B

【解析】第 3 年初即第 2 年末，净现金流量＝现金流入－现金流出＝100－500＝－400（万元）。

考点 2 资金时间价值的计算

2. 【答案】A

【解析】月实际利率＝6%/12＝0.5%，季度实际利率＝$(1+i)^n-1$＝$(1+0.5\%)^3-1$≈1.508%。

3. 【答案】B

【解析】解法一：$I=P[(1+i)^n-1]=100\times[(1+4\%/2)^{3\times2}-1]=12.616$（万元）。解法二：先计算年实际利率，$i=(1+r/m)^m-1=(1+4\%/2)^2-1=0.0404$，再计算支付额，$I=P[(1+i)^n-1]=100\times[(1+0.0404)^3-1]\approx12.616$（万元）。

4. 【答案】C

【解析】实际利率 $i=(1+r/m)^m-1=(1+6\%/4)^4-1\approx6.14\%$。

5. 【答案】C

【解析】第一次借款的复本利和 $F=P(1+i)^n=100\times(1+6\%)^3\approx119.10$（万元）。第二次借款的复本利和 $F=P(1+i)^n=200\times(1+6\%/2)^{2\times1}=212.18$（万元）。两次借款的复本利和为：212.18＋119.10＝331.28（万元）。

6. 【答案】C

【解析】年名义利率可定义为计息周期利率乘以每年计息的周期数。

$$i=\frac{I}{P}=\frac{P(1+r/m)^m-P}{P}=(1+r/m)^m-1$$

当 $m=1$ 时，实际利率（i）＝名义利率（r）；当 $m>1$ 时，$i>r$；m 越大，两者相差也越大。

7. 【答案】A

【解析】费用现值＝500＋40（P/A，10%，10）＝$500+40\times\frac{(1+10\%)^{10}-1}{10\%\times(1+10\%)^{10}}\approx$745.78（万元）。

8. 【答案】B

【解析】$A=P\frac{i(1+i)^n}{(1+i)^n-1}=50\times\frac{12\%\times(1+12\%)^{10}}{(1+12\%)^{10}-1}\approx8.849$（万元）。

9. 【答案】B

【解析】$P=A\frac{(1+i)^n-1}{i(1+i)^n}=60\times\frac{(1+6\%)^4-1}{6\%\times(1+6\%)^4}\approx207.91$（万元）。

10. 【答案】C

【解析】 实际利率 $i=(1+r/m)^m-1$，年名义利率为12%，则实际利息=3 000×[(1+12%/4)^4−1]≈376.53（万元）。

11. **【答案】** A

【解析】 乙银行实际利率=(1+7.8%/4)^4−1≈8.03%>8%。

12. **【答案】** B

【解析】 甲银行贷款实际利率=(1+11%/4)^4−1≈11.46%。乙银行贷款实际利率=(1+12%/2)^2−1=12.36%。选择年贷款利率低的甲银行。

13. **【答案】** B

【解析】 季度实际利率=10%/4=2.5%。

14. **【答案】** C

【解析】 终值 $F=P_1(1+6\%)^3+P_2(1+6\%)^2$=1 000×(1+6%)^3+500×(1+6%)^2≈1 752.82（万元）。

15. **【答案】** D

【解析】 施工单位归还银行本息 $F=P(1+i)^n$=2 000×(1+0.8%)^2≈2 032.13（万元）。

16. **【答案】** A

【解析】 终值 $F=A[(1+i)^n-1]/i$=50×[(1+8%)^6−1]/8%≈366.80（万元）。

17. **【答案】** C

【解析】 终值 $F=A[(1+i)^n-1]/i$=300×[(1+6%)^5−1]/6%≈1 691.13（万元）。

18. **【答案】** D

【解析】 $A=P\dfrac{i(1+i)^n}{(1+i)^n-1}=100\times\dfrac{6\%\times(1+6\%)^{10}}{(1+6\%)^{10}-1}$≈13.587（万元）。

19. **【答案】** D

【解析】 第三年末本息和：F=10×[(1+3.5%)^3+(1+3.5%)^2+(1+3.5%)]=32.1494≈32.15（万元）。

20. **【答案】** BCDE

【解析】 选项A错误，本题仅提供了现金流量表，无法通过此表计算得出净利润数据，故资本金净利润率无法计算。

21. **【答案】** ACE

【解析】 选项B错误，根据题目条件无法计算出年投资利润率。选项D错误，动态投资回收期=（累计净现金流量现值出现正值的年份−1）+（上一年累计净现金流量现值的绝对值/出现正值年份净现金流量的现值）=（8−1）+（|−300|/600）=7.5（年）>7年，项目不可行。

第三节　投资估算

考点 1　投资估算的作用

1.【答案】D

【解析】投资估算在项目建设过程中的作用如下：①项目建议书阶段的投资估算，是项目主管部门审批项目建议书的依据之一，并对项目的规划、规模起参考作用。②项目可行性研究阶段的投资估算，是项目投资决策的重要依据，也是研究、分析、计算项目投资经济效果的重要条件。③项目投资估算对工程设计概算起控制作用。当可行性研究报告被批准后，设计概算就不得突破批准的投资估算额，并应控制在投资估算额以内。④项目投资估算可作为项目资金筹措及制订建设贷款计划的依据。⑤项目投资估算是核算建设项目建设投资需要额和编制建设投资计划的重要依据。⑥项目投资估算是进行工程设计招标、优选设计单位和设计方案的依据。

2.【答案】ABD

【解析】投资估算在项目建设过程中的作用如下：①项目建议书阶段的投资估算，是项目主管部门审批项目建议书的依据之一，并对项目的规划、规模起参考作用。②项目可行性研究阶段的投资估算，是项目投资决策的重要依据，也是研究、分析、计算项目投资经济效果的重要条件。③项目投资估算对工程设计概算起控制作用。当可行性研究报告被批准后，设计概算就不得突破批准的投资估算额，并应控制在投资估算额以内。④项目投资估算可作为项目资金筹措及制订建设贷款计划的依据。建设单位可根据批准的项目投资估算额，进行资金筹措和向银行申请贷款。⑤项目投资估算是核算建设项目建设投资需要额和编制建设投资计划的重要依据。⑥项目投资估算是进行工程设计招标、优选设计单位和设计方案的依据。在进行工程设计招标时，投标单位报送的标书中，除了具有设计方案的图纸说明、建设工期等，还包括项目的投资估算和经济性分析，以便衡量设计方案的经济合理性。

考点 2　投资估算编制方法

3.【答案】C

【解析】若已建类似项目规模和拟建项目规模的比值为0.5～2，x 的取值近似为1；若已建类似项目规模与拟建项目规模的比值为2～50，且拟建项目生产规模的扩大仅靠增大设备规模来达到时，则 x 的取值为0.6～0.7；若是靠增加相同规格设备的数量达到时，则 x 的取值为0.8～0.9。

4.【答案】C

【解析】该拟建项目投资额为：

$$C_2=C_1\left(\frac{Q_2}{Q_1}\right)^x\cdot f=12\,000\times\left(\frac{30}{10}\right)^{0.9}\times1.15\approx37\,093\text{（万元）。}$$

5.【答案】A

【解析】流动资金＝流动资产－流动负债；流动资产＝应收账款＋预付账款＋存货＋现

金；流动负债＝应付账款＋预收账款。

6.【答案】C

【解析】流动资产＝应收账款＋预付账款＋存货＋现金＝1 800＋500＋1 000＋400＝3 700（万元）。流动负债＝应付账款＋预收账款＝1 300＋700＝2 000（万元）。流动资金＝流动资产－流动负债＝3 700－2 000＝1 700（万元）。

7.【答案】C

【解析】设备系数法是指以拟建项目的设备购置费为基数，根据已建成的同类项目的建筑安装费和其他工程费等与设备价值的百分比，求出拟建项目建筑安装工程费和其他工程费，进而求出项目投资额。

8.【答案】B

【解析】流动资金＝流动资产－流动负债＝（应收账款＋预付账款＋存货＋现金）－（应付账款＋预收账款）＝（100＋80＋300＋50）－（90＋120）＝530－210＝320（万元）。

第四节　财务和经济分析

考点 1　财务分析的主要报表和主要指标

1.【答案】B

【解析】财务分析指标根据不同的划分标准，可分为静态评价指标和动态评价指标、偿债能力指标和盈利能力指标，具体见下表。

<table>
<tr><td rowspan="4">财务分析指标</td><td rowspan="3">静态评价指标</td><td colspan="2">资产负债率、利息备付率、偿债备付率</td><td>偿债能力指标</td></tr>
<tr><td>投资收益率</td><td>总投资收益率、资本金净利润率</td><td rowspan="3">盈利能力指标</td></tr>
<tr><td colspan="2">静态投资回收期</td></tr>
<tr><td>动态评价指标</td><td colspan="2">内部收益率、动态投资回收期、净现值、净现值率、净年值</td></tr>
</table>

2.【答案】D

【解析】财务分析指标根据不同的划分标准，可分为静态评价指标和动态评价指标、偿债能力指标和盈利能力指标，具体见下表。

<table>
<tr><td rowspan="4">财务分析指标</td><td rowspan="3">静态评价指标</td><td colspan="2">资产负债率、利息备付率、偿债备付率</td><td>偿债能力指标</td></tr>
<tr><td>投资收益率</td><td>总投资收益率、资本金净利润率</td><td rowspan="3">盈利能力指标</td></tr>
<tr><td colspan="2">静态投资回收期</td></tr>
<tr><td>动态评价指标</td><td colspan="2">内部收益率、动态投资回收期、净现值、净现值率、净年值</td></tr>
</table>

3.【答案】AC

【解析】反映项目偿债能力的指标有资产负债率、利息备付率、偿债备付率。

4.【答案】A

【解析】静态评价指标包括：①资产负债率；②利息备付率；③偿债备付率；④投资收益

率（总投资收益率、资本金净利率率）；⑤静态投资回收期。

5. 【答案】AD

【解析】动态评价指标包括：①内部收益率；②动态投资回收期；③净现值；④净现值率；⑤净年值。选项 B、C、E 属于静态评价指标。

考点 2　财务分析主要指标的计算

6. 【答案】B

【解析】总投资收益率 $=EBIT/$总投资$\times 100\%=$（260＋20）/（1 200＋100＋90/30%）×100%＝280/1 600×100%＝17.50%。

7. 【答案】B

【解析】总投资收益率 $=EBIT/$总投资$\times 100\%=595.4/4\ 400\times 100\%\approx 13.53\%$。

8. 【答案】D

【解析】资本金净利润率＝净利润/资本金×100%，其中净利润是指项目达产后正常年份的年净利润或运营期内平均净利润。故该项目资本金净利润率为：4 500/15 000×100%＝30%。

9. 【答案】BC

【解析】静态投资回收期是在不考虑资金时间价值的条件下，以项目的净收益（即净现金流量）回收其全部投资所需要的时间，可以自项目建设开始年算起，也可以自项目投产年开始算起（应予以注明）。动态投资回收期是将项目各年的净现金流量按基准收益率折成现值之后，再来推算投资回收期，这是它与静态投资回收期的根本区别。动态投资回收期就是项目累计现值等于零时的时间（年份）。按静态分析计算的投资回收期较短，但若考虑资金时间价值，用折现法计算出的动态投资回收期，要比静态投资回收期长些。

10. 【答案】B

【解析】$P_t=$（累计净现金流量出现正值的年份－1）＋上一年累计净现金流量的绝对值/出现正值年份的净现金流量＝（6－1）＋｜－200｜/600≈5.33（年）。

11. 【答案】A

【解析】净现值指标的优点是：①考虑了资金的时间价值，全面考虑了项目在整个计算期内的经济状况；②经济意义明确直观，能够直接以金额表示项目的盈利水平；③判断直观。不足之处是：①必须首先确定一个符合经济现实的基准收益率，而基准收益率的确定往往是比较困难的；②如果互斥方案寿命不等，必须构造一个相同的分析期限，才能进行方案比选。此外，净现值不能反映在项目投资中单位投资的使用效率，不能直接说明在项目运营期内各年的经营成果。

12. 【答案】B

【解析】净现值 $=-100\times(1+8\%)^{-1}-100\times(1+8\%)^{-2}+80\times[(1+8\%)^{-3}+(1+8\%)^{-4}+(1+8\%)^{-5}]=-1.57$（万元）。

13. 【答案】D

【解析】方法一：净现值 $=-400\times(1+10\%)^{-1}-400\times(1+10\%)^{-2}+260\times[(1+$

必刷 第四章

$10\%)^{-3}+(1+10\%)^{-4}+(1+10\%)^{-5}+(1+10\%)^{-6}+(1+10\%)^{-7}+(1+10\%)^{-8}+(1+10\%)^{-9}+(1+10\%)^{-10}]\approx 452.13$（万元）。

方法二：净现值$=-400\times(1+10\%)^{-1}-400\times(1+10\%)^{-2}+260\times(P/A,10\%,8)\times(P/F,10\%,2)\approx 452.13$（万元）。

14. **【答案】** C

【解析】 该项目内部收益率为：$IRR\approx i_1+\frac{NPV_1}{NPV_1+|NPV_2|}(i_2-i_1)\approx 10\%+\frac{50}{50+20}\times(11\%-10\%)\approx 10.7\%$。

15. **【答案】** B

【解析】 该项目的财务内部收益率为：$IRR\approx i_1+\frac{NPV_1}{NPV_1+|NPV_2|}(i_2-i_1)\approx 18\%+\frac{30}{30+10}\times(20\%-18\%)=19.50\%$。

16. **【答案】** D

【解析】 某技术方案在不同收益率下的净现值如下图所示。内部收益率是使净现值为零的收益率，由下图可知，该技术方案的内部收益率>9%。

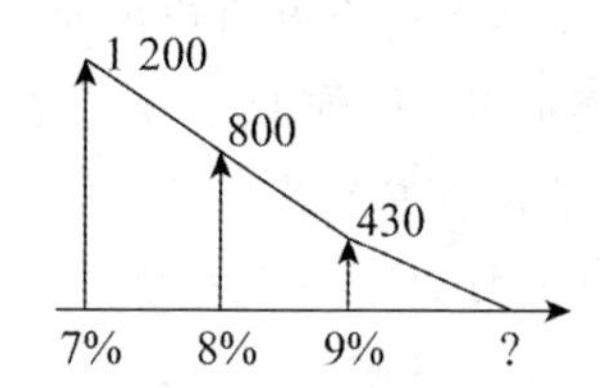

17. **【答案】** B

【解析】 将计算出的静态投资回收期（P_t）与基准投资回收期（P_e）比较：$P_t\leqslant P_e$，可接受；$P_t>P_e$，不可行。

18. **【答案】** BCE

【解析】 累计净现金流量见下表。

计算期/年	1	2	3	4	5	6	7	…	12
净现金流量/万元	—	−1 800	200	400	400	400	400	…	—
累计净现金流量/万元	—	−1 800	−1 600	−1 200	−800	−400	0	…	—

依上表，静态投资回收期为 7 年。动态投资回收期比静态投资回收期长些，故项目动态投资回收期大于 7 年，基准动态投资回收期为 7 年，用动态投资回收期评价，项目不可行。因动态投资回收期就是项目累计现值等于零时的时间（年份），财务净现值为 150 万元，故项目动态投资回收期小于计算期 12 年。内部收益率（IRR）是使项目在计算期内各年净现金流量的现值累计等于零时的折现率。财务净现值为 150 万元，项目可行，故内部收益率应大于项目基准收益率，为 8%。

19. **【答案】** A

【解析】 总投资收益率＝项目达到设计生产能力后正常年份的年息税前利润或运营期内

年平均息税前利润/项目总投资。

20. 【答案】A

【解析】累计净现金流量见下表。

计算期/年	0	1	2	3	4	5	6	7	8	9	10	11	12	13	14	15
现金流入/万元	—	—	—	—	80	120	150	150	200	200	200	200	200	200	200	200
现金流出/万元	—	220	250	180	—	—	—	—	—	—	—	—	—	—	—	—
净现金流量/万元	−220	−250	−180	80	120	150	150	200	200	200	200	200	200	200	200	200
累计净现金流量/万元	—	−220	−470	−650	−570	−450	−300	−150	50	250	450	650	850	1 050	1 250	1 450

P_t＝（累计净现金流量出现正值的年份－1）＋上一年累计净现金流量的绝对值/出现正值年份的净现金流量＝（8－1）＋｜－150｜/200＝7.75（年）。

21. 【答案】B

【解析】累计净现金流量见下表。

计算期/年	1	2	3	4	5	6	7	8
净现金流量/万元	−500	−500	−500	800	800	800	800	800
累计净现金流量/万元	−500	−1 000	−1 500	−700	100	900	1 700	2 500

P_t＝（累计净现金流量出现正值的年份－1）＋上一年累计净现金流量的绝对值/出现正值年份的净现金流量＝（5－1）＋｜－700｜/800≈4.88（年）。

22. 【答案】ABCD

【解析】基准收益率的确定一般以行业的平均收益率为基础，同时综合考虑资金成本、投资风险、通货膨胀以及资金限制等影响因素。

23. 【答案】D

【解析】净现值＝$-300\times(1+10\%)^{-1}-200\times(1+10\%)^{-2}+300\times(1+10\%)^{-3}+700\times(1+10\%)^{-4}+700\times(1+10\%)^{-5}+700\times(1+10\%)^{-6}\approx1\ 095.26$（万元）。

24. 【答案】D

【解析】选项A错误，现值不能反映在项目投资中单位投资的使用效率，不能直接说明在项目运营期内各年的经营成果。选项B错误，必须构造一个相同的分析期限，才能进行方案比选。选项C错误，该指标小于零时，项目在经济上不可行。

25. 【答案】C

【解析】内部收益率＝$8\%+33.82/(33.82+16.64)\times(10\%-8\%)\approx9.34\%$。

26. 【答案】C

【解析】内部收益率＝$12\%+150/(150+100)\times(14\%-12\%)=13.2\%$。

27. 【答案】C

【解析】$IRR\approx i_1+\frac{NPV_1}{NPV_1+|NPV_2|}(i_2-i_1)\approx9\%+\frac{120}{120+230}\times(11\%-9\%)\approx9.69\%$。$IRR<10\%$，且当基准收益率为10%时，财务净现值<0，项目不可行。

第四章必刷

考点 3 项目经济分析

28.【答案】ADE

【解析】财务分析是经济分析的基础。在外部效果明显的大型项目中，经济分析是财务分析的前提。两者区别：①出发点和目的不同；②费用和效益的组成不同；③分析对象不同；④计量费用和效益的价格尺度不同；⑤分析的内容和方法不同；⑥采用的评价标准和参数不同；⑦时效性不同。

29.【答案】C

【解析】项目财务分析的主要标准和参数是净利润、财务净现值、市场利率等。项目经济分析的主要标准和参数是净收益、经济净现值、社会折现率等。

30.【答案】D

【解析】在工程项目经济评价中，财务分析根据预测的市场交易价格计量项目投入和产出物的价值，经济分析采用体现资源合理有效配置的影子价格计量项目投入和产出物的价值。

31.【答案】C

【解析】费用效果分析可采用效果费用比为基本指标；为方便或习惯起见，也可采用费用效果比指标。

32.【答案】BD

【解析】经济费用和效益分析常用指标有：①经济净现值；②经济内部收益率；③经济效益费用比。

第五章　建设工程设计阶段投资控制

第一节　设计方案评选内容和方法

➢ **重难点：**

设计方案评选的方法（定量评价法、定性评价法和综合评价）。

考点 1　设计方案评选的内容

1. **【单选】** 民用建筑工程设计方案适用性评价时，建筑基地内人流、车流和物流是否合理分流，属于（　　）评价的内容。

A. 场地设计　　B. 建筑物设计

C. 规划控制指标　　D. 绿色设计

扫码听课

2. **【单选】** 民用建筑设计方案经济性评价追求的目标是（　　）。

A. 在一定规模的条件下，工程造价/投资最低

B. 单位面积使用阶段能耗最低，节能效果好

C. 在满足结构安全的前提下，主要建筑材料消耗最少

D. 全寿命周期的高性价比

3. **【单选】** 对民用建筑设计方案进行绿色设计评审的主要内容是（　　）。

A. 绿地率是否符合控制性规划的要求

B. 建筑物使用空间的自然采光、通风、日照是否符合规定

C. 施工阶段扬尘和对绿地的破坏程度

D. 项目寿命期内建造和使用对资源和环境的影响

考点 2　设计方案评选的方法

4. **【多选】** 对设计方案进行综合评价，常用的定性方法有（　　）。

A. 环比评分法　　B. 优缺点列举法

C. 德尔菲法　　D. 强制评分法

E. 比较价值评分法

5. **【单选】** 对设计方案进行定性分析的工作包括：①对资料进行归类分析；②对资料进行初

步的检验分析；③确定定性分析的目标以及分析材料的范围；④对定性分析结果的客观性、效度和信度进行评价；⑤选择恰当的方法和确定分析的维度。正确的步骤是（　　）。

A. ①②③④⑤　　B. ③②⑤①④

C. ③⑤①②④　　D. ①④②③⑤

第二节　价值工程方法及其应用

➤ **重难点：**

1. 价值工程方法及特点。
2. 价值工程对象的选择原则和方法。
3. 价值工程的功能评价。
4. 功能价值 V 的计算及分析。
5. 价值工程新方案的创造方法。

考点 1　价值工程方法

1. 【多选】关于价值工程的说法，正确的有（　　）。

A. 价值工程的核心是对产品进行功能分析

B. 价值工程涉及价值、功能和寿命周期成本三要素

C. 价值工程应以提高产品的功能为出发点

D. 价值工程是以提高产品的价值为目标

E. 价值工程强调选择最低寿命周期成本的产品

2. 【单选】价值工程的目标是以（　　）实现项目必须具备的功能。

A. 最少的项目投资

B. 最高的项目盈利

C. 最低的寿命周期成本

D. 最低的项目运行成本

3. 【单选】在设计阶段，运用价值工程方法的目的是（　　）。

A. 提高功能

B. 提高价值

C. 降低成本

D. 提高设计方案施工的便利性

4. 【单选】价值工程的核心是（　　）。

A. 降低成本　　B. 提高功能

C. 功能分析　　D. 功能最大化

5.【多选】价值工程分析阶段的工作有（　　）。

A. 对象选择　　B. 收集整理资料

C. 功能定义　　D. 功能整理

E. 功能评价

考点 2　价值工程的应用

6.【单选】用价值工程原理进行设计方案的优选，就是要从多个备选方案中选出（　　）的方案。

A. 功能最好　　B. 成本最低

C. 价值最高　　D. 技术最新

7.【多选】由多个部分组成的产品，应优先选择（　　）的部分作为价值工程的分析对象。

A. 造价低　　B. 数量多

C. 体积小　　D. 加工工序多

E. 废品率高

8.【单选】根据功能重要程度选择价值工程对象的方法称为（　　）。

A. 因素分析法　　B. ABC 分析法

C. 强制确定法　　D. 价值指数法

9.【单选】采用强制确定法对某工程四个分部工程进行价值工程对象的选择，各分部工程的功能系数和成本系数见下表。根据计算，应优先选择分部工程（　　）为价值工程对象。

	甲	乙	丙	丁
功能系数	0.345	0.210	0.311	0.134
成本系数	0.270	0.240	0.270	0.220

A. 甲　　B. 乙

C. 丙　　D. 丁

10.【单选】某项目建筑安装工程目标造价 2 000 元/m²，项目四个功能区重要性采用 0—1 评分法，评分结果见下表，则该项目建筑安装工程在节能方面的投入宜为（　　）元/m²。

功能区	安全	适用	节能	美观
安全	×	0	1	1
适用	1	×	1	1
节能	0	0	×	1
美观	0	0	0	×
合计				3

A. 340　　B. 400

C. 600　　D. 660

11.【单选】某产品四个功能区的功能指数和现实成本见下表。若产品总成本保持不变，以成本改进期望值为依据，则应优先作为价值工程改进对象的是（　　）。

产品功能区	F1	F2	F3	F4
功能指数	0.35	0.25	0.30	0.10
现实成本/万元	185	155	130	30

A. F1　　B. F2　　C. F3　　D. F4

12.【单选】某项目应用价值工程原理进行方案择优，各方案的功能系数和单方造价见下表，则最优方案为（　　）。

方案	甲	乙	丙	丁
功能系数	0.202	0.286	0.249	0.263
单方造价/（元/m³）	2 840	2 460	2 300	2 700

A. 甲方案　　B. 乙方案
C. 丙方案　　D. 丁方案

13.【单选】运用价值工程优选设计方案，分析计算结果为：甲方案单方造价为 1 500 元，价值系数为 1.13；乙方案单方造价为 1 550 元，价值系数为 1.25；丙方案单方造价为 1 300元，价值系数为 0.89；丁方案单方造价为 1 320 元，价值系数为 1.08。则最佳方案为（　　）。

A. 甲方案　　B. 乙方案
C. 丙方案　　D. 丁方案

14.【单选】某建设项目运用价值工程优选设计方案，分析计算结果见下表，则最佳方案为（　　）。

设计方案	甲	乙	丙	丁
成本系数	0.245	0.305	0.221	0.229
功能系数	0.251	0.277	0.263	0.209

A. 甲方案　　B. 乙方案
C. 丙方案　　D. 丁方案

15.【多选】下列方法中，可以用于价值工程方案创造的有（　　）。

A. 功能成本法
B. 头脑风暴法
C. 哥顿法
D. 功能指数法
E. 专家意见法

16.【多选】强制确定法可用于价值工程活动中的（　　）。

A. 功能选择　　B. 功能评价
C. 功能定义　　D. 方案创新
E. 方案评价

17. **【单选】**应用 ABC 分析法选择价值工程对象，是将（　　）的零部件或工序作为研究对象。

A. 生产工艺复杂

B. 价值系数高

C. 成本比重大

D. 功能评分值高

18. **【多选】**下列价值工程对象的选择方法中，属于非强制确定方法的有（　　）。

A. 应用数理统计分析的方法

B. 考虑各种因素凭借经验集体研究确定的方法

C. 以功能重要程度来选择的方法

D. 寻求价值较低对象的方法

E. 按某种费用对某项技术经济指标影响程度来选择的方法

19. **【单选】**某产品的目标成本为 2 000 万元，该产品某零部件的功能重要性系数是 0.32。若现实成本为 800 万元，则该零部件成本需要降低（　　）万元。

A. 160　　B. 210

C. 230　　D. 240

20. **【单选】**某工程有 4 个设计方案，方案一的功能系数为 0.61，成本系数为 0.55；方案二的功能系数为 0.63，成本系数为 0.6；方案三的功能系数为 0.62，成本系数为 0.57；方案四的功能系数为 0.64，成本系数为 0.56。根据价值工程原理确定的最优方案为（　　）。

A. 方案一　　B. 方案二

C. 方案三　　D. 方案四

21. **【单选】**在价值工程应用中，如果评价对象的价值系数 $V<1$，则表明（　　）。

A. 评价对象的功能现实成本与实现功能所必需的最低成本大致相当

B. 评价对象的现实成本偏高，而功能要求不高

C. 该部件功能比较重要，但分配的成本较少

D. 评价对象的现实成本偏低

22. **【单选】**某项目有甲、乙、丙、丁四个设计方案，均能满足建设目标要求，经综合评估，各方案的功能综合得分及造价见下表。根据价值系数，应选择（　　）为实施方案。

方案	甲	乙	丙	丁
综合得分	33	33	35	32
造价/（元/m^3）	3 050	3 000	3 300	2 950

A. 甲　　B. 乙

C. 丙　　D. 丁

第三节　设计概算编制和审查

➢ **重难点：**

1. 设计概算的内容和编制依据。
2. 建筑工程概算的编制方法。
3. 设备及安装工程概算的编制方法。

考点 1　设计概算的内容和编制依据

1. 【单选】下列选项中，不属于单项工程综合概算内容的是（　　）。

A. 单位建筑工程概算　　B. 安装工程概算
C. 铺底流动资金概算　　D. 设备购置费用概算

2. 【单选】某新建项目装配车间的土建工程概算 100 万元，给水排水和电气照明工程概算 15 万元，设计费 10 万元，装配生产设备及安装工程概算 100 万元，联合试运转费概算 5 万元，则该装配车间单项工程综合概算为（　　）万元。

A. 215　　B. 220
C. 225　　D. 230

3. 【多选】某大学新建校区有一实验楼单项工程，下列费用中，应列入实验楼单项工程综合概算的有（　　）。

A. 分摊到实验楼的土地征用费　　B. 实验楼的土建工程费
C. 实验楼的给水排水工程费　　D. 实验楼的设备及安装工程费
E. 分摊到实验楼的建设期利息

4. 【单选】建设项目设计概算文件采用三级概算或二级概算的区别，在于是否单独编制（　　）文件。

A. 分部工程概算　　B. 单位工程概算
C. 单项工程综合概算　　D. 建设项目总概算

考点 2　设计概算编制办法

5. 【多选】建筑工程概算编制的基本方法有（　　）。

A. 实物量法　　B. 扩大单价法
C. 概算指标法　　D. 估算指标法
E. 预算单价法

6. 【单选】宜采用扩大单价法编制建筑工程概算的是（　　）。

A. 初步设计达到一定深度，建筑结构比较明确
B. 初步设计深度不够，不能准确地计算扩大分部分项工程量

C. 有详细的施工图设计资料，能准确地计算分部分项工程量

D. 没有初步设计资料，无法计算出工程量

7. **【单选】**某住宅工程项目设计深度不够，其结构特征与概算指标的结构特征局部有差别，编制设计概算时，宜采用的方法是（　　）。

A. 扩大单价法　　B. 修正概算指标法

C. 概算指标法　　D. 预算单价法

8. **【多选】**下列方法中，可用来编制设备安装工程概算的方法有（　　）。

A. 估算指标法　　B. 概算指标法

C. 扩大单价法　　D. 预算单价法

E. 百分比分析法

9. **【单选】**当初步设计有详细设备清单时，编制设备安装工程概算精确性较高的方法是（　　）。

A. 扩大单价法　　B. 概算指标法

C. 修正概算指标法　　D. 预算单价法

10. **【单选】**当初步设计达到一定深度、建筑结构比较明确时，宜采用（　　）编制建筑工程概算。

A. 预算单价法　　B. 概算指标法

C. 类似工程预算法　　D. 扩大单价法

11. **【多选】**下列工程中，宜采用扩大单价法编制单位工程概算的有（　　）。

A. 初步设计较完善的工程　　B. 住宅工程

C. 福利工程　　D. 建筑结构较明确的工程

E. 附属工程

12. **【单选】**当初步设计的设备清单不完备，或仅有成套设备的重量时，应优先采用（　　）编制设备安装工程概算。

A. 综合扩大单价法　　B. 概算指标法

C. 修正概算指标法　　D. 预算单价法

13. **【单选】**当初步设计有详细设备清单时，宜采用（　　）编制设备安装工程概算。

A. 扩大单价法　　B. 类似工程预算法

C. 预算单价法　　D. 概算指标法

14. **【多选】**编制单位工程概算的正确做法有（　　）。

A. 在单位工程概算中列入相应的基本预备费和涨价预备费

B. 单位工程概算按构成单位工程的主要分部分项工程编制

C. 建筑工程的工程量根据施工图及工程量计算规则计算

D. 建筑工程概算费用内容及组成按照《建筑安装工程费用项目组成》确定

E. 设备及安装工程概算分别采用“设备购置费概算表”和“安装工程概算表”编制

考点 3　设计概算的审查

15. 【单选】关于设计概算编制的说法，正确的是（　　）。
    A. 应按编制时项目所在地的价格水平编制，不考虑后续价格变动
    B. 应按编制时项目所在地的价格水平编制，不考虑施工条件影响
    C. 应按编制时项目所在地的价格水平编制，还应按项目合理工期预测建设期价格水平
    D. 应按编制时项目所在地的价格水平编制，不考虑建设项目的实际投资

16. 【多选】政府投资项目概算批准后，允许调整概算的情形有（　　）。
    A. 原设计范围内，提高建设标准引起的费用增加
    B. 超出原设计范围的重大变更
    C. 建设单位提出设计变更引起的费用增加
    D. 设计文件重大差错引起的工程费用增加
    E. 超出涨价预备费的国家重大政策性调整

17. 【多选】当审查设计概算的编制依据时，应着重审查编制依据是否（　　）。
    A. 经过国家或授权机关批准
    B. 具有先进性和代表性
    C. 符合工程的适用范围
    D. 符合国家有关部门的现行规定
    E. 满足建设单位的要求

18. 【多选】单位建筑工程概算工程量审查的主要依据有（　　）。
    A. 初步设计图纸
    B. 施工图设计文件
    C. 概算定额
    D. 概算指标
    E. 工程量计算规则

19. 【单选】关于政府投资项目设计概算批准后是否允许调整的说法，正确的是（　　）。
    A. 一律不得调整，确需调整的，须另行单独立项
    B. 一律不得调整，需要增加投资的，由项目单位自筹
    C. 一律不得调整，需调整时，须说明理由并向原批准部门备案
    D. 一律不得调整，需调整时，须经原批准部门同意并重新审批

第四节　施工图预算编制与审查

> **重难点：**
>
> 1. 施工图预算的编制内容。
> 2. 施工图预算的编制方法（单位工程施工图预算、单项工程综合预算、建设项目总预算）。
> 3. 施工图预算的审查方法。

考点 1　施工图预算概述

1.【多选】施工图预算是建设单位（　　）的依据。

A. 施工图设计阶段确定项目造价
B. 进行施工准备
C. 控制施工成本
D. 监督检查执行定额标准
E. 施工期间安排建设资金

考点 2　施工图预算的编制内容

2.【单选】下列选项中，不属于施工图预算编制方法的是（　　）。

A. 定额单价法
B. 工程量清单单价法
C. 实物量法
D. 扩大单价法

考点 3　施工图预算的编制方法

3.【单选】采用定额单价法编制施工图预算时，若某分项工程的主要材料品种与预算单价或单位估价表中规定材料不一致，则正确的做法是（　　）。

A. 按实际使用材料价格换算预算单价，再套用换算后的单价
B. 直接套用预算单价，再根据材料价差调整工程费用
C. 改用实物量法编制施工图预算
D. 改用工程量清单单价法编制施工图预算

4.【单选】分项工程单位估价表是预算定额法编制施工图预算的重要依据，分项工程单位估价表中的单价包含完成相应分项工程所需的人工费、材料费和（　　）。

A. 企业管理费
B. 施工机具使用费
C. 规费
D. 税金

5.【多选】下列方法中，可以用于编制施工图预算的有（　　）。

A. 定额单价法
B. 工程量清单单价法
C. 扩大单价法
D. 实物量法
E. 综合单价法

6.【多选】在编制施工图预算过程中，图纸的主要审核内容有（　　）。

A. 审核图纸间相关尺寸是否有误
B. 审核图纸是否有设计更改通知书
C. 审核材料表上的规格是否与图示相符
D. 审核图纸是否已经施工单位确认
E. 审核图纸与现行计量规范是否相符

7.【单选】预算人工、材料、机械台班定额是在正常生产条件下分项工程所需的（　　）标准。

A. 人工、材料、机械台班消耗量
B. 人工、材料、机械台班价格
C. 分项工程数量
D. 分项工程价格

考点 4 施工图预算的审查内容与方法

8. 【多选】施工图预算审查的内容包括（　　）。
   A. 施工图是否符合设计规范
   B. 施工图是否满足项目功能要求
   C. 施工图预算的编制是否符合相关法律、法规
   D. 工程量计算是否准确
   E. 施工图预算是否超过概算

9. 【多选】审查施工图预算的方法有（　　）。
   A. 标准预算审查法
   B. 预算指标审查法
   C. 预算单价审查法
   D. 对比审查法
   E. 分组计算审查法

10. 【单选】拟建工程与已完工程采用同一施工图，但基础部分和现场施工条件不同，则与已完工程相同的部分可采用（　　）审查施工图预算。
   A. 标准预算审查法
   B. 对比审查法
   C. “筛选”审查法
   D. 重点审查法

11. 【单选】在施工图预算的审查中，采用（　　）审查住宅工程和不具备全面审查条件的工程。
   A. 全面审查法
   B. 标准预算审查法
   C. 筛选审查法
   D. 重点审查法

12. 【单选】施工图预算审查方法中，审查质量高、效果好但工作量大的是（　　）。
   A. 标准预算审查法
   B. 重点审查法
   C. 逐项审查法
   D. 对比审查法

扫码听课

13. 【单选】某项工程采用标准图纸进行施工，施工图预算审查时宜采用（　　）。
   A. 对比审查法
   B. 分组计算审查法
   C. 逐项审查法
   D. 标准预算审查法

14. 【单选】能较快发现问题，审查速度快，但问题出现的原因还需继续审查的施工图预算审查方法是（　　）。
   A. 对比审查法
   B. 逐项审查法
   C. 标准预算审查法
   D. “筛选”审查法

15. 【多选】当采用重点审查法审查施工图预算时，审查的重点有（　　）。
   A. 工程量计算规则的正确性
   B. 工程量大的分项工程
   C. 单价高的分项工程
   D. 各项费用的计取基础
   E. 设计标准的合理性

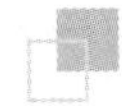

16. **【单选】**当采用重点审查法审查施工图预算时，审查的重点是（　　）的分部分项工程。

A. 单价经换算　　　　B. 不易被重视

C. 量大价高　　　　D. 采用补充单位估价

17. **【单选】**当审查施工图预算时，除审查工程量计算的准确性外，对预算工程量审查的重点是（　　）。

A. 编制施工图预算所依据设计文件的完整性

B. 工程量计算人员是否具备造价工程师资格

C. 预算工程量是否超过概算工程量

D. 工程量计算规则与计算规范规则或定额规则的一致性

参考答案及解析

第五章　建设工程设计阶段投资控制

第一节　设计方案评选内容和方法

考点 1　设计方案评选的内容

1. 【答案】A

【解析】民用建筑设计评选应围绕建筑设计方针和要求，从规划控制、场地设计、建筑物设计、室内环境、建筑设备等方面展开。其中，在场地设计方面，建筑布局应使建筑基地内的人流、车流与物流合理分流，防止干扰，并应有利于消防、停车、人员集散以及无障碍设施的设置。

2. 【答案】D

【解析】“经济”不能简单地理解为追求造价，不能狭隘地理解为投入少就是经济，而是追求全寿命的经济、高性价比的经济。

3. 【答案】D

【解析】“绿色”就是要推行绿色设计。绿色设计是指在项目整个寿命周期内，要充分考虑对资源和环境的影响，在充分考虑项目的功能、质量、建设周期和成本的同时，更要优化各种相关因素，着重考虑产品环境属性（可拆卸性、可回收性、可维护性、可重复利用性等）并将其作为设计目标，使项目建设和运行过程中对环境的总体负影响减到最小。

考点 2　设计方案评选的方法

4. 【答案】BC

【解析】用于方案综合评价的方法有很多，常用的定性方法有德尔菲法、优缺点列举法等。选项 A、D、E 属于综合评价中的定量方法。

5. 【答案】B

【解析】定性分析的基本过程包括：①确定定性分析的目标以及分析材料的范围；②对资料进行初步的检验分析；③选择恰当的方法和确定分析的维度；④对资料进行归类分析；⑤对定性分析结果的客观性、效度和信度进行评价。

第二节　价值工程方法及其应用

考点 1　价值工程方法

1. 【答案】ABD

【解析】价值工程涉及价值、功能和寿命周期成本三个基本要素。价值工程具有以下特点：①价值工程的目标是以最低的寿命周期成本，实现产品必须具备的功能，简而言之就是以提高对象的价值为目标。产品的寿命周期成本由生产成本和使用成本（有时还包括报废拆除所需费用，扣除残值）组成。寿命周期成本为最小值 C_{min} 时，所对应的功能水平是从成本考虑的最适宜功能水平。②价值工程的核心是对产品进行功能分析。③价值工程将产品价值、功能和成本作为一个整体同时考虑。④价值工程强调不断改革和创新。

2. **【答案】**C

【解析】价值工程的目标是以最低的寿命周期成本，实现产品必须具备的功能，简而言之就是以提高对象的价值为目标。

3. **【答案】**B

【解析】价值工程是以提高产品或作业价值为目的，通过有组织的创造性工作，寻求用最低的寿命周期成本，可靠地实现使用者所需功能的一种管理技术。

4. **【答案】**C

【解析】价值工程的核心是对产品进行功能分析。

5. **【答案】**BCDE

【解析】价值工程分析阶段的工作包括收集整理资料、功能定义、功能整理、功能评价。

考点 2　价值工程的应用

6. **【答案】**C

【解析】价值工程应用主要体现在两个方面：一是应用于方案的评价，既可以是在多方案中选择价值较高的较优方案，也可以选择价值较低的对象作为改进的对象；二是通过价值工程系统过程活动，寻求提高对产品或对象的价值的途径，这也是价值工程应用的重点。

7. **【答案】**BDE

【解析】由各组成部分组成的产品，应优先选择以下部分作为价值工程的分析对象：①造价高的组成部分；②占产品成本比重大的组成部分；③数量多的组成部分；④体积或重量大的组成部分；⑤加工工序多的组成部分；⑥废品率高和关键性的组成部分。

8. **【答案】**C

【解析】强制确定法以功能重要程度选择价值工程对象：先求出成本系数、功能系数，然后得出价值系数。如果分析对象的功能与成本不相符，价值低的被选为价值工程的研究对象。

9. **【答案】**D

【解析】强制确定法：先求出成本系数、功能系数，然后得出价值系数。如果分析对象的功能与成本不相符，价值低的被选为价值工程的研究对象。价值系数＝功能系数/成本系数，见下表。

分部工程	甲	乙	丙	丁
功能系数	0.345	0.210	0.311	0.134
成本系数	0.270	0.240	0.270	0.220
价值系数	1.278	0.875	1.152	0.609

10. **【答案】**B

第五章　必刷

【解析】各功能区的功能重要性系数见下表。

功能区	安全	适用	节能	美观	功能总分	修正得分	功能重要性系数
安全	×	0	1	1	2	3	0.3
适用	1	×	1	1	3	4	0.4
节能	0	0	×	1	1	2	0.2
美观	0	0	0	×	0	1	0.1
合计				3	6	10	1.0

该项目在节能方面的投入宜为：2 000×0.2=400（元/m^2）。

11.【答案】B

【解析】根据功能指数，得出重新分配的功能区成本及改进期望值，见下表。

产品功能区	F1	F2	F3	F4	合计
功能指数	0.35	0.25	0.30	0.10	1.00
现实成本/万元	185	155	130	30	500
重新分配的功能区成本/万元	175	125	150	50	500
成本改进期望值/万元	10	30	−20	−20	0

12.【答案】B

【解析】各方案的价值系数见下表，应选择价值系数最大的乙方案。

方案	甲	乙	丙	丁
功能系数	0.202	0.286	0.249	0.263
功能系数×10^4	2 020	2 860	2 490	2 630
单方造价/（元/m^3）	2 840	2 460	2 300	2 700
功能系数×10^4/单方造价	<1	1.16	1.08	<1

13.【答案】B

【解析】已明确给出价值系数，直接选取价值系数最大的乙方案。

14.【答案】C

【解析】各方案的价值系数见下表，甲、乙、丙、丁四个方案中丙方案的价值系数最高，为最佳方案。

设计方案	甲	乙	丙	丁
功能系数	0.251	0.277	0.263	0.209
成本系数	0.245	0.305	0.221	0.229
价值系数	1.024	0.908	1.190	0.913

15.【答案】BCE

【解析】价值工程新方案创造比较常用的方法有：①头脑风暴法（BS）；②哥顿（Gorden）法；③专家意见法，又称德尔菲（Delphi）法；④专家检查法。

16.【答案】BE

【解析】强制确定法以功能重要程度选择价值工程对象：先求出成本系数、功能系数，然后得出价值系数。如果分析对象的功能与成本不相符，价值低的被选为价值工程的研究对象。此法可以运用于功能评价和方案评价。

17. **【答案】** C

【解析】 ABC 分析法将成本比重大的零部件或工序作为研究对象，有利于集中精力重点突破，取得较大效果，同时简便易行，因此被人们广泛采用。

18. **【答案】** ABDE

【解析】 选项 A 属于 ABC 分析法；选项 B 属于因素分析法；选项 C 属于强制确定法；选项 D 属于价值指数法；选项 E 属于百分比分析法。

19. **【答案】** A

【解析】 该零部件的目标成本为：2 000×0.32＝640（万元），降低额为：800－640＝160（万元）。

20. **【答案】** D

【解析】 $V_1=0.61/0.55\approx1.11$；$V_2=0.63/0.6=1.05$；$V_3=0.62/0.57\approx1.09$；$V_4=0.64/0.56\approx1.14$。选择价值系数最高的方案四为最优方案。

21. **【答案】** B

【解析】 功能的价值系数计算结果有以下 3 种情况：①$V=1$。即功能评价值等于功能现实成本，这表明评价对象的功能现实成本与实现功能所必需的最低成本大致相当。②$V<1$。即功能现实成本大于功能评价值，表明评价对象的现实成本偏高，而功能要求不高。③$V>1$。即功能现实成本小于功能评价值，表明该部件功能比较重要，但分配的成本较少。

22. **【答案】** B

【解析】 综合得分总和为：33＋33＋35＋32＝133，造价总数为：3 050＋3 000＋3 300＋2 950＝12 300（元/m^3）。甲的价值系数＝（33/133）/（3 050/12 300）≈1.001；乙的价值系数＝（33/133）/（3 000/12 300）≈1.017；丙的价值系数＝（35/133）/（3 300/12 300）≈0.981；丁的价值系数＝（32/133）/（2 950/12 300）≈1.003。乙的价值系数最大，选择方案乙。

第三节　设计概算编制和审查

考点 1　设计概算的内容和编制依据

1. **【答案】** C

【解析】 单项工程综合概算包括各单位建筑工程概算、各单位设备及安装工程概算。

2. **【答案】** A

【解析】 单项工程综合概算＝单位建筑工程概算＋单位设备及安装工程概算＝100＋15＋100＝215（万元）。

3. **【答案】** BCD

【解析】 单项工程综合概算由各单位建筑工程概算、各单位设备及安装工程概算组成。各单位建筑工程概算包括一般土建工程概算、给水排水工程概算、采暖工程概算、通风工程概算、电气照明工程概算和特殊构筑物工程概算。设备及安装工程概算包括机械设备及安装工程概算、电气设备及安装工程概算以及器具、工具与生产家具购置费概算。

4. **【答案】**C

【解析】设计概算文件的编制应视项目情况采用三级概算（总概算、单项工程综合概算、单位工程概算）或二级概算（总概算、单位工程概算）编制形式。

考点 2 设计概算编制办法

5. **【答案】**BC

【解析】编制建筑单位工程概算的方法一般有扩大单价法、概算指标法两种。

6. **【答案】**A

【解析】采用扩大单价法编制建筑工程概算比较准确，但计算较烦琐。当初步设计达到一定深度、建筑结构比较明确时，可采用这种方法编制建筑工程概算。

7. **【答案】**B

【解析】当设计对象结构特征与概算指标的结构特征局部有差别时，可用修正概算指标法，再根据已计算的建筑面积或建筑体积乘以修正后的概算指标及单位价值，算出工程概算价值。

8. **【答案】**BCD

【解析】设备及安装工程概算的编制方法有预算单价法、扩大单价法和概算指标法。

9. **【答案】**D

【解析】建筑工程概算的编制方法见下表。

编制方法	内容
预算单价法	当初步设计有详细设备清单时，可直接按预算单价（预算定额单价）编制设备安装工程概算。计算比较具体，精确性较高
扩大单价法	当初步设计的设备清单不完备，或仅有成套设备的重量时，可采用主体设备、成套设备或工艺线的综合扩大安装单价编制概算
概算指标法	当初步设计的设备清单不完备，或安装预算单价及扩大综合单价不全，无法采用预算单价法和扩大单价法时，可采用概算指标法编制概算

10. **【答案】**D

【解析】当初步设计达到一定深度、建筑结构比较明确时，可采用扩大单价法编制建筑工程概算。

11. **【答案】**AD

【解析】当初步设计达到一定深度、建筑结构比较明确时，可采用扩大单价法编制建筑工程概算。

12. **【答案】**A

【解析】当初步设计的设备清单不完备，或仅有成套设备的重量时，可采用主体设备、成套设备或工艺线的综合扩大安装单价编制概算。

13. **【答案】**C

【解析】 当初步设计有详细设备清单时，可直接按预算单价编制设备安装工程概算。根据计算的设备安装工程量，乘以安装工程预算单价，经汇总求得。

14. **【答案】** BD

【解析】 选项A错误，单位工程概算一般分为建筑工程、设备及安装工程两大类。选项C错误，工程量的计算，必须按定额中规定的各个分部分项工程内容，遵循定额中规定的计量单位、工程量计算规则及方法来进行。选项E错误，设备及安装工程单位工程概算由设备购置费和安装工程费组成，设备及安装工程概算采用“设备及安装工程概算表”编制。

考点3 设计概算的审查

15. **【答案】** C

【解析】 概算负责人、审核人、审定人应由国家注册造价工程师担任。设计概算应按编制时项目所在地的价格水平编制，总投资应完整地反映编制时建设项目的实际投资；设计概算应考虑建设项目施工条件等因素对投资的影响；还应按项目合理工期预测建设期价格水平，以及资产租赁和贷款的时间价值等动态因素对投资的影响；建设项目总投资还应包括铺底流动资金。

16. **【答案】** BE

【解析】 允许调整概算的原因有：①超出原设计范围的重大变更；②超出基本预备费规定范围不可抗拒的重大自然灾害引起的工程变动和费用增加；③超出工程造价调整预备费的国家重大政策性的调整。影响工程概算的主要因素已经清楚，工程量完成一定量后方可进行调整，一个工程只允许调整一次概算。

17. **【答案】** ACD

【解析】 审查设计概算的编制依据：①合法性审查。采用的各种编制依据必须经过国家或授权机关的批准，符合国家的编制规定。未经过批准的不得以任何借口采用，不得强调特殊理由擅自提高费用标准。②时效性审查。对定额、指标、价格、取费标准等各种依据，都应根据国家有关部门的现行规定执行。对颁发时间较长、已不能全部适用的应按有关部门做的调整系数执行。③适用范围审查。各主管部门、各地区规定的各种定额及其取费标准均有其各自的适用范围，特别是各地区的材料价格区域性差别较大，在审查时应给予高度重视。

18. **【答案】** ACE

【解析】 工程量审核：根据初步设计图纸、概算定额、工程量计算规则的要求进行审查。

19. **【答案】** D

【解析】 设计概算投资一般应控制在立项批准的投资控制额以内；如果设计概算值超过控制额，必须修改设计或重新立项审批；设计概算批准后，一般不得调整；如需修改或调整时，须经原批准部门同意，并重新审批。允许调整概算的原因有：①超出原设计范围的重大变更；②超出基本预备费规定范围不可抗拒的重大自然灾害引起的工程变动和费用增加；③超出工程造价调整预备费的国家重大政策性的调整。

第四节　施工图预算编制与审查

考点 1　施工图预算概述

1. 【答案】AE

【解析】施工图预算对建设单位的作用：①施工图预算是施工图设计阶段确定建设项目造价的依据；②施工图预算是编制最高投标限价的基础；③施工图预算是建设单位在施工期间安排建设资金计划和使用建设资金的依据；④施工图预算是建设单位采用经审定批准的施工图纸及其预算方式发包形成的总价合同，按约定工程计量的形象目标或时间节点进行计量、拨付进度款及办理结算的依据。

考点 2　施工图预算的编制内容

2. 【答案】D

【解析】施工图预算的编制方法有单价法和实物量法。其中，单价法包括定额单价法、工程量清单单价法。

考点 3　施工图预算的编制方法

3. 【答案】A

【解析】套单价（计算定额基价）是将定额子项中的基价填于预算表单价栏内，并将单价乘以工程量得出合价。分项工程的名称、规格、计量单位与预算单价或单位估价表中内容完全一致时，可以直接套用预算单价；不一致时，需要按实际使用材料价格换算预算单价；不一致而造成人工、机械的数量增减时，一般调量不换价。

4. 【答案】B

【解析】定额单价法（也称为预算单价法、定额计价法）是用事先编制好的分项工程的单位估价表来编制施工图预算的方法。按施工图及计算规则计算的各分项工程的工程量，乘以相应工料机单价，汇总相加，得到单位工程的人工费、材料费、施工机具使用费之和；再加上按规定程序计算出企业管理费、利润、措施费、其他项目费、规费、税金，便可得出单位工程的施工图预算造价。

5. 【答案】ABD

【解析】施工图预算的编制方法有：①单价法（分为定额单价法和工程量清单单价法）；②实物量法。

6. 【答案】ABC

【解析】图纸是编制施工图预算的基本依据，熟悉图纸不但要弄清图纸的内容，还应对图纸进行审核。主要审核内容包括：①图纸间相关尺寸是否有误；②设备与材料表上的规格、数量是否与图示相符，详图、说明、尺寸和其他符号是否正确等，若发现错误应及时纠正；③图纸是否有设计更改通知书（或类似文件）。

7. 【答案】A

【解析】实物量法编制施工图预算即依据施工图纸和预算定额的项目划分及工程量计算规

则，先计算出分部分项工程量，然后套用预算定额（实物量定额）计算出各类人工、材料、机械的实物消耗量，根据预算编制期的人工、材料、机械价格，计算出人工费、材料费、施工机具使用费、企业管理费和利润，再加上按规定程序计算出的措施费、其他项目费、规费、税金，便可得出单位工程的施工图预算造价。

考点 4　施工图预算的审查内容与方法

8.【答案】CDE

【解析】预算的审查内容：①审查施工图预算的编制是否符合现行国家、行业、地方政府有关法律、法规和规定要求。②审查工程量计算的准确性、工程量计算规则与计价规范规则或定额规则的一致性。工程量是确定建筑安装工程造价的决定因素，是预算审查的重要内容。③审查在施工图预算的编制过程中，各种计价依据使用是否恰当，各项费率计取是否正确。④审查各种要素市场价格选用、应计取的费用是否合理。预算单价是确定工程造价的关键因素之一，审查的主要内容包括单价的套用是否正确，换算是否符合规定，补充的定额是否按规定执行。审查各项应计取费用的重点是费用的计算基础是否正确。除建筑安装工程费用组成的各项费用外，还应列入调整某些建筑材料价格变动所发生的材料差价。⑤审查施工图预算是否超过概算以及进行偏差分析。

9.【答案】ADE

【解析】施工图预算的审查方法有：①逐项审查法（全面审查法）；②标准预算审查法；③分组计算审查法；④对比审查法；⑤筛选审查法；⑥重点审查法。

10.【答案】B

【解析】对比审查法：当工程条件相同时，用已完工程的预算或未完但已经过审查修正的工程预算对比审查拟建工程的同类工程预算。

11.【答案】C

【解析】筛选审查法：单位建筑面积指标变化不大，归纳为工程量、价格、用工 3 个单方基本指标。此法适用于审查住宅工程或不具备全面审查条件的工程。

12.【答案】C

【解析】逐项审查法又称全面审查法，即按定额顺序或施工顺序，对各项工程细目逐项全面详细审查的一种方法。其优点是全面、细致，审查质量高、效果好；缺点是工作量大，时间较长。

13.【答案】D

【解析】标准预算审查法的优点是时间短、效果好、易定案。其缺点是适用范围小，仅适用于采用标准图纸的工程。

14.【答案】D

【解析】“筛选”审查法简单易懂，便于掌握，审查速度快，便于发现问题，但问题出现的原因尚需继续审查。

15.【答案】BCD

【解析】重点审查法就是抓住施工图预算中的重点进行审核的方法。审查的重点一般是工程量大或者造价较高的各种工程、补充定额、计取的各种费用（计费基础、取费标准）等。重点审查法的优点是突出重点，审查时间短、效果好。

16. **【答案】** C

【解析】 重点审查法就是抓住施工图预算中的重点进行审核的方法。审查的重点一般是工程量大或者造价较高的各种工程、补充定额、计取的各种费用（计费基础、取费标准）等。重点审查法的优点是突出重点，审查时间短、效果好。

17. **【答案】** D

【解析】 预算审查内容包括审查工程量计算的准确性、工程量计算规则与计价规范规则或定额规则的一致性。工程量是确定建筑安装工程造价的决定因素，是预算审查的重要内容。

第六章　建设工程招标阶段投资控制

第一节　招标控制价编制

➢ 重难点：

1. 工程量清单计价方法。
2. 最高投标限价及确定方法。

考点 1　工程量清单概述

1. 【多选】按照《建设工程工程量清单计价规范》的分类，工程量清单包括（　　）。

A. 投标前工程量清单　　B. 中标工程量清单

C. 招标工程量清单　　D. 已标价工程量清单

E. 合同工程量清单

2. 【多选】工程量清单是（　　）的依据。

A. 进行工程索赔　　B. 编制项目投资估算

C. 编制最高投标限价　　D. 支付工程进度款

E. 办理竣工结算

3. 【多选】根据现行计价规范，工程量清单适用的计价活动有（　　）。

A. 设计概算的编制　　B. 最高投标限价的编制

C. 投资限额的确定　　D. 合同价款的约定

E. 竣工结算的办理

4. 【多选】下列关于国有资金投资的工程建设项目工程量清单的说法，符合《建设工程工程量清单计价规范》规定的有（　　）。

A. 是否采用工程量清单方式计价由项目业主自主确定

B. 必须按清单规定的方式进行工程价款的调整

C. 必须按清单规定的方式进行价款支付

D. 必须按清单规定的方式计算索赔金额

E. 必须按清单规定的方式进行竣工结算

5.【多选】在工程招标投标阶段，工程量清单的主要作用有（　　）。

A. 为招标人编制投资估算文件提供依据

B. 为投标人投标竞争提供一个平等基础

C. 招标人可据此编制招标控制价

D. 投标人可据此调整清单工程量

E. 投标人可按其表述的内容填报相应价格

考点 2　工程量清单编制

6.【单选】根据《建设工程工程量清单计价规范》，工程量清单应由（　　）编制。

A. 招投标管理部门认可的代理机构

B. 具有相应资质的工程造价咨询人

C. 项目管理公司合同管理机构

D. 具有招标代理资质的中介机构

7.【单选】招标工程量清单的准确性和完整性应由（　　）负责。

A. 招标人和施工图审查机构共同

B. 招标代理机构

C. 招标人

D. 招标人和投标人共同

8.【单选】下列招标文件所列的工程量清单中，属于不可调整的闭口清单的是（　　）。

A. 分部分项工程量清单

B. 能计量的措施项目清单

C. 不能计量的措施项目清单

D. 其他项目清单

9.【单选】根据现行计量规范明确的工程量计算规则，清单项目工程量是以（　　）为准，并以完成后的净值来计算的。

A. 实际施工工程量　　B. 形成工程实体

C. 返工工程量及其损耗　　D. 工程施工方案

10.【单选】现行计量规范的项目编码由十二位数字构成，其中第五至第六位数字为（　　）。

A. 专业工程码

B. 附录分类顺序码

C. 分部工程顺序码

D. 清单项目名称顺序码

11.【单选】根据《建设工程工程量清单计价规范》的规定，（　　）不包括在分部分项工程量清单中。

A. 项目编码　　B. 项目名称

C. 工程数量　　D. 综合单价

12. 【单选】《建设工程工程量清单计价规范》附录表中的“项目名称”是指（　　）的项目名称。

A. 建设工程　　B. 单项工程

C. 分部工程　　D. 分项工程

13. 【单选】下列关于分部分项工程量清单的说法，正确的是（　　）。

A. 清单为可调整的开口清单

B. 投标人可以根据具体情况对清单的列项进行变更或增减

C. 投标人不必对清单项目逐一计价

D. 投标人不得对清单中内容不妥或遗漏的部分进行修改

14. 【单选】关于工程量清单的说法，正确的是（　　）。

A. 招标文件中工程量清单的准确性和完整性由工程量清单编制单位负责

B. 招标文件中分项工程项目清单的项目名称一般以工程实体名称命名

C. 招标文件中分部分项工程量清单的项目编码前10位按现行计量规范的规定设置

D. 投标人不得对招标文件中的措施项目清单进行调整

15. 【多选】根据《建设工程工程量清单计价规范》，其他项目清单中的暂估价包括（　　）。

A. 人工暂估价　　B. 材料暂估价

C. 工程设备暂估价　　D. 专业工程暂估价

E. 非专业工程暂估价

16. 【多选】下列费用中，属于工程量清单计价构成中其他项目费的有（　　）。

A. 暂列金额　　B. 材料购置费

C. 财产保险费　　D. 计日工

E. 专业工程暂估价

17. 【单选】根据《建设工程工程量清单计价规范》，当编制最高投标限价时，总承包服务费应按照（　　）计算。

A. 省级或行业建设主管部门规定或参考相关规范

B. 国家统一规定或参考相关规范

C. 工程所在地同类项目总承包服务费平均水平

D. 最高投标限价编制单位咨询潜在投标人的报价

18. 【多选】根据《建设工程工程量清单计价规范》的规定，工程量清单包括（　　）。

A. 施工机械使用费清单

B. 零星工作价格清单

C. 主要材料价格清单

D. 措施项目清单

E. 其他项目清单

19. 【单选】当建设工程项目招标时，工程量清单通常由（　　）提供。

A. 造价单位　　B. 施工单位

C. 咨询单位　　D. 建设单位

20. 【单选】根据《建设工程工程量清单计价规范》，某分部分项工程的清单项目编码为020302004014，则该分部分项工程项目名称顺序码为（　　）。

A. 02　　　　B. 014

C. 03　　　　D. 004

21. 【单选】根据现行工程量计量规范，清单项目的工程量应以（　　）为准进行计算。

A. 完成后的实际值

B. 形成工程实体的净值

C. 定额工程量数量

D. 对应的施工方案数量

22. 【多选】根据《建设工程工程量清单计价规范》，其他项目清单内容包括（　　）。

A. 规费　　　　B. 暂列金额

C. 暂估价　　　　D. 计日工

E. 总承包服务费

23. 【单选】某工程施工过程中发生了一项未在合同中约定的零星工作，增加费用2万元，此费用应列入工程的（　　）中。

A. 暂列金额

B. 暂估价

C. 计日工

D. 总承包服务费

24. 【单选】某项目投标人认为招标文件中所列措施项目不全时，其正确做法是（　　）。

A. 根据企业自身特点对措施项目进行调整并报价

B. 向招标人提出疑问并根据招标人的答复报价

C. 按招标文件中所列项目报价，并准备在施工中发生缺项措施项目时提出索赔

D. 按招标文件中所列项目报价，并准备在施工中发生缺项措施项目时提出变更

25. 【多选】采用工程量清单计价招标的工程，招标工程量清单中可以提出暂估价的有（　　）。

A. 地基与基础工程　　　　B. 专业工程

C. 规费　　　　D. 工程材料

E. 工程设备

考点3 最高投标限价及确定方法

26. 【多选】关于最高投标限价的说法，正确的有（　　）。

A. 最高投标限价是招标人对招标工程限定的最高工程造价

B. 招标人应在招标文件中如实公布最高投标限价

C. 最高投标限价可以进行上浮或下调

D. 招标文件中应公布最高投标限价各组成部分的详细内容

E. 最高投标限价应在开标时公布

27. 【单选】关于编制最高投标限价的说法，正确的是（　　）。

A. 综合单价应包括由招标人承担的费用及风险

B. 安全文明施工费按投标人的施工组织设计确定

C. 措施项目费应为包括规费、税金在内的全部费用

D. 暂估价中的材料单价应按招标工程量清单的单价计入综合单价

28. 【单选】当招标人仅要求总包人对其发包的专业工程进行现场协调和统一管理时，总包服务费按发包的专业工程估算造价的（　　）计算。

A. 1%　　B. 1.5%

C. 3%　　D. 3%～5%

29. 【多选】关于最高投标限价的说法，正确的有（　　）。

A. 所有招标工程均应编制最高投标限价

B. 招标人应委托造价咨询机构编制最高投标限价

C. 最高投标限价应在招标文件中如实公布

D. 招标人应公布最高投标限价的总价及其详细组成

E. 招标人可在评标前根据情况调整最高投标限价

第二节　投标报价审核

> **重难点：**
>
> 投标报价审核方法。

考点 1　投标价格编制

1. 【多选】关于投标报价编制的说法，正确的有（　　）。

A. 投标人可委托有相应资质的工程造价咨询人编制投标价

B. 投标人可依据市场需求对所有费用自主报价

C. 投标人的投标报价不得低于其工程成本

D. 投标人的某一子项目报价高于招标人相应基准价的应予废标

E. 执行工程量清单招标的，投标人必须按照招标工程量清单填报价格

考点 2　投标报价审核方法

2. 【单选】在招标投标过程中，当出现招标工程量清单项目特征描述与设计图纸不符时，投标人的正确做法是（　　）。

A. 以设计图纸的要求为准进行报价并加备注

B. 根据设计单位确认的项目特征报价

C. 以招标工程量清单的项目特征描述和设计图纸分别报价

D. 以招标工程量清单的项目特征描述为准进行报价

3. **【单选】**在工程量清单计价模式下，关于确定分部分项工程项目综合单价的说法，正确的是（　　）。

A. 若分部分项工程量清单项目特征的描述与设计图纸不符，投标人应按设计图纸确定综合单价

B. 综合单价中不需考虑招标文件中要求投标人承担的风险费用

C. 综合单价中应考虑招标人和投标人承担的所有风险费用

D. 招标文件中提供了暂估单价的材料，应按暂估单价计入综合单价

4. **【多选】**采用工程量清单计价的招标工程，投标人必须按招标文件中提供的数据或政府主管部门规定的标准计算报价的有（　　）。

A. 总承包服务费

B. 以“项”为单位计价的措施项目

C. 安全文明施工费

D. 提供了暂估价的工程设备

E. 暂列金额

5. **【多选】**关于投标报价的说法，正确的有（　　）。

A. 投标报价高于最高投标限价的应予废标

B. 当招标文件中工程量清单项目特征描述与设计图纸不符时，投标人应以图纸的项目特征描述为准，确定投标报价的综合单价

C. 措施项目中的安全文明施工费不得作为投标报价中的竞争性费用

D. 投标人不得更改投标文件中工程量清单所列的暂列金额

E. 计日工的报价应按工程造价管理机构公布的单价计算

6. **【多选】**当采用工程量清单计价模式时，不得作为竞争性费用的有（　　）。

A. 安全文明施工费

B. 其他项目费

C. 规费

D. 税金

E. 风险费用

7. **【单选】**下列措施项目中，不作为竞争性费用的是（　　）。

A. 夜间施工增加费

B. 冬雨期施工增加费

C. 安全文明施工费

D. 二次搬运费

8. **【多选】**在审核投标报价中，分部分项工程综合单价的审核内容有（　　）。

A. 综合单价的确定依据是否正确

B. 清单中提供了暂估单价的材料是否按暂估的单价计入综合单价

C. 暂列金额是否按规定纳入综合单价

D. 综合单价中是否考虑了承包人应承担的风险费用

E. 总承包服务费的计算是否正确

9.【单选】在工程招标投标过程中，若投标人发现招标工程量清单项目特征描述与设计图纸不符，则投标人应（　　）确定投标综合单价。

A. 向设计单位提出疑问并根据设计单位的答复

B. 按有利于投标人原则选择清单项目特征描述或按设计图纸

C. 按设计图纸修正后的清单项目特征描述

D. 以招标工程量清单项目特征描述为准

10.【多选】在招投标阶段，投标人不能自主确定其综合单价或费用的有（　　）。

A. 安全文明施工费　　B. 暂列金额

C. 给定暂估价的材料　　D. 计日工

E. 总承包服务费

11.【单选】在施工过程中，由于涉及变更导致某分项工程实际施工的特征与招标工程量清单中的项目特征描述不一致，该分项工程应按（　　）结算价款。

A. 招标工程量清单中的工程量和投标文件中的综合单价

B. 实际施工的工程量和投标文件中的综合单价

C. 招标工程量清单中的工程量和发承包双方重新确定的综合单价

D. 实际施工的工程量和发承包双方重新确定的综合单价

第三节　合同价款约定

➢ **重难点：**

1. 合同计价方式。
2. 影响合同价格方式选择的因素。
3. 争议解决的常用方法。

考点 1　合同计价方式

1.【单选】在总价施工合同履行过程中，承包人发现某分项工程在招标文件给出的工程量表中被遗漏，则处理该分项工程价款的方式是（　　）。

A. 由发承包双方按单价合同计价方式协商确定结算价

B. 由发承包双方另行订立补充协议确定计价方式和价款

C. 由发承包双方协商确定一个总价并调整原合同价

D. 视为已包含在合同总价中，因而不单独进行结算

2.【多选】关于固定总价合同特征的说法，正确的有（　　）。

A. 在合同执行过程中，工程量与招标时不一致的，总价可作调整

B. 合同总价一笔包死，无特殊情况不作调整

C. 在合同执行过程中，材料价格上涨，总价可作调整

D. 在合同执行过程中，人工工资变动，总价不作调整

E. 固定总价合同的投标价格一般偏高

3. 【多选】某工程采用固定总价合同，除设计变更和工程范围变动外，不调整合同价。承包人工程合同总价为 300 万元，按进度节点分 3 阶段付款，付款比例分别为 30%、40%、25%。第一阶段施工期间，主要材料计划用量 300t，预算单价为 2 000 元/t，实际消耗 310t，实际单价为 2 100 元/t，第一阶段结算时，正确的有（　　）。

A. 材料消耗增加不调整合同价款

B. 材料价格上涨不调整合同价款

C. 应结算和支付工程款 90 万元

D. 应结算和支付主要材料消耗增加价款 2 万元

E. 应结算和支付主要材料价差 3.1 万元

4. 【单选】对于承包商来说，风险最大的合同计价形式为（　　）合同。

A. 可调总价　　B. 固定总价

C. 成本加酬金　　D. 估算工程量单价

5. 【单选】某土石方工程，施工承包采用固定总价合同形式，根据地质资料、设计文件估算的工程量为 17 000m^3，在机械施工过程中，由于局部超挖、边坡垮塌等原因，实际工程量为 18 000m^3；基础施工前，业主对基础设计方案进行了变更，需要扩大开挖范围，增加土石方工程量 2 000m^3。则结算时应对合同总价进行调整的工程量为（　　）m^3。

A. 0　　B. 1 000

C. 2 000　　D. 3 000

6. 【单选】当采用可调总价合同时，发包方承担了（　　）风险。

A. 实物工程量　　B. 成本

C. 工期　　D. 通货膨胀

7. 【多选】当项目实际工程量与估计工程量没有实质性差别时，由承包人承担工程量变动风险的合同形式有（　　）。

A. 固定总价合同　　B. 纯单价合同

C. 成本加奖励合同　　D. 可调总价合同

E. 成本加固定百分比酬金合同

8. 【多选】当采用固定单价合同时，发包人承担的风险有（　　）。

A. 通货膨胀导致施工工料成本变动

B. 工程范围变更引起的工程量变化

C. 实际完成的工程量与估计工程量的差异

D. 设计变更导致的已完成工程拆除工程量

E. 承包人赶工引发质量问题的处理费用

9. 【多选】关于估算工程量单价合同，下列说法正确的有（　　）。

A. 要求实际完成的工程量与原估计的工程量不能有实质性的变更

B. 适用于工期紧迫、急需开工的项目

C. 适用于工程项目内容、经济指标一时不能明确的项目

D. 当实际工程量与清单中所列工程量超过约定的范围，允许对单价进行调整

E. 可以避免使发包或承包的任何一方承担过大的风险

10. **【单选】**某工程合同价的确定方式为：发包方不需对工程量做出任何规定，承包方在投标时只需按发包方给出的分部分项工程项目及工程范围做出报价，而工程量则按实际完成的数量结算。这种合同属于（　　）。

A. 纯单价合同

B. 可调工程量单价合同

C. 不可调值单价合同

D. 可调值总价合同

11. **【单选】**采用成本加奖罚合同，当实际成本大于预期成本时，承包人可以得到（　　）。

A. 工程成本、酬金和预先约定的奖金

B. 工程成本和预先约定的奖金，不能得到酬金

C. 工程成本，但不能得到酬金和预先约定的奖金

D. 工程成本和酬金，但也可能会处以一笔罚金

12. **【单选】**不能促使承包商降低工程成本，甚至还可能“鼓励”承包商增大工程成本的合同形式是（　　）。

A. 成本加固定金额酬金合同

B. 成本加固定百分比酬金合同

C. 成本加奖罚合同

D. 最高限额成本加固定最大酬金合同

13. **【多选】**在工程实践中，选用总价合同、单价合同还是成本加酬金合同形式，需综合考虑（　　）等因素后确定。

A. 项目的复杂程度

B. 工程设计工作的深度

C. 工程施工的难易程度

D. 工程进度要求的紧迫程度

E. 业主、监理单位、承包商之间的信任程度

14. **【单选】**合同总价只有在设计和工程范围发生变更时才能随之作相应调整，除此之外一般不得变更的合同称为（　　）。

A. 固定总价合同

B. 可调总价合同

C. 固定单价合同

D. 可调单价合同

15. **【单选】**当采用固定总价合同时，发包方承担的风险是（　　）。

A. 实物工程量变化　　　　B. 工程单价变化

C. 工期延误　　　　D. 工程范围变更

16. **【单选】**某工程的工作内容和技术经济指标非常明确，工期 10 个月，预计施工期间通货膨胀率低，则该工程较适合采用的合同计价方式是（　　）。
A. 固定总价合同
B. 可调总价合同
C. 固定单价合同
D. 可调单价合同

17. **【多选】**某桥梁因洪水冲毁，急需修复，承包合同宜采用（　　）合同。
A. 固定总价
B. 可调总价
C. 估计工程量单价
D. 纯单价
E. 成本加酬金

18. **【单选】**对工程范围明确，但工程量不能准确计算，且急需开工的紧迫工程，应采用（　　）合同形式。
A. 估计工程量单价
B. 纯单价
C. 可调总价
D. 可调单价

19. **【单选】**工期长、技术复杂、实施过程中可能会发生各种不可预见因素较多的建设工程一般采用（　　）。
A. 纯单价合同
B. 固定总价合同
C. 估算工程量单价合同
D. 可调总价合同

20. **【单选】**下列工程项目中，适宜采用成本加酬金合同的是（　　）。
A. 工程结构和技术简单的工程项目
B. 时间特别紧迫的抢险、救灾工程项目
C. 工程量小、工期短的工程
D. 工程量一时不能明确、具体地予以规定的工程

21. **【多选】**采用成本加奖罚计价方式的合同实施后，若实际成本小于预期成本，承包商得到的金额由（　　）构成。
A. 报价成本和实际成本的差额
B. 实际发生的工程成本
C. 合同约定的固定金额酬金
D. 按成本节约额和合同约定计算的奖金
E. 承包商因取得收入应交的税金

22. **【多选】**发包人在选择合同计价方式时，应考虑的因素有（　　）。
A. 设计工作深度
B. 工程进度要求的紧迫程度
C. 技术复杂程度
D. 质量要求的高低
E. 施工难易程度

23. **【单选】**对于采用成本加奖罚计价方式的合同，在合同订立阶段发承包双方不需要确定的是（　　）。
A. 预期成本
B. 限额成本

C. 固定酬金　　　　　　　　　　　　D. 奖罚计算办法

24. **【多选】**选择施工合同计价方式应考虑的因素有（　　）。

A. 承包人的资质等级和管理水平

B. 项目监理机构人数和人员资格

C. 招标时设计文件已达到的深度

D. 项目本身的复杂程度

E. 工程施工的难易程度和进度要求

考点 2　合同价款约定内容

25. **【多选】**关于合同价款及计价方式的说法，正确的有（　　）。

A. 实行招标的工程合同价款应在中标通知书发出之日起 28 日内由发承包双方约定

B. 招标文件与投标文件合同价款约定不一致的，应以招标文件为准

C. 实行工程量清单计价的工程，应采用单价合同

D. 实行招标的工程合同价款应由发承包双方根据招标文件和中标人的投标文件在书面合同中约定

E. 不实行招标的工程合同价款，应在发承包双方认可的工程量价款基础上在合同中约定

参考答案及解析

第六章　建设工程招标阶段投资控制

第一节　招标控制价编制

考点 1　工程量清单概述

1.【答案】CD

【解析】工程量清单分为两类：①招标工程量清单。招标人编制的，随招标文件发布供投标报价的工程量清单，包括其说明和表格。②已标价工程量清单。构成合同文件组成部分的投标文件中已标明价格，经算术性错误修正（如有）且承包人已确认的工程量清单，包括其说明和表格。

2.【答案】ACDE

【解析】工程量清单的作用：①在招投标阶段，招标工程量清单为投标人的投标竞争提供了一个平等和共同的基础；②工程量清单是建设工程计价的依据（最高投标限价、投标报价）；③工程量清单是工程付款和结算的依据；④工程量清单是调整工程量、进行工程索赔的依据。

3.【答案】BDE

【解析】工程量清单适用于建设工程发承包及实施阶段的计价活动，包括工程量清单的编制、最高投标限价的编制、投标报价的编制、工程合同价款的约定、工程施工过程中计量与合同价款的支付、索赔与现场签证、竣工结算的办理和合同价款争议的解决以及工程造价鉴定等活动。

4.【答案】BCDE

【解析】现行计价规范规定，使用国有资金投资的工程建设发承包项目，必须采用工程量清单计价。对于非国有资金投资的工程建设项目，是否采用工程量清单方式计价由项目业主自主确定。当确定采用工程量清单计价时，则按现行计价规范规定执行；对于不采用工程量清单计价的建设工程，除不执行工程量清单计价的专门性规定外，仍应执行现行计价规范规定的工程价款调整、工程计量和价款支付、索赔与现场签证、竣工结算以及工程造价争议处理等条文。

5.【答案】BCE

【解析】在招投标阶段，招标工程量清单为投标人的投标竞争提供了一个平等和共同的基础。工程量清单是建设工程计价的依据。在招标投标过程中，招标人根据工程量清单编制招标工程的招标控制价；投标人按照工程量清单所表述的内容，依据企业定额计算投标价格，自主填报工程量清单所列项目的单价与合价。工程量清单是工程付款和结算的依据。工程量清单是调整工程量、进行工程索赔的依据。

考点 2　工程量清单编制

6.【答案】B

【解析】工程量清单应由具有编制能力的招标人或受其委托具有相应资质的工程造价咨询人编制。采用工程量清单方式招标，招标工程量清单必须作为招标文件的组成部分，其准确性和完整性由招标人负责。

7.【答案】C

【解析】工程量清单应由具有编制能力的招标人或受其委托具有相应资质的工程造价咨询人编制。采用工程量清单方式招标，招标工程量清单必须作为招标文件的组成部分，其准确性和完整性由招标人负责。

8.【答案】A

【解析】分部分项工程项目清单为不可调整的闭口清单。在投标阶段，投标人对招标文件提供的分部分项工程项目清单必须逐一计价，对清单所列内容不允许进行任何更改变动。投标人如果认为清单内容有不妥或遗漏，只能通过质疑的方式由清单编制人作统一的修改更正。清单编制人应将修正后的工程量清单发往所有投标人。

9.【答案】B

【解析】清单项目工程量是以形成工程实体为准，并以完成后的净值来计算的。

10.【答案】C

【解析】现行计量规范项目编码由 12 位数字构成，如下图所示。

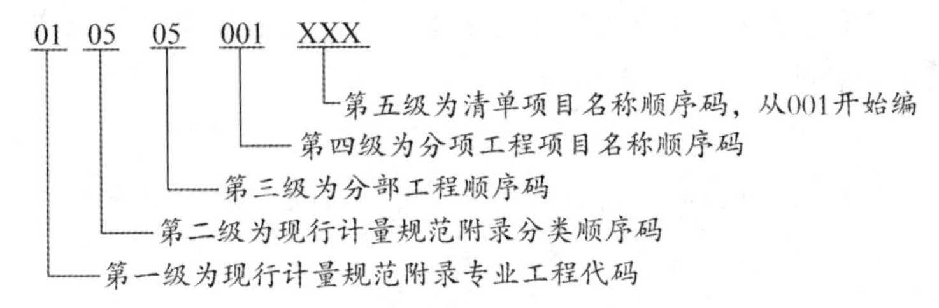

11.【答案】D

【解析】分部分项工程量清单应按《建设工程工程量清单计价规范》的规定，确定项目编码、项目名称、项目特征、计量单位，并按不同专业工程量计量规范给出的工程量计算规则，进行工程量的计算。

12.【答案】D

【解析】现行计量规范项目编码由 12 位数字构成。其中，第四级为分项工程项目名称顺序码。

13.【答案】D

【解析】分部分项工程项目清单为不可调整的闭口清单。在投标阶段，投标人对招标文件提供的分部分项工程项目清单必须逐一计价，对清单所列内容不允许进行任何更改变动。投标人如果认为清单内容有不妥或遗漏，只能通过质疑的方式由清单编制人作统一的修改更正。清单编制人应将修正后的工程量清单发往所有投标人。

14.【答案】B

【解析】选项A错误，工程量清单应由具有编制能力的招标人或受其委托具有相应资质的工程造价咨询人编制。采用工程量清单方式招标，招标工程量清单必须作为招标文件的组成部分，其准确性和完整性由招标人负责。选项C错误，分部分项工程项目清单项目编码，1～9位应按现行计量规范的规定设置，10～12位应根据拟建工程的工程量清单项目名称和项目特征设置，同一招标工程的项目编码不得有重码。工程量清单应以单位工程为编制对象。选项D错误，措施项目清单为可调整清单，投标人对招标文件中所列项目，可根据企业自身特点进行适当的变更增减。投标人要对拟建工程可能发生的措施项目和措施费用作通盘考虑，清单一经报出，即被认为是包括了所有应该发生的措施项目的全部费用。

15. 【答案】BCD

【解析】其他项目清单包括：①暂列金额；②暂估价（材料暂估价、工程设备暂估价和专业工程暂估价）；③计日工；④总承包服务费。

16. 【答案】ADE

【解析】其他项目清单包括：①暂列金额；②暂估价（材料暂估价、工程设备暂估价和专业工程暂估价）；③计日工；④总承包服务费。

17. 【答案】A

【解析】当编制最高投标限价时，总承包服务费应按照省级或行业建设主管部门的规定计算，或参考相关规范计算。

18. 【答案】DE

【解析】工程量清单由分部分项工程量清单、措施项目清单、其他项目清单、规费项目清单、税金项目清单组成。

19. 【答案】D

【解析】工程量清单应由具有编制能力的招标人或受其委托具有相应资质的工程造价咨询人编制。

20. 【答案】D

【解析】现行计量规范项目编码由12位数字构成，见下图。

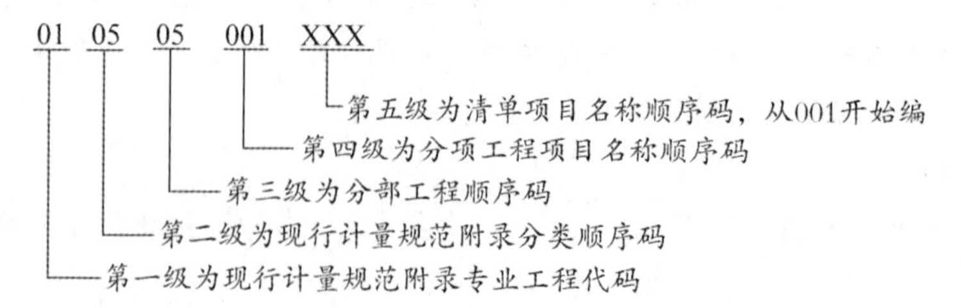

21. 【答案】B

【解析】现行计量规范明确了清单项目的工程量计算规则，其工程量是以形成工程实体为准，并以完成后的净值来计算的。

22. 【答案】BCDE

【解析】其他项目清单包括暂列金额、暂估价、计日工和总承包服务费。

23. 【答案】C

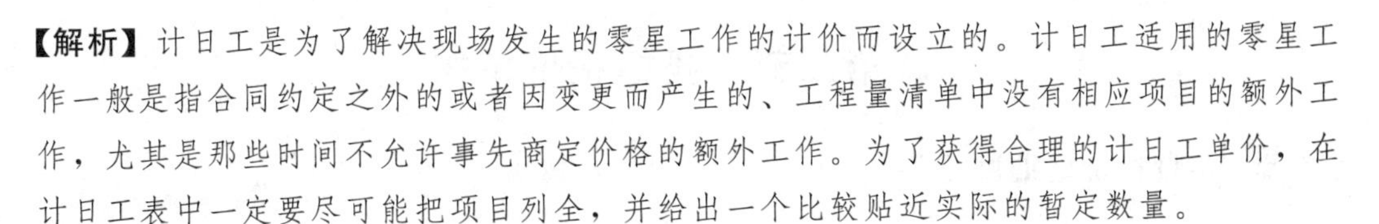

【解析】计日工是为了解决现场发生的零星工作的计价而设立的。计日工适用的零星工作一般是指合同约定之外的或者因变更而产生的、工程量清单中没有相应项目的额外工作，尤其是那些时间不允许事先商定价格的额外工作。为了获得合理的计日工单价，在计日工表中一定要尽可能把项目列全，并给出一个比较贴近实际的暂定数量。

24. 【答案】A

【解析】措施项目清单为可调整清单，投标人对招标文件中所列项目，可根据企业自身特点进行适当的变更增减。投标人要对拟建工程可能发生的措施项目和措施费用作通盘考虑，清单一经报出，即被认为是包括了所有应该发生的措施项目的全部费用。

25. 【答案】BDE

【解析】暂估价包括材料暂估价、工程设备暂估价和专业工程暂估价。一般而言，为方便合同管理和计价，需要纳入分部分项工程量清单项目综合单价中的暂估价则最好只是材料、工程设备费，以方便投标人组价。专业工程暂估价一般应是综合暂估价，应当包括除规费、税金以外的管理费、利润等。

考点 3 最高投标限价及确定方法

26. 【答案】BD

【解析】选项 A 错误，最高投标限价是招标人根据国家或省级、行业建设主管部门颁发的有关计价依据和办法，以及拟定的招标文件和招标工程量清单，结合工程具体情况编制的招标工程的最高限价。选项 C、E 错误，招标人应在招标文件中如实公布最高投标限价，不得对所编制的最高投标限价进行上浮或下调。

27. 【答案】D

【解析】选项 A 错误，综合单价应根据拟定的招标文件和招标工程量清单项目中的特征描述及有关要求确定，综合单价还应包括招标文件中划分的应由投标人承担的风险范围及其费用。选项 B 错误，措施项目费中的安全文明施工费应当按照国家或省级、行业建设主管部门的规定标准计价。选项 C 错误，措施项目采用分部分项工程综合单价形式进行计价的工程量，应按措施项目清单中的工程量确定综合单价；以“项”为单位的方式计价，价格包括除规费、税金以外的全部费用。暂估价中的材料、工程设备单价、控制价应按招标工程量清单列出的单价计入综合单价。

28. 【答案】B

【解析】当招标人仅要求总包人对其发包的专业工程进行现场协调和统一管理、对竣工资料进行统一汇总整理等服务时，总包服务费按发包的专业工程估算造价的 1.5%左右计算。

29. 【答案】CD

【解析】选项 A 错误，国有资金投资的建设工程，招标人必须编制最高投标限价。选项 B 错误，最高投标限价应由具有编制能力的招标人或受其委托具有相应资质的工程造价咨询人编制和复核。选项 E 错误，招标人应在招标文件中如实公布最高投标限价，不得对所编制最高投标限价进行上浮或下调。

第二节　投标报价审核

考点 1　投标价格编制

1. 【答案】ACE

【解析】投标价格的编制原则：①投标价应由投标人或受其委托具有相应资质的工程造价咨询人编制。②投标人应依据行业部门的相关规定自主确定投标报价。③执行工程量清单招标的，投标人必须按招标工程量清单填报价格。项目编码、项目名称、项目特征、计量单位、工程量必须与招标工程量清单一致。④投标人的投标报价不得低于工程成本。⑤投标人的投标报价高于最高投标限价的应予废标。

考点 2　投标报价审核方法

2. 【答案】D

【解析】投标人投标报价时应依据招标工程量清单项目的特征描述确定清单项目的综合单价。在招投标过程中，当出现招标工程量清单特征描述与设计图纸不符时，投标人应以招标工程量清单的项目特征描述为准，确定投标报价的综合单价。若在施工中施工图纸或设计变更导致项目特征与招标工程量清单项目特征描述不一致时，发承包双方应按实际施工的项目特征依据合同约定重新确定综合单价。

3. 【答案】D

【解析】分部分项工程和措施项目中的综合单价审核：①综合单价的确定依据。投标人投标报价时应依据招标工程量清单项目的特征描述确定清单项目的综合单价。在招投标过程中，当出现招标工程量清单特征描述与设计图纸不符时，投标人应以招标工程量清单的项目特征描述为准，确定投标报价的综合单价。若在施工中施工图纸或设计变更导致项目特征与招标工程量清单项目特征描述不一致时，发承包双方应按实际施工的项目特征依据合同约定重新确定综合单价。②材料、工程设备暂估价。按暂估的单价进入综合单价。③风险费用。招标文件中要求投标人承担的风险内容和范围，投标人应将其考虑到综合单价中。在施工过程中，当出现的风险内容及其范围（幅度）在招标文件规定的范围内时，合同价款不作调整。

4. 【答案】CDE

【解析】措施项目中的安全文明施工费应按照国家或省级、行业建设主管部门的规定计算，不作为竞争性费用。暂列金额应按照招标工程量清单中列出的金额填写，不得变动。暂估价不得变动和更改。暂估价中的材料、工程设备必须按照暂估单价计入综合单价；专业工程暂估价必须按照招标工程量清单中列出的金额填写。

5. 【答案】ACD

【解析】选项 B 错误，在招投标过程中，当出现招标工程量清单特征描述与设计图纸不符时，投标人应以招标工程量清单的项目特征描述为准，确定投标报价的综合单价。若在施工中施工图纸或设计变更导致项目特征与招标工程量清单项目特征描述不一致时，发承包双方应按实际施工的项目特征依据合同约定重新确定综合单价。选项 E 错误，计日工应按照招标工程量清单列出的项目和估算的数量，自主确定综合单价并计算计日工金额。

6. **【答案】** ACD

【解析】 措施项目中的安全文明施工费应按照国家或省级、行业建设主管部门的规定计算，不作为竞争性费用。规费和税金必须按国家或省级、行业建设主管部门的规定计算，不得作为竞争性费用。

7. **【答案】** C

【解析】 措施项目费中的安全文明施工费应当按照国家或省级、行业建设主管部门的规定标准计价，不得作为竞争性费用。

8. **【答案】** ABD

【解析】 分部分项工程和措施项目中综合单价的审核内容包括：①综合单价的确定依据；②招标工程量清单中提供了暂估单价的材料、工程设备，按暂估的单价计入综合单价；③招标文件中要求投标人承担的风险内容和范围，投标人应将其考虑到综合单价中。

9. **【答案】** D

【解析】 在招标投标过程中，当出现招标工程量清单特征描述与设计图纸不符时，投标人应以招标工程量清单的项目特征描述为准，确定投标报价的综合单价。

10. **【答案】** ABC

【解析】 选项 D 错误，计日工应按照招标工程量清单列出的项目和估算的数量，自主确定综合单价并计算计日工金额。选项 E 错误，总承包服务费应根据招标工程量列出的专业工程暂估价内容和供应材料、设备情况，按照招标人提出协调、配合与服务要求和施工现场管理需要自主确定。

11. **【答案】** D

【解析】 投标人投标报价时应依据招标工程量清单项目的特征描述确定清单项目的综合单价。在招投标过程中，当出现招标工程量清单特征描述与设计图纸不符时，投标人应以招标工程量清单的项目特征描述为准，确定投标报价的综合单价。若在施工中施工图纸或设计变更导致项目特征与招标工程量清单项目特征描述不一致时，发承包双方应按实际施工的项目特征依据合同约定重新确定综合单价。

第三节　合同价款约定

考点 1　合同计价方式

1. **【答案】** D

【解析】 在总价合同中，工程量表和相应的报价表仅仅作为阶段付款和工程变更计价的依据，而不作为承包商按照合同规定应完成的工程范围的全部内容，所以工程量表的分项常常带有随意性和灵活性。合同价款总额由每一分项工程的包干价款（固定总价）构成。承包商必须根据工程信息计算工程量。如果业主提供的或承包商自己编制的工程量表有漏项或计算错误，所涉及的工程价款被认为已包括在整个合同总价中，因此承包商必须认真复核工程量。

2. **【答案】** BDE

【解析】 固定总价合同的价格计算是以设计图纸、工程量及现行规范等为依据，发承包双方就承包工程协商一个固定的总价，即承包方按投标时发包方接受的合同价格实施工程，并一笔包死，无特定情况不作变化。合同总价只有在设计和工程范围发生变更的情况下才能随之作相应的变更。承包方要承担合同履行过程中的主要风险，要承担实物工程量、工程单价等变化而可能造成损失的风险，所以往往会加大不可预见费用，致使这种合同的投标价格偏高。

3. **【答案】** ABC

【解析】 合同总价只有在设计和工程范围发生变更的情况下才能随之作相应的变更。承包方要承担合同履行过程中的主要风险，要承担实物工程量、工程单价等变化而可能造成损失的风险，所以往往会加大不可预见费用，致使这种合同的投标价格偏高。

4. **【答案】** B

【解析】 合同总价只有在设计和工程范围发生变更的情况下才能随之作相应的变更。承包方要承担合同履行过程中的主要风险，要承担实物工程量、工程单价等变化而可能造成损失的风险，所以往往会加大不可预见费用，致使这种合同的投标价格偏高。

5. **【答案】** C

【解析】 合同总价只有在设计和工程范围发生变更的情况下才能随之作相应的变更。因此，对合同总价进行调整的工程量为 2 000m^3。

6. **【答案】** D

【解析】 合同总价是一个相对固定的价格，在合同执行过程中，由于通货膨胀而使所用的工料成本增加，可对合同总价进行相应的调整。与固定总价合同的不同之处在于，它对合同实施中出现的风险做了分摊，发包方承担了通货膨胀的风险，而承包方承担合同实施中实物工程量、成本和工期因素等的其他风险。

7. **【答案】** AD

【解析】 固定总价合同：合同总价只有在设计和工程范围发生变更的情况下才能随之作相应的变更。承包方要承担合同履行过程中的主要风险，要承担实物工程量、工程单价等变化而可能造成损失的风险。可调总价合同：合同总价是一个相对固定的价格，在合同执行过程中，由于通货膨胀而使所用的工料成本增加，可对合同总价进行相应的调整。与固定总价合同的不同之处在于，它对合同实施中出现的风险做了分摊，发包方承担了通货膨胀的风险，而承包方承担合同实施中实物工程量、成本和工期因素等的其他风险。

8. **【答案】** BCD

【解析】 固定单价合同：①估算工程量单价合同，也称为计量估价合同。通常是由发包方提出工程量清单，承包方以此为基础填报相应单价。最后的工程结算价应按照实际完成的工程量来计算。当采用这种合同时，要求实际完成的工程量与原估计的工程量不能有实质性的变更，较为合理地分担了合同履行过程中的风险。承包方在投标时可不必将不能合理准确预见的风险计入投标报价内，有利于发包方获得较为合理的合同价格。这是比较常用的一种合同计价方式。②纯单价合同。发包方只向承包方给出发包工程的有关分部分项工程以及工程范围，不对工程量作任何规定。纯单价合同主要适用于没有施工图，工程量不明，却急需开工的紧迫工程，如设计单位来不及提供正式施工图纸，或虽有施工图但由于某些原因不能比较准确地计算工程量等。当然，对于纯单价合同来说，发包方必须对工程范围的划分做出明确的规定，以使承包方能够合理地确定工程单价。

9. **【答案】**ACDE

【解析】估算工程量单价合同也称为计量估价合同。通常是由发包方提出工程量清单，承包方以此为基础填报相应单价。最后的工程结算价应按照实际完成的工程量来计算。当采用这种合同时，要求实际完成的工程量与原估计的工程量不能有实质性的变更，较为合理地分担了合同履行过程中的风险。承包方在投标时可不必将不能合理准确预见的风险计入投标报价内，有利于发包方获得较为合理的合同价格。这是比较常用的一种合同计价方式。估算工程量单价合同大多用于工期长、技术复杂、实施过程中可能会发生各种不可预见因素较多的建设工程，或发包方为了缩短项目建设周期，如在初步设计完成后就拟进行施工招标的工程。在施工图不完整或当准备招标的工程项目内容、技术经济指标一时尚不能明确和具体予以规定时，往往要采用这种合同计价方式。

10. **【答案】**A

【解析】纯单价合同，发包方只向承包方给出发包工程的有关分部分项工程以及工程范围，不对工程量作任何规定。此种合同主要适用于没有施工图，工程量不明，却急需开工的紧迫工程，如设计单位来不及提供正式施工图纸，或虽有施工图但由于某些原因不能比较准确地计算工程量等。当然，对于纯单价合同来说，发包方必须对工程范围的划分做出明确的规定，以使承包方能够合理地确定工程单价。

11. **【答案】**D

【解析】采用成本加奖罚合同，在签订合同时双方事先约定该工程的预期成本和固定酬金，以及实际发生的成本与预期成本比较后的奖罚计算办法。当实际成本大于预期成本时，承包方可得到实际成本和酬金，但视实际成本高出预期成本的情况，被处以一笔罚金。

12. **【答案】**B

【解析】当采用成本加固定百分比酬金合同时，实际成本实报实销，同时按实际成本的固定百分比付给酬金。这种合同不利于鼓励承包方降低成本，很少被采用。

13. **【答案】**ABCD

【解析】影响合同价格方式选择的因素：①项目的复杂程度；②工程设计工作的深度；③工程施工的难易程度；④工程进度要求的紧迫程度。

14. **【答案】**A

【解析】固定总价合同是指合同总价只有在设计和工程范围发生变更的情况下才能随之作相应的变更，除此之外一般不得变更的合同。

15. **【答案】**D

【解析】采用固定总价合同，合同总价只有在设计和工程范围发生变更的情况下才能随之作相应的变更，除此之外，合同总价一般不得变动。因此，采用固定总价合同，承包方要承担合同履行过程中的主要风险，要承担实物工程量、工程单价等变化而可能造成损失的风险。发包人承担工程范围变更风险。

16. 【答案】A

【解析】固定总价合同的适用范围：①工程范围清楚明确，工程图纸完整、详细、清楚，报价的工程量应准确而不是估计数字；②工程量小、工期短，在工程过程中环境因素（特别是物价）变化小，工程条件稳定；③工程结构、技术简单，风险小，报价估算方便；④投标期相对宽裕，承办商可以详细作现场调查，复核工程量，分析招标文件，拟订计划；⑤合同条件完备，双方的权利和义务关系十分清楚。

17. 【答案】DE

【解析】纯单价合同计价方式主要适用于没有施工图，工程量不明，却急需开工的紧迫工程。成本加酬金合同计价方式主要适用于以下情况：①招标投标阶段工程范围无法界定，缺少工程的详细说明，无法准确估价。②工程特别复杂，工程技术、结构方案不能预先确定。故这类合同经常被用于一些带研究、开发性质的工程项目中。③时间特别紧急，要求尽快开工的工程，如抢救、抢险工程。④发包方与承包方之间有着高度的信任，承包方在某些方面具有独特的技术、特长或经验。

18. 【答案】B

【解析】纯单价合同计价方式主要适用于没有施工图，工程量不明，却急需开工的紧迫工程。

19. 【答案】C

【解析】估算工程量单价合同大多用于工期长、技术复杂、实施过程中可能会发生各种不可预见因素较多的建设工程，或发包方为了缩短项目建设周期，如在初步设计完成后就拟进行施工招标的工程。

20. 【答案】B

【解析】成本加酬金合同计价方式主要适用于以下情况：①招标投标阶段工程范围无法界定，缺少工程的详细说明，无法准确估价。②工程特别复杂，工程技术、结构方案不能预先确定。故这类合同经常被用于一些带研究、开发性质的工程项目中。③时间特别紧急，要求尽快开工的工程，如抢救、抢险工程。④发包方与承包方之间有着高度的信任，承包方在某些方面具有独特的技术、特长或经验。

21. 【答案】BCD

【解析】采用成本加奖罚合同，在签订合同时双方事先约定该工程的预期成本和固定酬金，以及实际发生的成本与预期成本比较后的奖罚计算办法。在合同实施后，根据工程实际成本的发生情况，承包商得到的金额分为以下几种情况：①实际成本＝预期成本，承包商得到实际发生的工程成本，同时获得酬金；②实际成本＜预期成本，承包商得到实际发生的工程成本，获得酬金，并根据成本节约额的多少，得到预先约定的奖金；③实际成本＞预期成本，承包商可得到实际成本和酬金，但视实际成本高出现预期成本

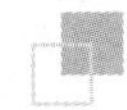

的情况，被处以一笔罚金。

22.【答案】ABCE

【解析】影响合同价格方式选择的因素：①项目的复杂程度；②工程设计工作的深度；③工程施工的难易程度；④工程进度要求的紧迫程度。

23.【答案】B

【解析】采用成本加奖罚合同，需要事先约定该工程的预期成本、固定酬金及奖罚计算办法。

24.【答案】CDE

【解析】影响合同价格方式选择的因素：①项目的复杂程度；②工程设计工作的深度；③工程施工的难易程度；④工程进度要求的紧迫程度。

考点 2　合同价款约定内容

25.【答案】CDE

【解析】选项 A 错误，实行招标的工程合同价款应在中标通知书发出之日起 30 天内，由发承包双方依据招标文件和中标人的投标文件在书面合同中约定。选项 B 错误，合同约定不得违背招标、投标文件中关于工期、造价、质量等方面的实质性内容。招标文件与中标人投标文件不一致的地方应以投标文件为准。

第七章　建设工程施工阶段投资控制

第一节　施工阶段投资目标控制

➢ **重难点：**

1. 投资目标分解。
2. 时间-投资累计曲线。

考点　资金使用计划编制

1. **【单选】** 将项目总投资按单项工程及单位工程等分解编制而成的资金使用计划称为按（　　）分解的资金使用计划。

A. 投资构成　　B. 子项目

C. 时间进度　　D. 专业工程

扫码听课

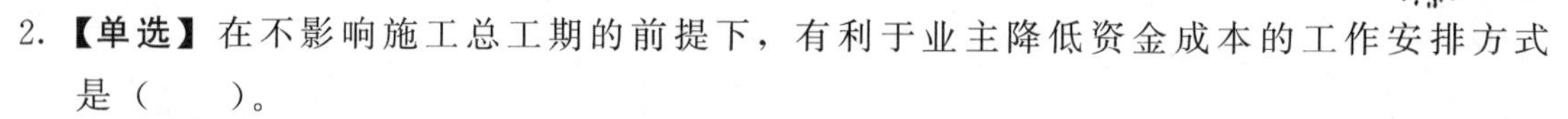

2. **【单选】** 在不影响施工总工期的前提下，有利于业主降低资金成本的工作安排方式是（　　）。

A. 所有工作均按最早开始时间安排

B. 所有工作均按最迟开始时间安排

C. 早期工作按最早时间安排，后期工作按最迟时间安排

D. 早期工作按最迟时间安排，后期工作按最早时间安排

3. **【单选】** 下列投标控制工作中，属于监理工程师工作的是（　　）。

A. 确定投资目标

B. 确定资金使用计划

C. 结算已完工程费用

D. 提出投资目标调整建议

4. **【多选】** 在编制建设项目资金使用计划时，分解投资控制目标的方式有（　　）。

A. 按投资构成分解　　B. 按归口部门分解

C. 按子项目分解　　D. 按时间分解

E. 按人员分解

5.【单选】在编制投资支出计划时，关于考虑预备费的说法，正确的是（　　）。

A. 只针对整个项目考虑总的预备费

B. 只针对部分分项工程考虑预备费

C. 不考虑项目预备费

D. 在项目总的方面考虑总的预备费，也要在主要的工程分项中安排适当的不可预见费

6.【单选】业主在编制资金使用计划时，若将所有工作都按最早开始时间安排，则（　　）。

A. 不利于节约建设资金，降低按期竣工保证率

B. 不利于节约建设资金，但提高了按期竣工保证率

C. 有利于节约建设资金，但降低了按期竣工保证率

D. 有利于节约建设资金，提高按期竣工保证率

第二节　工程计量

➢ 重难点：

1. 工程计量的依据。
2. 工程计量的方法。

考点 1　工程计量的原则

1.【单选】某工程基础底板的设计厚度为 0.9m，但承包人按 1.0m 施工，多做的工程量在工程计量时应（　　）。

A. 计量一半

B. 不予计量

C. 按实际发生数计量

D. 由业主和承包商协商处理

2.【多选】采用工程量清单计价的工程，在办理建设工程结算时，工程量计算的原则和方法有（　　）。

A. 不符合质量要求的工程不予计量

B. 无论何种原因，超出合同工程范围的工程均不予计量

C. 因承包人原因造成的返工工程不予计量

D. 应按工程量清单计量规范的要求进行计量

E. 应按合同的约定对承包人完成合同工程的数量进行计算和确认

3.【多选】根据《建设工程工程量清单计价规范》，发生下列情况时，应按承包人实际发生的工程款支付的有（　　）。

A. 工程量清单中出现漏项

B. 工程量计算出现偏差

C. 为保证工程质量采用了新技术

D. 工程变更引起工程量增减

E. 为加快工程进度采用了新工艺

4. 【多选】下列工程量中，监理人应予计量的有（　　）。

A. 由于工程量清单缺项增加的工程量

B. 由于招标文件中工程量计算偏差增加的工程量

C. 发包人工程变更增加的工作量

D. 承包人为提高施工质量超出设计图纸要求增加的工程量

E. 承包人原因造成返工的工程量

考点 2　工程计量的依据

5. 【多选】工程计量的依据包括（　　）。

A. 质量合格证书

B. 承包商填报的工程款支付申请

C. 监理规范

D. 工程量计算规范

E. 设计图纸

考点 3　单价合同的计量

6. 【单选】根据《建设工程施工合同（示范文本）》，除专用合同条款另有约定外，按月计量支付的单价合同，监理人应在收到承包人提交的工程量报告后（　　）天内完成审核并报送发包人。

A. 5

B. 7

C. 10

D. 14

7. 【单选】根据《建设工程施工合同（示范文本）》，除专用合同条款另有约定外，承包人向监理人报送上月 20 日至当月 19 日已完成工程量的时间为每月（　　）日。

A. 20

B. 21

C. 25

D. 28

8. 【多选】下列工程量中，监理人应予计量的有（　　）。

A. 承包人超出设计图纸和设计文件要求所增加的工程量

B. 工程量清单中的工程量

C. 有缺陷工程的工程量

D. 工程变更导致增加的工程量

E. 承包人原因导致返工的工程量

9. 【单选】在工程量清单中，钻孔桩的桩长一般采用的计量方法是（　　）。

A. 均摊法

B. 估价法

C. 断面法

D. 图纸法

10. 【单选】为了解决一些包干项目或较大工程项目的支付时间过长、影响承包商的资金流动等问题，在工程计量时可以采用（　　）。

A. 估价法

B. 分解计量法

C. 均摊法

D. 图纸法

11.【单选】建筑工程保险费、履约保证金等项目的计量适合采用（　　）。

A. 凭据法　　B. 估价法

C. 均摊法　　D. 分解计量法

12.【多选】一般可按照均摊法进行计量的有（　　）。

A. 建筑工程保险费

B. 保养测量设备的费用

C. 保养气象记录设备的费用

D. 为监理工程师提供宿舍的费用

E. 履约保证金

13.【单选】对于工程量清单中的某些项目，如保养气象记录设备、保养测量设备等，一般采用（　　）进行计量支付。

A. 均摊法　　B. 凭据法

C. 估价法　　D. 分解计量法

14.【单选】混凝土构筑物体积的计量一般采用的方法是（　　）。

A. 均摊法　　B. 估价法

C. 断面法　　D. 图纸法

15.【单选】钻孔桩桩长的计量一般采用（　　）。

A. 断面法　　B. 图纸法

C. 估价法　　D. 分解计量法

第三节　合同价款调整

> **重难点：**
>
> 1. 合同价款应当调整的事项及调整程序。
> 2. 工程量偏差。
> 3. 物价变化。
> 4. 暂估价、暂列金额。
> 5. 不可抗力。

考点 1　合同价款应当调整的事项及调整程序

1.【多选】关于工程合同价款调整程序的说法，正确的有（　　）。

A. 出现合同价款调减事项后的 14 天内，承包人应向发包人提交相应报告

B. 出现合同价款调增事项后的 14 天内，承包人应向发包人提交相应报告

C. 发包人收到承包人合同价款调整报告 7 天内，应对其核实并提出书面意见

D. 发包人收到承包人合同价款调整报告 7 天内未确认，视为报告被认可

E. 发承包双方对合同价款调整的意见不能达成一致，且对履约不产生实质影响的，双方应继续履行合同义务

考点 2 法律法规变化

2. **【单选】** 招标工程以投标截止日前（　　）天为基准日，其后相关法律法规发生变化并引起工程造价增减变化的，可以调整合同价款。

A. 14　　B. 15

C. 28　　D. 30

3. **【单选】** 某工程原定于 2022 年 9 月 20 日竣工，因承包人原因，工程延至 2022 年 10 月 20 日竣工，但在 2022 年 10 月，因法规的变化导致工程造价增加 120 万元，则工程合同款应（　　）。

A. 调增 60 万元　　B. 调增 90 万元

C. 调增 120 万元　　D. 不予调增

4. **【单选】** 因承包人原因导致工期延误的，在合同工程原定竣工时间之后，合同价款的调整方法是（　　）。

A. 调增、调减的均予以调整

B. 调增的予以调整，调减的不予调整

C. 调增、调减的均不予调整

D. 调增的不予调整，调减的予以调整

5. **【单选】** 某工程原定于 2019 年 6 月 30 日竣工，因承包人原因，工程延至 2019 年 10 月 30 日竣工，但在 2019 年 7 月，因法律法规的变化导致工程造价增加 200 万元，则该工程合同价款的正确处理方法是（　　）。

A. 不予调增　　B. 调增 100 万元

C. 调增 150 万元　　D. 调增 200 万元

考点 3 工程量偏差

6. **【单选】** 某土方工程，合同工程量为 1 万 m^3，合同综合单价为 60 元/m^3，合同约定：当实际工程量增加 15%以上时，超出部分的工程量综合单价应予调低。施工过程中由于发包人设计变更，实际完成工程量为 1.3 万 m^3，监理人与承包人依据合同约定协商后，确定的土方工程变更单价为 56 元/m^3。则该土方工程实际结算价款为（　　）万元。

A. 72.80　　B. 76.80

C. 77.40　　D. 78.00

7. **【单选】** 某土方工程招标工程量清单中，土方开挖工程量为 600m^3。在施工过程中，由于设计变更，减少土方开挖工程量为 100m^3，则减少后剩余部分的工程量综合单价应（　　）。

A. 由发包人确定　　B. 直接采用该项目综合单价

C. 相应调低　　D. 相应调高

8. **【单选】** 某分项工程招标工程量清单中，工程量为 1 000m^3，施工中由于设计变更调整为

1 200m³，该分项工程最高投标限价单价为 300 元/m³，投标报价单价为 360 元/m³。根据《建设工程工程量清单计价规范》，该分项工程的结算款为（　　）元。

A. 420 000　　B. 429 000

C. 431 250　　D. 432 000

9. **【单选】**某独立土方工程，招标文件中估计工程量为 1 万 m³，合同中约定土方工程单价为 20 元/m³，当实际工程量超过估计工程量 10%时，需要调整单价，单价调整为 18 元/m³。该工程结算时实际完成土方工程量为 1.2 万 m³，则土方工程款为（　　）万元。

A. 21.6　　B. 23.6

C. 23.8　　D. 24.0

10. **【单选】**某土方工程，招标工程量为 5 000m³，承包人标书中土方工程单价为 60 元/m³。合同约定：当实际工程量超过估计工程量 15%时，超过部分工程量单价调整为 55 元/m³。工程结束时实际完成并经监理确认的土方工程量为 6 000m³，则该土方工程款为（　　）元。

A. 275 000　　B. 360 000

C. 330 000　　D. 358 750

11. **【单选】**根据《建设工程工程量清单计价规范》，当实际工程量比招标工程量清单中的工程量增加 15%以上时，对综合单价进行调整的方法是（　　）。

A. 增加后整体部分的工程量的综合单价调低

B. 增加后整体部分的工程量的综合单价调高

C. 超出约定部分的工程量的综合单价调低

D. 超出约定部分的工程量的综合单价调高

12. **【单选】**某分部分项工程采用清单计价，最高投标限价的综合单价为 350 元/m³，投标报价的综合单价为 280 元/m³，该工程投标报价下浮率为 5%，该分部分项工程合同未确定综合单价调整方法，则综合单价的处理方式是（　　）。

A. 调整为 282.63 元/m³

B. 不予调整

C. 下调 20%

D. 上浮 5%

考点 4　计日工

13. **【多选】**根据《建设工程工程量清单计价规范》，关于计日工费的确认和支付，下列说法正确的有（　　）。

A. 承包人应按照确认的计日工现场签证报告核实该类项目的工程数量和单价

B. 已标价工程量清单中有该类计日工单价的，按该单价计算

C. 已标价工程量清单中没有该类计日工单价的，按承包人报价计算

D. 计日工价款应列入同期进度款支付

E. 发包人通知承包人以计日工方式实施的零星工作，承包人应予执行

考点 5 物价变化

14.【单选】2019 年 11 月实际完成的某土方工程，按基准日价格计算的已完成工程量的金额为 1 000 万元，该工程的定值权重为 0.2。各可调因子的价格指数除人工费增长 20%外，其他均增长了 10%，人工费占可调值部分的 50%。按价格调整公式计算，该土方工程需调整的价款为（　　）万元。

A. 80　　B. 120

C. 130　　D. 150

15.【单选】某工程由于承包人原因未在约定的工期内竣工。若该工程在原约定竣工日期后继续施工，则采用价格指数调整其价格差额时，现行价格指数应采用（　　）。

A. 原约定竣工日期的价格指数

C. 原约定竣工日期和实际竣工日期价格指数中较低的一个

B. 实际竣工日期的价格指数

D. 实际竣工日期前 42 天的价格指数

16.【单选】根据《建设工程工程量清单计价规范》，当承包人投标报价中材料单价低于基准单价，施工期间材料单价跌幅以（　　）为基础超过合同约定的风险幅度值时，其超过部分按实调整。

A. 基准单价　　B. 投标报价

C. 定额单价　　D. 投标控制价

17.【单选】某工程采用的预拌混凝土由承包人提供，双方约定承包人承担的价格风险系数≤5%。承包人投标时对预拌混凝土的投标报价为 308 元/m^3，招标人的基准价格为 310 元/m^3，实际采购价为 327 元/m^3。则发包人在结算时确认的单价应为（　　）元/m^3。

A. 308.00　　B. 309.50

C. 310.00　　D. 327.00

18.【单选】施工合同中约定，承包人承担的钢筋价格风险幅度为±5%，超出部分依据《建设工程工程量清单规范》造价信息法调差。已知承包人投标价格、基准期发布价格分别为 2 400 元/t、2 200 元/t，2015 年 12 月、2016 年 7 月的造价信息发布价分别为 2 000 元/t、2 600 元/t。则这两个月钢筋的实际结算价格应分别为（　　）元/t。

A. 2 280，2 520　　B. 2 310，2 690

C. 2 310，2 480　　D. 2 280，2 480

19.【单选】某分项工程合同价为 6 万元，采用价格指数进行价格调整。可调值部分占合同总价的 70%，可调值部分由 A、B、C3 项成本要素构成，分别占可调值部分的 20%、40%、40%，基准日期价格指数均为 100，结算依据的价格指数分别为 110、95、103，则结算的价款为（　　）万元。

A. 4.83　　B. 6.05

C. 6.63　　D. 6.90

20.【单选】某工程约定采用价格指数法调整合同价款，承包人根据约定提供的数据见下表。

本期完成合同价款为45万元，其中已按现行价格计算的计日工价款为5万元。本期应调整的合同价款差额为（　　）万元。

序号	名称	变值权重	基本价格指数	现行价格指数
1	人工费	0.30	110%	120%
2	钢材	0.25	112%	123%
3	混凝土	0.20	115%	125%
4	定值权重	0.25		
	合计	1		

A. −2.85　　B. −2.54

C. 2.77　　D. 3.12

21. 【单选】承包人应在采购材料前将采购数量和新的材料单价报（　　）核对，确认用于本合同工程时，应确认采购材料的数量和单价。

A. 发包人　　B. 承包人

C. 监理单位　　D. 设计单位

22. 【多选】根据《建设工程工程量清单计价规范》，关于合同履行期间物价变化调整合同价格的说法，正确的有（　　）。

A. 因非承包人原因导致工期延误的，计划进度日期后续工程的价格，应采用计划进度日期与实际进度日期两者的较高者

B. 因承包人原因导致工期延误的，计划进度日期后续工程的价格，应采用计划进度日期与实际进度日期两者的较低者

C. 当承包人投标报价中材料单价低于基准单价，施工期间材料单价涨幅或跌幅以基准单价为基础，超过合同约定的风险幅度值时，其超过部分按实调整

D. 当承包人投标报价中材料单价高于基准单价，施工期间材料单价涨幅以投标报价为基础，超过合同约定的风险幅度值时，其超过部分按实调整

E. 承包人应在采购材料前，将采购数量和新的材料单价报发包人核对，确定用于本合同工程时，发包人应确认采购材料的数量和单价

23. 【单选】2021年9月实际完成的某土方工程，按基准日期的价格计算的已完成工程量的金额为1 000万元，该工程的定值权重为0.2；除人工费价格指数增长10%外，各可调因子均未发生变化；人工费占可调值部分的40%。按价格调整公式计算，该土方工程需调整的价款为（　　）万元。

A. 32　　B. 40　　C. 80　　D. 100

24. 【单选】根据《建设工程工程量清单计价规范》，当承包人投标报价中材料单价高于基准单价，施工期间材料单价涨幅以（　　）为基础超过合同约定的风险幅度值时，其超过部分按实调整。

A. 定额单价　　B. 投标报价

C. 基准单价　　D. 投标控制价

考点 6 暂估价

25. 【单选】关于施工合同履行过程中暂估价的确定，下列说法正确的是（　　）。

A. 不属于依法必须招标的材料，以承包人自行采购的价格取代暂估价

B. 属于依法必须招标的暂估价设备，由发承包双方以招标方式选择供应商，以中标价取代暂估价

C. 不属于依法必须招标的暂估价专业工程，不应按工程变更确定价款，而应另行签订补充协议确定工程价款

D. 属于依法必须招标的暂估价专业工程，承包人不得参加投标

考点 7 不可抗力

26. 【单选】某工程在施工过程中因不可抗力造成损失，承包人及时向项目监理机构提出了索赔申请并附有相关证明材料要求补偿的经济损失如下：①在建工程损失 30 万元；②承包人的施工机械设备损坏损失 5 万元；③承包人受伤人员医药费和补偿金 45 万元；④工程清理修复费用 2 万元。根据《建设工程施工合同（示范文本）》，项目监理机构应批准的补偿金额为（　　）万元。

A. 32.0　　B. 36.5

C. 37.0　　D. 41.5

27. 【多选】施工合同履行期间，关于因不可抗力事件导致合同价款和工期调整的说法，正确的有（　　）。

A. 工程修复费用由承包人承担

B. 承包人的施工机械设备损坏由发包人承担

C. 工程本身的损坏由发包人承担

D. 发包人要求赶工的，赶工费用由发包人承担

E. 工程所需清理费用由发包人承担

28. 【多选】在施工阶段，下列因不可抗力造成的损失中，属于发包人承担的有（　　）。

A. 在建工程的损失　　B. 承包人施工人员受伤产生的医疗费

C. 施工机具的损坏损失　　D. 施工机具的停工损失

E. 工程清理修复费用

29. 【单选】某工程在施工过程中，因不可抗力造成如下损失：①在建工程损失 10 万元；②承包人受伤人员医药费和补偿金 2 万元；③施工机具损坏损失 1 万元；④工程清理和修复费用 0.5 万元。承包人及时向项目监理机构提出了索赔申请，共索赔 13.5 万元。根据《建设工程施工合同（示范文本）》，项目监理机构应批准的索赔金额为（　　）万元。

A. 10.0　　B. 10.5

C. 12.5　　D. 13.5

考点 8　暂列金额

30. 【单选】已签约合同价中的暂列金额由（　　）负责掌握使用。
A. 承包人　　B. 监理人
C. 贷款人　　D. 发包人

第四节　工程变更价款确定

> **重难点：**
> 工程变更价款的确定方法。

考点　工程变更价款的确定方法

1. 【单选】下列承包人因工程变更提出的调整措施项目费的事项中，需采用承包人报价浮动率计算的是（　　）。
A. 安全文明施工费
B. 按单价计算的措施项目费
C. 按总价计算的措施项目费
D. 实施方案未提交发包人确认的措施项目费

2. 【单选】根据《建设工程工程量清单计价规范》，采用单价计算的措施项目费，按照（　　）确定单价。
A. 实际发生的措施项目，考虑承包人报价浮动因素
B. 实际发生变化的措施项目及已标价工程量清单项目的规定
C. 实际发生变化的措施项目并考虑承包人报价浮动
D. 类似的项目单价及已标价工程量清单的规定

第五节　施工索赔与现场签证

> **重难点：**
> 1. 索赔的主要类型。
> 2. 索赔费用的组成及计算方法。
> 3. 现场签证（情形、范围、程序及计算）。

考点 1　索赔的主要类型

1. 【多选】根据《标准施工招标文件》，发包人应给予承包人工期和费用补偿，但不包括利

润的情形有（　　）。

A. 施工过程中发现文物

B. 发包人提供的材料不符合合同要求

C. 异常恶劣的气候条件

D. 承包人遇到难以合理预见的不利物质条件

E. 监理人对隐蔽工程重新检查证明工程质量符合合同要求

2. 【多选】根据《标准施工招标文件》，承包人可同时索赔增加的成本、延误工期和相应利润的情形有（　　）。

A. 发包人提供的工程设备不符合合同要求

B. 异常恶劣的气候条件

C. 监理人重新检查隐蔽工程后发现工程质量符合合同要求

D. 发包人原因造成工期延误

E. 施工过程中发现文物

3. 【多选】发包人向承包人的索赔包括（　　）。

A. 工期延误的索赔

B. 工程变更引起的索赔

C. 对超额利润的索赔

D. 加速施工的索赔

E. 发包人合理终止合同的索赔

4. 【多选】由于承包人原因造成工程延期，业主向承包人提出工程拖期索赔时应考虑的因素有（　　）。

A. 赶工导致施工成本增加

B. 工程延期后物价上涨

C. 工程延期产生的附加监理费

D. 工程延期引起的贷款利息增加

E. 工程延期产生的业主盈利损失

5. 【单选】在施工过程中发现文物，导致费用增加和工期延误，承包人提出索赔，监理人处理该索赔的正确做法是（　　）。

A. 可批复增加的费用、延误的工期和相应利润

B. 可批复延误的工期，不批复增加的费用和利润

C. 可批复增加的费用，不批复延误的工期和利润

D. 可批复增加的费用和延误的工期，不批复利润

6. 【多选】根据 2017 版 FIDIC《施工合同条件》，业主应给予承包商工期、费用和利润补偿的情形有（　　）。

A. 例外事件

B. 当地政府造成的延误

C. 因业主原因暂停工程

D. 非承包商责任的修补工作

E. 因法律变化

7. 【多选】下列工程索赔事项中，属于发包人向承包人索赔的有（　　）。

A. 地质条件变化引起的索赔

B. 施工中人为障碍引起的索赔

C. 加速施工费用的索赔

D. 工期延误的索赔

E. 对超额利润的索赔

8. 【单选】在施工过程中，遇到有经验的承包人都无法合理预见的地质条件变化，导致费用增加和工期延误时，监理人处理承包人索赔的正确做法是（　　）。

A. 可批复增加的费用和延误的工期，不批复利润补偿

B. 可批复增加的费用，不批复延误的工期和利润补偿

C. 可批复增加的工期，不批复增加的费用和利润补偿

D. 可批复增加的费用、延误的工期和利润补偿

9. 【多选】根据《标准施工招标文件》中的通用合同条款，承包人可向发包人索赔工期和费用，但不可要求利润补偿的情形有（　　）。

A. 发包人原因造成工期延误

B. 法律变化引起的价格调整

C. 施工工程中承包人遇到不利物质条件

D. 发包人要求承包人提前竣工

E. 施工过程中遇到不可抗力影响

考点 2　索赔费用的计算

10. 【多选】下列费用中，承包人可以提出索赔的有（　　）。

A. 承包人为保证混凝土质量选用高标号水泥而增加的材料费

B. 非承包人责任的工程延期导致的材料价格上涨费

C. 冬雨期施工增加的材料费

D. 由于设计变更增加的材料费

E. 材料二次搬运费

11. 【多选】下列承包商增加的人工费中，可以向业主索赔的有（　　）。

A. 特殊恶劣气候导致的人员窝工费

B. 法定人工费增长而增加的人工费

C. 由于非承包商责任的工效降低而增加的人工费

D. 监理工程师原因导致工程暂停的人员窝工费

E. 完成合同之外的工作增加的人工费

12. 【单选】计算索赔费用最常用的方法是（　　）。

A. 总费用法　　　　B. 实际费用法

C. 修正的总费用法　　　　D. 单价法

13. 【单选】某建设工程项目，承包商在施工过程中发生如下人工费：完成业主要求的合同外工作花费 3 万元；由于业主原因导致工效降低，使人工费增加 2 万元；施工机械故障造成人员窝工损失 0.5 万元。则承包商可索赔的人工费为（　　）万元。

A. 2.0　　　　B. 3.0

C. 5.0　　　　D. 5.5

14. 【多选】下列费用中，承包人可索赔施工机具使用费的有（　　）。

A. 由于完成额外工作增加的机械、仪器仪表使用费

B. 由于施工机械故障导致的机械停工费

C. 由于项目监理机构原因导致的机械窝工费

D. 由于发包人要求承包人提前竣工，使工效降低增加的施工机械使用费

E. 施工机具保养费用

考点 3 现场签证

15. 【单选】下列事件中，需要进行现场签证的是（　　）。

A. 合同范围以内零星工程的确认

B. 修改施工方案引起工程量增减的确认

C. 承包人原因导致设备窝工损失的确认

D. 合同范围以外新增工程的确认

第六节　合同价款期中支付

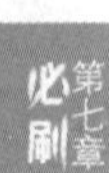

> **重难点：**
>
> 1. 预付款的支付与扣回。
>
> 2. 进度款。

考点 1 预付款

1. 【单选】某承包人承包某工程项目，甲乙双方签订的关于工程价款的合同内容有：①建筑安装工程造价为 660 万元，建筑材料及设备费占施工产值的比重为 60%；②工程预付款为建筑安装工程造价的 20%。工程实施后，工程预付款从未施工工程尚需的主要材料及设备费相当于工程预付款数额时起扣，从每次结算工程价款中按材料和设备占施工产值的比重扣抵工程预付款，竣工前全部扣清。则该工程的预付款起扣点是（　　）万元。

A. 132　　　　B. 220

C. 440　　　　D. 480

2. 【单选】某工程合同总额为 750 万元，工程预付款为合同总额的 20%，主要材料及构件

费用占合同总额的 60%，则工程预付款的起扣点为（　　）万元。

A. 250　　B. 450

C. 500　　D. 600

考点 2　安全文明施工费

3.【单选】根据《建设工程工程量清单计价规范》，发包人应在工程开工后的 28 天内预付不低于当年施工进度计划的安全文明施工费总额的（　　）。

A. 30%　　B. 40%

C. 50%　　D. 60%

考点 3　进度款

4.【单选】由发包人提供的工程材料、工程设备金额，应在合同价款的期中支付和结算中予以扣除，具体的扣除标准是（　　）。

A. 按签约单价和签约数量　　B. 按实际采购单价和实际数量

C. 按签约单价和实际数量　　D. 按实际单价和签约数量

5.【多选】承包人在每个计量周期向发包人提交的已完工程进度款支付申请应包括的内容有（　　）。

A. 签约合同价　　B. 累计已完成的合同价款

C. 本周期合计完成的合同价款　　D. 本周期合计应扣减的金额

E. 本周期实际应支付的合同价款

6.【单选】进度款的支付比例按照合同约定，按期中结算价款总额计，应不低于（　　）。

A. 40%　　B. 60%

C. 80%　　D. 90%

7.【单选】建设单位应当按工程施工合同约定的数额或者比例等，按时将人工费用拨付到总包单位专用账户，拨付周期不得超过（　　）。

A. 15 个工作日　　B. 1 个月

C. 3 个月　　D. 6 个月

8.【多选】工程建设项目总包单位不得向开户银行申请撤销专用账户的情况有（　　）。

A. 未出具农民工工资承诺书的

B. 开户信息发生变更的

C. 农民工因工资支付问题正在申请劳动争议仲裁的

D. 尚有拖欠农民工工资案件正在处理的

E. 农民工因工资支付问题向人民法院提起诉讼的

9.【单选】出现建设单位未按工程施工合同约定的数额或者比例等拨付人工费用情况的，开户银行应当通知（　　），并由其报告项目所在地人力资源社会保障行政部门和相关行业工程建设主管部门。

A. 拖欠费用的农民工　　B. 建设单位

C. 总包单位　　　　D. 监理单位

10. 【多选】施行总包代发农民工工资制度的，分包单位按月考核农民工工作量，并将（　　）一并交给总包单位。

A. 农民工考核表　　　　B. 当月工程进度情况

C. 实名信息表　　　　D. 上个月工程量完成情况

E. 工程款支付情况

第七节　竣工结算与支付

> **重难点：**
>
> 质量保证金（方式、扣留与退还）。

考点 1　竣工结算的审查

1. 【多选】对承包单位提交的竣工结算资料进行审查的内容包括（　　）。

A. 进度款是否按规定程序支付　　　　B. 竣工工程内容是否符合合同条件

C. 隐蔽验收记录是否手续完整　　　　D. 预付款支付额度是否符合合同约定

E. 设计变更审查、签证手续是否齐全

考点 2　质量保证金

2. 【多选】下列关于质量保证金的说法，正确的有（　　）。

A. 质量保证金预留的总额不得高于工程价款结算总额的 6%

B. 工程竣工前承包人已提供履约担保的，发包人不得同时预留工程质量保证金

C. 质量保证金原则上采用保函方式

D. 质量保证金可以在工程竣工结算时一次性扣留

E. 质量保证金可以在支付工程进度款时逐次扣留

第八节　投资偏差分析

> **重难点：**
>
> 1. 赢得值法的三个基本参数和四个评价指标。
> 2. 偏差原因分析及纠偏措施。

考点 1　赢得值法

1. 【单选】某工程施工至 2017 年 12 月底，经统计分析，已完工作预算投资为 480 万元，已

完工作实际投资为510万元，计划工作预算投资为450万元，则该工程此时的投资绩效指数为（　　）。

A. 0.88　　B. 0.94

C. 1.06　　D. 1.07

2.【单选】某工程施工至10月底，经统计分析，已完工作实际投资为260万元，已完工作预算投资为240万元，计划工作预算投资为200万元，则该工程此时的进度偏差为（　　）万元。

A. 40　　B. 20

C. −20　　D. −40

3.【单选】关于赢得值法及其应用的说法，正确的是（　　）。

A. 赢得值法有四个基本参数和三个评价指标

B. 投资（进度）绩效指数反映的是绝对偏差

C. 投资（进度）偏差仅适合对同一项目作偏差分析

D. 进度偏差为正值，表示进度延误

4.【单选】某工程施工至2021年12月底，经分析，已完工作预算投资为100万元，已完工作实际投资为115万元，计划工作预算投资为110万元，则该工程的进度偏差为（　　）。

A. 超前15万元　　B. 延误15万元

C. 超前10万元　　D. 延误10万元

5.【多选】赢得值法的评价指标有（　　）。

A. 已完工作预算投资　　B. 计划工作预算投资

C. 投资绩效指数　　D. 进度绩效指数

E. 进度偏差

6.【单选】某工程施工至2019年3月底，经统计分析，已完工作预算投资为700万元，已完工作实际投资为780万元，计划工作预算投资为750万元，则该工程此时的投资偏差为（　　）万元。

A. −80　　B. −50

C. 30　　D. 50

7.【单选】某地下工程，计划到5月份累计开挖土方1.2万m^3，预算单价为90元/m^3。经确认，到5月份实际累计开挖土方1万m^3，实际单价为95元/m^3，则该工程此时的投资偏差为（　　）万元。

A. −18　　B. −5

C. 5　　D. 18

8.【单选】在投资偏差分析中，进度偏差等于（　　）。

A. 已完工作预算投资与已完工作实际投资之间的差值

B. 计划工作预算费用与已完工作实际投资之间的差值

C. 已完工作实际投资与已完工作预算费用之间的差值

D. 已完工作预算投资与计划工作预算投资之间的差值

9. 【单选】某工程施工至2021年3月底，经统计分析，已完工作预算投资为580万元，已完工作实际投资为570万元，计划工作预算投资为600万元，该工程此时的进度偏差为（　　）万元。

A. －30　　B. －20

C. －10　　D. 10

10. 【单选】某工程施工至2021年6月底，经统计分析，已完工作预算投资为2 500万元，已完工作实际投资为2 800万元，计划工作预算投资为2 600万元。该工程此时的投资绩效指数为（　　）。

A. 0.89　　B. 0.96

C. 1.04　　D. 1.12

11. 【单选】某地下工程，5月计划工程量为2 500m^3，预算单价为25元/m^3；到5月底时已完成工程量为3 000m^3，实际单价为28元/m^3。若运用赢得值法分析，正确的是（　　）。

A. 已完工作实际投资为75 000元

B. 已完工作预算投资为62 500元

C. 进度偏差为－9 000元，表明项目运行超出预算投资

D. 投资绩效指标＜1，表明实际投资高于预算投资

12. 【单选】某地下工程，计划到11月份累计开挖土方2万m^3，预算单价为95元/m^3，经确认，到11月份实际累计开挖土方为2.5万m^3，实际单价为90元/m^3，该工程此时的进度绩效指数为（　　）。

A. 0.80　　B. 0.95

C. 1.06　　D. 1.25

13. 【多选】某土方开挖工程，计划完成工程量为4万m^3，预算单价为85元/m^3。经确认，实际完成工程量为4.5万m^3，实际单价为90元/m^3，下列说法正确的有（　　）。

A. 投资偏差－22.5万元　　B. 进度偏差42.5万元

C. 投资绩效指数0.94　　D. 进度绩效指数0.89

E. 综合绩效指数1.13

考点2 偏差原因分析

14. 【多选】下列引起投资偏差的原因中，属于建设单位原因的有（　　）。

A. 设计标准变化　　B. 投资规划不当

C. 建设手续不全　　D. 施工方案不当

E. 未及时提供施工场地

15. 【多选】下列引起投资偏差的原因中，属于施工原因的有（　　）。

A. 材料代用　　B. 投资规划不当

C. 建设手续不全　　D. 施工方案不当

E. 未及时提供施工场地

16. 【多选】下列产生投资偏差的原因中，属于业主原因的有（　　）。

A. 材料代用　　B. 基础处理

C. 未及时提供场地　　D. 施工方案不当

E. 增加工程内容

考点 3 纠偏措施

17. 【多选】下列产生投资偏差的原因中，属于监理工程师纠偏的重点有（　　）。

A. 物价上涨原因　　B. 设计原因

C. 业主原因　　D. 施工原因

E. 客观原因

参考答案及解析

第七章　建设工程施工阶段投资控制

第一节　施工阶段投资目标控制

考点　**资金使用计划编制**

1. **【答案】**B

【解析】按子项目分解的资金使用计划：大中型的工程项目通常是由若干单项工程构成的，而每个单项工程包括多个单位工程，每个单位工程又是由若干个分部分项工程构成的，因此，首先要把项目总投资分解到单项工程和单位工程中。对各单位工程的建筑安装工程投资还需要进一步分解，在施工阶段一般可分解到分部分项工程。

2. **【答案】**B

【解析】一般而言，所有工作都按最迟开始时间开始，对节约发包人的建设资金贷款利息是有利的，但同时，也降低了项目按期竣工的保证率。

3. **【答案】**A

【解析】投资控制的目的是确保投资目标的实现。因此，监理工程师必须编制资金使用计划，合理地确定投资控制目标值，包括建设工程投资的总目标值、分目标值、各详细目标值。

4. **【答案】**ACD

【解析】在编制资金使用计划过程中，最重要的步骤就是项目投资目标的分解。根据投资控制目标和要求的不同，投资目标的分解可以分为按投资构成、按子项目、按时间分解三种类型。

5. **【答案】**D

【解析】在编制投资支出计划时，要在项目总的方面考虑总的预备费，也要在主要的工程分项中安排适当的不可预见费，避免在具体编制资金使用计划时，可能发现个别单位工程或工程量表中某项内容的工程量计算有较大出入，使原来的投资预算失实，并在项目实施过程中对其尽可能地采取一些措施。

6. **【答案】**B

【解析】一般而言，所有工作都按最迟开始时间开始，对节约发包人的建设资金贷款利息是有利的，但同时，也降低了项目按期竣工的保证率。因此，监理工程师必须合理地确定投资支出计划，达到既节约投资支出，又能控制项目工期的目的。

第二节 工程计量

考点 1 工程计量的原则

1. 【答案】B

【解析】对于不符合合同文件要求的工程，承包人超出施工图纸范围或因承包人原因造成返工的工程量，不予计量。

2. 【答案】ACE

【解析】工程量计量按照合同约定的工程量计算规则、图纸及变更指示等进行计量。工程量计算规则应以相关的国家标准、行业标准等为依据，由合同当事人在专用合同条款中约定。对于不符合合同文件要求的工程，承包人超出施工图纸范围或因承包人原因造成返工的工程量，不予计量。若发现工程量清单中出现漏项、工程量计算偏差，以及工程变更引起工程量的增减变化，应据实调整，正确计量。监理人一般只对以下三方面的工程项目进行计量：①工程量清单中的全部项目；②合同文件中规定的项目；③工程变更项目。

3. 【答案】ABD

【解析】若发现工程量清单中出现漏项、工程量计算偏差，以及工程变更引起工程量的增减变化，应据实调整，正确计量。

4. 【答案】ABC

【解析】对于不符合合同文件要求的工程，承包人超出施工图纸范围或因承包人原因造成返工的工程量，不予计量。若发现工程量清单中出现漏项、工程量计算偏差，以及工程变更引起工程量的增减变化，应据实调整，正确计量。

考点 2 工程计量的依据

5. 【答案】ADE

【解析】工程计量的依据是质量合格证书、工程量计算规范和设计图纸。

考点 3 单价合同的计量

6. 【答案】B

【解析】根据《建设工程施工合同（示范文本）》，除专用合同条款另有约定外，单价合同的计量按照如下约定执行：①承包人应于每月 25 日向监理人报送上月 20 日至当月 19 日已完成的工程量报告，并附具进度付款申请单、已完成工程量报表和有关资料；②监理人应在收到承包人提交的工程量报告后 7 天内完成对承包人提交的工程量报表的审核并报送发包人，以确定当月实际完成的工程量。

7. 【答案】C

【解析】根据《建设工程施工合同（示范文本）》，除专用合同条款另有约定外，承包人应于每月 25 日向监理人报送上月 20 日至当月 19 日已完成的工程量报告，并附具进度付款申请单、已完成工程量报表和有关资料。

8. **【答案】** BD

【解析】 监理人一般只对以下三方面的工程项目进行计量：①工程量清单中的全部项目；②合同文件中规定的项目；③工程变更项目。

9. **【答案】** D

【解析】 图纸法是按设计图纸所示尺寸进行计量，例如混凝土构筑物的体积、钻孔桩的桩长等。

10. **【答案】** B

【解析】 分解计量法，即将一个项目根据工序或部位分解为若干子项，对完成的各子项进行计量支付，可以解决一些包干项目或较大的工程项目的支付时间过长，影响承包人的资金流动等问题。

11. **【答案】** A

【解析】 凭据法是按承包人提供的凭据进行计量支付，例如建筑工程险保险费、第三方责任险保险费、履约保证金。

12. **【答案】** BC

【解析】 所谓均摊法，就是对清单中某些项目的合同价款，按合同工期平均计量。如保养测量设备、保养气象记录设备、维护工地清洁等项目一般采用均摊法进行计量支付。

13. **【答案】** A

【解析】 所谓均摊法，就是对清单中某些项目的合同价款，按合同工期平均计量。如保养测量设备、保养气象记录设备、维护工地清洁等项目一般采用均摊法进行计量支付。

14. **【答案】** D

【解析】 图纸法：在工程量清单中，许多项目都采取按照设计图纸所示的尺寸进行计量。如混凝土构筑物的体积、钻孔桩的桩长等一般采用图纸法进行计量。

15. **【答案】** B

【解析】 图纸法：在工程量清单中，许多项目都采取按照设计图纸所示的尺寸进行计量。如混凝土构筑物的体积，钻孔桩的桩长等一般采用图纸法进行计量。

第三节　合同价款调整

考点 1　合同价款应当调整的事项及调整程序

1. **【答案】** BE

【解析】 合同价款调整的程序：①出现合同价款调增事项（不含工程量偏差、计日工、现场签证、施工索赔）后的14天内，承包人应向发包人提交合同价款调增报告并附上相关资料；14天内未提交，应视为不存在调整价款请求。②出现合同价款调减事项（不含工程量偏差、施工索赔）后的14天内，发包人应向承包人提交合同价款调减报告并附相关资料；14天内未提交，应视为不存在调整价款请求。③收到报告及相关资料之日起14天内对其核实，予以确认的应书面通知承（发）包人。有疑问，应向承（发）包人提出协商意见。14天内未确认也未提出协商意见的，视为认可。提出协商意见的，应在收到

协商意见后的 14 天内对其核实，予以确认的应书面通知发（承）包人。14 天内既不确认也未提出不同意见的，视为提出的意见已被认可。如果发包人与承包人对合同价款调整的意见不能达成一致，只要对承发包双方履约不产生实质影响，双方应继续履行合同义务，直到其按照合同约定的争议解决方式进行处理。经发承包双方确认调整的合同价款，作为追加（减）合同价款，与工程进度款或结算款同期支付。

考点 2　法律法规变化

2.【答案】C

【解析】招标工程以投标截止日前 28 天为基准日，非招标工程以合同签订前 28 天为基准日，其后因国家的法律、法规、规章和政策发生变化引起工程造价增减变化的，发承包双方应当按照省级或行业建设主管部门或其授权的工程造价管理机构据此发布的规定调整合同价款。

3.【答案】D

【解析】招标工程以投标截止日前 28 天为基准日，非招标工程以合同签订前 28 天为基准日，其后因国家的法律、法规、规章和政策发生变化引起工程造价增减变化的，发承包双方应当按照省级或行业建设主管部门或其授权的工程造价管理机构据此发布的规定调整合同价款。但因承包人原因导致工期延误的，按上述规定的调整时间，在合同工程原定竣工时间之后，合同价款调增的不予调整，合同价款调减的予以调整。

4.【答案】D

【解析】因承包人原因导致工期延误的，按相关规定调整时间，在合同工程原定竣工时间之后，合同价款调增的不予调整，合同价款调减的予以调整。

5.【答案】A

【解析】招标工程以投标截止日前 28 天为基准日，非招标工程以合同签订前 28 天为基准日，其后因国家的法律、法规、规章和政策发生变化引起工程造价增减变化的，发承包双方应当按照省级或行业建设主管部门或其授权的工程造价管理机构据此发布的规定调整合同价款。但因承包人原因导致工期延误的，按上述规定的调整时间，在合同工程原定竣工时间之后，合同价款调增的不予调整，合同价款调减的予以调整。

考点 3　工程量偏差

6.【答案】C

【解析】当 $Q_1>1.15Q_0$ 时，$S=1.15Q_0\times P_0+(Q_1-1.15Q_0)\times P_1=60\times1.15+56\times0.15=77.4$（万元）。

7.【答案】D

【解析】对于任一招标工程量清单项目，如果因工程量偏差和工程变更等原因导致工程量偏差超过 15％时，可进行调整。当工程量增加 15％以上时，增加部分的工程量的综合单价应予调低；当工程量减少 15％以上时，减少后剩余部分的工程量的综合单价应予调高。

第七章　必刷

8.【答案】C

【解析】对于任一招标工程量清单项目，如果因工程量偏差和工程变更等原因导致工程量偏差超过15%时，可进行调整。当工程量增加15%以上时，增加部分的工程量的综合单价应予调低；当工程量减少15%以上时，减少后剩余部分的工程量的综合单价应予调高。因360＞300×（1＋15%）＝345，新的综合单价＝300×（1＋15%）＝345（元/m^3），结算款＝1.15×1 000×360＋（1 200－1.15×1 000）×345＝431 250（元）。

9.【答案】C

【解析】1×（1+10%）×20＋［1.2－1×（1+10%）］×18＝23.8（万元）。

10.【答案】D

【解析】（6 000－5 000）/5 000＝20%＞15%，超出部分需要调整单价。该土方工程款为：5 000×1.15×60＋（6 000－5 000×1.15）×55＝358 750（元）。

11.【答案】C

【解析】对于任一招标工程量清单项目，如果因工程量偏差和工程变更等原因导致工程量偏差超过15%时，则可进行调整。当工程量增加15%以上时，增加部分的工程量的综合单价应予调低；当工程量减少15%以上时，减少后剩余部分的工程量的综合单价应予调高。

12.【答案】A

【解析】综合单价偏差＝（350－280）/350＝20%＞15%，综合单价需调整。280＜350×（1－5%）×（1－15%）≈282.63（元/m^3），即调整后的综合单价为282.63元/m^3。

考点4 计日工

13.【答案】BDE

【解析】计日工是指在施工过程中，承包人完成发包人提出的工程合同范围以外的零星工程或工作，按合同中约定的单价计价的一种方式。发包人通知承包人以计日工方式实施的零星工作，承包人应予执行。《建设工程工程量清单计价规范》对计日工生效计价的原则做了以下规定：任一计日工项目持续进行时，承包人应在该项工作实施结束后的24小时内向发包人提交有计日工记录汇总的现场签证报告一式三份。发包人在收到承包人提交现场签证报告后的2天内予以确认并将其中一份返还给承包人，作为计日工计价和支付的依据。发包人逾期未确认也未提出修改意见的，应视为承包人提交的现场签证报告已被发包人认可。每个支付期末，承包人应按照规范中进度款的相关条款规定向发包人提交本期间所有计日工记录的签证汇总表，以说明本期间自己认为有权得到的计日工金额，调整合同价款，列入进度款支付。

考点5 物价变化

14.【答案】B

【解析】$\Delta P=P_0\left[A+\left(B_1\times\frac{F_{t1}}{F_{01}}+B_2\times\frac{F_{t2}}{F_{02}}+B_3\times\frac{F_{t3}}{F_{03}}+\cdots+B_n\times\frac{F_{tn}}{F_{0n}}\right)-1\right]$＝1 000×（0.2+0.80×50%×120%/100%+0.80×50%×110%/100%－1）＝120（万元）。

15. 【答案】C

【解析】由于承包人原因未在约定的工期内竣工的，则对原约定竣工日期后继续施工的工程，在使用价格调整公式时，应采用原约定竣工日期与实际竣工日期的两个价格指数中较低的一个作为现行价格指数。

16. 【答案】B

【解析】当承包人投标报价中材料单价低于基准单价：施工期间材料单价涨幅以基准单价为基础超过合同约定的风险幅度值时，或材料单价跌幅以投标报价为基础超过合同约定的风险幅度值时，其超过部分按实调整。

17. 【答案】B

【解析】投标单价低于基准价，施工期间材料单价上涨，按基准价计算。327/310－1≈5.48%，超过5%，应予调整。308＋310×0.48%＝308＋1.488≈309.50（元）。或：308＋［327－310×（1＋5%）］＝308＋1.5＝309.50（元）。

18. 【答案】C

【解析】投标单价高于基准价，2015年12月造价信息发布价降低，按基准价算，即2 000/2 200－1≈－9.1%，超过5%，应予调整。2 400－［2 200×（1－5%）－2 000］＝2 400－90＝2 310（元）。投标单价高于基准价，2016年7月的造价信息发布价上涨，按投标单价算，即2 600/2 400－1≈8.33%，超过5%，应予调整。2 400＋［2 600－2 400×（1＋5%）］＝2 400＋80＝2 480（元）。

19. 【答案】B

【解析】结算价款＝6＋［（1－70%）＋（20%×70%×110/100＋40%×70%×95/100＋40%×70%×103/100）－1］＝6.05（万元）。

20. 【答案】C

【解析】本期应调整的合同价款差额为：（45－5）×［0.25＋（0.30×120%/110%＋0.25×123%/112%＋0.2×125%/115%）－1］≈2.77（万元）。

21. 【答案】A

【解析】承包人应在采购材料前将采购数量和新的材料单价报发包人核对，确认用于本合同工程时，发包人应确认采购材料的数量和单价。

22. 【答案】ABDE

【解析】选项C错误，当承包人投标报价中材料单价低于基准单价，施工期间材料单价涨幅以基准单价为基础，超过合同约定的风险幅度值时，或材料单价跌幅以投标报价为基础，超过合同约定的风险幅度值时，其超过部分按实调整。

23. 【答案】A

【解析】$\Delta P=P_0\left[A+\left(B_1\times\frac{F_{t1}}{F_{01}}+B_2\times\frac{F_{t2}}{F_{02}}+B_3\times\frac{F_{t3}}{F_{03}}+\cdots+B_n\times\frac{F_{tn}}{F_{0n}}\right)-1\right]=$ 1 000×（0.2＋0.8×40%×110%/100%＋0.8×60%×100%/100%－1）＝32（万元）。

24. 【答案】B

第七章 必刷

【解析】材料、工程设备价格变化的价款调整按照发包人提供的主要材料和工程设备一览表进行，发承包双方约定的风险范围按以下规定进行：①当承包人投标报价中材料单价低于基准单价，施工期间材料单价涨幅以基准单价为基础超过合同约定的风险幅度值时，或材料单价跌幅以投标报价为基础超过合同约定的风险幅度值时，其超过部分按实调整。②当承包人投标报价中材料单价高于基准单价，施工期间材料单价跌幅以基准单价为基础超过合同约定的风险幅度值时，材料单价涨幅以投标报价为基础超过合同约定的风险幅度值时，其超过部分按实调整。③当承包人投标报价中材料单价等于基准单价，施工期间材料单价涨、跌幅以基准单价为基础超过合同约定的风险幅度值时，其超过部分按实调整。

考点 6 暂估价

25. **【答案】** B

【解析】 选项A错误，发包人在招标工程量清单中给定暂估价的材料、工程设备不属于依法必须招标的，由承包人按照合同约定采购，经发包人确认后以此为依据取代暂估价，调整合同价款。选项C错误，发包人在工程量清单中给定暂估价的专业工程不属于依法必须招标的，应按照工程变更价款的确定方法确定专业工程价款，并以此为依据取代专业工程暂估价，调整合同价款。选项D错误，发包人在招标工程量清单中给定暂估价的专业工程，依法必须招标的，应当由发承包双方依法组织招标选择专业分包人，并接受有管辖权的建设工程招标投标管理机构的监督；承包人参加投标的专业工程发包招标，应由发包人作为招标人，与组织招标工作有关的费用由发包人承担，同等条件下，应优先选择承包人中标。

考点 7 不可抗力

26. **【答案】** A

【解析】 因不可抗力事件导致的人员伤亡、财产损失及其费用增加，发承包双方应按以下原则分别承担并调整合同价款和工期：①合同工程本身的损害、因工程损害导致第三方人员伤亡和财产损失，以及运至施工场地用于施工的材料和待安装的设备的损害，由发包人承担；②发包人、承包人人员伤亡由其所在单位负责，并承担相应费用；③承包人的施工机械设备损坏及停工损失，应由承包人承担；④停工期间，承包人应发包人要求留在施工场地的必要的管理人员及保卫人员的费用应由发包人承担；⑤工程所需清理、修复费用，应由发包人承担。因此，项目监理机构应批准的补偿金额为：30＋2＝32（万元）。

27. **【答案】** CDE

【解析】 因不可抗力事件导致的人员伤亡、财产损失及其费用增加，发承包双方应按以下原则分别承担并调整合同价款和工期：①合同工程本身的损害、因工程损害导致第三方人员伤亡和财产损失，以及运至施工场地用于施工的材料和待安装的设备的损害，由发包人承担；②发包人、承包人人员伤亡由其所在单位负责，并承担相应费用；③承包人的施工机械设备损坏及停工损失，应由承包人承担；④停工期间，承包人应发包人要求留在施工场地的必要的管理人员及保卫人员的费用应由发包人承担；⑤工程所需清理、修复费用，应由发包人承担。

28. **【答案】**AE

【解析】因不可抗力事件导致的人员伤亡、财产损失及其费用增加，发承包双方应按以下原则分别承担并调整合同价款和工期：①合同工程本身的损害、因工程损害导致第三方人员伤亡和财产损失，以及运至施工场地用于施工的材料和待安装的设备的损害，由发包人承担；②发包人、承包人人员伤亡由其所在单位负责，并承担相应费用；③承包人的施工机械设备损坏及停工损失，应由承包人承担；④停工期间，承包人应发包人要求留在施工场地的必要的管理人员及保卫人员的费用应由发包人承担；⑤工程所需清理、修复费用应由发包人承担。

29. **【答案】**B

【解析】项目监理机构应批准的索赔金额＝在建工程损失＋工程清理和修复费用＝10＋0.5＝10.5（万元）。

考点 8　暂列金额

30. **【答案】**D

【解析】已签约合同价中的暂列金额由发包人掌握使用，如有剩余，则暂列金额余额归发包人所有。

第四节　工程变更价款确定

考点　工程变更价款的确定方法

1. **【答案】**C

【解析】措施项目费的调整：①安全文明施工费按照实际发生变化的措施项目调整，不得浮动；②采用单价计算的措施项目费，按照实际发生变化的措施项目及已标价工程量清单项目的规定确定单价；③按总价（或系数）计算的措施项目费，按照实际发生变化的措施项目调整，但应考虑承包人报价浮动因素，即调整金额，按照实际调整金额乘以承包人报价浮动率计算。

2. **【答案】**B

【解析】采用单价计算的措施项目费，按照实际发生变化的措施项目及已标价工程量清单项目的规定确定单价。

第五节　施工索赔与现场签证

考点 1　索赔的主要类型

1. **【答案】**AD

【解析】根据《标准施工招标文件》，承包人可索赔工期和费用，不可索赔利润的情形有：①在施工过程中发现文物、古迹及其他遗迹、化石、钱币或物品；②承包人遇到不利物质条件；③不可抗力。

2. 【答案】ACD

【解析】根据《标准施工招标文件》，承包人可同时索赔增加的成本、工期和利润的情形有：①发包人提供的材料和工程设备不符合合同要求；②发包人提供资料错误导致承包人的返工或造成工程损失；③发包人原因造成工期延误；④发包人原因引起的暂停施工；⑤发包人原因造成暂停施工后无法按时复工；⑥发包人原因造成工程质量达不到合同约定验收标准；⑦监理人对隐蔽工程重新检查，经检验证明工程质量符合合同要求；⑧发包人在全部工程竣工前，使用已接受的单位工程导致承包人费用增加。

3. 【答案】ACE

【解析】发包人向承包人的索赔包括：①工期延误索赔；②质量不满足合同要求索赔；③承包人不履行的保险费用索赔；④对超额利润的索赔；⑤发包人合理终止合同或承包人不正当地放弃工程的索赔。

4. 【答案】CDE

【解析】承包人支付延期损害赔偿费的前提是：工期延误的责任属于承包人方面。发包人在确定延期损害赔偿费的标准时，一般要考虑以下几个因素：①发包人盈利损失；②由于工程拖期而引起的贷款利息增加；③工程拖期带来的附加监理费；④由于工程拖期不能使用，继续租用原建筑物或租用其他建筑物的租赁费。

5. 【答案】D

【解析】在施工过程中发现文物、古迹以及其他遗迹、化石、钱币或物品，承包人可以索赔工期和费用。

6. 【答案】CD

【解析】选项A错误，例外事件的后果只能索赔工期和费用。选项B错误，当地政府造成的延误只能索赔工期。选项E错误，因法律变化造成的损失只能索赔工期和费用。

7. 【答案】DE

【解析】发包人向承包人的索赔包括：①工期延误索赔；②质量不满足合同要求索赔；③承包人不履行的保险费用索赔；④对超额利润的索赔；⑤发包人合理终止合同或承包人不正当地放弃工程的索赔。

8. 【答案】A

【解析】不利的自然条件是指施工中遭遇到的实际自然条件比招标文件中所描述的更为困难和恶劣，是一个有经验的承包人都无法预测的不利的自然条件与人为障碍，导致了承包人必须花费更多的时间和费用。在这种情况下，承包人可以向发包人提出索赔要求。地质条件变化引起的索赔：如果监理工程师认为这类障碍或条件是一个有经验的承包人都无法合理预见到的，在与发包人和承包人适当协商以后，应给予承包人延长工期和费用补偿的权利，但不包括利润。工程中人为障碍引起的索赔：这种索赔发生争议较少，闲置机器而引起的费用是索赔的主要部分，给予工期延长和成本补偿。

9. 【答案】CE

【解析】选项A错误，发包人原因造成工期延误，可补偿工期、费用和利润。选项B错

误，法律变化引起的价格调整，只可补偿费用。选项D错误，发包人要求承包人提前竣工，只可补偿费用。

考点 2　索赔费用的计算

10. 【答案】BD

【解析】材料费的索赔包括：①由于索赔事项材料实际用量超过计划用量而增加的材料费；②由于客观原因材料价格大幅度上涨；③由于非承包人责任工程延误导致的材料价格上涨和超期储存费用。材料费中应包括运输费、仓储费，以及合理的损耗费用。如果由于承包人管理不善，造成材料损坏失效，则不能列入索赔计价。

11. 【答案】BCDE

【解析】人工费的索赔包括：①完成合同之外的额外工作所花费的人工费用；②由于非承包人责任的工效降低所增加的人工费用；③超过法定工作时间加班增加的费用；④法定人工费增长以及非承包人责任工程延误导致的人员窝工费和工资上涨费等。

12. 【答案】B

【解析】索赔费用的计算方法：①实际费用法。其是施工索赔时最常用的一种方法。以承包人为某项索赔工作所支付的实际开支为根据，但仅限于由于索赔事件引起的，超过原计划的费用，故也称为额外成本法。②总费用法。③修正的总费用法。

13. 【答案】C

【解析】人工费的索赔包括：①完成合同之外的额外工作所花费的人工费用；②由于非承包人责任的工效降低所增加的人工费用；③超过法定工作时间加班增加的费用；④法定人工费增长以及非承包人责任工程延误导致的人员窝工费和工资上涨费等。故承包商可索赔的人工费为：3＋2＝5（万元）。

14. 【答案】ACD

【解析】施工机具使用费的索赔包括：①由于完成额外工作增加的机械、仪器仪表使用费。②非承包人责任工效降低增加的机械、仪器仪表使用费。③由于发包人或监理工程师原因导致机械、仪器仪表停工的窝工费。窝工费的计算，如系租赁设备，一般按实际租金和调进调出费的分摊计算；如系承包人自有设备，一般按台班折旧费计算，而不能按台班费计算，因台班费中包括设备使用费。

考点 3　现场签证

15. 【答案】B

【解析】现场签证的范围：①适用于施工合同范围以外零星工程的确认；②在工程施工过程中发生变更后需要现场确认的工程量；③非承包人原因导致的人工、设备窝工及有关损失；④符合施工合同规定的非承包人原因引起的工程量或费用增减；⑤确认修改施工方案引起的工程量或费用增减；⑥工程变更导致的工程施工措施费增减等。

第六节　合同价款期中支付

考点 1　预付款

1. 【答案】C

【解析】工程预付款＝660×20%＝132（万元）；起扣点＝660－132/60%＝440（万元）。

2. 【答案】C

【解析】预付款的起扣点＝750－750×20%/60%＝500（万元）。

考点 2　安全文明施工费

3. 【答案】D

【解析】发包人应在工程开工后的28天内预付不低于当年施工进度计划的安全文明施工费总额的60%，其余部分按照提前安排的原则进行分解，与进度款同期支付。

考点 3　进度款

4. 【答案】A

【解析】发包人提供的甲供材料金额，应按照发包人签约提供的单价和数量从进度款支付中扣除，列入本周期应扣减的金额中。

5. 【答案】BCDE

【解析】支付申请应包括下列内容：①累计已完成的合同价款。②累计已实际支付的合同价款。③本周期合计完成的合同价款：本周期已完成单价项目的金额；本周期应支付的总价项目的金额；本周期已完成的计日工价款；本周期应支付的安全文明施工费；本周期应增加的金额。④本周期合计应扣减的金额：本周期应扣回的预付款；本周期应扣减的金额。⑤本周期实际应支付的合同价款。

6. 【答案】C

【解析】进度款的支付比例按照合同约定，按期中结算价款总额计，应不低于80%。

7. 【答案】B

【解析】建设单位应当按工程施工合同约定的数额或者比例等，按时将人工费用拨付到总包单位专用账户。人工费用拨付周期不得超过1个月。开户银行应当做好专用账户日常管理工作。

8. 【答案】CDE

【解析】工程建设项目存在以下情况，总包单位不得向开户银行申请撤销专用账户：①尚有拖欠农民工工资案件正在处理的；②农民工因工资支付问题正在申请劳动争议仲裁或者向人民法院提起诉讼的；③其他拖欠农民工工资的情形。

9. 【答案】C

【解析】建设单位应当按工程施工合同约定的数额或者比例等，按时将人工费用拨付到总包单位专用账户。出现未按约定拨付人工费用等情况的，开户银行应当通知总包单位，由总包单位报告项目所在地人力资源社会保障行政部门和相关行业工程建设主管部门，相关部门应当纳入欠薪预警并及时进行处置。

10.【答案】AB

【解析】施行总包代发制度的，分包单位以实名制管理信息为基础，按月考核农民工工作量并编制工资支付表，经农民工本人签字确认后，与农民工考勤表、当月工程进度等情况一并交总包单位，并协助总包单位做好农民工工资支付工作。

第七节　竣工结算与支付

考点 1 竣工结算的审查

1.【答案】BC

【解析】竣工结算要有严格的审查，一般从以下几个方面入手：①核对合同条款。首先，应核对竣工工程内容是否符合合同条件要求，工程是否竣工验收合格，只有按合同要求完成全部工程并验收合格才能竣工结算；其次，应按合同规定的结算方法、计价定额、取费标准、主材价格和优惠条款等，对工程竣工结算进行审核，若发现合同开口或有漏洞，应请发包人与承包人认真研究，明确结算要求。②检查隐蔽验收记录。审核竣工结算时应核对隐蔽工程施工记录和验收签证，手续完整，工程量与竣工图一致方可列入结算。③落实设计变更签证。④按图核实工程数量。⑤执行定额单价。⑥防止各种计算误差。

考点 2 质量保证金

2.【答案】BCDE

【解析】经合同当事人协商一致扣留质量保证金的，应在专用合同条款中予以明确。在工程项目竣工前，承包人已经提供履约担保的，发包人不得同时预留工程质量保证金。承包人提供质量保证金有以下三种方式：①质量保证金保函；②相应比例的工程款；③双方约定的其他方式。除专用合同条款另有约定外，质量保证金原则上采用上述第①种方式。质量保证金的扣留有以下三种方式：①在支付工程进度款时逐次扣留，在此情形下，质量保证金的计算基数不包括预付款的支付、扣回以及价格调整的金额；②工程竣工结算时一次性扣留质量保证金；③双方约定的其他扣留方式。除专用合同条款另有约定外，质量保证金的扣留原则上采用上述第①种方式。选项A错误，《建设工程质量保证金管理办法》规定，质量保证金预留总额不得高于工程价款结算总额的3%。

第八节　投资偏差分析

考点 1 赢得值法

1.【答案】B

【解析】投资绩效指数＝已完工作预算投资/已完工作实际投资＝480/510≈0.94。

2.【答案】A

【解析】进度偏差＝已完工作预算投资－计划工作预算投资＝240－200＝40（万元）。

3.【答案】C

【解析】选项A错误，赢得值法有三个基本参数（已完工作预算投资、计划工作预算投资、已完工作实际投资）和四个评价指标（投资偏差、进度偏差、投资绩效指数、进度绩效指数）。选项B错误，投资（进度）绩效指数反映的是相对偏差，它不受项目层次的限制，也不受项目实施时间的限制，因而在同一项目和不同项目比较中均可采用。选项D错误，进度偏差=已完工作预算投资（BCWP）-计划工作预算投资（BCWS）。负值意味着计划对比，完成的工作少于计划的工作。即当进度偏差SV为负值时，表示进度延误，实际进度落后于计划进度；当进度偏差SV为正值时，表示进度提前，实际进度快于计划进度。

4. 【答案】D

【解析】进度偏差=已完工作预算投资-计划工作预算投资=100-110=-10（万元）。

5. 【答案】CDE

【解析】赢得值法的四个评价指标：投资偏差、进度偏差、投资绩效指数和进度绩效指数。

6. 【答案】A

【解析】投资偏差=已完工作预算投资-已完工作实际投资=700-780=-80（万元）。

7. 【答案】B

【解析】投资偏差=已完工程预算投资-已完工程实际投资=1×90-1×95=-5（万元）。

8. 【答案】D

【解析】进度偏差=已完工作预算投资-计划工作预算投资。

9. 【答案】B

【解析】进度偏差=已完工作预算投资-计划工作预算投资=580-600=-20（万元）。

10. 【答案】A

【解析】投资绩效指数=已完工作预算投资/已完工作实际投资=2 500/2 800≈0.89。

11. 【答案】D

【解析】已完工作实际投资=3 000×28=84 000（万元）。已完工作预算投资=3 000×25=75 000（万元）。进度偏差=已完工作预算投资-计划工作预算投资=75 000-2 500×25=12 500（万元）。投资绩效指数=已完工作预算投资/已完工作实际投资=75 000/84 000≈0.89<1，表明投资超支，实际投资高于预算投资。

12. 【答案】D

【解析】进度绩效指数=已完工作预算投资/计划工作预算投资=（2.5×95）/（2×95）=1.25。

13. 【答案】ABC

【解析】选项A正确，投资偏差=已完工作预算投资-已完工作实际投资=4.5×85-4.5×90=-22.5（万元）。选项B正确，进度偏差=已完工作预算投资-计划工作预算投资=4.5×85-4×85=42.5（万元）。选项C正确，投资绩效指数=已完工作预算投资/已完工作实际投资=（4.5×85）/（4.5×90）=0.94。选项D错误，进度绩效

指数＝已完工作预算投资/计划工作预算投资＝（4.5×85）/（4×85）＝1.125。选项E错误，无“综合绩效指数”的说法。

考点 2 偏差原因分析

14. 【答案】BCE

【解析】在产生投资偏差的原因中，属于建设单位原因的有：①增加内容；②投资规划不当；③组织不落实；④建设手续不全；⑤协调不佳；⑥未及时提供场地；⑦其他。选项A属于设计原因，选项D属于施工原因。

15. 【答案】AD

【解析】在产生投资偏差的原因中，属于施工原因的有：①施工方案不当；②材料代用；③施工质量有问题；④赶进度；⑤工期拖延；⑥其他。选项B、C、E均属于建设单位原因。

16. 【答案】CE

【解析】选项A、D错误，材料代用、施工方案不当均属于施工原因。选项B错误，基础处理属于客观原因。

考点 3 纠偏措施

17. 【答案】BC

【解析】对偏差原因进行分析是为了有针对性地采取纠偏措施，从而实现投资的动态控制和主动控制。纠偏首先要确定纠偏的主要对象，纠偏的主要对象是发包人原因和设计原因造成的投资偏差。

第三部分　建设工程进度控制

第一章　建设工程进度控制概述

第一节　建设工程进度控制的概念

➢ **重难点：**

1. 影响进度的因素分析。
2. 进度控制的措施和主要任务。
3. 总进度目标论证的工作内容和工作步骤。

考点 1　进度控制的概念

1. **【单选】** 建设工程进度控制是监理工程师的主要任务之一，其最终目的是确保建设项目（　　）。

A. 在实施过程中应用动态控制原理

B. 按预定的时间动用或提前交付使用

C. 进度控制计划免受风险因素的干扰

D. 各方参建单位的进度关系得到协调

考点 2　影响进度的因素分析

2. **【单选】** 下列影响工程进度的因素中，属于组织管理因素的是（　　）。

A. 资金不到位　　B. 计划安排不周密

C. 外单位临近工程施工干扰　　D. 业主使用要求改变

3. **【多选】** 下列对工程进度造成影响的因素中，属于业主因素的有（　　）。

A. 不能及时向施工承包单位付款　　B. 不明的水文气象条件

C. 施工安全措施不当　　D. 不能及时提供施工场地条件

E. 临时停水、停电、断路

4. **【单选】** 在工程建设过程中，影响实际进度的业主因素是（　　）。

A. 材料供应时间不能满足需要　　B. 不能及时提供施工场地条件

C. 不明的水文气象条件　　D. 计划安排不周密，组织协调不力

5.【单选】在建设工程实施过程中，影响工程进度的组织管理因素是（　　）。

A. 临时停水、停电

B. 合同签订时遗漏条款或表达失当

C. 未考虑设计在施工中实现的可能性

D. 施工设备不配套、选型失当

6.【单选】下列影响工程进度的因素中，属于业主因素的是（　　）。

A. 汇率浮动和通货膨胀

B. 不明的水文气象条件

C. 提供的场地不能满足工程正常需要

D. 合同签订时遗漏条款、表述失当

考点 3　进度控制的措施和主要任务

7.【单选】监理工程师控制工程进度应采取的技术措施是（　　）。

A. 编制进度控制工作细则

B. 建立工程进度报告制度

C. 建立进度协调工作制度

D. 加强工程进度风险管理

8.【单选】推行 CM 承发包模式，对建设工程实行分段设计、分段发包和分段施工的措施，属于进度控制的（　　）。

A. 组织措施

B. 技术措施

C. 经济措施

D. 合同措施

9.【多选】下列建设工程进度控制措施中，属于技术措施的有（　　）。

A. 采用网络计划技术等计划方法

B. 审查承包商提交的进度计划

C. 加强合同风险管理

D. 建立工程进度报告制度

E. 编制进度控制工作细则

10.【单选】下列建设工程进度控制措施中，属于组织措施的是（　　）。

A. 采用 CM 承发包模式

B. 审查承包商提交的进度计划

C. 办理工程进度款支付手续

D. 建立工程变更管理制度

11.【单选】下列建设工程进度控制措施中，属于监理工程师采取的组织措施的是（　　）。

A. 编制进度控制工作细则

B. 分析进度控制目标风险

C. 建立进度协调会议制度

D. 定期收集实际进度数据

12.【多选】为了确保建设工程进度控制目标的实现，可采取的合同措施包括（　　）。

A. 推行 CM 承发包模式

B. 对工期提前给予奖励

C. 建立进度信息沟通网络

D. 公正地处理工程索赔

E. 建立进度计划检查分析制度

13.【单选】工程施工阶段进度控制的任务是（　　）。

A. 调查分析环境及施工现场条件

B. 编制详细的出图计划

C. 进行工期目标和进度控制决策

D. 编制施工总进度计划

14. 【多选】下列建设工程进度控制任务中，属于设计准备阶段进度控制任务的有（　　）。
A. 编制工程项目总进度计划
B. 编制详细的出图计划
C. 进行工期目标和进度控制决策
D. 进行环境及施工现场条件的调查和分析
E. 编制工程年、季、月实施计划

15. 【单选】建设工程施工阶段进度控制的主要任务是（　　）。
A. 调查和分析工程环境及施工现场条件
B. 编制工程年、季、月实施计划
C. 进行工程项目工期目标和进度控制决策
D. 编制年度竣工投产交付使用计划

16. 【单选】监理工程师在设计准备阶段控制进度的任务是（　　）。
A. 进行设计进度目标决策
B. 建立图纸审查、工程变更管理制度
C. 向建设单位提供有关工期的信息
D. 编制详细的出图计划

17. 【单选】在施工阶段，为了确保进度控制目标的实现，监理工程师需要编制（　　）。
A. 工程项目总进度计划
B. 周（旬）施工作业计划
C. 监理进度计划
D. 分部分项工程施工进度计划

18. 【单选】在建设工程监理工作中，建立工程进度报告制度及进度信息沟通网络属于监理工程师控制进度的（　　）。
A. 经济措施
B. 合同措施
C. 组织措施
D. 技术措施

19. 【单选】下列建设工程进度控制措施中，属于技术措施的是（　　）。
A. 审查承包商提交的进度计划
B. 及时办理工程预付款及进度款支付手续
C. 协调合同工期与进度计划之间的关系
D. 建立工程进度报告制度及信息沟通网络

20. 【单选】下列建设工程进度控制措施中，属于合同措施的是（　　）。
A. 建立进度协调会议制度
B. 编制进度控制工作细则
C. 对应急赶工给予优厚的赶工费
D. 推行 CM 承发包模式

21. 【多选】监理单位受业主委托对建设工程设计和施工实施全过程监理时，监理工程师在设计准备阶段进度控制的任务包括（　　）。
A. 协助业主确定工期总目标

B. 办理工程立项审批或备案手续

C. 办理建筑材料及设备订货手续

D. 调查和分析环境及施工现场条件

E. 编制施工图出图计划

22. 【多选】在建设工程设计阶段，进度控制的主要任务包括（　　）。

A. 确定工程总目标

B. 编制项目总进度计划

C. 编制设计总进度控制计划

D. 编制阶段性设计进度计划

E. 编制详细的出图计划

23. 【单选】监理单位接受建设单位委托实施工程项目全过程监理时，需要（　　）。

A. 编制设计和施工总进度计划

B. 审查设计单位和施工单位提交的进度计划

C. 编制单位工程施工进度计划

D. 编制详细的出图计划并控制其执行

24. 【单选】下列任务中，属于建设工程实施阶段监理工程师进度控制任务的是（　　）。

A. 审查施工总进度计划

B. 审查单位工程施工进度计划

C. 编制详细的出图计划

D. 确定建设工期总目标

25. 【多选】项目监理机构在设计阶段和施工阶段进度控制的任务有（　　）。

A. 编制工程项目总进度计划

B. 编制监理进度计划

C. 审查设计进度计划

D. 审查施工进度计划

E. 确定工期总目标

26. 【多选】下列工程进度控制措施中，属于合同措施的有（　　）。

A. 推行 CM 承发包模式

B. 及时办理工程进度款支付手续

C. 严格控制合同变更

D. 加强索赔管理

E. 对工程延误收取误期损失赔偿金

考点 4　建设项目总进度目标的论证

27. 【单选】在进行建设项目总进度目标控制前，建设单位对项目总进度管理的首要任务是（　　）。

A. 收集和整理比较详细的设计资料

B. 比较和分析各项技术方案的合理性

C. 分析和论证进度目标实现的可能性

D. 提出和改进设计、施工的进度控制措施

28. 【多选】建设项目总进度纲要的主要内容有（　　）。

A. 项目总进度规划

B. 投资计划年度分配表

C. 建设方案论证和可行性分析

D. 项目总进度目标实现的条件和应采取的措施

E. 确定里程碑事件的计划进度目标

29. **【单选】**论证建设项目总进度目标时，其工作内容包括：①编制总进度计划；②项目的工作编码；③项目结构分析等工作。上述三项工作正确的程序为（　　）。

A. ③②①　　B. ①③②

C. ②①③　　D. ①②③

30. **【多选】**在建设项目总进度目标论证过程中，项目的工作编码应考虑对不同的（　　）进行标识。

A. 计划形式　　B. 计划层

C. 计划对象　　D. 计划方法

E. 资源类别

31. **【单选】**大型建设项目总进度目标论证的核心工作是通过编制（　　），论证总进度目标实现的可能性。

A. 总进度纲要　　B. 施工组织总设计

C. 总进度规划　　D. 各子系统进度规划

32. **【多选】**编制建设项目总进度纲要时的主要内容有（　　）。

A. 编制有关工程施工组织和技术方案

B. 确定里程碑事件的计划进度目标

C. 分析进度计划系统的结构体系

D. 研究总进度目标实现的条件和应采取的措施

E. 预测各个阶段工程投资规模

33. **【单选】**按照建设项目总进度目标论证的工作步骤，项目结构分析后紧接着需要进行的工作是（　　）。

A. 调查研究和收集资料

B. 项目的工作编码

C. 编制各层进度计划

D. 进度计划系统的结构分析

34. **【多选】**建设工程项目总进度纲要的内容包括（　　）。

A. 总进度规划　　B. 总进度目标实现的条件

C. 项目实施的总体部署　　D. 项目总体结构分析

E. 总进度目标体系编码

第二节　建设工程进度控制计划体系

➢ **重难点：**

建设单位、监理单位、设计单位和施工单位计划系统包括的内容。

考点 1　建设单位的计划系统

1. **【单选】**下列进度计划中，属于建设单位计划系统的是（　　）。

A. 工程项目年度计划　　B. 设计总进度计划

C. 施工准备工作计划　　D. 物资采购、加工计划

2. **【多选】**下列进度计划表中，属于建设单位计划系统中工程项目建设总进度计划的有（　　）。

A. 工程项目一览表　　B. 投资计划年度分配表

C. 年度设备平衡表　　D. 工程项目进度平衡表

E. 年度建设资金平衡表

3. **【单选】**建设单位计划系统中，用来明确各种设计文件交付日期、主要设备交货日期、施工单位进场日期、水电及道路接通日期等的计划表是（　　）。

A. 施工总进度计划表　　B. 投资计划年度平衡表

C. 工程项目进度平衡表　　D. 工程建设总进度计划表

4. **【多选】**为保证工程建设中各个环节相互衔接，工程项目进度平衡表中需明确的内容有（　　）。

A. 各种设计文件交付日期　　B. 主要设备交货日期

C. 施工单位进场日期　　D. 工程材料进场日期

E. 水电及道路接通日期

5. **【单选】**在建设单位的计划系统中，根据初步设计中确定的建设工期和工艺流程，具体安排单位工程的开工日期和竣工日期的计划称为（　　）。

A. 工程项目总进度计划　　B. 工程项目前期工作计划

C. 工程项目年度计划　　D. 工程项目进度平衡计划

6. **【多选】**在建设单位的计划系统中，工程项目年度计划主要包括（　　）。

A. 年度建设资金平衡表　　B. 工程项目进度平衡表

C. 年度设备平衡表　　D. 年度竣工投产交付使用计划表

E. 设计作业进度计划表

7. **【多选】**在工程项目进度控制计划系统中，由建设单位负责编制的计划表包括（　　）。

A. 工程项目进度平衡表　　B. 年度计划形象进度表

C. 年度建设资金平衡表　　D. 项目动用前准备工作计划表

第一章　必刷

E. 工程项目总进度计划表

8. **【多选】**在建设单位的进度计划系统中，工程项目年度计划的编制依据有（　　）。

A. 工程项目建设总进度计划　　B. 综合进度控制计划

C. 批准的设计文件　　D. 设计总进度计划

E. 施工图设计工作进度计划

9. **【单选】**对工程项目从开始建设至竣工投产进行统一部署的工程项目建设总进度计划，其内容包括（　　）。

A. 施工图设计工作进度计划表

B. 年度建设资金平衡表

C. 工程项目进度平衡表

D. 分部分项工程施工进度计划表

10. **【单选】**依据工程项目建设总进度计划和批准的设计文件编制的工程项目年度计划的内容包括（　　）。

A. 投资计划年度分配表

B. 工程项目一览表

C. 工程项目进度平衡表

D. 年度建设资金平衡表

11. **【单选】**根据批准的初步设计安排单位工程的开竣工日期，属于建设工程进度计划体系中（　　）内容。

A. 工程项目前期工作计划　　B. 单位工程施工进度计划

C. 工程项目总进度计划　　D. 工程项目年度进度计划

12. **【单选】**在工程项目进度控制计划系统中，用以确定项目年度投资额、年末形象进度和阐明建设条件落实情况的进度计划表是（　　）。

A. 工程项目进度平衡表　　B. 年度建设资金平衡表

C. 投资计划年度分配表　　D. 年度计划项目表

13. **【多选】**工程项目年度计划的内容包括（　　）。

A. 投资计划年度分配表　　B. 年度计划项目表

C. 年度设备平衡表　　D. 年度设计出图计划表

E. 年度竣工投产交付使用计划表

考点 2 监理单位的计划系统

14. **【多选】**在对建设工程实施全过程监理的情况下，监理总进度计划的编制依据有（　　）。

A. 施工单位的施工总进度计划　　B. 工程项目建设总进度计划

C. 设计单位的设计总进度计划　　D. 工程项目可行性研究报告

E. 工程项目前期工作计划

考点 3　设计单位的计划系统

15. 【单选】在建设工程进度控制计划体系中，属于设计单位计划系统的是（　　）。
A. 分部分项工程进度计划　　B. 阶段性设计进度计划
C. 工程项目年度计划　　D. 年度建设资金计划

16. 【多选】编制建设工程设计作业进度计划的依据有（　　）。
A. 规划设计条件和设计基础资料
B. 施工图设计工作进度计划
C. 单位工程设计工日定额
D. 初步设计审批文件
E. 所投入的设计人员数

第三节　建设工程进度计划的表示方法和编制程序

> **重难点：**
> 1. 横道图的缺点和网络计划的特点。
> 2. 建设工程进度计划的编制程序。

考点 1　建设工程进度计划的表示方法

1. 【单选】利用横道图表示工程进度计划的主要特点是（　　）。
A. 能够反映工作所具有的机动时间
B. 能够明确表达各项工作之间的逻辑关系
C. 形象直观，易于编制和理解
D. 能方便地利用计算机进行计算和优化

2. 【多选】采用横道图表示工程进度计划的缺点有（　　）。
A. 不能反映工程费用与工期之间的关系
B. 不能计算各项工作的持续时间
C. 不能反映影响工期的关键工作和关键线路
D. 不能明确反映各项工作之间的逻辑关系
E. 不能进行进度计划的优化和调整

3. 【多选】关于建设工程网络计划技术特征的说法，正确的有（　　）。
A. 计划评审技术、图示评审技术、风险评审技术、决策关键线路法等均属于非确定型网络计划
B. 网络计划能够明确表达各项工作之间的逻辑关系
C. 通过网络计划时间参数的计算，可以找出关键线路和关键工作
D. 通过网络计划时间参数的计算，可以明确各项工作的机动时间

E. 网络计划可以利用电子计算机进行计算、优化和调整

4. 【单选】与横道图表示的进度计划相比，网络计划的主要特征是能够明确表达（　　）。

A. 单位时间内的资源需求量　　B. 各项工作之间的逻辑关系

C. 各项工作的持续时间　　D. 各项工作之间的搭接时间

5. 【单选】采用横道图表示建设工程进度计划的优点是（　　）。

A. 能够明确反映工作之间的逻辑关系

B. 易于编制和理解进度计划

C. 便于优化调整进度计划

D. 能够直接反映影响工期的关键工作

6. 【多选】横道图和网络图是表示建设工程进度计划的常用方法。与横道计划相比，网络计划的特点包括（　　）。

A. 形象直观，能够直接反映出工程总工期

B. 通过计算可以明确各项工作的机动时间

C. 不能明确地反映出工程费用与工期之间的关系

D. 通过计算可以明确工程进度的重点控制对象

E. 明确地反映出各项工作之间的相互关系

7. 【多选】与横道计划相比，工程网络计划的优点有（　　）。

A. 能够直观表示各项工作的进度安排

B. 能够明确表达各项工作之间的逻辑关系

C. 可以明确各项工作的机动时间

D. 可以找出关键线路和关键工作

E. 可以直观表达各项工作之间的搭接关系

考点 2 建设工程进度计划的编制程序

8. 【单选】下列建设工程进度计划编制工作中，属于绘制网络图阶段工作内容的是（　　）。

A. 确定进度计划目标

B. 安排劳动力、原材料和施工机具

C. 确定关键路线和关键工作

D. 分析各项工作之间的逻辑关系

9. 【单选】应用网络计划技术编制建设工程进度计划的主要工作如下：①分析逻辑关系；②优化网络计划；③确定进度计划目标；④确定关键线路和关键工作；⑤计算工作持续时间；⑥进行项目分解；⑦绘制网络图。其编制程序正确的是（　　）。

A. ③→⑥→⑤→①→②→④→⑦

B. ⑥→①→③→⑤→④→②→⑦

C. ③→①→⑥→④→⑤→⑦→②

D. ③→⑥→①→⑦→⑤→④→②

10. **【单选】**建设工程进度计划的编制程序中，属于计划准备阶段应完成的工作是（　　）。

A. 分析工作之间的逻辑关系　　B. 计算工作持续时间

C. 进行项目分解　　D. 确定进度计划目标

11. **【单选】**应用网络计划技术编制建设工程进度计划时，绘制网络图的前提是（　　）。

A. 计算时间参数　　B. 进行项目分解

C. 计算工作持续时间　　D. 确定关键线路

12. **【单选】**应用网络计划技术编制建设工程进度计划时，依据时间定额，并考虑工作建设合理的劳动组织可计算的时间参数是（　　）。

A. 工作持续时间　　B. 工作最早完成时间

C. 节点最早时间　　D. 要求工期

参考答案及解析

第三部分　建设工程进度控制

第一章　建设工程进度控制概述

第一节　建设工程进度控制的概念

考点 1　进度控制的概念

1. **【答案】** B

【解析】 建设工程进度控制的最终目的是确保建设项目按预定的时间动用或提前交付使用，建设工程进度控制的总目标是建设工期。

考点 2　影响进度的因素分析

2. **【答案】** B

【解析】 影响工程进度的组织管理因素包括：向有关部门提出各种申请审批手续的延误；合同签订时遗漏条款、表达失当；计划安排不周密，组织协调不力，导致停工待料、相关作业脱节；领导不力，指挥失当，使参加工程建设的各个单位、各个专业、各个施工过程之间交接、配合上发生矛盾等。

3. **【答案】** AD

【解析】 影响工程进度的业主因素包括：业主使用要求改变而进行设计变更；应提供的施工场地条件不能及时提供或所提供的场地不能满足工程正常需要；不能及时向施工承包单位或材料供应商付款等。

4. **【答案】** B

【解析】 影响工程进度的业主因素包括：业主使用要求改变而进行设计变更；应提供的施工场地条件不能及时提供或所提供的场地不能满足工程正常需要；不能及时向施工承包单位或材料供应商付款等。

5. **【答案】** B

【解析】 影响工程进度的组织管理因素包括：向有关部门提出各种申请审批手续的延误；合同签订时遗漏条款、表达失当；计划安排不周密，组织协调不力，导致停工待料、相关作业脱节；领导不力，指挥失当，使参加工程建设的各个单位、各个专业、各个施工过程之间交接、配合上发生矛盾等。

6. **【答案】** C

【解析】 影响工程进度的业主因素包括：业主使用要求改变而进行设计变更；应提供的施工场地条件不能及时提供或所提供的场地不能满足工程正常需要；不能及时向施工承包

单位或材料供应商付款等。

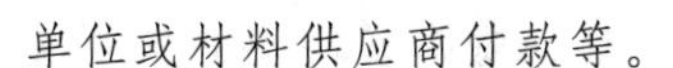

考点 3 进度控制的措施和主要任务

7.【答案】A

【解析】进度控制的技术措施：①审查承包商提交的进度计划，使承包商能在合理的状态下施工；②编制进度控制工作细则，指导监理人员实施进度控制；③采用网络计划技术及其他科学适用的计划方法，并结合电子计算机的应用，对建设工程进度实施动态控制。

8.【答案】D

【解析】进度控制的合同措施：①推行 CM 承发包模式，对建设工程实行分段设计、分段发包和分段施工；②加强合同管理，协调合同工期与进度计划之间的关系，保证合同中进度目标的实现；③严格控制合同变更，对各方提出的工程变更和设计变更，监理工程师应严格审查后再补入合同文件之中；④加强风险管理，在合同中应充分考虑风险因素及其对进度的影响，以及相应的处理方法；⑤加强索赔管理，公正地处理索赔。

9.【答案】ABE

【解析】进度控制的技术措施：①审查承包商提交的进度计划，使承包商能在合理的状态下施工；②编制进度控制工作细则，指导监理人员实施进度控制；③采用网络计划技术及其他科学适用的计划方法，并结合电子计算机的应用，对建设工程进度实施动态控制。

10.【答案】D

【解析】进度控制的组织措施：①建立进度控制目标体系，明确建设工程现场监理组织机构中进度控制人员及其职责分工；②建立工程进度报告制度及进度信息沟通网络；③建立进度计划审核制度和进度计划实施中的检查分析制度；④建立进度协调会议制度，包括协调会议举行的时间、地点，协调会议的参加人员等；⑤建立图纸审查、工程变更和设计变更管理制度。

11.【答案】C

【解析】进度控制的组织措施：①建立进度控制目标体系，明确建设工程现场监理组织机构中进度控制人员及其职责分工；②建立工程进度报告制度及进度信息沟通网络；③建立进度计划审核制度和进度计划实施中的检查分析制度；④建立进度协调会议制度，包括协调会议举行的时间、地点，协调会议的参加人员等；⑤建立图纸审查、工程变更和设计变更管理制度。

12.【答案】AD

【解析】进度控制的合同措施：①推行 CM 承发包模式，对建设工程实行分段设计、分段发包和分段施工；②加强合同管理，协调合同工期与进度计划之间的关系，保证合同中进度目标的实现；③严格控制合同变更，对各方提出的工程变更和设计变更，监理工程师应严格审查后再补入合同文件之中；④加强风险管理，在合同中应充分考虑风险因素及其对进度的影响，以及相应的处理方法；⑤加强索赔管理，公正地处理索赔。

13.【答案】D

【解析】施工阶段进度控制的任务：①编制施工总进度计划，并控制其执行；②编制单位工程施工进度计划，并控制其执行；③编制工程年、季、月实施计划，并控制其执行。

14. 【答案】ACD

【解析】设计准备阶段进度控制的任务：①收集有关工期的信息，进行工期目标和进度控制决策；②编制工程项目总进度计划；③编制设计准备阶段详细工作计划，并控制其执行；④进行环境及施工现场条件的调查和分析。

15. 【答案】B

【解析】施工阶段进度控制的任务：①编制施工总进度计划，并控制其执行；②编制单位工程施工进度计划，并控制其执行；③编制工程年、季、月实施计划，并控制其执行。

16. 【答案】C

【解析】为了有效地控制建设工程进度，监理工程师要在设计准备阶段向建设单位提供有关工期的信息，协助建设单位确定工期总目标，并进行环境及施工现场条件的调查和分析。

17. 【答案】C

【解析】在设计阶段和施工阶段，监理工程师不仅要审查设计单位和施工单位提交的进度计划，更要编制监理进度计划，以确保进度控制目标的实现。

18. 【答案】C

【解析】进度控制的组织措施：①建立进度控制目标体系，明确建设工程现场监理组织机构中进度控制人员及其职责分工；②建立工程进度报告制度及进度信息沟通网络；③建立进度计划审核制度和进度计划实施中的检查分析制度；④建立进度协调会议制度，包括协调会议举行的时间、地点，协调会议的参加人员等；⑤建立图纸审查、工程变更和设计变更管理制度。

19. 【答案】A

【解析】进度控制的技术措施主要包括：①审查承包商提交的进度计划，使承包商能在合理的状态下施工；②编制进度控制工作细则，指导监理人员实施进度控制；③采用网络计划技术及其他科学适用的计划方法，并结合电子计算机的应用，对建设工程进度实施动态控制。选项B属于经济措施，选项C属于合同措施，选项D属于组织措施。

20. 【答案】D

【解析】进度控制的合同措施：①推行CM承发包模式，对建设工程实行分段设计、分段发包和分段施工；②加强合同管理，协调合同工期与进度计划之间的关系，保证合同中进度目标的实现；③严格控制合同变更，对各方提出的工程变更和设计变更，监理工程师应严格审查后再补入合同文件之中；④加强风险管理，在合同中应充分考虑风险因素及其对进度的影响，以及相应的处理方法；⑤加强索赔管理，公正地处理索赔。

21. 【答案】AD

【解析】设计准备阶段进度控制的任务：①收集有关工期的信息，进行工期目标和进度控制决策；②编制工程项目总进度计划；③编制设计准备阶段详细工作计划，并控制其执行；④进行环境及施工现场条件的调查和分析。

22.【答案】CDE

【解析】设计阶段进度控制的任务：①编制设计阶段工作计划，并控制其执行；②编制详细的出图计划，并控制其执行。

23.【答案】B

【解析】为了有效地控制建设工程进度，监理工程师要在设计准备阶段向建设单位提供有关工期的信息，协助建设单位确定工期总目标，并进行环境及施工现场条件的调查和分析。在设计阶段和施工阶段，监理工程师不仅要审查设计单位和施工单位提交的进度计划，更要编制监理进度计划，以确保进度控制目标的实现。

24.【答案】C

【解析】建设工程实施阶段包括设计准备阶段、设计阶段和施工阶段。设计准备阶段进度控制的任务：①收集有关工期的信息，进行工期目标和进度控制决策；②编制工程项目总进度计划；③编制设计准备阶段详细工作计划，并控制其执行；④进行环境及施工现场条件的调查和分析。设计阶段进度控制的任务：①编制设计阶段工作计划，并控制其执行；②编制详细的出图计划，并控制其执行。施工阶段进度控制的任务：①编制施工总进度计划，并控制其执行；②编制单位工程施工进度计划，并控制其执行；③编制工程年、季、月实施计划，并控制其执行。

25.【答案】BCD

【解析】在设计阶段和施工阶段，监理工程师不仅要审查设计单位和施工单位提交的进度计划，更要编制监理进度计划，以确保进度控制目标的实现。

26.【答案】ACD

【解析】进度控制的合同措施主要包括：①推行 CM 承发包模式，对建设工程实行分段设计、分段发包和分段施工；②加强合同管理、协调合同工期与进度计划之间的关系，保证合同中进度目标的实现；③严格控制合同变更，对各方提出的工程变更和设计变更，监理工程师应严格审查后再补入合同文件之中；④加强风险管理，在合同中应充分考虑风险因素及其对进度的影响，以及相应的处理方法；⑤加强索赔管理，公正地处理索赔。

考点 4　建设项目总进度目标的论证

27.【答案】C

【解析】建设项目的总进度目标指的是整个项目的进度目标，它是在项目决策阶段项目定义时确定的，项目管理的主要任务是在项目的实施阶段对项目的目标进行控制。建设项目总进度目标的控制是业主方项目管理的任务（若采用建设项目总承包的模式，协助业主进行项目总进度目标的控制也是总承包方项目管理的任务）。在进行建设项目总进度目标控制前，首先应分析和论证进度目标实现的可能性。

28.【答案】ADE

【解析】总进度纲要的主要内容包括：项目实施的总体部署；总进度规划；各子系统进

度规划；确定里程碑事件的计划进度目标；总进度目标实现的条件和应采取的措施等。

29. **【答案】** A

【解析】 建设项目总进度目标论证的工作步骤为：①调查研究和收集资料；②项目结构分析；③进度计划系统的结构分析；④项目的工作编码；⑤编制各层进度计划；⑥协调各层进度计划的关系，编制总进度计划；⑦若所编制的总进度计划不符合项目的进度目标，则设法调整；⑧若经过多次调整，进度目标无法实现，则报告项目决策者。

30. **【答案】** BC

【解析】 项目的工作编码指的是每一个工作项的编码，编码有各种方式，编码时应考虑下述因素：①对不同计划层的标识；②对不同计划对象的标识（如不同子项目）；③对不同工作的标识（如设计工作、招标工作和施工工作等）。

31. **【答案】** A

【解析】 大型建设项目总进度目标论证的核心工作是通过编制总进度纲要论证总进度目标实现的可能性。

32. **【答案】** BD

【解析】 总进度纲要的主要内容包括：①项目实施的总体部署；②总进度规划；③各子系统进度规划；④确定里程碑事件的计划进度目标；⑤总进度目标实现的条件和应采取的措施等。

33. **【答案】** D

【解析】 建设项目总进度目标论证的工作步骤为：①调查研究和收集资料；②项目结构分析；③进度计划系统的结构分析；④项目的工作编码；⑤编制各层进度计划；⑥协调各层进度计划的关系，编制总进度计划；⑦若所编制的总进度计划不符合项目的进度目标，则设法调整；⑧若经过多次调整，进度目标无法实现，则报告项目决策者。

34. **【答案】** ABC

【解析】 总进度纲要的主要内容包括：①项目实施的总体部署；②总进度规划；③各子系统进度规划；④确定里程碑事件的计划进度目标；⑤总进度目标实现的条件和应采取的措施等。

第二节　建设工程进度控制计划体系

考点 1　建设单位的计划系统

1. **【答案】** A

【解析】 建设单位编制（也可委托监理单位编制）的进度计划包括工程项目前期工作计划、工程项目建设总进度计划和工程项目年度计划。

2. **【答案】** ABD

【解析】 工程项目建设总进度计划的主要内容包括文字和表格两部分。其中，表格部分包括工程项目一览表、工程项目总进度计划表、投资计划年度分配表和工程项目进度平衡表。

3.【答案】C

【解析】工程项目进度平衡表用来明确各种设计文件交付日期、主要设备交货日期、施工单位进场日期、水电及道路接通日期等，以保证工程建设中各个环节相互衔接，确保工程项目按期投产或交付使用。

4.【答案】ABCE

【解析】工程项目进度平衡表用来明确各种设计文件交付日期、主要设备交货日期、施工单位进场日期、水电及道路接通日期等，以保证工程建设中各个环节相互衔接，确保工程项目按期投产或交付使用。

5.【答案】A

【解析】工程项目总进度计划根据初步设计中确定的建设工期和工艺流程，具体安排单位工程的开工日期和竣工日期。

6.【答案】ACD

【解析】工程项目年度计划是依据工程项目建设总进度计划和批准的设计文件进行编制的，其主要内容包括文字和表格两部分。表格部分包括年度计划项目表、年度竣工投产交付使用计划表、年度建设资金平衡表和年度设备平衡表。

7.【答案】ACE

【解析】建设单位编制（也可委托监理单位编制）的进度计划包括工程项目前期工作计划、工程项目建设总进度计划和工程项目年度计划。工程项目建设总进度计划包括工程项目一览表、工程项目总进度计划表、投资计划年度分配表和工程项目进度平衡表。工程项目年度计划包括年度计划项目表、年度竣工投产交付使用计划表、年度建设资金平衡表和年度设备平衡表。

8.【答案】AC

【解析】工程项目年度计划是依据工程项目建设总进度计划和批准的设计文件进行编制的。

9.【答案】C

【解析】工程项目建设总进度计划包括工程项目一览表、工程项目总进度计划表、投资计划年度分配表和工程项目进度平衡表。

10.【答案】D

【解析】工程项目年度计划是依据工程项目建设总进度计划和批准的设计文件进行编制的。其表格部分包括年度计划项目表、年度竣工投产交付使用计划表、年度建设资金平衡表和年度设备平衡表。

11.【答案】C

【解析】工程项目总进度计划根据初步设计中确定的建设工期和工艺流程，具体安排单位工程的开工日期和竣工日期。

12.【答案】D

【解析】年度计划项目表确定年度施工项目的投资额和年末形象进度，并阐明建设条件

（图纸、设备、材料、施工力量）的落实情况。

13.【答案】BCE

【解析】工程项目年度计划表格部分包括年度计划项目表、年度竣工投产交付使用计划表、年度建设资金平衡表和年度设备平衡表。

考点 2 监理单位的计划系统

14.【答案】BDE

【解析】在对建设工程实施全过程监理的情况下，监理总进度计划是依据工程项目可行性研究报告、工程项目前期工作计划和工程项目建设总进度计划编制的，其目的是对建设工程进度控制总目标进行规划，明确建设工程前期准备、设计、施工、动用前准备及项目动用等各个阶段的进度安排。

考点 3 设计单位的计划系统

15.【答案】B

【解析】设计单位的计划系统包括设计总进度计划、阶段性设计进度计划和设计作业进度计划。

16.【答案】BCE

【解析】设计单位的计划系统包括设计总进度计划、阶段性设计进度计划和设计作业进度计划。为了控制各专业设计进度，并作为设计人员承包设计任务的依据，应根据施工图设计工作进度计划、单位工程设计工日定额及所投入的设计人员数，编制设计作业进度计划。

第三节 建设工程进度计划的表示方法和编制程序

考点 1 建设工程进度计划的表示方法

1.【答案】C

【解析】横道图也称甘特图，由于其形象、直观，且易于编制和理解，因此广泛应用于建设工程进度控制中。用横道图表示的建设工程进度计划，一般包括两个基本部分，即左侧的工作名称及工作的持续时间等基本数据部分和右侧的横道线部分。优点：该计划明确地表示出各项工作的划分、工作的开始时间和完成时间、工作的持续时间、工作之间的相互搭接关系，以及整个工程项目的开工时间、完工时间和总工期。缺点：①不能明确地反映出各项工作之间错综复杂的相互关系，不利于建设工程进度的动态控制；②不能明确地反映出影响工期的关键工作和关键线路；③不能反映出工作所具有的机动时间；④不能反映工程费用与工期之间的关系，因而不便于缩短工期和降低工程成本。此外，在横道计划的执行过程中，对其进行调整也是十分烦琐和费时的。

2.【答案】ACD

【解析】用横道图表示建设工程进度计划的缺点：①不能明确地反映出各项工作之间错综

复杂的相互关系，不利于建设工程进度的动态控制；②不能明确地反映出影响工期的关键工作和关键线路；③不能反映出工作所具有的机动时间；④不能反映工程费用与工期之间的关系，因而不便于缩短工期和降低工程成本。此外，在横道计划的执行过程中，对其进行调整也是十分烦琐和费时的。

3. **【答案】** BCDE

【解析】 网络计划可分为确定型和非确定型。如果网络计划中各项工作及其持续时间和各工作之间的相互关系都是确定的，那么就是确定型网络计划，否则就是非确定型网络计划。如计划评审技术、图示评审技术、风险评审技术、决策关键线路法等均属于非确定型网络计划。在一般情况下，建设工程进度控制主要应用确定型网络计划。与横道计划相比，网络计划具有以下主要特点：①网络计划能够明确表达各项工作之间的逻辑关系；②通过网络计划时间参数的计算，可以找出关键线路和关键工作；③通过网络计划时间参数的计算，可以明确各项工作的机动时间；④网络计划可以利用电子计算机进行计算、优化和调整。当然，网络计划也有其不足之处，比如不像横道计划那么直观明了等，但这可以通过绘制时标网络计划得到弥补。

4. **【答案】** B

【解析】 与横道计划相比，网络计划具有以下主要特点：①网络计划能够明确表达各项工作之间的逻辑关系；②通过网络计划时间参数的计算，可以找出关键线路和关键工作；③通过网络计划时间参数的计算，可以明确各项工作的机动时间；④网络计划可以利用电子计算机进行计算、优化和调整。

5. **【答案】** B

【解析】 横道图形象、直观，且易于编制和理解，因而长期以来广泛应用于建设工程进度控制之中。选项A错误，横道图不能明确地反映出各项工作之间错综复杂的相互关系；选项C错误，在横道计划的执行过程中，对其进行调整十分烦琐和费时；选项D错误，横道图不能明确地反映出影响工期的关键工作和关键线路。

6. **【答案】** BDE

【解析】 与横道计划相比，网络计划具有以下主要特点：①网络计划能够明确表达各项工作之间的逻辑关系；②通过网络计划时间参数的计算，可以找出关键线路和关键工作；③通过网络计划时间参数的计算，可以明确各项工作的机动时间；④网络计划可以利用电子计算机进行计算、优化和调整。当然，网络计划也有其不足之处，比如不像横道计划那么直观明了等，但这可以通过绘制时标网络计划得到弥补。

7. **【答案】** BCD

【解析】 与横道计划相比，网络计划具有以下主要特点：①网络计划能够明确表达各项工作之间的逻辑关系；②通过网络计划时间参数的计算，可以找出关键线路和关键工作；③通过网络计划时间参数的计算，可以明确各项工作的机动时间；④网络计划可以利用电子计算机进行计算、优化和调整。

考点 2 建设工程进度计划的编制程序

8.【答案】D

【解析】绘制网络图阶段的工作内容包括：①进行项目分解；②分析逻辑关系；③绘制网络图。

9.【答案】D

【解析】应用网络计划技术编制建设工程进度计划时，其编制程序见下表。

编制阶段	编制步骤	编制阶段	编制步骤
Ⅰ计划准备阶段	1. 调查研究	Ⅲ计算时间参数及确定关键线路阶段	6. 计算工作持续时间
	2. 确定进度计划目标		7. 计算网络计划时间参数
Ⅱ绘制网络图阶段	3. 进行项目分解		8. 确定关键线路和关键工作
	4. 分析逻辑关系	Ⅳ网络计划优化阶段	9. 优化网络计划
	5. 绘制网络图		10. 编制优化后网络计划

10.【答案】D

【解析】建设工程进度计划的编制程序中，计划准备阶段的工作内容包括：①调查研究；②确定进度计划目标。

11.【答案】B

【解析】将工程项目由粗到细进行分解，是编制网络计划的前提。

12.【答案】A

【解析】工作持续时间是指完成该工作所花费的时间。其计算方法有多种，既可以凭以往的经验进行估算，也可以通过试验推算。当有定额可用时，还可利用时间定额或产量定额并考虑工作面及合理的劳动组织进行计算。

第二章　流水施工原理

第一节　基本概念

➢ 重难点：

1. 依次、平行、流水施工方式的特点及对比。
2. 流水施工参数（工艺参数、空间参数和时间参数）。
3. 流水施工分类。

考点 1　流水施工方式

1. 【单选】在有足够工作面和资源的前提下，施工工期最短的施工组织方式是（　　）。

A. 依次施工

B. 搭接施工

C. 平行施工

D. 流水施工

2. 【多选】建设工程组织平行施工的特点有（　　）。

A. 能够充分利用工作面进行施工

B. 单位时间内投入的资源量较为均衡

C. 不利于资源供应的组织

D. 施工现场的组织管理比较简单

E. 不利于提高劳动生产率

3. 【单选】建设工程采用平行施工组织方式的特点是（　　）。

A. 能够均衡使用施工资源

B. 单位时间内投入的资源量较少

C. 专业工作队能够连续施工

D. 能够充分利用工作面进行施工

4. 【多选】根据工程项目的施工特点、工艺流程及平面或空间布置等要求，可采用不同的施工组织方式，其中依次施工方式的特点包括（　　）。

A. 没有充分利用工作面进行施工，工期长

B. 如果按专业成立工作队，那么各专业工作队不能连续作业

C. 施工现场的组织管理比较复杂

D. 单位时间内投入的劳动力、施工机具等资源量较为均衡

E. 有利于施工段的划分

5. **【单选】**建设工程流水施工组织方式的特点是（　　）。
   A. 施工现场的组织管理比较复杂
   B. 各专业队窝工现象少
   C. 单位时间内投入的资源量比较均衡
   D. 单位时间内投入的资源量较少
6. **【多选】**建设工程采用依次施工方式组织施工的特点有（　　）。
   A. 没有充分利用工作面且工期较长
   B. 劳动力及施工机具等资源得到均衡使用
   C. 按专业成立的工作队不能连续作业
   D. 单位时间内投入的劳动力、施工机具和材料增加
   E. 施工现场的组织和管理比较复杂
7. **【单选】**关于平行施工组织方式的说法，正确的是（　　）。
   A. 专业工作队能够保持连续施工
   B. 单位时间内投入的资源量较均衡
   C. 能充分利用工作面且工期短
   D. 专业工作队能够最大限度地搭接施工
8. **【单选】**建设工程施工通常按流水施工方式组织，是因其具有（　　）的特点。
   A. 单位时间内所需用的资源量较少
   B. 使各专业工作队能够连续施工
   C. 施工现场的组织、管理工作简单
   D. 同一施工过程的不同施工段可以同时施工
9. **【单选】**建设工程组织流水施工的特点是（　　）。
   A. 能够充分利用工作面进行施工
   B. 各工作队实现了专业化施工
   C. 单位时间内投入的资源量较少
   D. 施工现场的组织管理比较简单
10. **【多选】**与依次施工、平行施工方式相比，流水施工方式的特点有（　　）。
   A. 施工现场组织管理简单
   B. 有利于实现专业化施工
   C. 相邻专业工作队的开工时间能最大限度地搭接
   D. 单位时间内投入的资源量较为均衡
   E. 施工工期最短

考点 2　流水施工参数

11. **【多选】**下列各类参数中，属于流水施工参数的有（　　）。
   A. 工艺参数　　B. 定额参数
   C. 空间参数　　D. 时间参数

E. 机械参数

12. 【单选】建设工程组织流水施工时，用来表达流水施工在施工工艺方面进展状态的参数之一是（　　）。

A. 施工段　　B. 流水强度

C. 流水节拍　　D. 工作面

13. 【单选】在下列参数中，用来表示流水施工在时间安排上所处状态的参数是（　　）。

A. 流水步距　　B. 流水间隔

C. 流水强度　　D. 流水时距

14. 【单选】流水施工中某施工过程（专业工作队）在单位时间内所完成的工程量称为（　　）。

A. 流水段　　B. 流水强度

C. 流水节拍　　D. 流水步距

15. 【多选】建设工程组织流水施工时，影响施工过程流水强度的因素有（　　）。

A. 投入的施工机械台数和工人数

B. 专业工种工人或施工机械活动空间人数

C. 相邻两个施工过程相继开工的间隔时间

D. 施工过程中投入资源的产量定额

E. 施工段数目

16. 【多选】施工时，划分施工段的原则有（　　）。

A. 施工段数要满足合理组织流水施工的要求

B. 每个施工段需要有足够工作面

C. 施工段界限要尽可能与结构界限相吻合

D. 同一专业工作队在不同施工段劳动量应相等

E. 施工段必须在同一平面内划分

17. 【多选】组织流水施工时，划分施工段的原则有（　　）。

A. 同一专业工作队在各施工段上的工程量应大致相等

B. 每个施工段的工作面大小应尽可能相等

C. 施工段的界限应设在对建筑结构整体性影响小的部位

D. 应确保相应工作队连续、均衡、有节奏地施工

E. 每个施工段流水节拍必须相等

18. 【多选】流水节拍是流水施工的主要参数之一，同一施工过程中流水节拍的决定因素有（　　）。

A. 所采用的施工方法

B. 所采用的施工机械类型

C. 投入施工的工人数和采用的工作班次

D. 施工过程的复杂程度

E. 工人的熟练程度

19. 【多选】建设工程组织流水施工时，流水步距的大小取决于（　　）。

A. 参加流水的施工过程数

B. 施工段的划分数量

C. 施工段上的流水节拍

D. 参加流水施工的作业队数

E. 流水施工的组织方式

20. 【单选】建设工程组织流水施工时，相邻两个专业工作队相继开始施工的最小间隔时间称为（　　）。

A. 间歇时间　　B. 流水步距

C. 流水节拍　　D. 提前插入时间

21. 【多选】某城市立交桥工程在组织流水施工时，需要纳入施工进度计划中的施工过程包括（　　）。

A. 桩基础灌制　　B. 梁构件的预制

C. 商品混凝土的运输　　D. 钢筋混凝土构件的吊装

E. 混凝土构件的采购运输

22. 【多选】下列施工过程中，由于占用施工对象的空间而直接影响工期，必须列入流水施工进度计划的有（　　）。

A. 砂浆制备过程　　B. 墙体砌筑过程

C. 商品混凝土制备过程　　D. 设备安装过程

E. 外墙面装饰过程

23. 【单选】在组织流水施工时，运输类与制备类施工过程一般不占用施工对象的工作面，只有当其（　　）时，才列入流水施工进度计划之中。

A. 占用施工对象的工作面而影响工期

B. 造价超过一定范围

C. 对后续安全影响较大

D. 需要按照专业工种分解成施工工序

24. 【单选】流水强度是指某专业工作队在（　　）。

A. 一个施工段上所完成的工程量

B. 单位时间内所完成的工程量

C. 一个施工段上所需要某种资源的数量

D. 单位时间内所需某种资源的数量

25. 【单选】下列流水施工参数中，用来表达流水施工在空间布置上开展状态的参数是（　　）。

A. 施工过程和流水强度

B. 流水强度和工作面

C. 流水段和施工过程

D. 工作面和施工段

26. 【多选】表达流水施工在时间安排上所处状态的参数有（　　）。

A. 流水段　　B. 流水强度

C. 流水节拍　　D. 流水步距

E. 流水施工工期

27. 【单选】关于流水节拍及其特征的说法，正确的是（　　）。

A. 流水节拍的数目取决于参加流水的施工过程数

B. 流水节拍是相邻两个施工过程相继开始施工的最小间隔时间

C. 流水节拍小，其流水速度快，节奏感强

D. 流水节拍是流水施工工艺参数的重要指标

28. 【单选】在组织流水施工过程中，流水步距的大小主要取决于相邻两个施工过程在各个施工段上的（　　）及流水施工的组织方式。

A. 流水强度　　B. 技术间歇

C. 搭接时间　　D. 流水节拍

29. 【多选】下列关于流水施工参数的说法，正确的有（　　）。

A. 流水步距的数目取决于参加流水的施工过程数

B. 流水强度表示工作队在一个施工段上的施工时间

C. 划分施工段的目的是为组织流水施工提供足够的空间

D. 流水节拍可以表明流水施工的速度和节奏性

E. 流水步距的大小取决于流水节拍

30. 【单选】建设工程组织流水施工时，某施工过程在单位时间内完成的工程量称为（　　）。

A. 流水节拍　　B. 流水强度

C. 流水步距　　D. 流水定额

31. 【单选】下列流水施工参数中，用以表达流水施工在时间安排上所处状态的参数是（　　）。

A. 流水强度和流水段数

B. 流水段数和流水步距

C. 流水步距和流水节拍

D. 流水节拍和流水强度

第二节　有节奏流水施工

➢ **重难点：**

1. 固定节拍流水施工（特点、施工工期计算）。
2. 成倍节拍流水施工（特点、施工工期计算）。

考点 1 固定节拍流水施工

1. 【多选】建设工程组织固定节拍流水施工的特点有（　　）。
   A. 施工过程在各个施工段上的流水节拍不尽相等
   B. 各个专业工作队在各施工段上能够连续作业
   C. 相邻施工过程的流水步距相等
   D. 专业工作队数大于施工过程数
   E. 各施工段之间没有空闲时间

2. 【单选】某分部工程有 8 个施工过程，分为 3 个施工段组织固定节拍流水施工。各施工过程的流水节拍均为 4 天，第 3 与第 4 施工过程之间工艺间歇为 5 天，该工程工期是（　　）天。
   A. 27　　B. 29
   C. 40　　D. 45

3. 【单选】某工程由 5 个施工过程组成，分为 3 个施工段组织固定节拍流水施工。在不考虑提前插入时间的情况下，要求流水施工工期不超过 42 天，则流水节拍的最大值为（　　）天。
   A. 4　　B. 5
   C. 6　　D. 8

4. 【单选】某项工程由Ⅰ、Ⅱ、Ⅲ、Ⅳ4 个施工过程组成，分 4 个施工段组织固定节拍流水施工。各施工过程的流水节拍均为 2 天，流水步距均为 2 天，组织间歇均为 0。Ⅰ、Ⅱ和Ⅲ、Ⅳ的工艺间歇为 0 天，Ⅱ、Ⅲ的工艺间歇为 1 天。该工程的施工工期为（　　）天。
   A. 10　　B. 15
   C. 18　　D. 20

5. 【单选】某分部工程流水施工计划如下图所示，该工程的施工工期为（　　）天。

施工过程编号	施工进度/天													
	1	2	3	4	5	6	7	8	9	10	11	12	13	14
Ⅰ		①			②			③						
Ⅱ	$K_{Ⅰ、Ⅱ}$		$C_{Ⅰ、Ⅱ}$	①			②			③				
Ⅲ			$K_{Ⅱ、Ⅲ}$		$C_{Ⅱ、Ⅲ}$	①			②			③		
Ⅳ					$K_{Ⅲ、Ⅳ}$	$C_{Ⅲ、Ⅳ}$	①			②			③	

   A. 14　　B. 15
   C. 18　　D. 25

6. 【单选】某工程有 5 个施工过程，分为 3 个施工段组织固定节拍流水施工，流水节拍为 2

天，施工过程之间的组织间歇合计为 4 天。该工程的流水施工工期是（　　）天。

A. 12　　B. 18

C. 20　　D. 26

7. **【单选】**某工程有 3 个施工过程，分为 3 个施工段组织固定节拍流水施工，流水节拍为 2 天。各施工过程之间存在 2 天的工艺间歇时间，则流水施工工期为（　　）天。

A. 10　　B. 12

C. 14　　D. 16

8. **【单选】**建设工程组织流水施工时，如果存在间歇时间和提前插入时间，那么（　　）。

A. 间歇时间会使流水施工工期延长，而提前插入时间会使流水施工工期缩短

B. 间歇时间会使流水施工工期缩短，而提前插入时间会使流水施工工期延长

C. 无论是间歇时间还是提前插入时间，均会使流水施工工期延长

D. 无论是间歇时间还是提前插入时间，均会使流水施工工期缩短

9. **【单选】**某分部工程由 4 个施工过程（Ⅰ、Ⅱ、Ⅲ、Ⅳ）组成，分为 6 个施工段，流水节拍均为 3 天，无组织间歇时间和工艺间歇时间，但施工过程Ⅳ需提前 1 天插入施工。该分部工程的工期为（　　）天。

A. 21　　B. 24

C. 26　　D. 27

10. **【单选】**某工程有 4 个施工过程，分为 5 个施工段组织固定节拍流水施工，流水节拍为 3 天。其中，第 2 个施工过程与第 3 个施工过程之间有 2 天的工艺间歇，则该工程流水施工工期为（　　）天。

A. 24　　B. 26

C. 27　　D. 29

考点 2　成倍节拍流水施工

11. **【多选】**加快的成倍节拍流水施工的特点有（　　）。

A. 相邻施工过程的流水步距相等，且等于流水节拍

B. 专业工作队数大于施工过程数

C. 施工段之间没有空闲时间

D. 施工过程数等于施工段数

E. 同一施工过程在其各施工段上的流水节拍呈倍数关系

12. **【单选】**某建设工程划分为 4 个施工过程、3 个施工段组织加快的成倍节拍流水施工，流水节拍分别为 4 天、6 天、4 天和 2 天，则流水步距为（　　）天。

A. 2　　B. 3

C. 4　　D. 6

13. **【单选】**某工程划分为 3 个施工过程，组织加快的成倍节拍流水施工，各施工过程的流水节拍分别为 6 天、4 天和 4 天，则应组织（　　）个专业工作队。

A. 3　　B. 4

C. 6　　D. 7

14. **【单选】**某分部工程有 3 个施工过程，分为 4 个施工段组织加快的成倍节拍流水施工，各施工过程的流水节拍分别为 6 天、4 天和 8 天，则该分部工程的流水施工工期是（　　）天。

A. 18　　B. 24

C. 34　　D. 42

15. **【单选】**某道路工程划分为 3 个施工过程，在 5 个施工段组织加快的成倍节拍流水施工，流水节拍分别为 4 天、2 天和 6 天，该工程的流水施工工期为（　　）天。

A. 22　　B. 20

C. 18　　D. 16

16. **【单选】**固定节拍流水施工与加快的成倍节拍流水施工相比较，共同的特点是（　　）。

A. 相邻专业工作队的流水步距相等

B. 专业工作队数等于施工过程数

C. 不同施工过程的流水节拍均相等

D. 专业工作队数等于施工段数

17. **【多选】**建设工程采用的加快的成倍节拍流水施工的特点有（　　）。

A. 所有施工过程在各个施工段的流水节拍相等

B. 相邻施工过程的流水步距不尽相等

C. 施工段之间没有空闲时间

D. 专业工作队数等于施工过程数

E. 专业工作队在施工段上能够连续作业

18. **【单选】**某分部工程有Ⅰ、Ⅱ、Ⅲ3 个施工过程，分为 4 个流水节拍相等的施工段，各施工过程的流水节拍分别为 6 天、6 天和 4 天。如果组织加快的成倍节拍流水施工，那么流水步距和流水施工工期分别为（　　）天。

A. 2 和 22　　B. 2 和 30

C. 4 和 28　　D. 4 和 36

19. **【单选】**某分部工程有 4 个施工过程，分为 3 个施工段组织加快的成倍节拍流水施工。各施工过程在各施工段上的流水节拍分别为 6 天、4 天、6 天、4 天，则专业工作队数应为（　　）个。

A. 3　　B. 4

C. 6　　D. 10

20. **【单选】**某分部工程有 3 个施工过程，分为 5 个流水节拍相等的施工段组织加快的成倍节拍流水施工，已知各施工过程的流水节拍分别为 4 天、6 天、4 天，则流水步距和专业工作队数分别为（　　）。

A. 6 天和 3 个

B. 4 天和 4 个

C. 4 天和 3 个

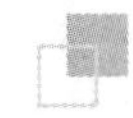

D. 2 天和 7 个

21. **【单选】**某分项工程有 4 个施工过程，分为 3 个施工段组织加快的成倍节拍流水施工，各施工过程的流水节拍分别为 4 天、8 天、2 天和 4 天，则应组织（　　）个专业工作队。

A. 4　　　　B. 6

C. 9　　　　D. 12

22. **【单选】**某分部工程有 3 个施工过程，分为 4 个施工段组织加快的成倍节拍流水施工，各施工过程的流水节拍分别是 6 天、6 天、9 天，则该分部工程的流水施工工期是（　　）天。

A. 24　　　　B. 30

C. 36　　　　D. 54

23. **【单选】**建设工程组织加快的成倍节拍流水施工时，所具有的特点是（　　）。

A. 专业工作队数等于施工过程数

B. 相邻施工过程的流水节拍相等

C. 相邻施工段之间可能有空闲时间

D. 各专业工作队能够在施工段上连续作业

第三节　非节奏流水施工

➤ **重难点：**

1. 非节奏流水施工的特点。
2. 流水步距的确定（累加数列错位相减取大差法）。
3. 流水施工工期的确定。

考点 1　非节奏流水施工的特点

1. **【多选】**非节奏流水施工的特点有（　　）。

A. 施工段之间可能有空闲时间

B. 相邻专业工作队的流水步距相等

C. 各施工过程在各施工段的流水节拍不全相等

D. 各专业工作队能够在施工段上连续作业

E. 专业工作队数等于施工过程数

考点 2　流水步距的确定

2. **【单选】**某分部工程有 2 个施工过程，分为 3 个施工段组织非节奏流水施工，各施工过程的流水节拍分别为 3 天、5 天、5 天和 4 天、4 天、5 天，则两个施工过程之间的流水步距是（　　）天。

A. 2　　B. 3

C. 4　　D. 5

3. 【单选】某工程组织非节奏流水施工，2个施工过程在4个施工段上的流水节拍分别为5天、8天、4天、4天和7天、2天、5天、3天，则该工程的流水施工工期是（　　）天。

A. 16　　B. 21

C. 25　　D. 28

4. 【单选】某分部工程有Ⅰ、Ⅱ、Ⅲ 3个施工过程，分为4个施工段组织流水施工，各施工过程的流水节拍分别为3天、5天、4天、3天，3天、4天、4天、2天和4天、3天、3天、4天，则流水施工工期为（　　）天。

A. 20　　B. 21

C. 22　　D. 23

5. 【单选】建设工程组织非节奏流水施工时，计算流水步距的基本步骤是（　　）。

A. 取最大值错位相减累加数列　　B. 错位相减累加数列取最大值

C. 累加数列错位相减取最大值　　D. 累加数列取最大值错位相减

6. 【多选】某工程组织流水施工，各施工段流水节拍见下表，该工程的流水步距、间歇时间和流水施工工期计算正确的有（　　）。

施工过程	施工段		
	Ⅰ	Ⅱ	Ⅲ
A	3	4	3
B	4	3	3
C	2	2	3
D	3	2	4

A. 施工过程A、B间流水步距为3

B. 施工过程B、C间流水步距为5

C. 施工过程C、D间流水步距为2

D. 施工过程A、D间流水步距为9

E. 流水施工工期为20

考点3 流水施工工期的确定

7. 【单选】某分部工程有2个施工过程，分为5个施工段组织非节奏流水施工。各施工过程的流水节拍分别为5天、4天、3天、8天、6天和4天、6天、7天、2天、5天。第2个施工过程第3个施工段的完成时间是第（　　）天。

A. 17　　B. 19

C. 22　　D. 24

8. 【单选】某分部工程有2个施工过程，分为4个施工段组织流水施工，流水节拍分别为2

天、4 天、3 天、5 天和 3 天、5 天、4 天、4 天，则流水步距和流水施工工期分别为（　　）。

A. 2 天和 17 天　　B. 3 天和 17 天

C. 3 天和 19 天　　D. 4 天和 19 天

9.【单选】某基础工程包括开挖、支模、浇筑混凝土及回填 4 个施工过程，分 3 个施工段组织流水施工，流水节拍见下表（单位：天），则该基础工程的流水施工工期为（　　）天。

施工过程	施工段		
	Ⅰ	Ⅱ	Ⅲ
开挖	4	5	3
支模	3	3	4
浇筑混凝土	2	4	3
回填	4	4	3

A. 17　　B. 20

C. 23　　D. 24

参考答案及解析

第二章　流水施工原理

第一节　基本概念

考点 1　流水施工方式

1.【答案】C

【解析】考虑工程项目的施工特点、工艺流程、资源利用、平面或空间布置等要求，其施工可以采用依次、平行、流水等组织方式。依次施工没有充分利用工作面进行施工，工期长；平行施工充分利用工作面进行施工，工期短；流水施工尽可能利用工作面进行施工，工期比较短。

2.【答案】ACE

【解析】平行施工方式的特点：①充分利用工作面进行施工，工期短；②如果每一个施工对象均按专业成立工作队，那么劳动力及施工机具等资源无法均衡使用；③如果由一个工作队完成一个施工对象的全部施工任务，那么不能实现专业化施工，不利于提高劳动生产率；④单位时间内投入的劳动力、施工机具、材料等资源量成倍地增加，不利于资源供应的组织；⑤施工现场的组织、管理比较复杂。

3.【答案】D

【解析】平行施工方式的特点：①充分利用工作面进行施工，工期短；②如果每一个施工对象均按专业成立工作队，那么劳动力及施工机具等资源无法均衡使用；③如果由一个工作队完成一个施工对象的全部施工任务，那么不能实现专业化施工，不利于提高劳动生产率；④单位时间内投入的劳动力、施工机具、材料等资源量成倍地增加，不利于资源供应的组织；⑤施工现场的组织、管理比较复杂。

4.【答案】AB

【解析】依次施工方式的特点：①没有充分利用工作面进行施工，工期长；②如果按专业成立工作队，那么各专业队不能连续作业，有时间间歇，劳动力及施工机具等资源无法均衡使用；③如果由一个工作队完成全部施工任务，那么不能实现专业化施工，不利于提高劳动生产率和工程质量；④单位时间内投入的劳动力、施工机具、材料等资源量较少，有利于资源供应的组织；⑤施工现场的组织、管理比较简单。

5.【答案】C

【解析】流水施工方式的特点：①尽可能利用工作面进行施工，工期比较短；②专业工作队能够连续施工，同时使相邻专业工作队的开工时间能够最大限度地搭接；③各工作队实现了专业化施工，有利于提高技术水平和劳动生产率；④单位时间内投入的劳动力、施工机具、材料等资源量较为均衡，有利于资源供应的组织；⑤为施工现场的文明施工和科学管理创造了有利条件。

6. 【答案】AC

【解析】依次施工方式具有以下特点：①没有充分利用工作面进行施工，工期长；②如果按专业成立工作队，那么各专业队不能连续作业，有时间间隔，劳动力及施工机具等资源无法均衡使用；③如果由一个工作队完成全部施工任务，那么不能实现专业化施工，不利于提高劳动生产率和工程质量；④单位时间内投入的劳动力、施工机具、材料等资源量较少，有利于资源供应的组织；⑤施工现场的组织、管理比较简单。

7. 【答案】C

【解析】平行施工方式的特点：①充分利用工作面进行施工，工期短；②如果每一个施工对象均按专业成立工作队，那么劳动力及施工机具等资源无法均衡使用；③如果由一个工作队完成一个施工对象的全部施工任务，那么不能实现专业化施工，不利于提高劳动生产率；④单位时间内投入的劳动力、施工机具、材料等资源量成倍地增加，不利于资源供应的组织；⑤施工现场的组织、管理比较复杂。

8. 【答案】B

【解析】流水施工方式的特点：①尽可能利用工作面进行施工，工期比较短；②专业工作队能够连续施工，同时使相邻专业工作队的开工时间能够最大限度地搭接；③各工作队实现了专业化施工，有利于提高技术水平和劳动生产率；④单位时间内投入的劳动力、施工机具、材料等资源量较为均衡，有利于资源供应的组织；⑤为施工现场的文明施工和科学管理创造了有利条件。

9. 【答案】B

【解析】流水施工方式的特点：①尽可能利用工作面进行施工，工期比较短；②专业工作队能够连续施工，同时使相邻专业工作队的开工时间能够最大限度地搭接；③各工作队实现了专业化施工，有利于提高技术水平和劳动生产率；④单位时间内投入的劳动力、施工机具、材料等资源量较为均衡，有利于资源供应的组织；⑤为施工现场的文明施工和科学管理创造了有利条件。

10. 【答案】BCD

【解析】流水施工方式的特点：①尽可能利用工作面进行施工，工期比较短；②各工作队实现了专业化施工，有利于提高技术水平和劳动生产率；③专业工作队能够连续施工，同时使相邻专业工作队的开工时间能够最大限度地搭接；④单位时间内投入的劳动力、施工机具、材料等资源量较为均衡，有利于资源供应的组织；⑤为施工现场的文明施工和科学管理创造了有利条件。

考点 2　流水施工参数

11. 【答案】ACD

【解析】流水施工参数：①工艺参数。即用以表达流水施工在施工工艺方面进展状态的参数，包括施工过程和流水强度。②空间参数。即用以表达流水施工在空间布置上开展状态的参数，包括工作面和施工段。③时间参数。即用以表达流水施工在时间安排上所处状态的参数，包括流水节拍、流水步距和流水施工工期。

12. **【答案】** B

【解析】 流水施工参数包括工艺参数、空间参数和时间参数。其中，工艺参数是用以表达流水施工在施工工艺方面进展状态的参数，包括施工过程和流水强度。

13. **【答案】** A

【解析】 时间参数是用以表达流水施工在时间安排上所处状态的参数，包括流水节拍、流水步距和流水施工工期。

14. **【答案】** B

【解析】 流水强度是指流水施工的某施工过程（专业工作队）在单位时间内所完成的工程量，也称为流水能力或生产能力。

15. **【答案】** AD

【解析】 流水强度是指流水施工的某施工过程（专业工作队）在单位时间内所完成的工程量，也称为流水能力或生产能力。其计算公式为：$V=\sum_{i=1}^{x}R_i \cdot S_i$。式中，$V$——某施工过程（专业工作队）的流水强度；$R_i$——投入该施工过程中的第 i 种资源量（施工机械台数和工人数）；S_i——投入该施工过程中第 i 种资源的产量定额；x——投入该施工过程中的资源种类数。

16. **【答案】** ABC

【解析】 划分施工段的原则：①同一专业工作队在各个施工段上的劳动量应大致相等，相差幅度不宜超过10%～15%。②每个施工段内要有足够的工作面，以保证相应数量的工人、主要施工机械的生产效率，满足合理劳动组织的要求。③施工段的界限应尽可能与结构界限（如沉降缝、伸缩缝等）相吻合，或设在对建筑结构整体性影响小的部位，以保证建筑结构的整体性。④施工段的数目要满足合理组织流水施工的要求。施工段数目过多，会降低施工速度，延长工期；施工段数目过少，不利于充分利用工作面，可能造成窝工。⑤对于多层建筑物、构筑物或需要分层施工的工程，应既分施工段，又分施工层，各专业工作队依次完成第一施工层中各施工段任务后，再转入第二施工层的施工段上作业，依此类推，以确保相应专业工作队在施工段与施工层之间，组织连续、均衡、有节奏的流水施工。

17. **【答案】** AC

【解析】 划分施工段的原则：①同一专业工作队在各个施工段上的劳动量应大致相等，相差幅度不宜超过10%～15%；②每个施工段内要有足够的工作面，以保证相应数量的工人、主要施工机械的生产效率，满足合理劳动组织的要求；③施工段的界限应尽可能与结构界限（如沉降缝、伸缩缝等）相吻合，或设在对建筑结构整体性影响小的部位，以保证建筑结构的整体性；④施工段的数目要满足合理组织流水施工的要求。施工段数目过多，会降低施工速度，延长工期；施工段数目过少，不利于充分利用工作面，可能造成窝工；⑤对于多层建筑物、构筑物或需要分层施工的工程，应既分施工段，又分施工层，各专业工作队依次完成第一施工层中各施工段任务后，再转入第二施工层的

施工段上作业，依此类推，以确保相应专业工作队在施工段与施工层之间，组织连续、均衡、有节奏的流水施工。

18.【答案】ABC

【解析】流水节拍是指在组织流水施工时，某个专业工作队在一个施工段上的施工时间。同一施工过程的流水节拍，主要由所采用的施工方法、施工机械以及在工作面允许的前提下投入施工的工人数、机械台数和采用的工作班次等因素确定。

19.【答案】CE

【解析】流水步距的大小取决于相邻两个施工过程（或专业工作队）在各个施工段上的流水节拍及流水施工的组织方式。

20.【答案】B

【解析】流水步距是指组织流水施工时，相邻两个施工过程（或专业工作队）相继开始施工的最小间隔时间。

21.【答案】ABCD

【解析】施工过程一般分为三类，即建造类施工过程、运输类施工过程和制备类施工过程。建造类施工过程是指在施工对象的空间上直接进行砌筑、安装与加工，最终形成建筑产品的施工过程。它是建设工程施工中占有主导地位的施工过程，如建筑物或构筑物的地下工程、主体结构工程、装饰工程等。运输类施工过程是指将建筑材料、各类构配件、成品、制品和设备等运到工地仓库或施工现场使用地点的施工过程。制备类施工过程是指为了提高建筑产品生产的工厂化、机械化程度和生产能力而形成的施工过程。如砂浆、混凝土、各类制品、门窗等的制备过程和混凝土构件的预制过程。

22.【答案】BDE

【解析】由于建造类施工过程占用施工对象的空间而直接影响工期，因此必须列入流水施工进度计划，并且大多作为主导的施工过程或关键工作。运输类与制备类施工过程一般不占用施工对象的工作面，故一般不列入流水施工进度计划之中。建造类施工过程是指在施工对象的空间上直接进行砌筑、安装与加工，最终形成建筑产品的施工过程。

23.【答案】A

【解析】运输类与制备类施工过程一般不占用施工对象的工作面，故一般不列入流水施工进度计划之中。只有当其占用施工对象的工作面而影响工期时，才列入流水施工进度计划之中。

24.【答案】B

【解析】流水强度是指流水施工的某施工过程（专业工作队）在单位时间内所完成的工程量，也称为流水能力或生产能力。

25.【答案】D

【解析】空间参数是用以表达流水施工在空间布置上开展状态的参数，通常包括工作面和施工段。

26.【答案】CDE

【解析】时间参数是用以表达流水施工在时间安排上所处状态的参数，包括流水节拍、流水步距和流水施工工期。

27. 【答案】C

【解析】选项A、B错误，流水节拍是指在组织流水施工时，某个专业工作队在一个施工段上的施工时间。选项D错误，流水节拍属于流水施工时间参数的重要指标。

28. 【答案】D

【解析】流水步距的大小取决于相邻两个施工过程（或专业工作队）在各个施工段上的流水节拍及流水施工的组织方式。

29. 【答案】ACD

【解析】选项B错误，流水强度是指流水施工的某施工过程（专业工作队）在单位时间内所完成的工程量，也称为流水能力或生产能力。选项E错误，流水步距的大小取决于流水节拍及流水施工的组织方式。

30. 【答案】B

【解析】流水强度是指流水施工的某施工过程（专业工作队）在单位时间内所完成的工程量，也称为流水能力或生产能力。

31. 【答案】C

【解析】时间参数是用以表达流水施工在时间安排上所处状态的参数，包括流水节拍、流水步距及流水施工工期。

第二节　有节奏流水施工

考点1　固定节拍流水施工

1. 【答案】BCE

【解析】固定节拍流水施工的特点：①所有施工过程在各个施工段上的流水节拍均相等；②相邻施工过程的流水步距相等，且等于流水节拍；③专业工作队数等于施工过程数，即每一个施工过程成立一个专业工作队，由该队完成相应施工过程所有施工段上的任务；④各个专业工作队在各施工段上能够连续作业，施工段之间没有空闲时间。

2. 【答案】D

【解析】固定节拍流水施工工期 $T=(m+n-1)t+\sum G+\sum Z-\sum C$。式中，$m$——施工段数目，$n$——施工过程数目，$t$——流水节拍，$G$——工艺间歇时间，$Z$——组织间歇时间，$C$——提前插入时间。$T=(3+8-1)\times 4+5=45$（天）。

3. 【答案】C

【解析】施工工期 $T=(m+n-1)t+\sum G+\sum Z-\sum C=(3+5-1)\times$流水节拍$\leqslant 42$天，流水节拍$\leqslant 42/7=6$（天）。

4. 【答案】B

【解析】施工工期 $T=(m+n-1)t+\sum G+\sum Z-\sum C=(4+4-1)\times 2+1+0=15$（天）。

5. 【答案】A

【解析】在该计划中，施工过程数目 $n=4$，施工段数目 $m=3$，流水节拍 $t=3$，流水步距 $K_{Ⅰ、Ⅱ}=K_{Ⅱ、Ⅲ}=K_{Ⅲ、Ⅳ}=t=3$，组织间歇 $Z_{Ⅰ、Ⅱ}=Z_{Ⅱ、Ⅲ}=Z_{Ⅲ、Ⅳ}=0$，工艺间歇 $G_{Ⅰ、Ⅱ}=G_{Ⅱ、Ⅲ}=G_{Ⅲ、Ⅳ}=0$，提前插入时间 $C_{Ⅰ、Ⅱ}=C_{Ⅱ、Ⅲ}=1$，$G_{Ⅲ、Ⅳ}=2$。因此，流水施工工期 $T=(m+n-1)\ t+\sum G+\sum Z-\sum C=(3+4-1)\times 3+0+0-(1+1+2)=14$（天）。

6.【答案】B

【解析】固定节拍流水施工工期 $T=(m+n-1)\ t+\sum G+\sum Z-\sum C$。式中，$m$——施工段数目，$n$——施工过程数目，$t$——流水节拍，$G$——工艺间歇时间，$Z$——组织间歇时间，$C$——提前插入时间。$T=(3+5-1)\times 2+4=18$（天）。

7.【答案】C

【解析】流水施工工期 $T=(3+3-1)\times 2+2\times 2=14$（天）。注意题干中的信息“各施工过程之间存在 2 天的工艺间歇时间”。

8.【答案】A

【解析】所谓间歇时间，是指相邻两个施工过程之间由于工艺或组织安排需要而增加的额外等待时间，包括工艺间歇时间和组织间歇时间。所谓提前插入时间，是指相邻两个专业工作队在同一施工段上共同作业的时间。在工作面允许和资源有保证的前提下，专业工作队提前插入施工，可以缩短流水施工工期。

9.【答案】C

【解析】固定节拍流水施工工期 $T=(6+4-1)\times 3-1=26$（天）。

10.【答案】B

【解析】固定节拍流水施工工期 $T=(m+n-1)\ t+\sum G+\sum Z-\sum C=(5+4-1)\times 3+2=26$（天）。

考点 2　成倍节拍流水施工

11.【答案】BC

【解析】加快的成倍节拍流水施工的特点：①同一施工过程在其各个施工段上的流水节拍均相等，不同施工过程的流水节拍不等，但其值为倍数关系；②相邻专业工作队的流水步距相等，且等于流水节拍的最大公约数（K）；③专业工作队数大于施工过程数，即有的施工过程只成立一个专业工作队，而对于流水节拍大的施工过程，可按其倍数增加相应专业工作队数目；④各个专业工作队在施工段上能够连续作业，施工段之间没有空闲时间。

12.【答案】A

【解析】流水步距等于流水节拍的最大公约数：$K=\min\{4,6,4,2\}=2$（天）。

13.【答案】D

【解析】流水步距等于流水节拍的最大公约数：$K=\min\{6,4,4\}=2$（天）。专业工作队总数：$n'=(6+4+4)/2=7$（个）。

14.【答案】B

【解析】流水步距等于流水节拍的最大公约数：$K=\min\{6,4,8\}=2$（天）。专业工作队总数：$n'=(6+4+8)/2=9$（个）。故流水施工工期 $T=(m+n'-1)K+\sum G+\sum Z-\sum C=(4+9-1)\times 2=24$（天）。

15. **【答案】**B

【解析】流水步距等于流水节拍的最大公约数：$K=\min\{4,2,6\}=2$（天）。专业工作队总数：$n'=(4+2+6)/2=6$。$T=(m+n'-1)K+\sum G+\sum Z-\sum C=(5+6-1)\times 2=20$（天）。

16. **【答案】**A

【解析】固定节拍流水施工的特点：①所有施工过程在各个施工段上的流水节拍均相等；②相邻施工过程的流水步距相等，且等于流水节拍；③专业工作队数等于施工过程数，即每一个施工过程成立一个专业工作队，由该队完成相应施工过程所有施工段上的任务；④各个专业工作队在各施工段上能够连续作业，施工段之间没有空闲时间。加快的成倍节拍流水施工的特点：①同一施工过程在其各个施工段上的流水节拍均相等，不同施工过程的流水节拍不等，但其值为倍数关系；②相邻专业工作队的流水步距相等，且等于流水节拍的最大公约数（K）；③专业工作队数大于施工过程数，即有的施工过程只成立一个专业工作队，而对于流水节拍大的施工过程，可按其倍数增加相应专业工作队数目；④各个专业工作队在施工段上能够连续作业，施工段之间没有空闲时间。

17. **【答案】**CE

【解析】加快的成倍节拍流水施工的特点如下：①同一施工过程在其各个施工段上的流水节拍均相等，不同施工过程的流水节拍不等，但其值为倍数关系；②相邻专业工作队的流水步距相等，且等于流水节拍的最大公约数（K）；③专业工作队数大于施工过程数，即有的施工过程只成立一个专业工作队，而对于流水节拍大的施工过程，可按其倍数增加相应专业工作队数目；④各个专业工作队在施工段上能够连续作业，施工段之间没有空闲时间。

18. **【答案】**A

【解析】加快的成倍节拍流水施工的流水步距为流水节拍的最大公约数，即2天。施工过程Ⅰ的专业工作队数$=6/2=3$（个），施工过程Ⅱ的专业工作队数$=6/2=3$（个），施工过程Ⅲ的专业工作队数$=4/2=2$（个），专业工作队总数$=3+3+2=8$（个）。流水施工工期$=(4+8-1)\times 2=22$（天）。

19. **【答案】**D

【解析】加快的成倍节拍流水施工的流水步距为流水节拍的最大公约数，即2天。专业工作队总数$=6/2+4/2+6/2+4/2=10$（天）。

20. **【答案】**D

【解析】加快的成倍节拍流水施工的流水步距为流水节拍的最大公约数，即2天。专业工作队总数$=4/2+6/2+4/2=7$（个）。

21. **【答案】**C

【解析】加快的成倍节拍流水施工的流水步距为流水节拍的最大公约数，即2天。专业工作队总数$=4/2+8/2+2/2+4/2=9$（个）。

22.【答案】B

【解析】该工程的流水步距为3天，专业工作队总数＝（6＋6＋9）/3＝7（个），则流水施工工期＝（施工段数＋专业工作队数－1）×流水步距＝（4＋7－1）×3＝30（天）。

23.【答案】D

【解析】加快的成倍节拍流水施工的特点：①同一施工过程在其各个施工段上的流水节拍均相等，不同施工过程的流水节拍不等，但其值为倍数关系；②相邻专业工作队的流水步距相等，且等于流水节拍的最大公约数（K）；③专业工作队数大于施工过程数，即有的施工过程只成立一个专业工作队，而对于流水节拍大的施工过程，可按其倍数增加相应专业工作队数目；④各个专业工作队在施工段上能够连续作业，施工段之间没有空闲时间。

第三节　非节奏流水施工

考点1　非节奏流水施工的特点

1.【答案】ACDE

【解析】非节奏流水施工的特点：①各施工过程在各施工段的流水节拍不全相等；②相邻施工过程的流水步距不尽相等；③专业工作队数等于施工过程数；④各专业工作队能够在施工段上连续作业，但有的施工段之间可能有空闲时间。

考点2　流水步距的确定

2.【答案】D

【解析】2个施工过程流水节拍的差数列为：

$$\begin{array}{lrrrr} & 3 & 8 & 13 & \\ -) & & 4 & 8 & 13 \\ \hline & 3 & 4 & 5 & -13 \end{array}$$

2个施工过程之间的流水步距：K＝max｛3，4，5，－13｝＝5（天）。

3.【答案】C

【解析】2个施工过程流水节拍的差数列为：

$$\begin{array}{lrrrrr} & 5 & 13 & 17 & 21 & \\ -) & & 7 & 9 & 14 & 17 \\ \hline & 5 & 6 & 8 & 7 & -17 \end{array}$$

2个施工过程之间的流水步距：K＝max｛5，6，8，7，－17｝＝8（天）。流水施工工期＝8＋17＝25（天）。

4.【答案】D

【解析】施工过程Ⅰ和Ⅱ、Ⅱ和Ⅲ流水节拍的差数列分别为：

	3	8	12	15	
−）		3	7	11	13
	3	5	5	4	−13

	3	7	11	13	
−）		4	7	10	14
	3	3	4	3	−14

施工过程Ⅰ和Ⅱ之间的流水步距：$K_{Ⅰ、Ⅱ}$＝max｛3，5，5，4，−13｝＝5（天）；施工过程Ⅱ和Ⅲ之间的流水步距：$K_{Ⅱ、Ⅲ}$＝max｛3，3，4，3，−14｝＝4（天）。流水施工工期＝5＋4＋14＝23（天）。

5. **【答案】** C

【解析】 计算流水步距的基本步骤是：①求各施工过程流水节拍的累加数列；②错位相减求得差数列；③在差数列中取最大值求得流水步距。

6. **【答案】** ACE

【解析】 利用“累加数列错位相减取大差法”来计算流水步距：

	3	7	10	
−）		4	7	10
	3	3	3	−10

施工过程A、B之间的流水步距：$K_{A,B}$＝max｛3，3，3，−10｝＝3。

	4	7	10	
−）		2	4	7
	4	5	6	−7

施工过程B、C之间的流水步距：$K_{B,C}$＝max｛4，5，6，−7｝＝6。

	2	4	7	
−）		3	5	9
	2	1	2	−9

施工过程C、D之间的流水步距：$K_{C,D}$＝max｛2，1，2，−9｝＝2。

流水施工工期＝3＋6＋2＋3＋2＋4＝20。

考点 3 流水施工工期的确定

7. **【答案】** D

【解析】 根据“累加数列错位相减取大差法”，得出流水步距为7天；第2个施工过程第3个施工段的完成时间＝7＋（4＋6＋7）＝24（天）。

8. **【答案】** C

【解析】 根据“累加数列错位相减取大差法”，求流水步距：

	2	6	9	14	
一)		3	8	12	16
	2	3	1	2	−16

2个施工过程之间的流水步距为：$K=\max\{2，3，1，2，-16\}=3$（天）。流水施工工期=3+3+5+4+4=19（天）。

9.【答案】C

【解析】计算各施工过程的流水节拍：

开挖与支模：

	4	9	12	
一)		3	6	10
	4	6	6	−10

流水步距=max｛4，6，6，−10｝=6（天）。

支模与浇筑混凝土：

	3	6	10	
一)		2	6	9
	3	4	4	−9

流水步距=max｛3，4，4，−9｝=4（天）。

浇筑混凝土与回填：

	2	6	9	
一)		4	8	11
	2	2	1	−11

流水步距=max｛2，2，1，−11｝=2（天）。

故该基础工程的流水施工工期为：6+4+2+（4+4+3）=23（天）。

第三章　网络计划技术

第一节　基本概念

➤ 重难点：

1. 工艺关系和组织关系。
2. 紧前工作、紧后工作和平行工作。
3. 先行工作和后续工作。
4. 线路、关键线路和关键工作。

考点 1　网络图的组成

1. 【单选】双代号网络图中虚工作的特征是（　　）。

A. 不消耗时间，但消耗资源

B. 不消耗时间，也不消耗资源

C. 只消耗时间，不消耗资源

D. 既消耗时间，也消耗资源

2. 【单选】双代号网络计划中的虚工作是指（　　）。

A. 相邻工作间的逻辑关系，只消耗时间

B. 相邻工作间的逻辑关系，只消耗资源

C. 相邻工作间的逻辑关系，消耗资源和时间

D. 相邻工作间的逻辑关系，不消耗资源和时间

考点 2　工艺关系和组织关系

3. 【单选】某工程有 3 个施工过程，依次为：钢筋→模板→混凝土，划分为Ⅰ和Ⅱ施工段编制工程网络进度计划。下列工作逻辑关系中，属于正确工艺关系的是（　　）。

A. 模板Ⅰ→混凝土Ⅰ

B. 模板Ⅰ→钢筋Ⅰ

C. 钢筋Ⅰ→钢筋Ⅱ

D. 模板Ⅰ→模板Ⅱ

4. 【单选】某工程有 A、B 两项工作，分为 3 个施工段（A_1、A_2、A_3，B_1、B_2、B_3）进行流水施工，其对应的双代号网络计划如下图所示，相邻两项工作属于工艺关系的是（　　）。

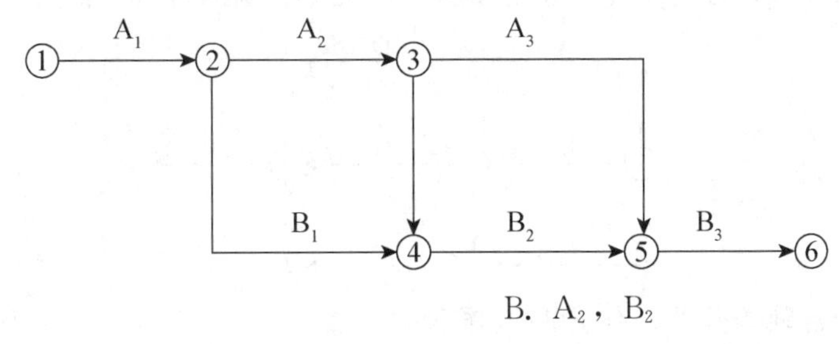

A. A_1，A_2　　B. A_2，B_2

C. B_1，B_2　　D. B_1，A_3

5. 【单选】工程网络计划中，工作之间因资源调配需要而确定的先后顺序关系属于（　　）关系。

A. 组织　　B. 搭接

C. 工艺　　D. 平行

考点 3　紧前工作、紧后工作和平行工作

6. 【多选】某工程施工进度计划如下图所示，下列说法正确的有（　　）。

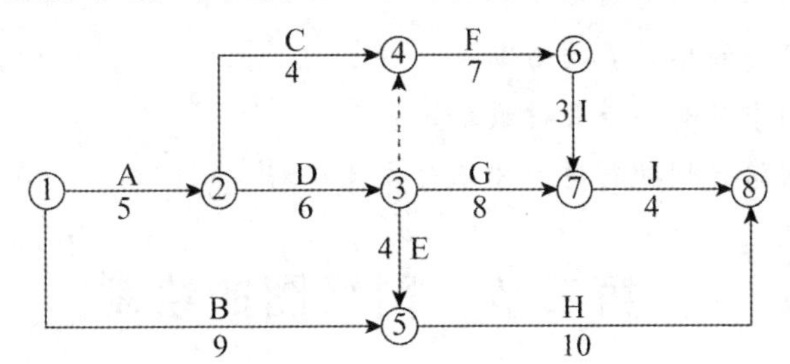

A. 工作 E 的紧后工作是工作 G 和工作 H

B. 工作 J 的紧前工作是工作 I 和工作 G

C. 工作 G 的紧前工作是工作 C

D. 工作 C 的紧后工作是工作 F 和工作 I

E. 工作 A 的紧后工作是工作 C 和工作 D

7. 【单选】某混凝土工程双代号网络计划如下图所示，其中属于平行工作的是（　　）。

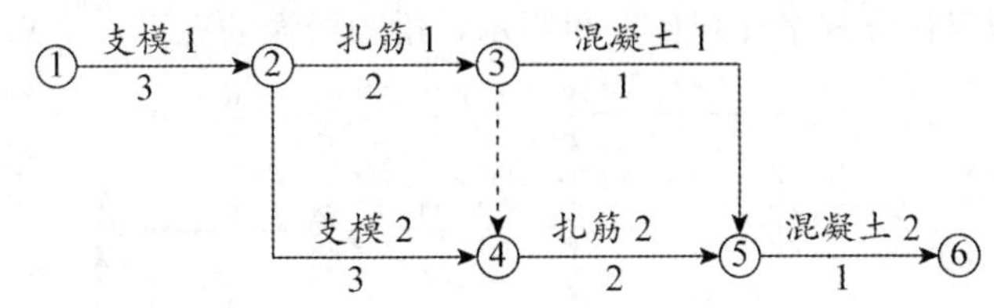

A. 支模 1 和混凝土 1

B. 混凝土 1 和扎筋 2

C. 扎筋 1 和扎筋 2

D. 支模 1 和支模 2

考点 4 先行工作和后续工作

8.【多选】某工程双代号网络计划如下图所示，说法正确的有（　　）。

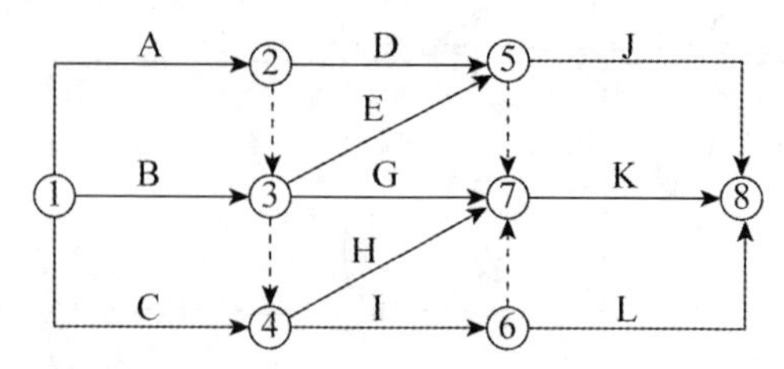

A. 工作 D 的后续工作是工作 E 和工作 K

B. 工作 H 的后续工作是工作 L 和工作 I

C. 工作 G 的先行工作是工作 A 和工作 B

D. 工作 I 的先行工作是工作 A、工作 B 和工作 C

E. 工作 E 的后续工作是工作 J 和工作 K

考点 5 线路、关键线路和关键工作

9.【单选】关于工程网络计划的说法，正确的是（　　）。

A. 关键线路上的工作均为关键工作

B. 关键线路上工作的总时差均为零

C. 一个网络计划中只有一条关键线路

D. 关键线路在网络计划执行过程中不会发生转移

第二节　网络图的绘制

> **重难点：**
> 双代号网络图的绘制规则。

考点 双代号网络图的绘制

1.【多选】某工程双代号网络计划如下图所示，绘图错误的有（　　）。

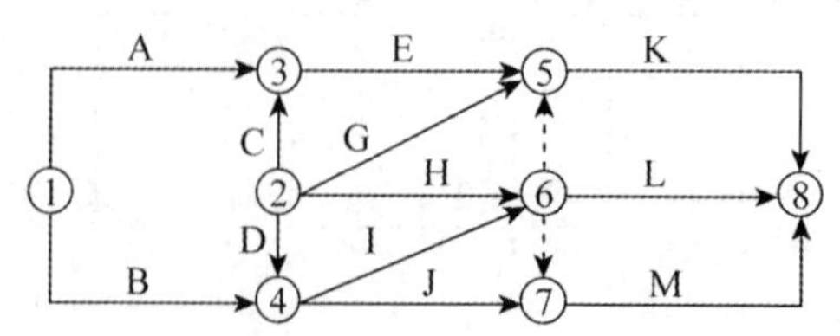

A. 有多个起点节点

B. 节点编号有误

C. 存在循环回路

D. 工作代号重复

E. 有多个终点节点

2.【多选】某双代号网络计划如下图所示，绘图错误的有（　　）。

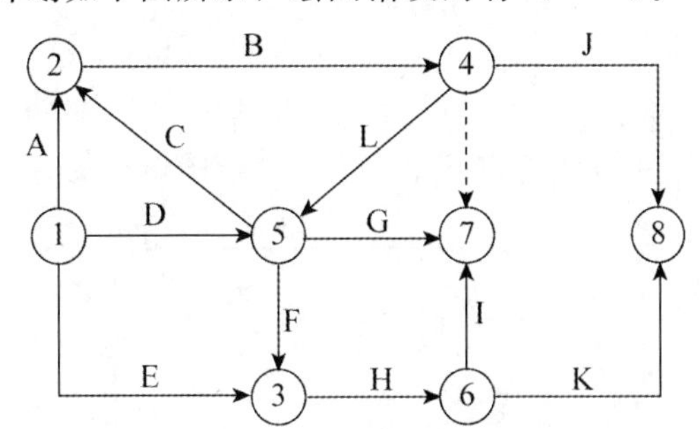

A. 有多个起点节点　　　　B. 存在循环回路

C. 节点编号有误　　　　D. 有多个终点节点

E. 工作箭线逆向

3.【多选】某分部工程双代号网络计划如下图所示，图中错误的有（　　）。

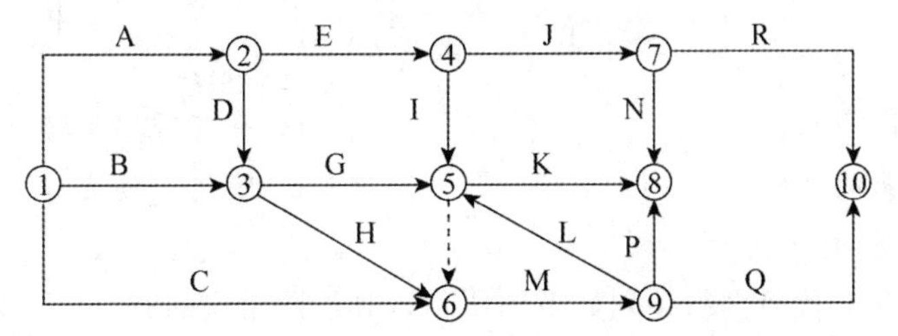

A. 节点编号有误　　　　B. 工作代号重复

C. 有多个起点节点　　　　D. 有多个终点节点

E. 存在循环回路

4.【多选】某单位工程双代号网络计划如下图所示，图中错误的有（　　）。

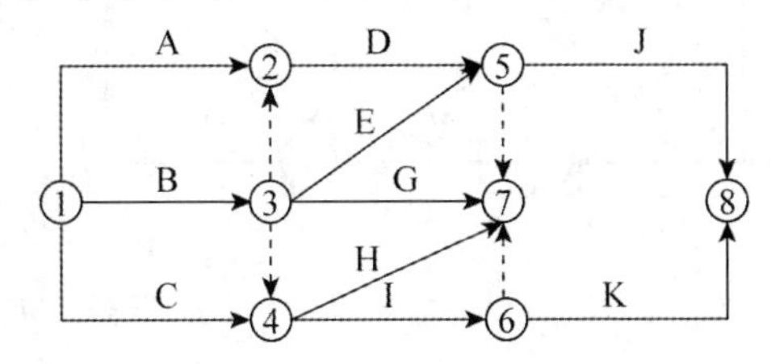

A. 有多个起点节点　　　　B. 有多个终点节点

C. 存在多余虚工作　　　　D. 节点编号有误

E. 存在循环回路

5.【多选】某工程双代号网络计划如下图所示，根据网络图的绘图规则，图中存在的错误有（　　）。

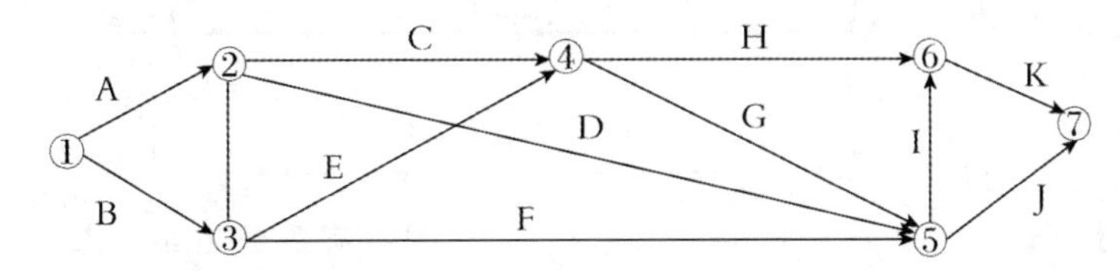

A. 存在循环回路

B. 存在无箭头的连线

C. 箭线交叉处理有误

D. 有多个起点节点

E. 节点编号有误

6. 【多选】某工程双代号网络计划如下图所示，其绘图错误的有（　　）。

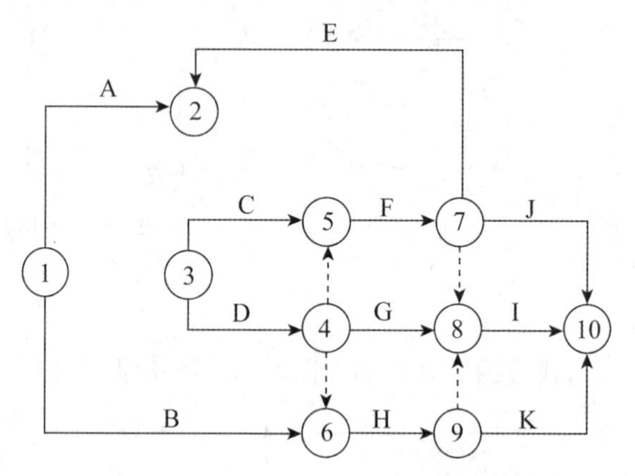

A. 有多个起点节点

B. 存在循环回路

C. 存在无箭头的连线

D. 有多个终点节点

E. 工作箭线逆向

7. 【多选】某工程双代号网络计划如下图所示，其绘图错误的有（　　）。

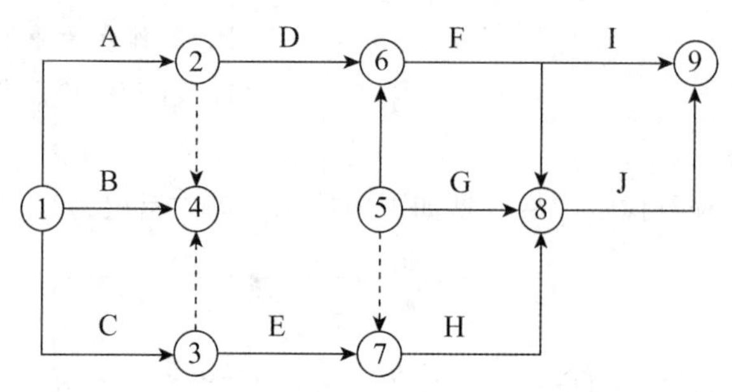

A. 有多个起点节点

B. 有多个终点节点

C. 存在循环回路

D. 箭线上引出箭线

E. 存在无箭头的连线

8. 【多选】某工程双代号网络计划如下图所示，图中错误的有（　　）。

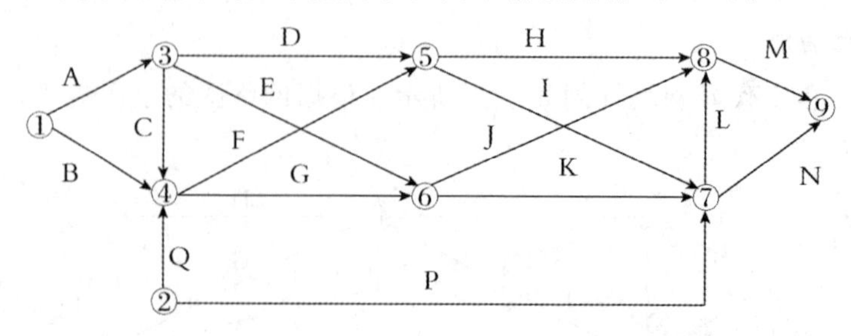

A. 节点编号有误

B. 有多个起点节点

C. 有多个终点节点

D. 箭线交叉处理有误

E. 存在循环回路

9. **【单选】**下列双代号网络工作路线图示中，绘图正确的是（　　）。

10. **【多选】**某工程双代号网络计划如下图所示，其绘图错误的有（　　）。

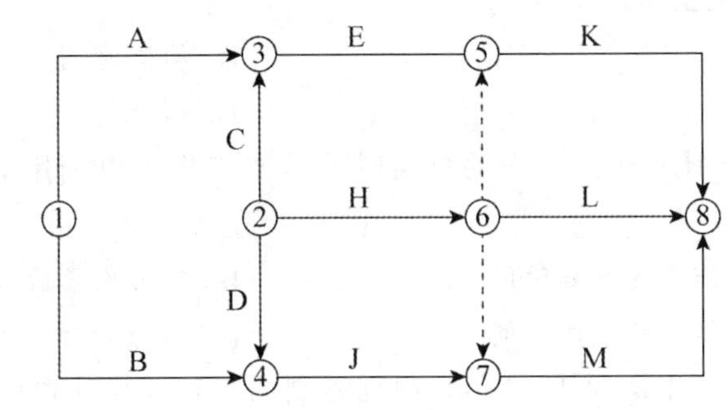

A. 有多个起点节点

B. 节点编号有误

C. 存在循环回路

D. 有无箭头的箭线

E. 有多个终点节点

第三节　网络计划时间参数的计算

> **重难点：**
>
> 1. 网络计划时间参数的概念（工作持续时间和工期、工作的六个时间参数）。
> 2. 双代号网络计划时间参数的计算（按工作计算法、按节点计算法、标号法）。
> 3. 单代号网络计划时间参数的计算。

考点 1　网络计划时间参数的概念

1. **【单选】**工程网络计划中，工作的最迟开始时间是指在不影响（　　）的前提下，必须开始的最迟时刻。

A. 紧后工作最早开始

B. 紧前工作最迟开始

C. 整个任务按期完成

D. 所有后续工作机动时间

2.【单选】根据网络计划时间参数计算得到的工期称为（　　）。

A. 计划工期　　B. 计算工期

C. 要求工期　　D. 合理工期

3.【单选】在工程网络计划中，某项工作的自由时差不会超过该工作的（　　）。

A. 总时距　　B. 持续时间

C. 间歇时间　　D. 总时差

4.【单选】在工程网络计划中，某项工作的最早完成时间与其紧后工作的最早开始时间之间的差值称为这两项工作之间的（　　）。

A. 时间间隔　　B. 间隔时间

C. 时差　　D. 时距

5.【单选】工程网络计划中，工作的自由时差是本工作可以利用的机动时间，但其前提是（　　）。

A. 不影响紧后工作最迟开始时间　　B. 不影响紧后工作最早开始时间

C. 不影响紧后工作最早完成时间　　D. 不影响后续工作最早完成时间

6.【单选】某工程合同工期为 13 个月，根据绘制的工程网络计划得到的计算工期为 10 个月，经综合分析确定的计划工期为 11 个月，则工程网络计划中关键工作的总时差是（　　）个月。

A. 0　　B. 1　　C. 2　　D. 3

考点 2　双代号网络计划时间参数的计算

7.【单选】某工程双代号网络计划如下图所示（单位：天），其中工作 I 的最早开始时间是第（　　）天。

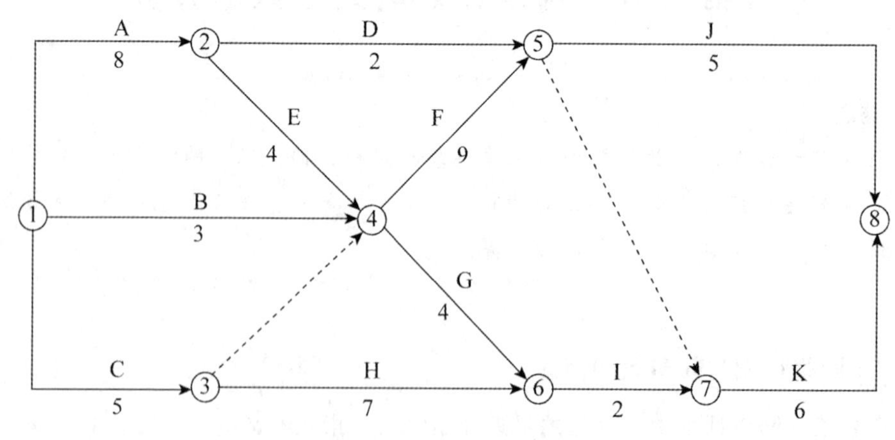

A. 7　　B. 12

C. 14　　D. 16

8.【单选】某工程网络计划中，工作 B 的持续时间为 5 天，其两项紧前工作的最早完成时间分别为第 6 天和第 8 天，则工作 B 的最早完成时间为第（　　）天。

A. 6　　B. 8

C. 11　　D. 13

9.【单选】某工程双代号网络计划如下图所示（单位：周），图中工作 F 的最早完成时间和最迟完成时间分别是第（　　）周。

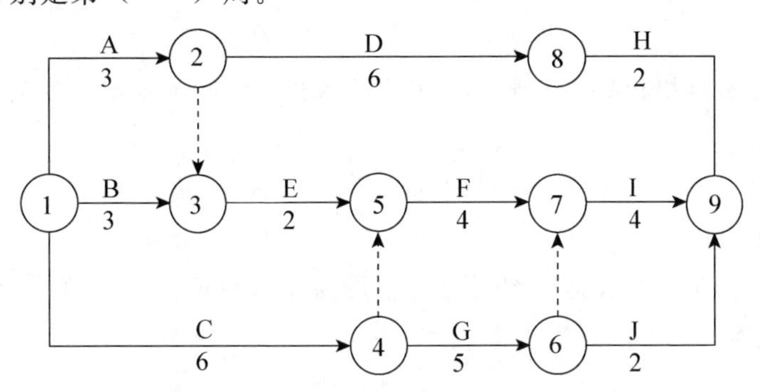

A. 10 和 11　　B. 9 和 11
C. 10 和 13　　D. 9 和 13

10.【单选】工程网络计划中，某工作持续时间为 5 天，其三项紧后工作的最迟开始时间分别为第 7、8 和 10 天，则该工作的最迟开始时间是第（　　）天。

A. 1　　B. 2
C. 4　　D. 5

11.【单选】某工程双代号网络计划如下图所示（单位：天），其中工作 E 的最早开始时间和最迟开始时间分别为第（　　）天。

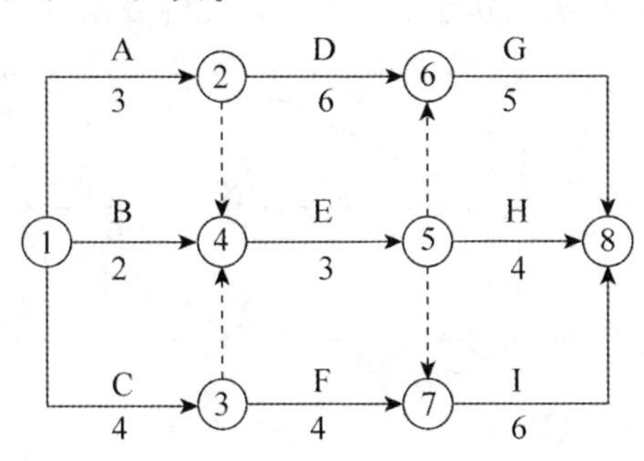

A. 3 和 5　　B. 3 和 6
C. 4 和 5　　D. 4 和 6

12.【单选】工作 A 有 B、C 两项紧后工作，工作 A、B 之间的时间间隔为 3 天，工作 A、C 之间的时间间隔为 2 天，则工作 A 的自由时差是（　　）天。

A. 1　　B. 2
C. 3　　D. 5

13.【单选】某工程网络计划中，工作 E 的持续时间为 6 天，最迟完成时间为第 28 天。该工作有三项紧前工作，其最早完成时间分别为第 16 天、第 19 天和第 20 天，则工作 E 的总时差是（　　）天。

A. 1　　B. 2
C. 3　　D. 6

14.【单选】某工程网络计划中，工作 E 有两项紧后工作 G 和 H，已知工作 G 和工作 H 的最早开始时间分别为第 25 天和第 28 天，工作 E 的最早开始时间和持续时间分别为第 17 天和第 6 天，则工作 E 的自由时差为（　　）天。

A. 1　　B. 2　　C. 3　　D. 5

15. **【单选】**在工程网络计划中，某项工作的最迟开始时间与最早开始时间的差值为该工作的（　　）。

A. 时间间隔　　B. 搭接时距

C. 自由时差　　D. 总时差

16. **【单选】**某分部工程双代号网络计划如下图所示（单位：天），则工作 D 的总时差和自由时差分别为（　　）天。

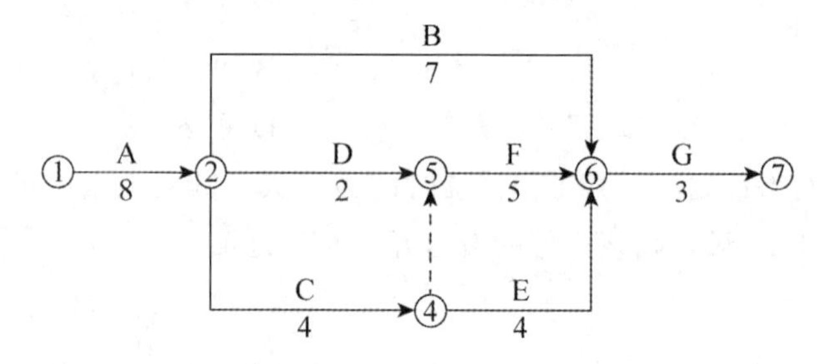

A. 1 和 1　　B. 1 和 2

C. 2 和 1　　D. 2 和 2

17. **【单选】**某工程双代号网络计划如下图所示，关键线路有（　　）条。

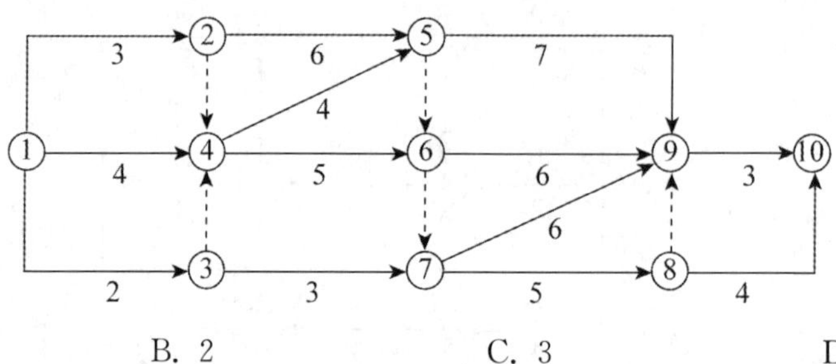

A. 1　　B. 2　　C. 3　　D. 4

18. **【多选】**某工程双代号网络计划如下图所示，图中已标明每项工作的最早开始时间和最迟开始时间。该计划表明（　　）。

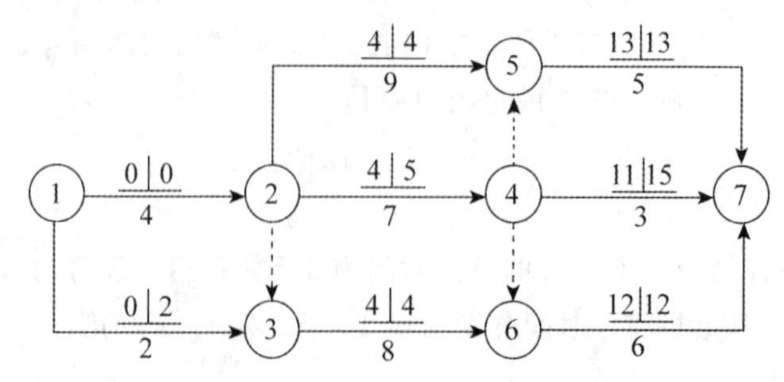

A. 工作 1—3 的自由时差为 2　　B. 工作 2—5 为关键工作

C. 工作 2—4 的自由时差为 1　　D. 工作 3—6 的总时差为零

E. 工作 4—7 为关键工作

19. 【多选】某工程进度计划如下图所示（单位：天），下列说法正确的有（　　）。

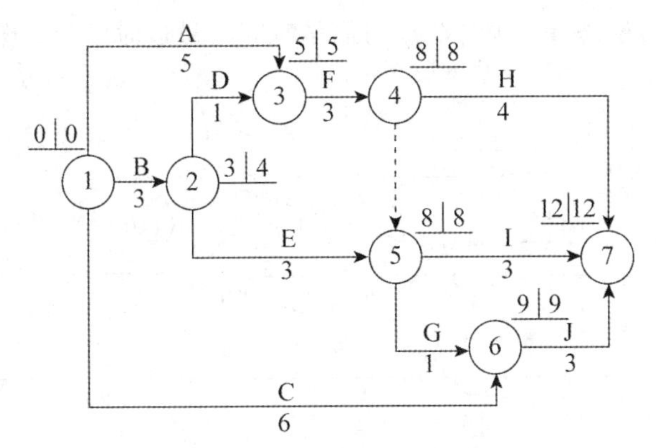

A. 关键节点组成的线路①→③→④→⑤→⑦为关键线路

B. 关键线路有两条

C. 工作 E 的自由时差为 2 天

D. 工作 E 的总时差为 2 天

E. 开始节点和结束节点为关键节点的工作 A 和 C 为关键工作

20. 【单选】双代号网络计划中，某工作持续时间为 5 天，其开始节点的最早时间和最迟时间分别为第 14 天和第 17 天，完成节点的最早时间和最迟时间分别为第 23 天和第 29 天，该工作的总时差是（　　）天。

A. 3　　B. 4　　C. 6　　D. 10

21. 【单选】计划工期等于计算工期的双代号网络计划中，关于关键节点特点的说法，正确的是（　　）。

A. 相邻关键节点之间的工作一定是关键工作

B. 以关键节点为完成节点的工作总时差和自由时差相等

C. 关键节点连成的线路一定是关键线路

D. 两个关键节点之间的多项工作自由时差均相等

22. 【多选】某分部工程双代号网络计划如下图所示。图中标出每个节点的最早时间和最迟时间，该计划表明（　　）。

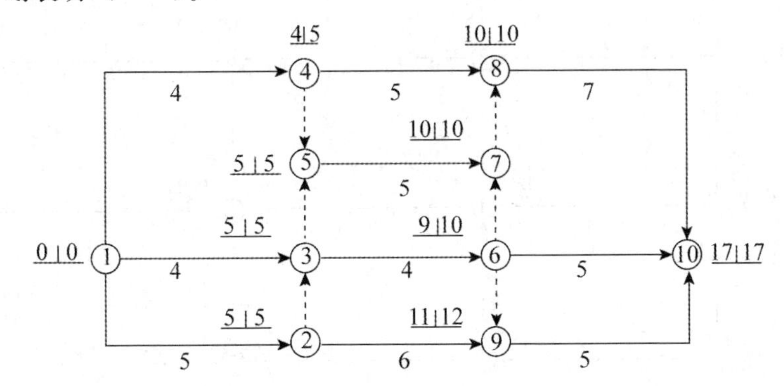

A. 工作 1—3 为关键工作　　B. 工作 1—4 的总时差为 1

C. 工作 3—6 的自由时差为 1　　D. 工作 6—10 的总时差为 3

E. 工作 4—8 的自由时差为 1

23. 【多选】某工程双代号网络计划中各节点的最早时间与最迟时间如下图所示，该计划表明（　　）。

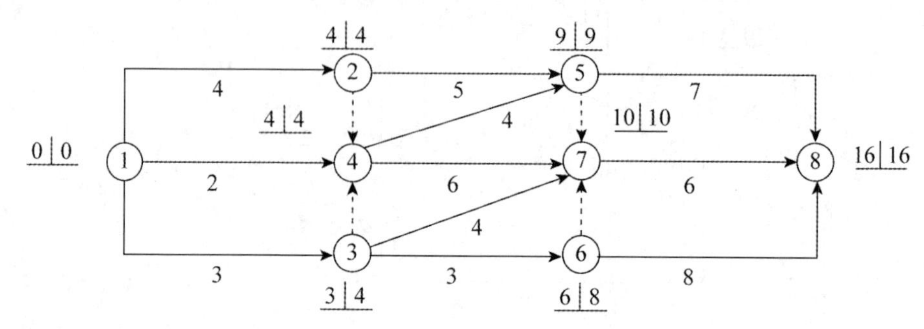

A. 工作 1—4 为关键工作

B. 工作 4—7 为关键工作

C. 工作 1—3 的自由时差为 0

D. 工作 3—7 的自由时差为 3

E. 关键线路有 3 条

24. 【多选】某工程双代号网络计划中各个节点的最早时间和最迟时间如下图所示，该计划表明（　　）。

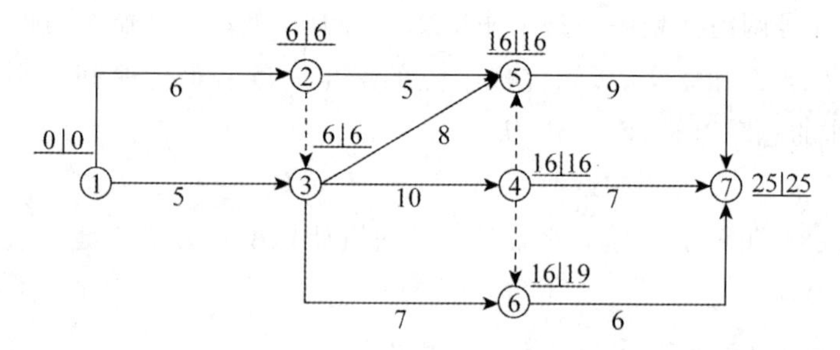

A. 工作 1—2 和 1—3 同为关键工作

B. 工作 2—5 的总时差与自由时差相等

C. 工作 3—5 与 4—7 的自由时差相等

D. 工作 3—6 的总时差与自由时差相等

E. 工作 5—7 和 6—7 同为非关键工作

25. 【多选】某工程双代号网络计划中各节点的最早时间与最迟时间如下图所示，该计划表明（　　）。

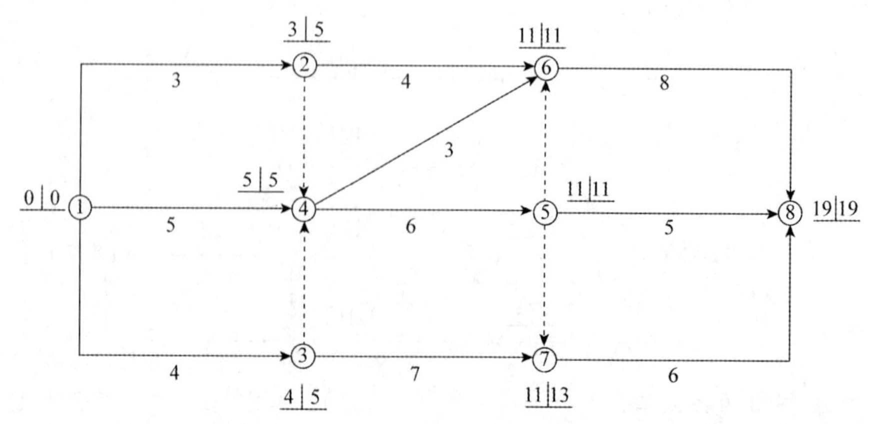

A. 工作 1—3 的自由时差为 1

B. 工作 4—5 为关键工作

C. 工作 4—6 为关键工作　　　　　D. 工作 5—8 的总时差为零

E. 工作 7—8 的自由时差为 2

26. 【单选】某工程网络计划中，工作 M 的持续时间为 4 天，工作 M 的三项紧后工作的最迟开始时间分别为第 21 天、第 18 天和第 15 天，则工作 M 的最迟开始时间是第（　　）天。

A. 11　　B. 14　　C. 15　　D. 17

27. 【单选】某工程网络计划如下图所示（单位：天），工作 E 的最早完成时间和最迟完成时间分别是第（　　）天。

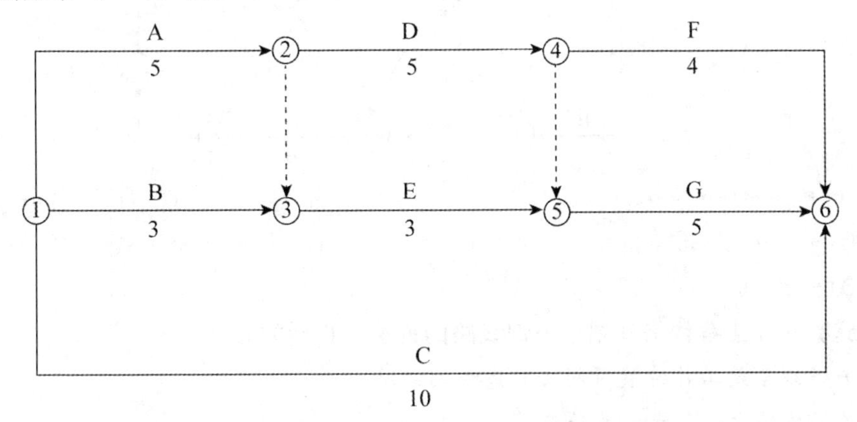

A. 8 和 10　　B. 5 和 7　　C. 7 和 10　　D. 5 和 8

28. 【单选】某工程双代号网络计划如下图所示，工作 E 最早完成时间和最迟完成时间分别是（　　）。

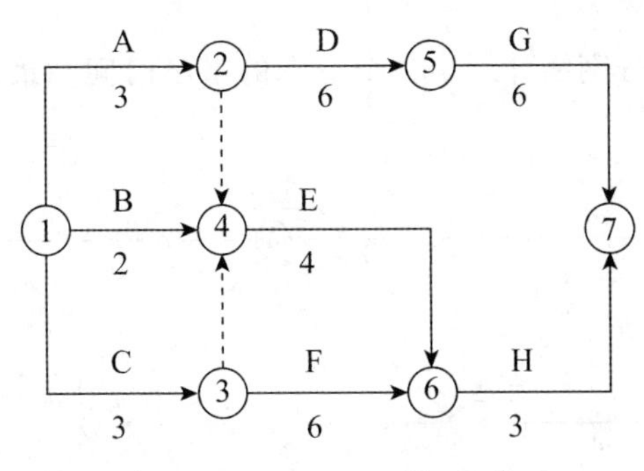

A. 6 和 8　　B. 6 和 12　　C. 7 和 8　　D. 7 和 12

29. 【单选】某工程双代号网络计划如下图所示，工作 G 的自由时差和总时差分别是（　　）。

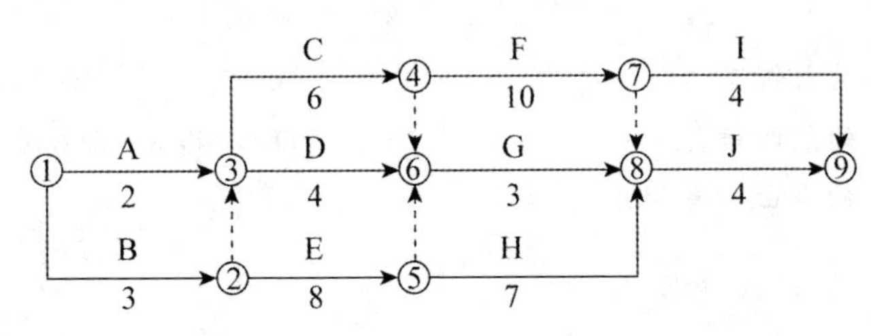

A. 0 和 4　　　　B. 4 和 4

C. 5 和 5　　D. 5 和 6

30. **【单选】** 关于双代号网络计划中关键工作的说法，正确的是（　　）。

A. 关键工作的最迟开始时间与最早开始时间的差值最小

B. 以关键节点为开始节点和完成节点的工作必为关键工作

C. 关键工作与其紧后工作之间的时间间隔必定为零

D. 自始至终由关键工作组成的线路总持续时间最短

31. **【多选】** 某工程双代号网络计划如下图所示，其中关键线路有（　　）。

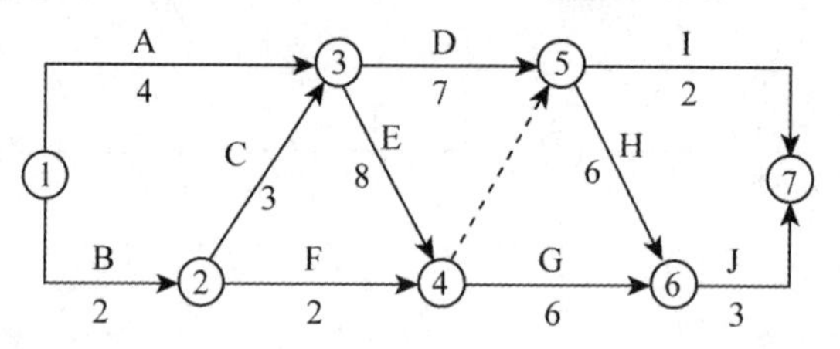

A. ①→②→④→⑤→⑦　　B. ①→②→③→④→⑤→⑥→⑦

C. ①→③→④→⑤→⑥→⑦　　D. ①→③→④→⑤→⑦

E. ①→②→③→④→⑥→⑦

32. **【多选】** 关于工程网络计划中关键线路的说法，正确的有（　　）。

A. 关键线路是工作持续时间之和最大的线路

B. 关键线路上的节点均为关键节点

C. 相邻两项工作之间的时间间隔为零的线路为关键线路

D. 关键工作均在关键线路上

E. 关键线路可能有多条

33. **【多选】** 某工程双代号网络计划中各个节点的最早时间和最迟时间如下图所示，该计划表明（　　）。

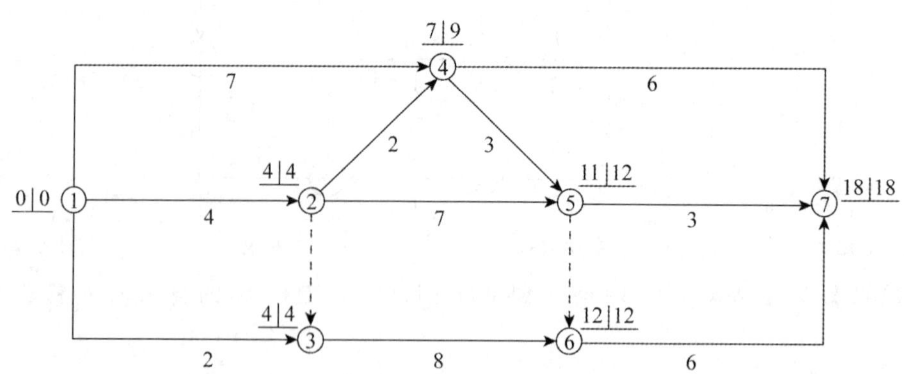

A. 工作 1—3 为关键工作　　B. 工作 2—4 的总时差为 2

C. 工作 2—5 的总时差为 1　　D. 工作 3—6 为关键工作

E. 工作 5—7 的自由时差为 4

34. 【多选】某工程双代号网络计划如下图所示，说法正确的有（　　）。

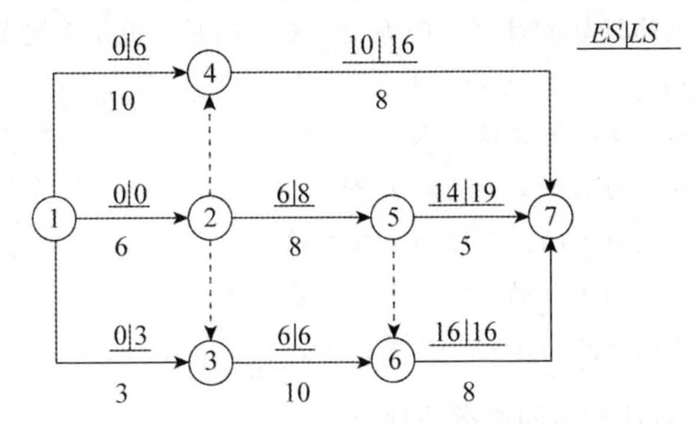

A. 工作 1—3 的总时差等于自由时差

B. 工作 1—4 的总时差等于自由时差

C. 工作 2—5 的自由时差为零

D. 工作 5—7 为关键工作

E. 工作 6—7 为关键工作

35. 【多选】双代号网络计划中，关于关键节点，说法正确的有（　　）。

A. 以关键节点为完成节点的工作必为关键工作

B. 两端为关键节点的工作不一定是关键工作

C. 关键节点必然处于关键线路上

D. 关键节点的最迟时间与最早时间差值最小

E. 由关键节点组成的线路不一定是关键线路

36. 某工程双代号网络计划如下图所示，工作 D 的最早开始时间和最迟开始时间分别是（　　）。

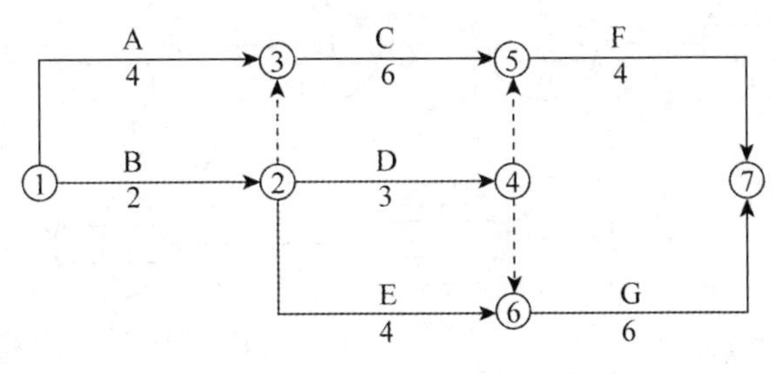

A. 2 和 5

B. 4 和 5

C. 2 和 7

D. 4 和 7

37. 【单选】某工程双代号网络计划如下图所示，工作 E 的自由时差和总时差分别是（　　）。

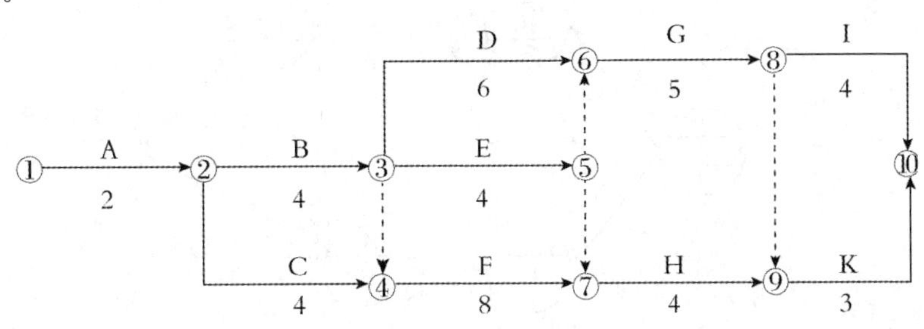

A. 1 和 2

B. 2 和 2

C. 3 和 4　　D. 4 和 4

38.【多选】双代号网络计划的计算工期等于计划工期时，关于关键节点和关键工作的说法，正确的有（　　）。

A. 关键工作两端节点必为关键节点

B. 两端为关键节点的工作必为关键工作

C. 完成节点为关键节点的工作必为关键工作

D. 两端为关键节点的工作的总时差等于自由时差

E. 开始节点为关键节点的工作必为关键工作

考点 3　单代号网络计划时间参数的计算

39.【单选】某工程单代号网络计划中，工作 E 的最早完成和最迟完成时间分别是 6 和 8，其紧后工作 F 的最早开始时间和最晚开始时间分别是 7 和 10，工作 E 和 F 之间的时间间隔是（　　）。

A. 1　　B. 2

C. 3　　D. 4

40.【多选】某工程单代号网络计划如下图所示，其中关键线路有（　　）。

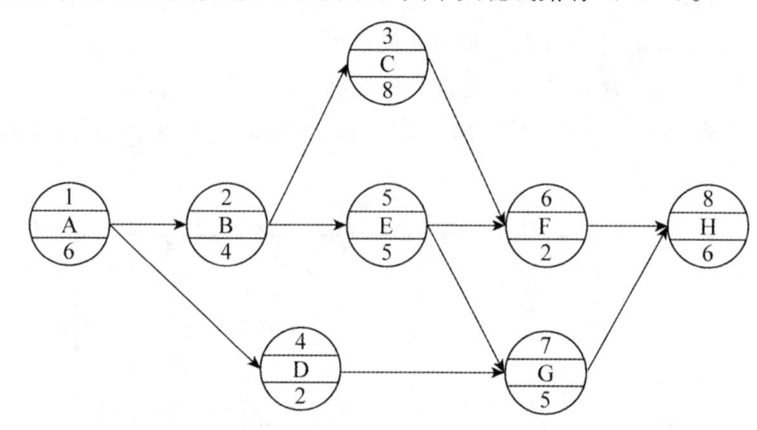

A. ①→②→③→⑧　　B. ①→②→③→⑥→⑧

C. ①→②→⑤→⑥→⑧　　D. ①→②→⑤→⑦→⑧

E. ①→④→⑦→⑧

41.【单选】某工程单代号网络计划如下图所示，工作 E 的最早开始时间是（　　）。

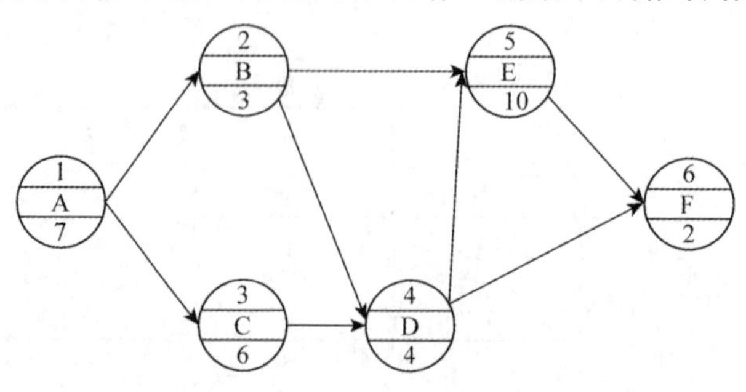

A. 10　　B. 13　　C. 17　　D. 27

42.【多选】某工程单代号网络计划如下图所示，下列说法正确的有（ ）。

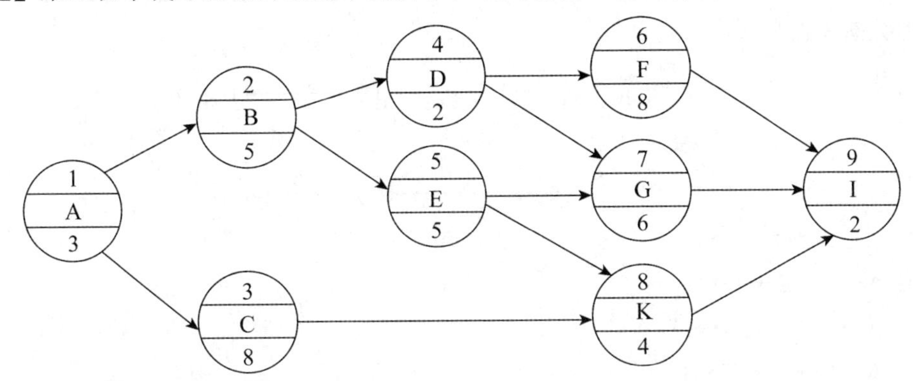

A. 工作 G 的最早开始时间为 10

B. 工作 G 的最迟开始时间为 13

C. 工作 E 的最早完成时间为 13

D. 工作 E 的最迟完成时间为 15

E. 工作 D 的总时差为 1

43.【单选】某工程的网络计划如下图所示（单位：天），图中工作 B 和 E 之间、工作 C 和 E 之间的时间间隔分别是（ ）天。

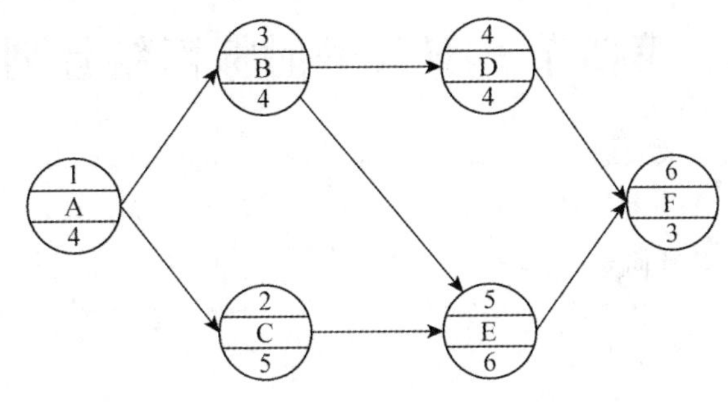

A. 1 和 0

B. 5 和 4

C. 0 和 0

D. 4 和 4

44.【单选】工作 A 有 B、C 两项紧后工作，工作 A、B 之间的时间间隔为 3 天，工作 A、C 之间的时间间隔为 2 天，则工作 A 的自由时差是（ ）天。

A. 1

B. 2

C. 3

D. 5

45.【单选】单代号搭接网络计划中，关键线路是指（ ）的路线。

A. 自始至终由关键节点组成

B. 自始至终由关键工作组成

C. 相邻两项工作之间时间间隔为零

D. 相邻两项工作之间时距为零

46. 【单选】某工程单代号网络计划如下图所示，箭线上的数值为相邻工作之间的时间间隔，则关键线路是（　　）。

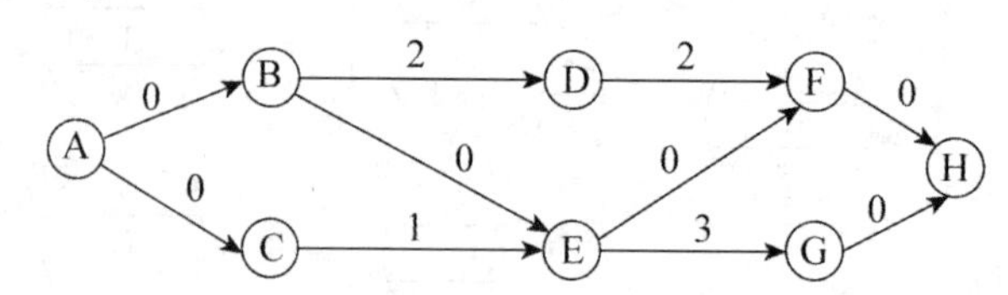

A. A→B→D→F→H

B. A→C→E→F→H

C. A→B→E→F→H

D. A→B→E→G→H

47. 【多选】工程网络计划中，关键线路是指（　　）。

A. 双代号时标网络计划中无波形线的线路

B. 单代号网络计划中时间间隔均为零的线路

C. 双代号网络计划中由关键节点组成的线路

D. 单代号网络计划中由关键工作组成的线路

E. 双代号时标网络计划中无虚箭线的线路

第四节　双代号时标网络计划

➤ **重难点：**

时标网络计划中时间参数的判定。

考点 1　时标网络计划的编制方法

1. 【多选】关于双代号时标网络计划特点的说法，正确的有（　　）。

A. 无虚箭线的线路为关键线路

B. 无波形线的线路为关键线路

C. 波形线的长度为相邻工作之间的时间间隔

D. 工作的总时差等于本工作至终点线路上波形线长度之和

E. 工作的最早开始时间等于工作开始节点对应的时标刻度值

2. 【单选】双代号时标网络计划中，波形线表示（　　）。

A. 工作的总时差

B. 工作与其紧后工作之间的时间间隔

C. 工作的自由时差

D. 工作与其紧后工作之间的时距

考点 2　时标网络计划中时间参数的判定

3. **【多选】** 某工程双代号时标网络计划如下图所示。下列说法中，正确的有（　　）。

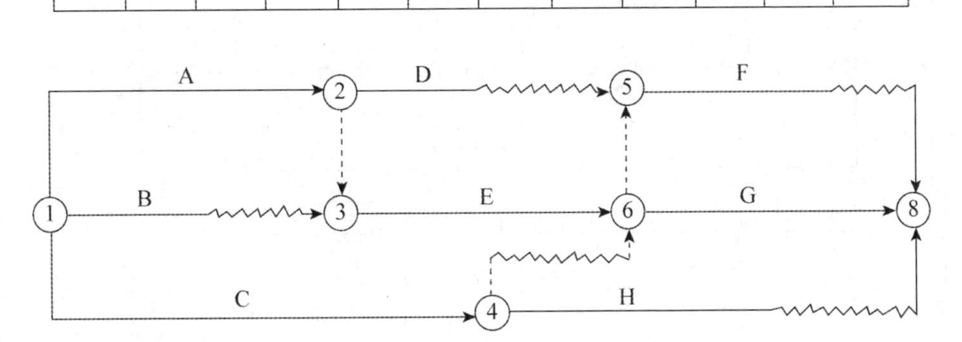

A. 工作 A 为关键工作

B. 工作 B 的自由时差为 2 天

C. 工作 C 的总时差为零

D. 工作 D 的最迟完成时间为第 8 天

E. 工作 E 的最早开始时间为第 2 天

4. **【单选】** 当计划工期等于计算工期时，按最早时间绘制的双代号时标网络计划中的波形线是（　　）。

A. 自由时差　　　　B. 时距

C. 总时差　　　　D. 虚工作

5. **【多选】** 某工程双代号时标网络计划如下图所示，该计划表明（　　）。

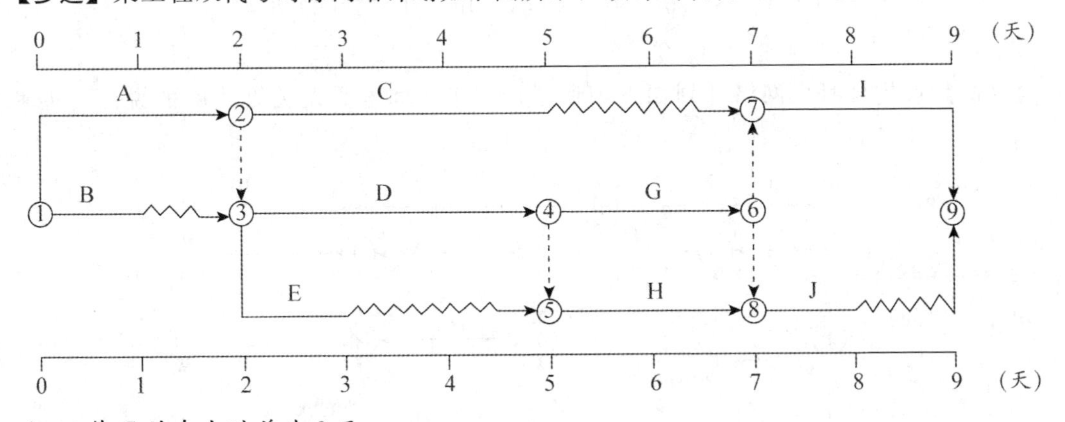

A. 工作 C 的自由时差为 2 天

B. 工作 E 的最早开始时间为第 4 天

C. 工作 D 为关键工作

D. 工作 H 的总时差为零

E. 工作 B 的最迟完成时间为第 1 天

6.【单选】某工程双代号时标网络计划如下图所示，其中工作 C 的总时差为（　　）周。

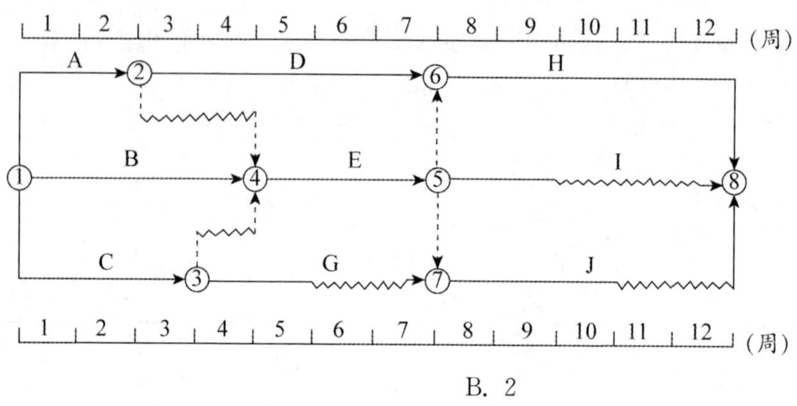

A. 1　　　　B. 2

C. 3　　　　D. 4

7.【单选】在下图所示双代号时标网络计划中，如果 C、E、H 三项工作因共用一台施工机械而必须顺序施工，那么该施工机械在现场的最小闲置时间为（　　）周。

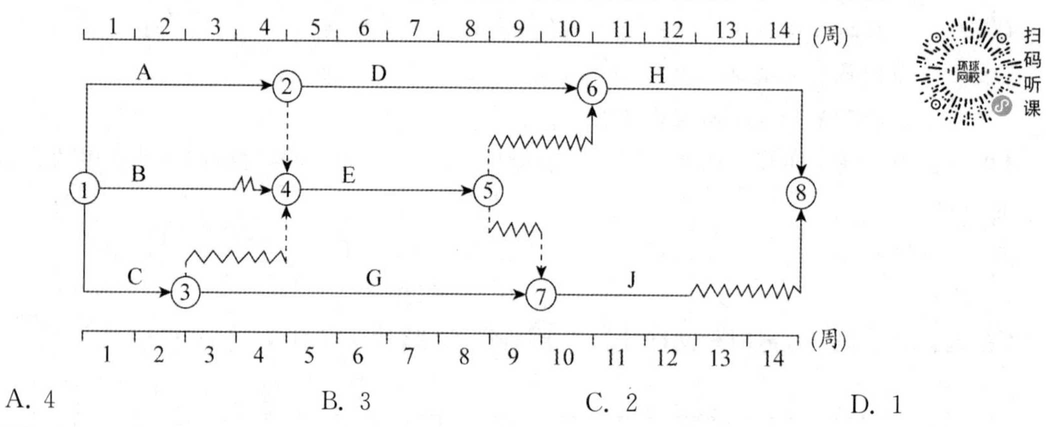

A. 4　　　　B. 3　　　　C. 2　　　　D. 1

8.【多选】双代号时标网络计划如下图所示，关于时间参数及关键线路的说法，正确的有（　　）。

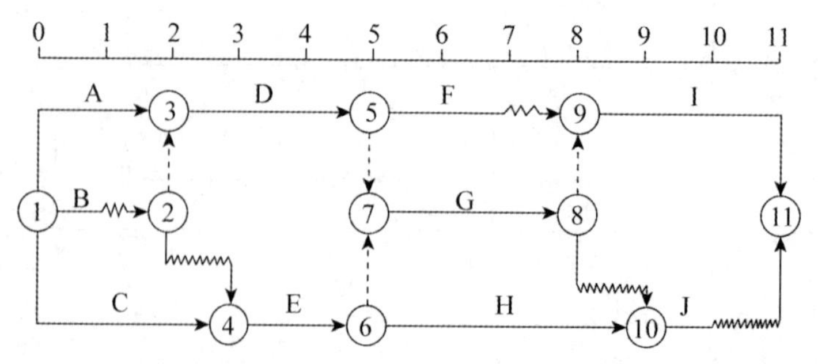

A. A 工作的总时差为 1，自由时差为 0

B. C 工作的总时差为 0，自由时差为 0

C. B 工作的总时差为 1，自由时差为 1

D. H 工作的最早完成时间为 9，最迟完成时间为 9

E. ①→②→④→⑥→⑦→⑧→⑨→⑪是关键线路

9.【多选】某工程双代号时标网络计划如下图所示（单位：天）。下列关于时间参数的说法，正确的有（　　）。

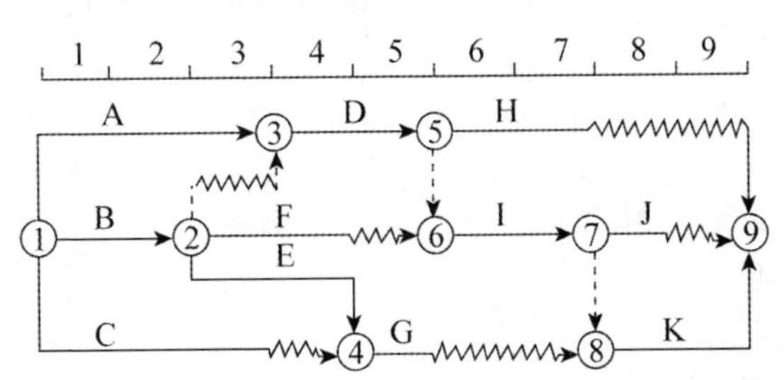

A. 工作B的总时差为零

B. 工作E的最早开始时间为第4天

C. 工作D的总时差为零

D. 工作I的自由时差为1天

E. 工作G的总时差为2天

10.【单选】某工程双代号时标网络计划如下图所示，图中表明的正确信息是（　　）。

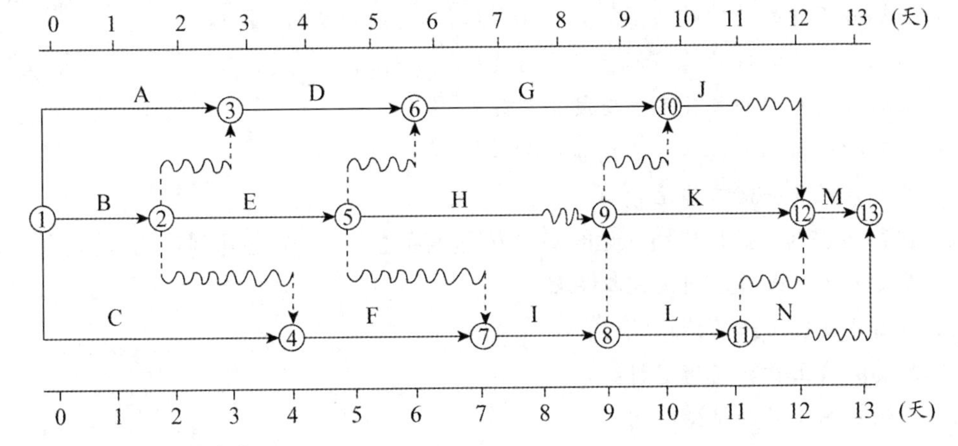

A. 工作D的自由时差为1天

B. 工作E的总时差等于自由时差

C. 工作F的总时差为1天

D. 工作H的总时差为1天

11.【单选】某工程双代号时标网络计划如下图所示，图中表明的正确信息是（　　）。

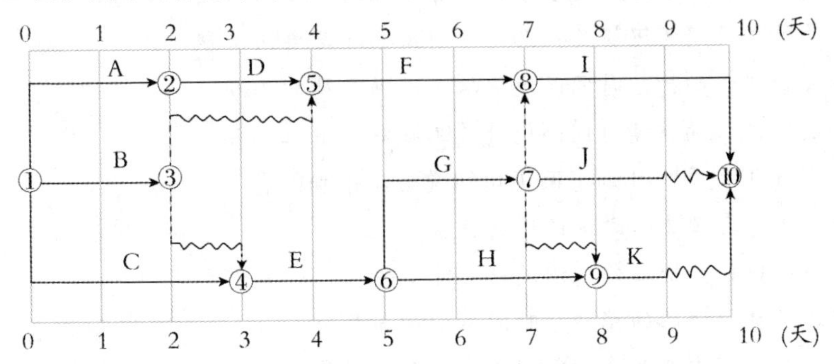

A. 工作B的总时差为1天

B. 工作C的自由时差为1天

C. 工作G的总时差为1天

D. 工作H的总时差为零

第五节 网络计划的优化

> 重难点：
>
> 1. 工期优化方法及应用。
> 2. 费用优化方法。
> 3. 资源优化。

考点 1 工期优化

1. 【多选】缩短关键工作的持续时间时，其缩短值的确定必须符合（　　）。
   A. 缩短后工作的持续时间不能小于其最短持续时间
   B. 缩短后工作的持续时间不能大于其最短持续时间
   C. 缩短持续时间的工作不能变成非关键工作
   D. 缩短持续时间的工作能变成非关键工作
   E. 缩短后对非关键工作无影响

2. 【单选】工程网络计划工期优化的基本方法是通过（　　）来达到优化目标。
   A. 改变非关键工作之间的逻辑关系
   B. 压缩非关键工作的持续时间
   C. 改变关键工作之间的逻辑关系
   D. 压缩关键工作的持续时间
3. 【单选】网络计划工期优化的前提是（　　）。
   A. 计算工期不满足计划工期
   B. 不改变各项工作之间的逻辑关系
   C. 计划工期不满足计算工期
   D. 将关键工作压缩成非关键工作
4. 【单选】工程网络计划的工期优化是通过（　　）。
   A. 改变关键工作间的逻辑关系而使计算工期满足要求工期
   B. 改变关键工作间的逻辑关系而使计划工期满足要求工期
   C. 压缩关键工作的持续时间而使要求工期满足计划工期
   D. 压缩关键工作的持续时间而使计算工期满足要求工期
5. 【多选】关于工程网络计划工期优化的说法，正确的有（　　）。
   A. 应分析调整各项工作之间的逻辑关系
   B. 应有步骤地将关键工作压缩成非关键工作
   C. 应将各条关键线路的总持续时间压缩相同数值
   D. 应考虑质量、安全和资源等因素选择压缩对象
   E. 应压缩非关键线路上自由时差大的工作
6. 【单选】当网络计划的计算工期大于要求工期时，为满足工期要求可采用的调整方法是压

缩（　　）工作的持续时间。

A. 持续时间最长
B. 自由时差为零
C. 总时差为零
D. 时间间隔最小

7. **【多选】**网络计划的工期优化过程中，压缩关键工作的持续时间应优先选择（　　）。

A. 有充足备用资源的工作
B. 对质量影响较大的工作
C. 所需增加费用最少的工作
D. 持续时间最长的工作
E. 紧后工作最少的工作

8. **【单选】**工程网络计划工期优化的基本方法是通过（　　）来达到优化目标。

A. 组织关键工作流水作业
B. 组织关键工作平行作业
C. 压缩关键工作的持续时间
D. 压缩非关键工作的持续时间

9. **【多选】**工程网络计划工期优化中，应选择（　　）的关键工作作为压缩对象。

A. 资源强度最小
B. 所需资源种类最少
C. 有充足备用资源
D. 缩短持续时间所需增加费用最少
E. 缩短持续时间对质量和安全影响不大

考点 2　费用优化

10. **【单选】**工程网络计划的费用优化是指寻求（　　）的过程。

A. 工期固定条件下最低工程总成本
B. 资源有限条件下最低工程总成本
C. 工程总成本最低时的工期安排
D. 工程总成本最低时资源均衡使用

11. **【单选】**工程总费用由直接费和间接费组成，随着工期的缩短，直接费和间接费的变化规律是（　　）。

A. 直接费减少，间接费增加
B. 直接费和间接费均增加
C. 直接费增加，间接费减少
D. 直接费和间接费均减少

12. **【单选】**关于工程网络计划费用优化的说法，正确的是（　　）。

A. 缩短持续时间的工作不能变成非关键工作
B. 缩短持续时间的工作应为直接费最小的关键工作
C. 必要时可调整关键工作之间的逻辑关系
D. 工程总费用会随着工期的缩短而增加

13.【单选】工程网络计划费用优化的目的是寻求（　　）。

A. 最短工期条件下费用最少的计划安排

B. 工程总成本最低时的工期安排

C. 资源需用量最小时的工期安排

D. 工期固定前提下资源需用量最少的计划安排

考点 3 资源优化

14.【单选】工程网络计划的资源优化是指（　　）的优化。

A. 资源有限，工期最短

B. 资源均衡，费用最少

C. 资源有限，工期固定

D. 资源均衡，资源需用量最少

15.【多选】工程网络计划资源优化的目的有（　　）。

A. 使该工程的资源需用量尽可能均衡

B. 使该工程的资源强度最低

C. 使该工程的资源需用量最少

D. 使该工程的资源需用量满足资源限制条件

E. 使该工程的资源需求符合正态分布

16.【单选】工程网络计划资源优化的目的是（　　）。

A. 在资源均衡使用条件下，使工程总成本最低

B. 在资源均衡使用条件下，使工期最短

C. 在工期保持不变的条件下，使各项工作的资源强度尽可能一致

D. 在工期保持不变的条件下，使计划安排的资源需用量尽可能均衡

17.【多选】工程网络计划的优化是指寻求（　　）的过程。

A. 工程总成本不变条件下资源需用量最少

B. 工程总成本最低时的工期安排

C. 资源有限条件下最短工期安排

D. 工期不变条件下资源均衡安排

E. 工期固定条件下资源强度最小

18.【多选】工程网络计划优化的目的有（　　）。

A. 使计算工期满足要求工期

B. 按要求工期寻求资源需用量最小的计划安排

C. 工期不变条件下资源强度最小

D. 寻求工程总成本最低时的工期安排

E. 工期不变条件下资源需用量尽可能均衡

第六节　单代号搭接网络计划和多级网络计划系统

➤ **重难点：**

1. 搭接关系的种类及表达方式。
2. 搭接网络计划时间参数的计算。

考点 1　单代号搭接网络计划

1. 【单选】单代号搭接网络计划中，时距是指相邻两项工作之间的（　　）。

A. 时间间隔　　B. 时间差值

C. 机动时间　　D. 搭接时间

2. 【单选】某工程单代号搭接网络计划如下图所示，其中工作 B 和 D 的最早开始时间分别是（　　）。

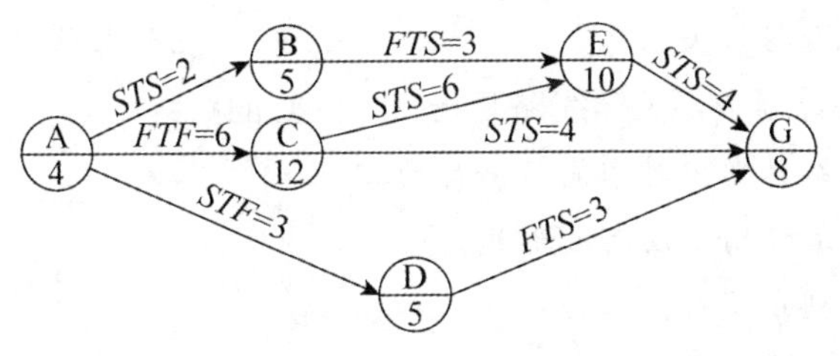

A. 4 和 4　　B. 6 和 7　　C. 2 和 0　　D. 2 和 2

3. 【单选】某分部工程单代号搭接网络计划如下图所示，节点中下方数字为该节点所代表工作的持续时间，关键工作是（　　）。

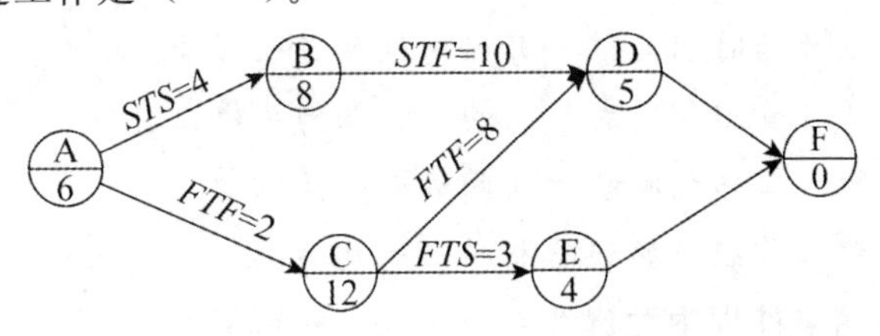

A. 工作 C 和工作 D　　B. 工作 A 和工作 B

C. 工作 C 和工作 E　　D. 工作 B 和工作 D

4. 【多选】某工程单代号搭接网络计划如下图所示，节点中下方数字为该节点所代表工作的持续时间，其中关键工作有（　　）。

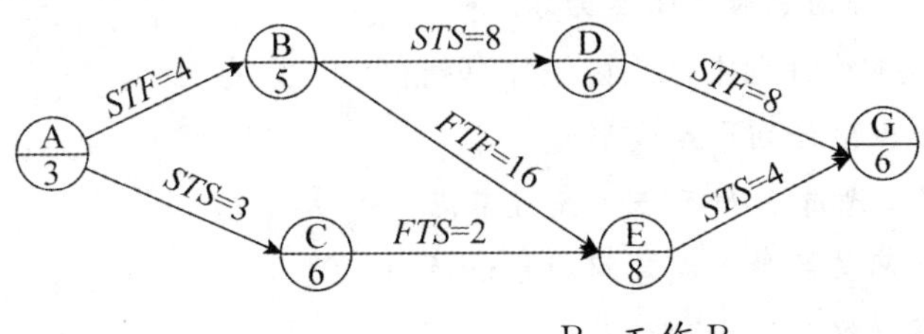

A. 工作 A　　B. 工作 B

C. 工作 C　　D. 工作 D

E. 工作 E

5. 【单选】某工程单代号搭接网络计划如下图所示，节点中下方数字为该节点所代表工作的持续时间，其中关键工作是（　　）。

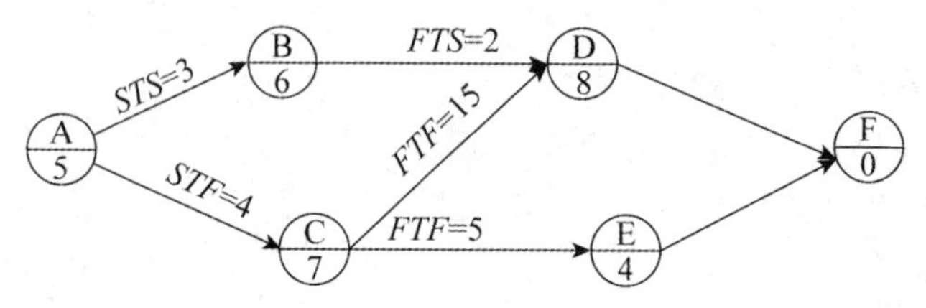

A. 工作 A 和工作 B

B. 工作 B 和工作 D

C. 工作 C 和工作 D

D. 工作 C 和工作 E

6. 【单选】单代号搭接网络计划中，关键线路的特点是线路上的（　　）。

A. 关键工作总时差之和最大　　B. 工作时距之和最小

C. 相邻工作无混合搭接关系　　D. 相邻工作时间间隔为零

7. 【多选】工程网络计划中，关键线路是指（　　）的路线。

A. 单代号搭接网络计划中时间间隔全部为零

B. 双代号时标网络计划中没有波形线

C. 双代号网络计划中没有虚工作

D. 双代号网络计划中工作持续时间总和最大

E. 单代号网络计划中由关键工作组成

8. 【单选】关于双代号网络计划中关键工作的说法，正确的是（　　）。

A. 关键工作的最迟开始时间与最早开始时间的差值最小

B. 以关键节点为开始节点和完成节点的工作必为关键工作

C. 关键工作与其紧后工作之间的时间间隔必定为零

D. 自始至终由关键工作组成的线路总持续时间最短

9. 【单选】关于工程网络计划中关键线路的说法，正确的是（　　）。

A. 工程网络计划中至少有一条关键线路

B. 关键线路是指总持续时间最短的线路

C. 关键线路在网络计划执行过程中不会转移

D. 关键线路上工作的总时差必然为零

10. 【单选】在工程网络计划中，关键工作是指（　　）的工作。

A. 双代号时标网络计划中无波形线

B. 双代号网络计划中开始节点为关键节点

C. 最迟完成时间与最早完成时间的差值最小

D. 单代号搭接网络计划中时距最小

11. **【多选】**在工程网络计划中，关键线路是指（　　）的路线。
    A. 单代号网络计划中由关键工作组成
    B. 双代号网络计划中由关键节点组成
    C. 双代号时标网络计划中无波形线
    D. 单代号搭接网络计划中时距之和最大
    E. 单代号网络计划中时间间隔均为零

12. **【单选】**在单代号搭接网络计划中，关键线路是指（　　）的线路。
    A. 持续时间总和最长
    B. 时间间隔均为零
    C. 时距总和最长
    D. 由关键节点组成

考点 2 多级网络计划系统

13. **【多选】**关于建设工程多级网络计划系统的说法，正确的有（　　）。
    A. 计划系统由不同层级的网络计划组成
    B. 处于同一层级的网络计划相互关联和搭接
    C. 能够使用一个网络图来表达工程的所有工作内容
    D. 进度计划通常采用自顶向下、分级编制的方法
    E. 能够保证建设工程所需资源的连续性

参考答案及解析

第三章　网络计划技术

第一节　基本概念

考点 1 网络图的组成

1.【答案】B

【解析】在双代号网络图中，有时存在虚箭线，虚箭线不代表实际工作，表示虚工作。虚工作既不消耗时间，也不消耗资源。虚工作主要用来表示相邻两项工作之间的逻辑关系。但有时为了避免两项同时开始、同时进行的工作具有相同的开始节点和完成节点，需要用虚工作加以区分。

2.【答案】D

【解析】虚工作既不消耗时间，也不消耗资源。虚工作主要用来表示相邻两项工作之间的逻辑关系。

考点 2 工艺关系和组织关系

3.【答案】A

【解析】生产性工作之间由工艺过程决定的、非生产性工作之间由工作程序决定的先后顺序关系称为工艺关系。工作之间由于组织安排需要或资源（劳动力、原材料、施工机具等）调配需要而规定的先后顺序关系称为组织关系。

4.【答案】B

【解析】生产性工作之间由工艺过程决定的、非生产性工作之间由工作程序决定的先后顺序关系称为工艺关系。选项 A、C 均属于组织关系；选项 D 无逻辑关系。

5.【答案】A

【解析】生产性工作之间由工艺过程决定的、非生产性工作之间由工作程序决定的先后顺序关系称为工艺关系。工作之间由于组织安排需要或资源（劳动力、原材料、施工机具等）调配需要而规定的先后顺序关系称为组织关系。

考点 3 紧前工作、紧后工作和平行工作

6.【答案】BE

【解析】选项 A 错误，工作 E 的紧后工作是工作 H。选项 C 错误，工作 G 的紧前工作是工作 D。选项 D 错误，工作 C 的紧后工作是工作 F。

7.【答案】B

【解析】在网络图中，相对于某工作而言，可以与该工作同时进行的工作即为该工作的平

行工作。

考点 4　先行工作和后续工作

8. 【答案】CDE

【解析】选项 A 错误，工作 D 的后续工作是工作 J 和工作 K。选项 B 错误，工作 H 的后续工作只有工作 K。

考点 5　线路、关键线路和关键工作

9. 【答案】A

【解析】选项 B 错误，关键线路上工作的总时差不一定均为零。选项 C、D 错误，在工程网络计划中，关键线路可能不止一条，而且在工程网络计划实施过程中，关键线路还会发生转移。

第二节　网络图的绘制

考点　双代号网络图的绘制

1. 【答案】AB

【解析】图中有多个起点节点（①②）；节点编号有误（⑥→⑤），工作的箭尾编号应小于箭头编号。

2. 【答案】BCDE

【解析】存在循环回路，如②④⑤；节点编号有误，如⑤→②，工作的箭尾编号应小于箭头编号；有多个终点节点，如⑦⑧；工作箭线逆向，如⑤→②、④→⑤。

3. 【答案】ADE

【解析】节点编号有误，如⑨→⑤、⑨→⑧，工作的箭尾编号应小于箭头编号；有多个终点节点，如⑧⑩；存在循环回路，如⑤⑥⑨。

4. 【答案】BD

【解析】节点编号有误（③→②），工作的箭尾编号应小于箭头编号；有多个终点节点，如⑦⑧。

5. 【答案】BC

【解析】存在无箭头的连线（节点②③）；箭线交叉处理有误（D 与 E）。

6. 【答案】ADE

【解析】节点②和节点⑩属于多个终点节点。节点①和节点③属于多个起点节点。节点⑦→②属于箭线逆向。

7. 【答案】ABD

【解析】节点①⑤都是起点节点。节点④⑨都是终点节点。箭线⑥→⑨上引出了指向节点⑧的箭线。

8. 【答案】BD

【解析】有多个起点节点，如①②；箭线交叉处理有误，如 E 与 F、I 与 J（用过桥法或

指向法）。

9.【答案】A

【解析】选项B错误，无节点编号。选项C错误，无箭头连线。选项D错误，节点编号表示方法错误。

10.【答案】ABD

【解析】存在①②两个起点节点。⑥→⑤节点编号有误，不能存在大号指向小号。工作E存在无箭头的箭线。

第三节　网络计划时间参数的计算

考点 1　网络计划时间参数的概念

1.【答案】C

【解析】工作的最迟开始时间是指在不影响整个任务按期完成的前提下，必须开始的最迟时刻。工作的最迟开始时间等于本工作的最迟完成时间与其持续时间之差。

2.【答案】B

【解析】在网络计划中，工期一般有以下三种：①计算工期。即根据网络计划时间参数计算得到的工期。②要求工期。即任务委托人所提出的指令性工期。③计划工期。即根据要求工期和计算工期所确定的作为实施目标的工期。

3.【答案】D

【解析】对于网络计划中以终点节点为完成节点的工作，其自由时差和总时差相等。此外，由于工作的自由时差是其总时差的构成部分，因此当工作的总时差为零时，其自由时差必然为零，可不必专门计算。

4.【答案】A

【解析】时间间隔是指本工作的最早完成时间与其紧后工作的最早开始时间之间可能存在的差值。

5.【答案】B

【解析】工作的自由时差是指在不影响其紧后工作最早开始时间的前提下，本工作可以利用的机动时间。

6.【答案】C

【解析】关键工作的总时差＝要求工期－计划工期＝13－11＝2（月）。

考点 2　双代号网络计划时间参数的计算

7.【答案】D

【解析】工作I的最早开始时间为其紧前工作G和工作H最早完成时间的最大值。工作G最早完成时间为第16天，工作H最早完成时间为第12天，即工作I最早开始时间为第16天。

8.【答案】D

【解析】工作的最早完成时间为本工作的最早开始时间与其持续时间之和，即 8+5=13（天）。

9.【答案】A

【解析】工作的最早完成时间等于本工作的最早开始时间与其持续时间之和，即 6+4=10（周）。工作的最迟完成时间等于其紧后工作最迟开始时间的最小值，工作 F 的紧后工作 I 的最迟开始时间为第 11 周，即工作 F 的最迟完成时间为第 11 周。

10.【答案】B

【解析】工作的最迟开始时间等于本工作的最迟完成时间与其持续时间之差。工作的最迟完成时间等于其紧后工作最迟开始时间的最小值，即 min {7，8，10} =7（天）。工作的最迟开始时间=7−5=2（天）。

11.【答案】C

【解析】工作 E 的最早开始时间为其紧前工作的最早完成时间的最大值，即 max {3，2，4} =4（天）。工作的最迟开始时间其为紧后工作最迟开始时间的最小值减去该工作的持续时间，即 min {8，9，10} −3=8−3=5（天）。

12.【答案】B

【解析】网络计划终点节点 n 所代表的工作的自由时差等于计划工期与本工作的最早完成时间之差。其他工作的自由时差等于本工作与其紧后工作之间时间间隔的最小值。

13.【答案】B

【解析】工作的总时差等于该工作最迟完成时间与最早完成时间之差，或该工作最迟开始时间与最早开始时间之差。该工作最早开始时间=max {16，19，20} =20（天）。该工作最迟开始时间=28−6=22（天）。该工作的总时差=22−20=2（天）。

14.【答案】B

【解析】对于有紧后工作的工作，其自由时差等于本工作之紧后工作最早开始时间减本工作最早完成时间所得之差的最小值。本工作最早完成时间=17+6=23（天）。自由时差=min {25−23，28−23} =2（天）。

15.【答案】D

【解析】工作的总时差等于该工作最迟完成时间与最早完成时间之差，或该工作最迟开始时间与最早开始时间之差。

16.【答案】D

【解析】工作 D 的总时差=工作 D 的最迟完成时间−最早完成时间=12−10=2（天）。工作 D 的自由时差=紧后工作最早开始时间−本工作最早完成时间=12−10=2（天）。

17.【答案】C

【解析】网络图线路上各项工作的持续时间总和最大的线路为关键线路。该网络图中的关键线路有：①→④→⑤→⑨→⑩，①→④→⑥→⑦→⑨→⑩，①→④→⑥→⑦→⑧→⑩。

18.【答案】ABD

【解析】选项 A 正确，工作 1—3 的自由时差=4−（0+2）=2。选项 B 正确，工作

第三章 必刷

2—5的总时差为4－4＝0，是关键工作。选项C错误，工作2—4的自由时差＝11－（4＋7）＝0≠1。选项D正确，工作3—6的总时差＝4－4＝0。选项E错误，工作4—7的总时差＝15－11＝4，不是关键工作。

19.【答案】BCD

【解析】关键线路有两条：①→③→④→⑦和①→③→④→⑤→⑥→⑦。工作E的自由时差＝8－3－3＝2（天）。工作E的总时差＝8－3－3＝2（天）。

20.【答案】D

【解析】该工作的总时差＝29－（14＋5）＝10（天）。

21.【答案】B

【解析】在双代号网络计划中，当计划工期等于计算工期时，关键节点具有以下特性：①开始节点和完成节点均为关键节点的工作，不一定是关键工作；②以关键节点为完成节点的工作，其总时差和自由时差必然相等。

22.【答案】BDE

【解析】选项A错误，工作1—3不是关键工作：5－（0＋4）≠0。选项B正确，工作1—4的总时差＝5－（4＋0）＝1。选项C错误，工作3—6的自由时差＝9－（5＋4）＝0。选项D正确，工作6—10的总时差＝17－（9＋5）＝3。选项E正确，4—8的自由时差＝10－（4＋5）＝1。

23.【答案】BCD

【解析】选项A错误，工作1—4不是关键工作：4－（0＋2）≠0。选项B正确，工作4—7的总时差＝10－（4＋6）＝0，是关键工作。选项C正确，工作1—3的自由时差＝3－（0＋3）＝0。选项D正确，工作3—7的自由时差＝10－（3＋4）＝3。选项E错误，关键线路有2条，即①→②→⑤→⑧和①→②→④→⑦→⑧。

24.【答案】BC

【解析】选项A错误，工作1—3不是关键工作：0＋5≠6。选项B正确，工作2—5的总时差＝16－（6＋5）＝5；自由时差＝16－（6＋5）＝5。选项C正确，工作3—5的自由时差＝16－（6＋8）＝2；工作4—7的自由时差＝25－（16＋7）＝2。选项D错误，工作3—6的总时差＝19－（6＋7）＝6；自由时差＝16－（6＋7）＝3。选项E错误，工作5—7为关键工作，而工作6—7为非关键工作。

25.【答案】BE

【解析】选项A错误，工作1—3的自由时差＝4－（0＋4）＝0。选项B正确，工作4—5的总时差＝11－（5＋6）＝0，为关键工作。选项C错误，工作4—6的总时差＝11－（5＋3）＝3，不是关键工作。选项D错误，工作5—8的总时差＝19－（11＋5）＝3。选项E正确，工作7—8的自由时差＝19－（11＋6）＝2。

26.【答案】A

【解析】工作的最迟完成时间等于其紧后工作最迟开始时间的最小值，则工作M的最迟完成时间＝min｛21，18，15｝＝15（天）；工作的最迟开始时间等于工作的最迟完成时间减去工作的持续时间，即工作M的最迟开始时间＝15－4＝11（天）。

27. 【答案】A

【解析】工作E的紧前工作为工作A和B，工作E的最早完成时间为5+3=8（天）。该工程总工期为15天，工作E的紧后工作为工作G，工作G的最早开始时间为15−5=10（天），则工作E的最迟完成时间为第10天。

28. 【答案】D

【解析】关键线路为①→②→⑤→⑦，总工期为15天。最早完成时间为max{3+4，2+4，3+4}=7（天），最迟完成时间为15−3=12（天）。

29. 【答案】C

【解析】关键线路是①→②→③→④→⑦→⑧→⑨和①→②→③→④→⑦→⑨，总工期为23天。工作G的完成节点为关键节点，所以其自由时差=总时差=（23−4）−14=5（天）。

30. 【答案】A

【解析】工作的总时差为工作最迟开始时间与最早开始时间之差，工作总时差最小的工作为关键工作。选项B错误，以关键节点为开始节点和完成节点的工作不一定为关键工作。选项C错误，“时间间隔”为单代号网络计划中的时间参数。选项D错误，自始至终由关键工作组成的线路不一定是关键线路，所以总持续时间不一定最短。

31. 【答案】BE

【解析】总持续时间最长的线路称为关键线路。题中关键线路包括：①→②→③→④→⑤→⑥→⑦、①→②→③→④→⑥→⑦。

32. 【答案】ABCE

【解析】选项D错误，关键工作不一定均在关键线路上。

33. 【答案】CDE

【解析】选项A错误，工作1—3的总时差=4−（0+2）=2，不是关键工作（关键工作的总时差应为0）；选项B错误，工作2—4的总时差=9−（4+2）=3；选项C正确，工作2—5的总时差=12−（4+7）=1；选项D正确，工作3—6的总时差=12−（4+8）=0，是关键工作；选项E正确，工作5—7的自由时差=18−（11+3）=4。

34. 【答案】ACE

【解析】关键线路为①→②→③→⑥→⑦。选项A正确，工作1—3的总时差=自由时差=3。选项B错误，工作1—4的自由时差为0，总时差为6。选项C正确，工作2—5的自由时差为0。选项D错误，工作5—7为非关键工作。选项E正确，工作6—7为关键工作。

35. 【答案】BCDE

【解析】在双代号网络计划中，关键线路上的节点称为关键节点。关键工作两端的节点必为关键节点，但两端为关键节点的工作不一定是关键工作。

36. 【答案】A

【解析】本题关键线路是A→C→F，总工期是14。工作D的最早开始时间为2，最迟开始时间不影响工作G的开始时间，14−6−3=5。

第三章 必刷

37. 【答案】B

【解析】该工程的总工期为21。FF_E＝min｛12，14｝－10＝2；TF_E＝21－10－（5＋4）＝2。

38. 【答案】AD

【解析】选项B错误，关键工作两端的节点必为关键节点，但两端为关键节点的工作不一定是关键工作。选项C错误，完成节点为关键节点的工作不一定为关键工作。选项E错误，开始节点为关键节点的工作不一定为关键工作。

考点3 单代号网络计划时间参数的计算

39. 【答案】A

【解析】时间间隔指本工作的最早完成时间与其紧后工作最早开始时间之间可能存在的差值。即：7－6＝1。

40. 【答案】BD

【解析】关键线路有：①→②→③→⑥→⑧、①→②→⑤→⑦→⑧。

41. 【答案】C

【解析】工作的最早开始时间等于其紧前工作最早完成时间的最大值。工作E的紧前工作是工作B和工作D，工作B的最早开始时间为7，最早完成时间＝7＋3＝10。工作D的紧前工作是工作B和工作C，工作C的最早开始时间为7，最早完成时间＝7＋6＝13；工作D的最早开始时间为13，最早完成时间＝13＋4＝17。所以工作E的最早开始时间＝max｛10，17｝＝17。

42. 【答案】BCE

【解析】选项A错误，工作G的最早开始时间为13。选项D错误，工作E的最迟完成时间为13。

43. 【答案】A

【解析】工作B和E之间的时间间隔＝工作E的最早开始时间－工作B的最早完成时间＝9－8＝1（天）。工作C和E之间的时间间隔＝工作E的最早开始时间－工作C的最早完成时间＝9－9＝0（天）。

44. 【答案】B

【解析】非终点节点的其他工作的自由时差等于本工作与其紧后工作之间时间间隔的最小值。因此，工作A的自由时差为工作A和C之间的时间间隔，即2天。

45. 【答案】C

【解析】单代号网络计划中，总时差最小的工作为关键工作。将这些关键工作相连，并保证相邻两项工作之间的时间间隔为零而构成的线路即为关键线路。

46. 【答案】C

【解析】单代号网络计划中，总时差最小的工作为关键工作。将这些关键工作相连，并保证相邻两项工作之间的时间间隔为零而构成的线路就是关键线路。

47. 【答案】AB

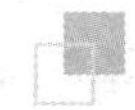

【解析】双代号网络计划：当网络计划的计划工期等于计算工期时，总时差为零的工作就是关键工作。找出关键工作之后，将这些关键工作首尾相连，便构成从起点节点到终点节点的通路，位于该通路上各项工作的持续时间总和最大，这条通路就是关键线路。在关键线路上可能有虚工作存在。单代号网络计划：总时差最小的工作为关键工作。将这些关键工作相连，并保证相邻两项工作之间的时间间隔为零而构成的线路就是关键线路。时标网络计划：凡自始至终不出现波形线的线路即为关键线路。

第四节　双代号时标网络计划

考点 1　时标网络计划的编制方法

1. 【答案】BCE

【解析】选项 A 错误，无虚箭线的线路不一定是关键线路。选项 D 错误，工作的总时差等于本工作至终点线路上波形线长度之和的最小值。

2. 【答案】B

【解析】双代号时标网络计划中，波形线表示工作与其紧后工作之间的时间间隔（以终点节点为完成节点的工作除外，当计划工期等于计算工期时，这些工作箭线中波形线的水平投影长度表示其自由时差）。

考点 2　时标网络计划中时间参数的判定

3. 【答案】AB

【解析】选项 C 错误，工作 C 的总时差为 2 天。选项 D 错误，工作 D 的总时差为 3 天，最迟完成时间为 4+3=7（天）。选项 E 错误，工作 E 的最早开始时间为第 4 天末。

4. 【答案】A

【解析】在时标网络计划中，用实箭线表示工作，实箭线的水平投影长度表示该工作的持续时间；用虚箭线表示虚工作，由于虚工作的持续时间为零，故虚箭线只能垂直画；用波形线表示工作与其紧后工作之间的时间间隔（以终点节点为完成节点的工作除外，当计划工期等于计算工期时，这些工作箭线中波形线的水平投影长度表示其自由时差）。

5. 【答案】AC

【解析】选项 B 错误，工作 E 的最早开始时间为第 2 天。选项 D 错误，工作 H 的总时差为 1 天。选项 E 错误，工作 B 的总时差为 1 天，最迟完成时间为第 2 天。

6. 【答案】A

【解析】工作总时差的判定应从网络计划的终点节点开始，逆着箭线方向依次进行。以终点节点为完成节点的工作，其总时差应等于计划工期与本工作最早完成时间之差，其他工作的总时差等于其紧后工作的总时差加本工作与该紧后工作之间的时间间隔所得之和的最小值。工作 C 的总时差=min｛1，1+3，1+2，2+2｝=1（周）。

7. 【答案】C

【解析】最小闲置时间$=ES_H-LF_C-D_E=ES_H-(EF_C+TF_C)-D_E=10-(2+$

第三章 必刷

2）－4＝2（周）。

8.【答案】BC

【解析】选项A错误，A工作的总时差为0，自由时差为0。选项D错误，H工作的最早完成时间为9，最迟完成时间为10。选项E错误，①→④→⑥→⑦→⑧→⑨→⑪是关键线路。

9.【答案】CE

【解析】选项A错误，工作的总时差等于其紧后工作的总时差加本工作与该紧后工作之间的时间间隔所得之和的最小值，即工作B的总时差＝min｛0＋1，1＋0，2＋0｝＝1（天）。选项B错误，工作E的紧前工作只有工作B，则其最早开始时间为第3天。选项C正确，工作D为关键工作，总时差为零。选项D错误，工作的自由时差就是该工作箭线中波形线的水平投影长度，工作I的自由时差为零。选项E正确，工作G的总时差为2天。

10.【答案】D

【解析】关键线路是①→④→⑦→⑧→⑨→⑫→⑬。选项A错误，工作D的自由时差为0。选项B错误，工作E的总时差为1天，自由时差为0。选项C错误，工作F的总时差为0。

11.【答案】A

【解析】选项A正确，工作B的总时差为1天。选项B错误，工作C的自由时差为0。选项C错误，工作G的总时差为零。选项D错误，工作H的总时差为1天。

第五节　网络计划的优化

考点1　工期优化

1.【答案】AC

【解析】网络计划工期优化的基本方法是在不改变网络计划中各项工作之间逻辑关系的前提下，通过压缩关键工作的持续时间来达到优化目标。在工期优化过程中，按照经济合理的原则，不能将关键工作压缩成非关键工作。此外，当工期优化过程中出现多条关键线路时，必须将各条关键线路的总持续时间压缩相同数值，否则不能有效地缩短工期。

2.【答案】D

【解析】网络计划工期优化的基本方法是在不改变网络计划中各项工作之间逻辑关系的前提下，通过压缩关键工作的持续时间来达到优化目标。

3.【答案】B

【解析】网络计划工期优化的基本方法是在不改变网络计划中各项工作之间逻辑关系的前提下，通过压缩关键工作的持续时间来达到优化目标。

4.【答案】D

【解析】所谓工期优化，是指网络计划的计算工期不满足要求工期时，通过压缩关键工作的持续时间以满足要求工期目标的过程。

5. 【答案】CD

【解析】网络计划工期优化的基本方法是在不改变网络计划中各项工作之间逻辑关系的前提下，通过压缩关键工作的持续时间来达到优化目标。在工期优化过程中，按照经济合理的原则，不能将关键工作压缩成非关键工作。此外，当工期优化过程中出现多条关键线路时，必须将各条关键线路的总持续时间压缩相同数值，否则不能有效地缩短工期。选择压缩对象时宜在关键工作中考虑下列因素：缩短持续时间对质量和安全影响不大的工作；有充足备用资源的工作；缩短持续时间所需增加的费用最少的工作。

6. 【答案】C

【解析】网络计划工期优化的基本方法是在不改变网络计划中各项工作之间逻辑关系的前提下，通过压缩关键工作的持续时间以满足工期要求。关键工作的总时差为零。

7. 【答案】AC

【解析】选择压缩对象时宜在关键工作中考虑下列因素：①缩短持续时间对质量和安全影响不大的工作；②有充足备用资源的工作；③缩短持续时间所需增加的费用最少的工作。

8. 【答案】C

【解析】工程网络计划工期优化的基本方法是通过压缩关键工作的持续时间来达到优化目标。

9. 【答案】CDE

【解析】选择压缩对象时宜在关键工作中考虑下列因素：①缩短持续时间对质量和安全影响不大的工作；②有充足备用资源的工作；③缩短持续时间所需增加的费用最少的工作。

考点 2　费用优化

10. 【答案】C

【解析】费用优化又称工期成本优化，是指寻求工程总成本最低时的工期安排，或按要求工期寻求最低成本的计划安排的过程。

11. 【答案】C

【解析】工程总费用由直接费和间接费组成。直接费由人工费、材料费、施工机具使用费、措施费及现场经费等组成，直接费会随着工期的缩短而增加。间接费包括企业经营管理的全部费用，一般会随着工期的缩短而减少。

12. 【答案】A

【解析】费用优化方法：①按工作的正常持续时间确定计算工期和关键线路。②计算各项工作的直接费用率。③当只有一条关键线路时，应找出直接费用率最小的一项关键工作，作为缩短持续时间的对象；当有多条关键线路时，应找出组合直接费用率最小的一组关键工作，作为缩短持续时间的对象。当需要缩短关键工作的持续时间时，其缩短值的确定必须符合下列两条原则：①缩短后工作的持续时间不能小于最短持续时间；②缩短持续时间的工作不能变成非关键工作。工程总费用由直接费和间接费组成。直接费会随着工期的缩短而增加，间接费包括企业经营管理的全部费用，一般会随着工期的缩短而减少。网络计划优化的前提是不改变各项工作之间的逻辑关系。

13. 【答案】B

【解析】费用优化又称工期成本优化，是指寻求工程总成本最低时的工期安排，或按要求工期寻求最低成本的计划安排的过程。

考点 3 资源优化

14. 【答案】A

【解析】在通常情况下，网络计划的资源优化分为两种："资源有限，工期最短"的优化和"工期固定，资源均衡"的优化。

15. 【答案】AD

【解析】在通常情况下，网络计划的资源优化分为两种："资源有限，工期最短"的优化和"工期固定，资源均衡"的优化。前者是通过调整计划安排，在满足资源限制条件下，使工期延长最短的过程；而后者是通过调整计划安排，在工期保持不变的条件下，使资源需用量尽可能均衡的过程。

16. 【答案】D

【解析】在通常情况下，网络计划的资源优化分为两种："资源有限，工期最短"的优化和"工期固定，资源均衡"的优化。前者是通过调整计划安排，在满足资源限制条件下，使工期延长最短的过程；而后者是通过调整计划安排，在工期保持不变的条件下，使资源需用量尽可能均衡的过程。

17. 【答案】BCD

【解析】所谓工期优化，是指网络计划的计算工期不满足要求工期时，通过压缩关键工作的持续时间以满足要求工期目标的过程。费用优化又称工期成本优化，是指寻求工程总成本最低时的工期安排，或按要求工期寻求最低成本的计划安排的过程。在通常情况下，网络计划的资源优化分为两种："资源有限，工期最短"的优化和"工期固定，资源均衡"的优化。前者是通过调整计划安排，在满足资源限制条件下，使工期延长最短的过程；而后者是通过调整计划安排，在工期保持不变的条件下，使资源需用量尽可能均衡的过程。

18. 【答案】ADE

【解析】网络计划的优化目标应按计划任务的需要和条件选定，包括工期目标、费用目标和资源目标。选项 A 正确，工期优化是指网络计划的计算工期不满足要求工期时，通过压缩关键工作的持续时间以满足要求工期目标的过程。选项 B、C 错误，选项 D 正确，费用优化又称工期成本优化，是指寻求工程总成本最低时的工期安排，或按要求工期寻求最低成本的计划安排的过程。选项 E 正确，网络计划的资源优化分为两种，即"资源有限，工期最短"的优化和"工期固定，资源均衡"的优化。前者是通过调整计划安排，在满足资源限制条件下，使工期延长最短的过程；而后者是通过调整计划安排，在工期保持不变的条件下，使资源需用量尽可能均衡的过程。

第六节　单代号搭接网络计划和多级网络计划系统

考点 1　单代号搭接网络计划

1. 【答案】B

【解析】在搭接网络计划中，工作之间的搭接关系是由相邻两项工作之间的不同时距决定的。所谓时距，就是在搭接网络计划中相邻两项工作之间的时间差值。

2. 【答案】C

【解析】工作 B 和 D 最早开始时间的计算结果如下图所示。

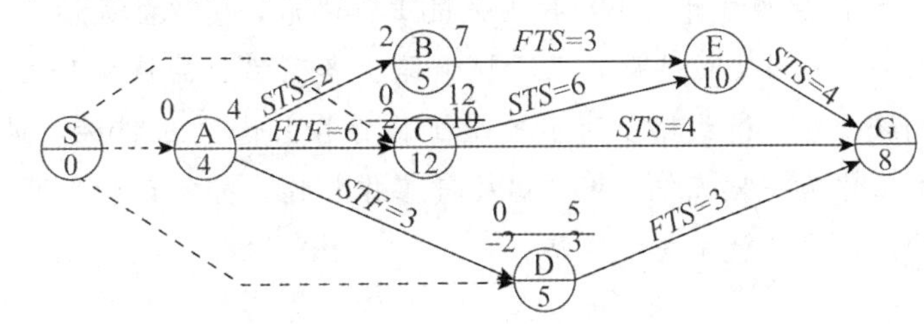

3. 【答案】A

【解析】该单代号搭接网络计划各参数计算如下图所示。

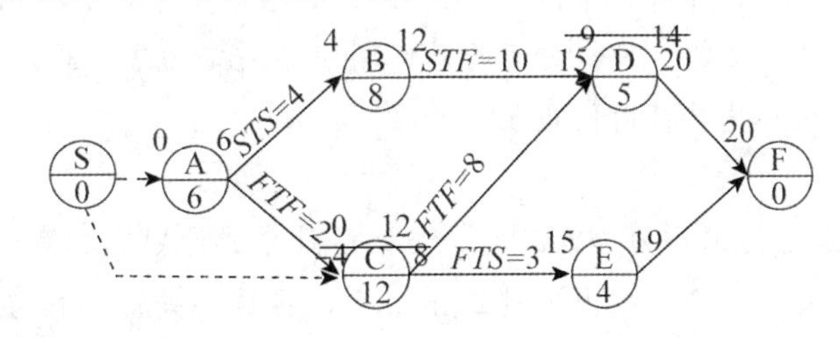

4. 【答案】BE

【解析】该单代号搭接网络计划各参数计算如下图所示。

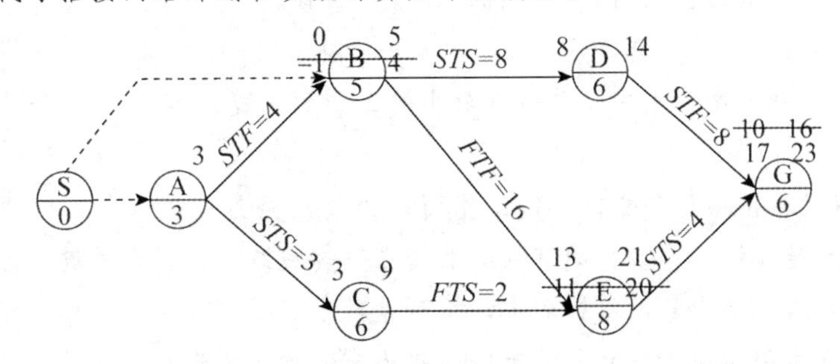

5. 【答案】C

【解析】该单代号搭接网络计划各参数计算如下图所示。

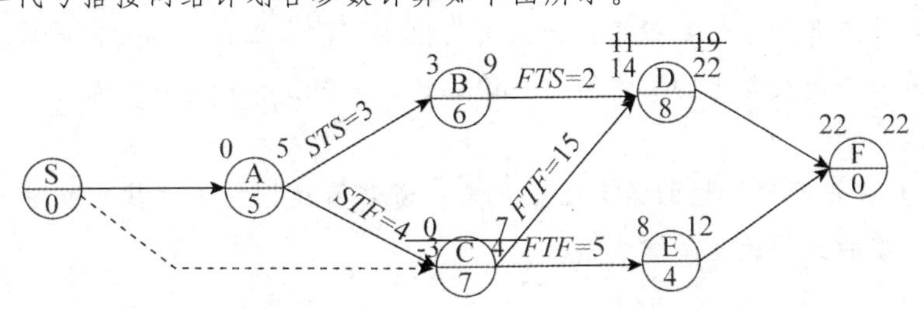

6. **【答案】**D

【解析】总时差最小的工作为关键工作。将这些关键工作相连，并保证相邻两项工作之间的时间间隔为零而构成的线路就是关键线路。从网络计划的终点节点开始，逆着箭线方向依次找出相邻两项工作之间的时间间隔为零的线路就是关键线路。

7. **【答案】**ABD

【解析】选项A正确，单代号搭接网络计划中，从搭接网络计划的终点节点开始，逆着箭线方向依次找出相邻两项工作之间时间间隔为零的线路就是关键线路。选项B正确，双代号时标网络计划中，凡自始至终不出现波形线的线路即为关键线路。选项C错误、选项D正确，双代号网络计划中，找出关键工作之后，将这些关键工作首尾相连，便构成从起点节点到终点节点的通路，位于该通路上各项工作的持续时间总和最大，这条通路就是关键线路。在关键线路上可能有虚工作存在。选项E错误，单代号网络计划中，总时差最小的工作为关键工作，将这些关键工作相连，并保证相邻两项工作之间的时间间隔为零而构成的线路就是关键线路。

8. **【答案】**A

【解析】选项A正确，在工程网络计划中，总时差最小的工作为关键工作。选项B错误，关键工作两端的节点必为关键节点，但两端为关键节点的工作不一定是关键工作。选项C错误，关键工作与其紧后工作之间的时间间隔不一定为零。选项D错误，自始至终由关键工作组成的线路总持续时间最长。

9. **【答案】**A

【解析】总时差最小的工作为关键工作。当网络计划的计划工期等于计算工期时，总时差为零的工作就是关键工作。找出关键工作之后，将这些关键工作首尾相连，便构成从起点节点到终点节点的通路，位于该通路上各项工作的持续时间总和最大，这条通路就是关键线路。关键线路在网络计划执行过程中会转移。

10. **【答案】**C

【解析】在工程网络计划中，总时差最小的工作为关键工作。

11. **【答案】**CE

【解析】双代号网络计划中，关键工作两端的节点必为关键节点，但两端为关键节点的工作不一定是关键工作。关键节点必然处在关键线路上，但由关键节点组成的线路不一定是关键线路。单代号网络计划中，总时差最小的工作为关键工作。将这些关键工作相连，并保证相邻两项工作之间的时间间隔为零而构成的线路就是关键线路。单代号搭接网络计划中，可以利用相邻两项工作之间的时间间隔来判定关键线路。即从搭接网络计划的终点节点开始，逆着箭线方向依次找出相邻两项工作之间时间间隔为零的线路就是关键线路。关键线路上的工作即为关键工作，关键工作的总时差最小。

12. **【答案】**B

【解析】从搭接网络计划的终点节点开始，逆着箭线方向依次找出相邻两项工作之间时间间隔为零的线路就是关键线路。

考点 2　多级网络计划系统

13. **【答案】** ADE

【解析】 选项 A 正确、选项 B 错误，多级网络计划系统是指由处于不同层级且相互有关联的若干网络计划所组成的系统。在该系统中，处于不同层级的网络计划既可以进行分解，成为若干独立的网络计划；也可以进行综合，形成一个多级网络计划系统。选项 C 错误，用一个网络图表示进度计划，很难将大型复杂工程中的所有工作内容表达出来。选项 D 正确，多级网络计划系统的编制必须采用自顶向下、分级编制的方法。选项 E 正确，编制多级网络计划系统，要保证实施建设工程所需资源的连续性和资源需用量的均衡性。

第三章　必刷

第四章　建设工程进度计划实施中的监测与调整

第一节　实际进度监测与调整的系统过程

➢ **重难点：**

1. 进度监测的系统过程。
2. 进度调整的系统过程。

考点 1　进度监测的系统过程

1. 【单选】下列工作中，属于建设工程进度监测的系统过程中工作内容的是（　　）。
   A. 分析进度偏差产生的原因
   B. 实际进度数据的加工处理
   C. 确定后续工作和总工期的限制条件
   D. 分析进度偏差对后续工作的影响

扫码听课

2. 【单选】在建设工程实施过程中，进度控制的关键步骤是（　　）。
   A. 对进度计划的执行情况进行跟踪检查
   B. 制定进度计划
   C. 不断修订进度计划
   D. 实际进度与计划进度进行对比分析
3. 【单选】建设工程进度监测的系统过程包括：①实际进度与计划进度的比较；②进度计划的实施；③建立进度数据采集系统；④进入进度调整系统；⑤收集实际进度数据；⑥数据处理（整理、统计、分析）。以上工作的正确顺序为（　　）。
   A. ①④②⑥③⑤　　　　B. ①④②③⑤⑥
   C. ②③⑤⑥①④　　　　D. ②⑤⑥③①④
4. 【单选】某工程实施过程中，对检查时段实际完成工作量的进度数据进行整理，属于进度监测系统过程中的（　　）。
   A. 实际进度数据的加工处理
   B. 实际进度与计划进度的对比分析
   C. 定期收集进度报表资料

D. 采取措施调整进度计划

考点 2　进度调整的系统过程

5. **【单选】**下列工作中，属于建设工程进度调整的系统过程中工作内容的是（　　）。
   A. 分析实际进度偏差对总工期的影响
   B. 整理实际进度数据
   C. 实际进度与计划进度的对比分析
   D. 采集实际进度数据

6. **【单选】**在建设工程进度调整的系统过程中，当工作实际进度偏差影响到后续工作或总工期而需要采取措施调整进度计划时，首先需要进行的工作是（　　）。
   A. 确定可调整进度的范围
   B. 进行调整措施的技术经济分析
   C. 进行调整方案的比选论证
   D. 分析进度偏差产生的原因

7. **【单选】**当某项工作实际进度拖延的时间超过其总时差而需要调整进度计划时，应考虑该工作的（　　）。
   A. 资源需求量
   B. 后续工作的限制条件
   C. 自由时差的大小
   D. 紧后工作的数量

8. **【多选】**建设工程进度调整的系统过程中的工作内容有（　　）。
   A. 进度计划执行中的跟踪检查
   B. 实际进度数据的加工处理
   C. 实际进度与计划进度的对比
   D. 确定总工期和后续工作的限制条件
   E. 分析进度偏差对后续工作及总工期的影响

9. **【多选】**对建设工程进度计划执行情况进行跟踪检查发现问题后，进度调整的系统过程中应开展的工作有（　　）。
   A. 分析进度偏差产生的原因
   B. 实际进度数据的整理、统计和分析
   C. 采取措施调整进度计划
   D. 分析进度偏差对后续工作及总工期的影响
   E. 进行实际进度与计划进度的比较

第二节　实际进度与计划进度的比较方法

> **重难点：**
> 1. 横道图比较法的应用。
> 2. S 曲线比较法的应用。
> 3. 香蕉曲线比较法的应用。
> 4. 前锋线比较法的应用。

考点 1 横道图比较法

1. 【单选】某工程横道计划如下图所示，图中表明的正确信息是（　　）。

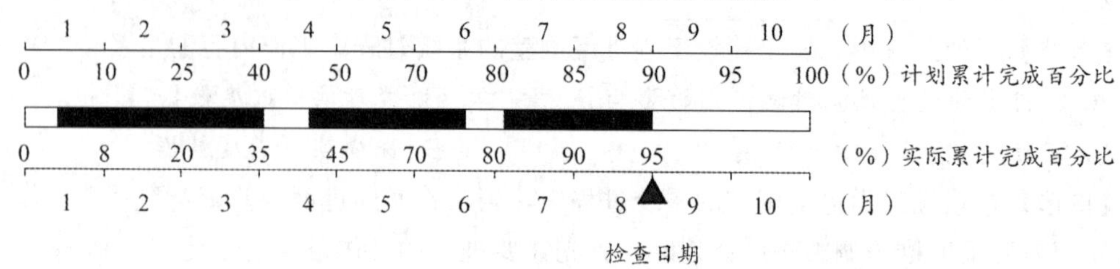

A. 截至检查日期，进度超前

B. 前 3 个月连续施工，进度正常

C. 第 4 个月中断施工，进度拖后

D. 前 6 个月连续施工，进度正常

2. 【多选】某项工作的计划进度、实际进度横道图如下图所示，检查时间为第 6 周末，图中正确的信息有（　　）。

1 2 3 4 5 6 7 8 （周）
0 10 25 30 45 60 75 95 100 （%）计划累计完成百分比
0 8 30 30 50 55 75 （%）
1 2 3 4 5 6 7 8 （周）实际累计完成百分比
检查日期

A. 第 1 周末进度正常

B. 第 2 周末进度拖延 5%

C. 第 3 周没有作业

D. 第 5 周末进度超前 5%

E. 检查日的进度正常

3. 【单选】某混凝土工程按计划 12 天完成，下图中标出了截至第 7 天末的实际施工时间，从图中可以看出（　　）。

1 2 3 4 5 6 7 8 9 10 11 12 （天）
0 8 15 30 42 55 60 70 78 84 90 94 100 （%）计划累计完成百分比
0 0 8 25 46 58 58 65 （%）实际累计完成百分比
1 2 3 4 5 6 7 （天）

A. 第 7 天内实际进度比计划进度拖后 5%

B. 第 4 天内计划完成的任务量为 10%

C. 第 5 天末实际进度比计划进度拖后 5%

D. 该工作实际开始时间比计划开始时间晚 1.5 天

4. 【多选】某分项工程的计划进度与4月底检查的实际进度如下图所示，从图中获得的正确信息有（　　）。

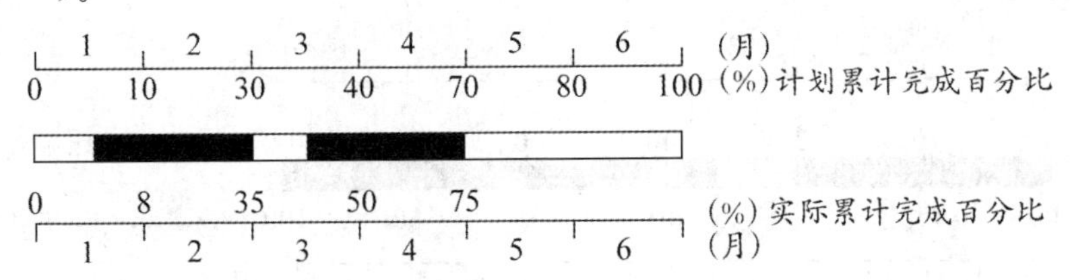

A. 第1月实际进度拖后2%

B. 第2月实际进度超前，当月超前5%

C. 第3月实际进度超前，当月超前5%

D. 第4月实际进度拖后，当月拖后5%

E. 到4月底实际进度累计超前5%

5. 【多选】某钢筋绑扎工程计划进度与实际进度如下图所示，图中表明本工程（　　）。

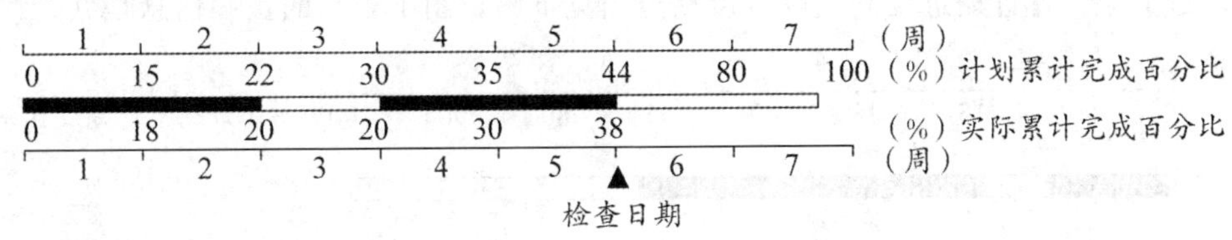

A. 第1周内实际进度拖后3%

B. 第3周内未实施

C. 第4周内实际进度超前5%

D. 至第5周末实际进度拖后8%

E. 第3周内计划完成8%

6. 【多选】某工作计划进度与实际进度如下图所示，图中表明该工作（　　）。

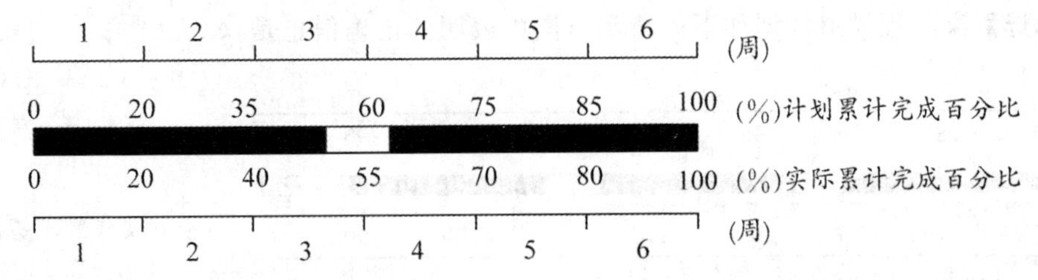

A. 在第1周内按计划正常进行

B. 在第2周末拖欠5%的任务量

C. 在第3周后半周未按计划进行

D. 在第5周内实际进度拖后5%

E. 截至检查日期实际进度拖后

7.【多选】某分项工程的计划进度与1～6月检查的实际进度如下图所示，从图中获得的正确信息有（　　）。

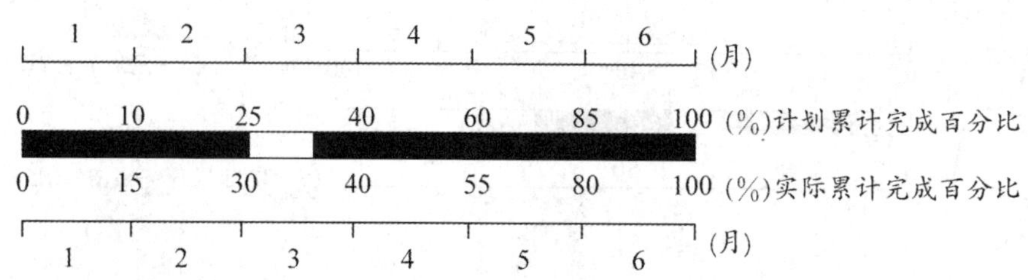

A. 第1个月实际进度拖后5%

B. 第2个月实际进度超前5%

C. 第3个月实际进度与计划进度相同

D. 第4个月实际进度拖后5%

E. 5月底实际进度拖后5%

8.【单选】某工作计划进度和实际进度横道图见下图，图中表明的正确信息是（　　）。

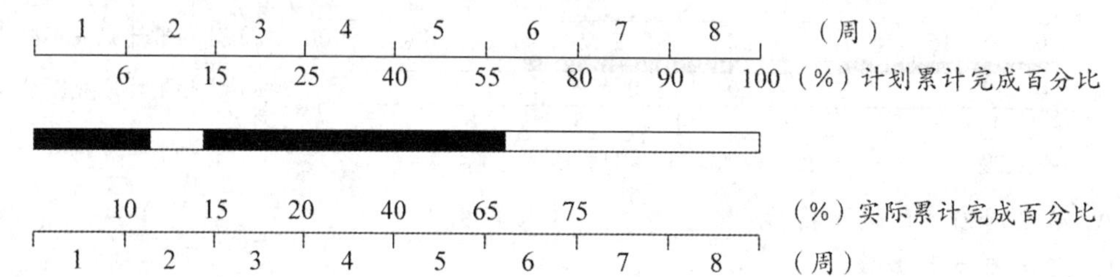

A. 前6周连续施工

B. 第2周进度正常

C. 第4周末进度正常

D. 第6周进度正常

9.【单选】某工程横道计划如下图所示，图中表明的正确信息是（　　）。

1 2 3 4 5 6 7 8 （月）
0 8 20 35 55 70 85 95 100 （%）计划累计完成百分比
0 15 25 30 60 65 80 90 （%）实际累计完成百分比
1 2 3 4 5 6 7 ▲ 8 （月）

A. 第2个月连续施工，进度超前

B. 第3个月连续施工，进度拖后

C. 第5个月中断施工，进度超前

D. 前2个月连续施工，进度超前

10.【单选】某工程横道计划如下图所示，图中表明的信息正确的是（　　）。

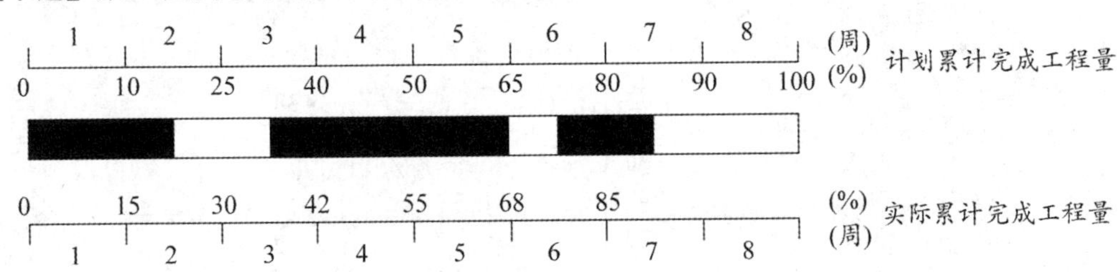

A. 第 2 周中断施工，进度拖后

B. 第 3 周中断施工，进度拖后

C. 第 5 周连续施工，进度超前

D. 第 6 周连续施工，进度超前

考点 2　S 曲线比较法

11.【多选】采用 S 曲线比较工程实际进度与计划进度，可获得（　　）。

A. 工程实际拥有的 TF

B. 工程实际进展情况

C. 工程实际进度超前或拖后的时间

D. 工程实际超额或拖欠完成的任务量

E. 后期工程进度预测值

12.【单选】已知某钢筋工程每周计划完成的工程量和第 1～4 周实际完成的工程量见下表，则截至第 4 周末工程实际进展点落在计划 S 曲线的（　　）。

时间/周	1	2	3	4	5	6	7
每周计划工作量/t	160	210	250	260	200	100	
每周实际工作量/t	200	220	210	200	—	—	—

A. 右侧，表明此时实际进度比计划进度拖后 50t

B. 右侧，表明此时实际进度比计划进度超前 80t

C. 左侧，表明此时实际进度比计划进度超前 60t

D. 左侧，表明此时实际进度比计划进度拖后 80t

13.【单选】在利用 S 曲线比较建设工程实际进度与计划进度时，如果检查日期实际进展点落在计划 S 曲线的右侧，那么该实际进展点与计划 S 曲线在纵坐标方向的距离表示该工程（　　）。

A. 实际进度超前的时间

B. 实际超额完成的任务量

C. 实际进度拖后的时间

D. 实际拖欠的任务量

14.【单选】某分项工程月计划工程量累计曲线如下图所示，该工程 1～4 月份实际工程量分别为 6 万 m^3、7 万 m^3、8 万 m^3、15 万 m^3，则通过比较获得的正确结论是（　　）。

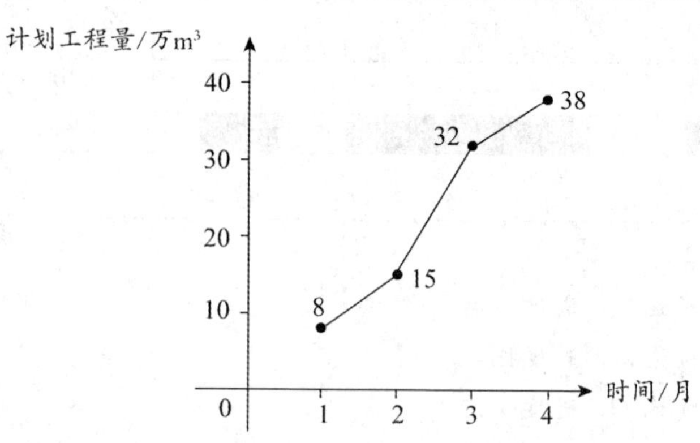

A. 第 1 月实际工程量比计划工程量超额 2 万 m^3

B. 第 2 月实际工程量比计划工程量超额 2 万 m^3

C. 第 3 月实际工程量比计划工程量拖欠 2 万 m^3

D. 4 月底累计实际工程量比计划工程量拖欠 2 万 m^3

15. 【单选】某工作实施过程中的 S 曲线如下图所示，图中 a 和 b 两点的进度偏差状态是（　　）。

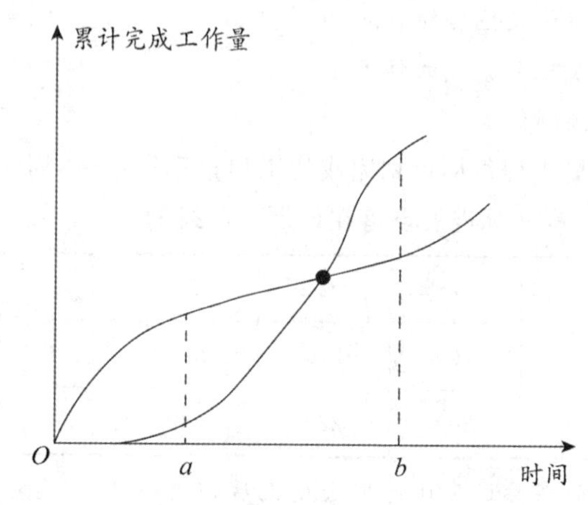

A. a 点和 b 点进度均拖后

B. a 点进度拖后，b 点进度超前

C. a 点进度超前，b 点进度拖后

D. a 点和 b 点进度均超前

考点 3 香蕉曲线比较法

16. 【单选】用来比较实际进度与计划进度的香蕉曲线法中，组成香蕉曲线的两条曲线分别是按各项工作的（　　）安排绘制的。

A. 最早开始时间和最迟开始时间

B. 最迟开始时间和最迟完成时间

C. 最早开始时间和最早完成时间

D. 最早开始时间和最迟完成时间

17. **【多选】**建设工程实际进度与计划进度比较方法中，只能从工程整体进度角度比较分析实际进度与计划进度的方法有（　　）。

A. S 曲线比较法

B. 前锋线比较法

C. 横道图比较法

D. 香蕉曲线比较法

E. 列表比较法

考点 4　前锋线比较法

18. **【多选】**某双代号时标网络计划执行过程中的实际进度前锋线如下图所示，计划工期为 12 周，图中正确的信息有（　　）。

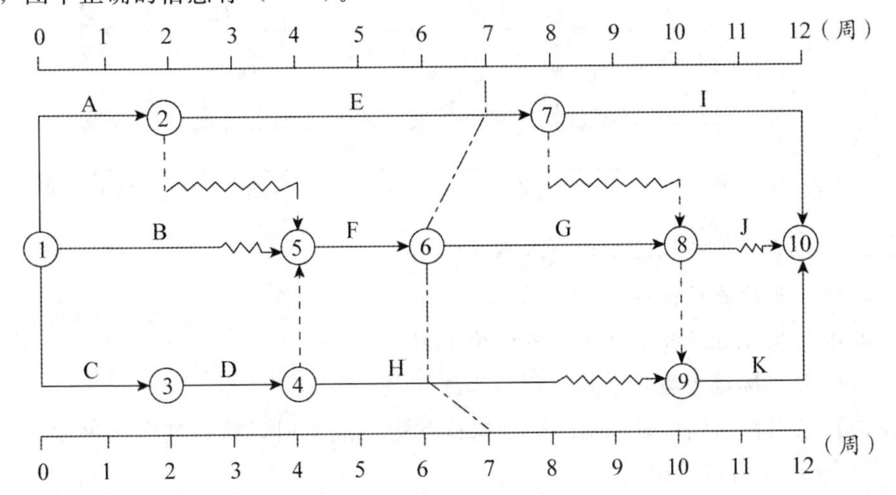

A. 工作 E 进度正常，不影响总工期

B. 工作 G 进度拖延 1 周，影响总工期 1 周

C. 工作 H 进度拖延 1 周，影响总工期 1 周

D. 工作 I 最早开始时间调后 1 周，计算工期不变

E. 根据第 7 周末的检查结果，压缩工作 K 的持续时间 1 周，计划工期不变

19. **【多选】**某工程双代号时标网络计划进行到第 30 天和第 70 天时，检查其实际进度绘制的前锋线如下图所示，由此可得出的正确结论有（　　）。

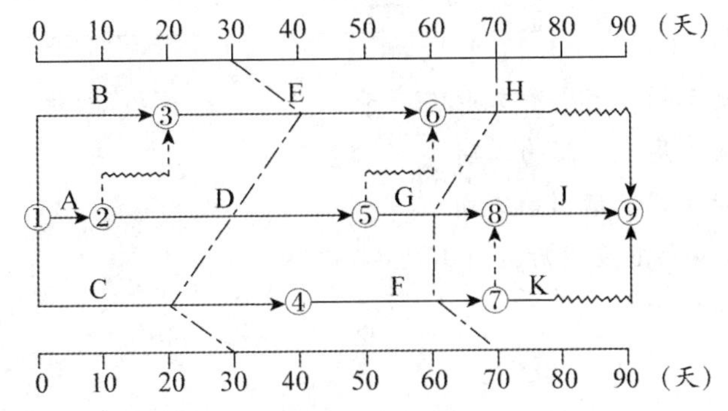

A. 第 30 天检查时，工作 C 实际进度提前 10 天，不影响总工期

B. 第 30 天检查时，工作 D 实际进度正常，不影响总工期

C. 第 70 天检查时，工作 G 实际进度拖后 10 天，影响总工期

D. 第 70 天检查时，工作 F 实际进度拖后 10 天，不影响总工期

E. 第 70 天检查时，工作 H 实际进度正常，不影响总工期

20. **【单选】**某工程双代号时标网络计划如下图所示，根据第 6 周末实际进度检查结果绘制的前锋线如下图所示，通过比较可以看出（　　）。

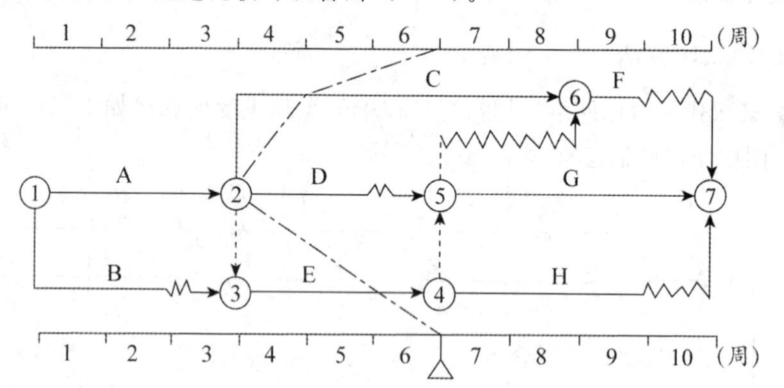

A. 工作 E 实际进度拖后 1 周，不影响工期

B. 工作 C 实际进度拖后 2 周，影响工期 1 周

C. 工作 D 实际进度提前 2 周，不影响工期

D. 工作 D 实际进度拖后 3 周，影响工期 3 周

21. **【单选】**某工程双代号时标网络计划执行到第 4 周末时，检查其实际进度如下图前锋线所示，从图中可以看出（　　）。

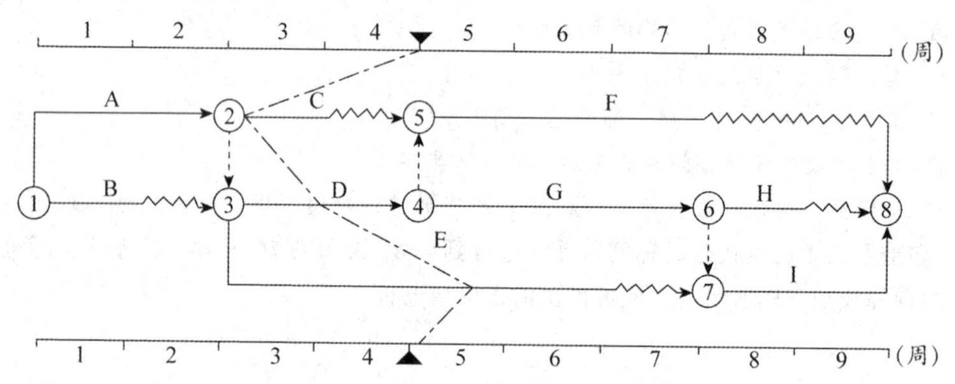

A. 工作 C 拖延 1 周，不影响工期

B. 工作 E 提前 1 周，不影响工期

C. 工作 D 拖延 1 周，不影响工期

D. 工作 I 可以从第 5 周以后提前工期

22. 【多选】某工程双代号时标网络计划执行到第 5 周和第 11 周时，检查其实际进度如下图前锋线所示，由图可以得出的正确结论有（　　）。

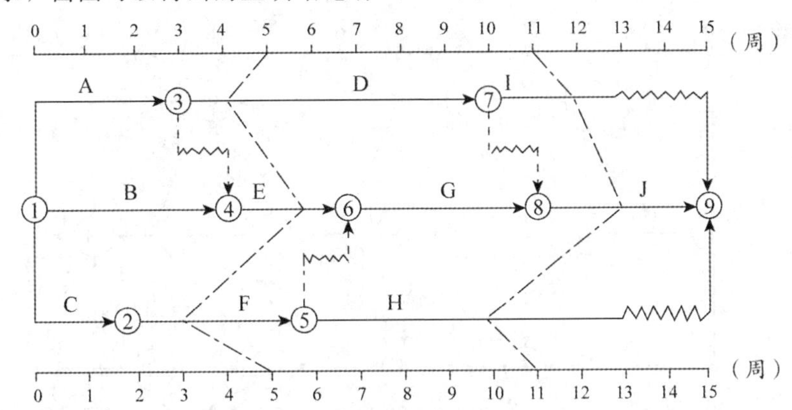

A. 第 5 周检查时，工作 D 拖后 1 周，不影响总工期

B. 第 5 周检查时，工作 E 提前 1 周，影响总工期

C. 第 5 周检查时，工作 F 拖后 2 周，不影响总工期

D. 第 11 周检查时，工作 J 提前 2 周，影响总工期

E. 第 11 周检查时，工作 H 拖后 1 周，不影响总工期

23. 【多选】某工程时标网络计划实施至第 7 周末绘制的实际进度前锋线如下图所示，前锋线上各项工作实际进度及其影响程度正确的有（　　）。

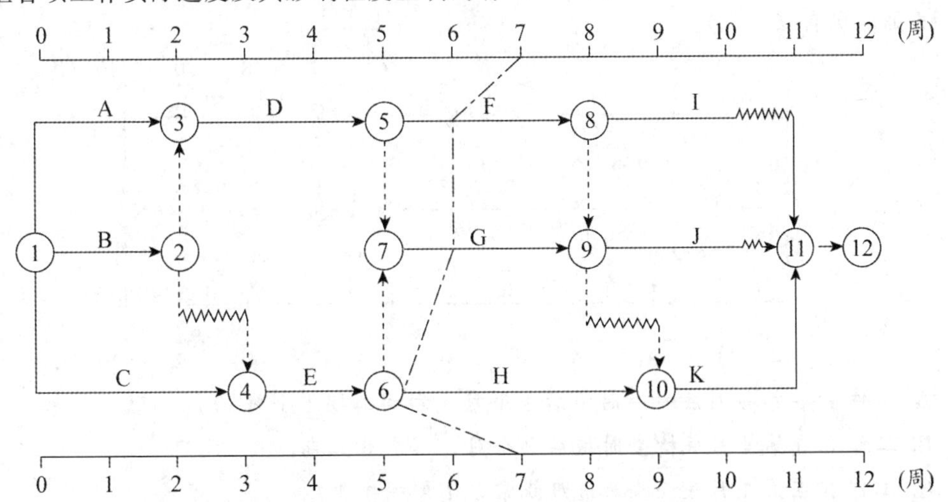

A. 工作 F 拖延 1 周，影响工作 I 1 周

B. 工作 F 拖延 1 周，影响总工期 1 周

C. 工作 G 正常，不影响后续工作及总工期

D. 工作 H 拖延 2 周，影响工作 K 2 周

E. 工作 H 拖延 2 周，影响总工期 2 周

24.【多选】某工程进度计划执行到第6月、9月底绘制的实际进度前锋线如下图所示，正确的信息有（　　）。

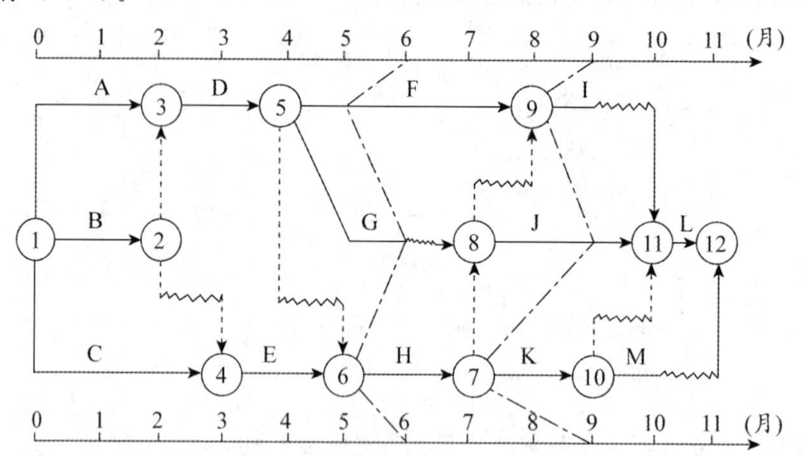

A. 工作F在第6月底检查时拖后1个月，不影响总工期

B. 工作G在第6月底检查时正常，不影响总工期

C. 工作H在第6月底检查时拖后1个月，不影响总工期

D. 工作I在第9月底检查时拖后1个月，不影响总工期

E. 工作K在第9月底检查时拖后2个月，影响总工期1个月

25.【多选】某工程进度计划执行到第4月底和第8月底的前锋线如下图所示，图中表明的正确信息有（　　）。

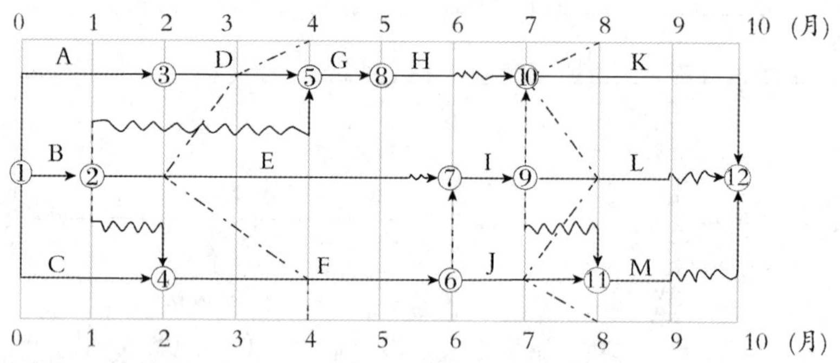

A. 工作D在第4月底检查时拖后1个月，影响工期1个月

B. 工作E在第4月底检查时拖后2个月，不影响工期

C. 工作F在第4月底检查时进度正常，不影响工期

D. 工作K在第8月底检查时拖后1个月，影响工期1个月

E. 工作J在第8月底检查时拖后1个月，影响工期1个月

26. 【多选】某工程进度计划执行到第3月底和第8月底的前锋线如下图所示，图中表明的信息正确的有（ ）。

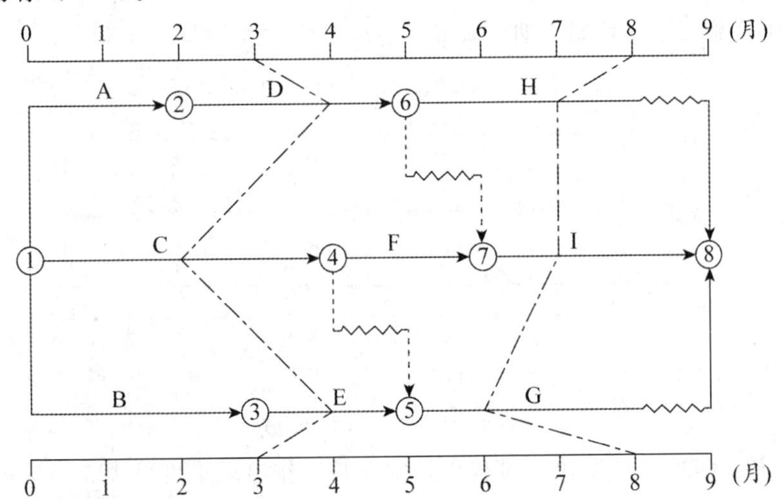

A. 工作C在第3月底检查时，拖后1个月，影响工期

B. 工作D在第3月底检查时，超前1个月，不影响工期

C. 工作H在第8月底检查时，拖后1个月，不影响工期

D. 工作I在第8月底检查时，进度正常，不影响工期

E. 工作G在第8月底检查时，拖后1个月，不影响工期

第三节 进度计划实施中的调整方法

➢ 重难点：

1. 进度偏差对后续工作及总工期的影响。

2. 进度计划的调整方法。

考点1 分析进度偏差对后续工作及总工期的影响

1. 【单选】工程网络计划中，某工作的总时差和自由时差均为2周。计划实施过程中经检查发现，该工作实际进度拖后1周。则该工作实际进度偏差对后续工作及总工期的影响是（ ）。

A. 对后续工作及总工期均有影响

B. 对后续工作及总工期均无影响

C. 影响后续工作，但不影响总工期

D. 影响总工期，但不影响后续工作

2.【单选】某承包商承接某办公楼的施工任务，为了如期完工，承包商编制了周密的施工进度计划。其主体工程双代号时标网络计划如下图所示，如果工作 E 比实际进度延误了 4 个月，那么施工进度计划工期延误（　　）个月。

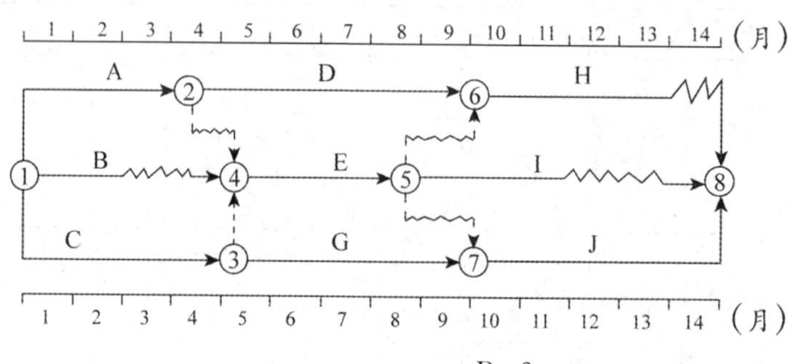

A. 1

B. 2

C. 3

D. 4

3.【单选】某工程进度计划执行过程中，发现某工作出现进度偏差，但该偏差未影响总工期，则说明该项工作的进度偏差（　　）。

A. 大于该工作总时差

B. 小于该工作总时差

C. 大于该工作自由时差

D. 小于该工作自由时差

4.【单选】在工程网络计划执行过程中，如果某项工作的进度偏差超过其自由时差，那么该工作（　　）。

A. 实际进度影响工程总工期

B. 实际进度影响其紧后工作的最早开始时间

C. 由非关键工作转变为关键工作

D. 总时差大于零

5.【单选】下列关于某项工作进度偏差对后续工作及总工期的影响的说法，正确的是（　　）。

A. 工作的进度偏差大于该工作的总时差时，则此进度偏差只影响后续工作

B. 工作的进度偏差大于该工作的总时差时，则此进度偏差只影响总工期

C. 工作的进度偏差未超过该工作的自由时差时，则此进度偏差不影响后续工作

D. 非关键工作出现进度偏差时，则此进度偏差不会影响后续工作

6.【单选】工程网络计划中某工作的实际进度偏差小于总时差，则该工作实际进度造成的后果是（　　）。

A. 对后续工作无影响，对工期有影响

B. 影响后续工作的最早开始时间，对工期有影响

C. 对后续工作和工期均无影响

D. 对后续工作不一定有影响，对工期无影响

7.【单选】某工程进度计划执行过程中，发现某工作出现了进度偏差，经分析该偏差仅对后续工作有影响而对总工期无影响，则该偏差值应（　　）。

A. 大于总时差，小于自由时差

B. 大于总时差和自由时差

C. 小于总时差和自由时差　　D. 小于总时差，大于自由时差

8. 【单选】工程进度计划实施中检查发现，某工作进度拖后 5 天，该工作总时差和自由时差分别是 6 天和 2 天，则该工作实际进度偏差对总工期及后续工作的影响是（　　）。

A. 影响总工期，但不影响后续工作　　B. 不影响总工期，但影响后续工作

C. 既不影响总工期，也不影响后续工作　　D. 影响总工期，也影响后续工作

考点 2　进度计划的调整方法

9. 【单选】通过改变某些工作间逻辑关系的方法调整进度计划时，应选择（　　）。

A. 具有工艺逻辑关系的有关工作

B. 超过计划工期的非关键线路上的有关工作

C. 可以增加资源投入的有关工作

D. 持续时间可以压缩的有关工作

10. 【单选】调整建设工程进度计划时，可以通过（　　）改变某些工作之间的逻辑关系。

A. 组织平行作业　　B. 增加资源投入

C. 提高劳动效率　　D. 设置限制时间

11. 【单选】通过缩短某些工作的持续时间对施工进度计划进行调整的方法，其主要特点是（　　）。

A. 增加网络计划中的关键线路

B. 不改变工作之间的先后顺序关系

C. 增加工作之间的时间间隔

D. 不改变网络计划中的非关键线路

12. 【多选】工程实际进度偏差影响到总工期时，可采用（　　）等方法调整进度计划。

A. 缩短某些关键工作的持续时间

B. 将顺序作业改为搭接作业

C. 保证资源的供应

D. 增加劳动力，提高劳动效率

E. 将顺序作业改为平行作业

13. 【单选】当实际进度偏差影响总工期时，通过改变某些工作的逻辑关系来调整进度计划的具体做法是（　　）。

A. 将顺序进行的工作改为搭接进行

B. 增加劳动量来缩短某些工作的持续时间

C. 提高某些工作的劳动效率

D. 组织有节奏的流水施工

14. 【多选】工程网络计划执行过程中，因工作实际进度拖后而需要调整工程进度计划时，可采用的调整方法有（　　）。

A. 调整某工作的工艺关系

B. 将某些顺序作业的工作改为平行作业

C. 将某些顺序作业的工作改为搭接作业

D. 将某些平行作业的工作改为搭接作业

E. 将某些平行作业的工作改为分段组织流水作业

15. **【单选】**当某项工作实际进度拖延的时间超过其总时差而需要调整进度计划时，应考虑该工作的（　　）。

A. 资源需求量

B. 后续工作的限制条件

C. 自由时差的大小

D. 紧后工作的数量

16. **【单选】**工程网络计划实施中，因实际进度拖后而需要通过压缩某些工作的持续时间来调整计划时，应选择（　　）的工作压缩其持续时间。

A. 持续时间最长

B. 自由时差最小

C. 总时差最小

D. 时间间隔最大

17. **【单选】**工程网络计划实施过程中，当某项工作实际进度拖后而影响工程总工期时，在不改变工作逻辑关系的前提下，可通过（　　）的方法有效缩短工期。

A. 缩短某些工作持续时间

B. 组织搭接或平行作业

C. 减少某些工作机动时间

D. 分段组织流水施工

18. **【单选】**调整施工进度计划可采取的组织措施是（　　）。

A. 增加工作面

B. 改善劳动条件

C. 改进施工工艺

D. 调整施工方法

参考答案及解析

第四章　建设工程进度计划实施中的监测与调整

第一节　实际进度监测与调整的系统过程

考点1　进度检测的系统过程

1.【答案】B

【解析】进度监测的系统过程包括：①进度计划执行中的跟踪检查；②实际进度数据的加工处理；③实际进度与计划进度的对比分析。

2.【答案】A

【解析】对进度计划的执行情况进行跟踪检查是计划执行信息的主要来源，是进度分析和调整的依据，也是进度控制的关键步骤。

3.【答案】C

【解析】建设工程进度监测的系统过程包括：①进度计划的实施；②建立进度数据采集系统；③收集实际进度数据；④数据处理（整理、统计、分析）；⑤实际进度与计划进度的比较；⑥进入进度调整系统。

4.【答案】A

【解析】实际进度数据的加工处理：为了进行实际进度与计划进度的比较，必须对收集到的实际进度数据进行加工处理，形成与计划进度具有可比性的数据。例如，对检查时段实际完成工作量的进度数据进行整理、统计和分析，确定本期累计完成的工作量、本期已完成的工作量占计划总工作量的百分比等。

考点2　进度调整的系统过程

5.【答案】A

【解析】进度调整的系统过程包括：①分析进度偏差产生的原因；②分析进度偏差对后续工作和总工期的影响；③确定后续工作和总工期的限制条件；④采取措施调整进度计划；⑤实施调整后的进度计划。

6.【答案】A

【解析】当出现的进度偏差影响到后续工作或总工期而需要采取进度调整措施时，应当首先确定可调整进度的范围，主要指关键节点、后续工作的限制条件以及总工期允许变化的范围。这些限制条件往往与合同条件有关，需要认真分析后确定。

7.【答案】B

【解析】采取措施调整进度计划，应以后续工作和总工期的限制条件为依据，确保要求的进度目标得到实现。

8.【答案】DE

【解析】进度调整的系统过程包括：①分析进度偏差产生的原因；②分析进度偏差对后续工作和总工期的影响；③确定后续工作和总工期的限制条件；④采取措施调整进度计划；⑤实施调整后的进度计划。

9.【答案】ACD

【解析】进度调整的系统过程包括：①分析进度偏差产生的原因；②分析进度偏差对后续工作和总工期的影响；③确定后续工作和总工期的限制条件；④采取措施调整进度计划；⑤实施调整后的进度计划。

第二节 实际进度与计划进度的比较方法

考点 1 横道图比较法

1.【答案】A

【解析】选项 A 正确，截至检查日期实际完成工作量 95%，计划完成工作量 90%，超前完成 5%的任务量。选项 B 错误，第 1 个月的前半个月没有作业。选项 C 错误，第 4 个月的前半个月没有作业，实际完成工作量 45%－35%＝10%，计划完成工作量 50%－40%＝10%，进度一致。选项 D 错误，第 1 个月和第 4 个月的前半个月没有作业。

2.【答案】CE

【解析】选项 A 错误，第 1 周末实际完成工作量 8%，计划完成工作量 10%，拖后 2%的任务量。选项 B 错误，第 2 周末实际完成工作量 30%，计划完成工作量 25%，超前完成 5%的任务量。选项 C 正确，第 3 周实际完成工作量 30%－30%＝0，没有作业。选项 D 错误，第 5 周末实际完成工作量 55%，计划完成工作量 60%，拖后 5%的任务量。选项 E 正确，检查日实际完成工作量和计划完成工作量相同，进度正常。

3.【答案】D

【解析】选项 A 错误，第 7 天内实际进度为 65%－58%＝7%，计划进度为 70%－60%＝10%，拖后 3%。选项 B 错误，第 4 天内计划完成的任务量为 42%－30%＝12%。选项 C 错误，第 5 天末实际进度为 58%，计划进度为 55%，拖后 3%。

4.【答案】ACDE

【解析】选项 A 正确，第 1 月实际进度为 8%，计划进度为 10%，拖后 2%。选项 B 错误，第 2 月当月实际完成工作量为 35%－8%＝27%，计划完成工作量为 30%－10%＝20%，超前 7%。选项 C 正确，第 3 月当月实际完成工作量为 50%－35%＝15%，计划完成工作量为 40%－30%＝10%，超前 5%。选项 D 正确，第 4 月当月实际完成工作量为 75%－50%＝25%，计划完成工作量为 70%－40%＝30%，拖后 5%。选项 E 正确，到 4 月底实际进度累计完成 75%，计划累计完成 70%，超前 5%。

5.【答案】BCE

【解析】选项 A 错误，第 1 周内实际进度为 18%，计划进度为 15%，超前 3%。选项 B 正确，第 3 周实际完成工作量为 20%－20%＝0，未实施。选项 C 正确，第 4 周内实际

完成工作量为30%－20%＝10%，计划完成工作量为35%－30%＝5%，超前5%。选项D错误，至第5周末实际完成38%，计划完成44%，拖后6%。选项E正确，第3周内计划完成工作量为30%－22%＝8%。

6.【答案】ACE

【解析】选项B错误，在第2周末实际进度为40%，计划进度为35%，超前5%。选项D错误，在第5周内实际进度为80%－70%＝10%，计划进度为80%－75%＝5%，超前5%。

7.【答案】DE

【解析】选项A错误，第1个月实际进度超前5%。选项B错误，第2个月实际进度与计划进度相同。选项C错误，第3个月实际进度比计划进度拖后5%。

8.【答案】C

【解析】选项A错误，在第2周工作中断。选项B错误，第2周的计划进度为15%－6%＝9%，实际进度为15%－10%＝5%，进度拖后。选项D错误，第6周的计划进度为80%－55%＝25%，实际进度为75%－65%＝10%，进度拖后。

9.【答案】D

【解析】选项A错误，第2个月连续施工，当月实际进度为25%－15%＝10%，计划进度为20%－8%＝12%，进度拖后。选项B错误，第3个月中断施工，当月实际进度为30%－25%＝5%，计划进度为35%－20%＝15%，进度拖后。选项C错误，第5个月中断施工，当月实际进度为65%－60%＝5%，计划进度为70%－55%＝15%，进度拖后。

10.【答案】C

【解析】选项A错误，第2周中断施工，进度超前。选项B错误，第3周中断施工，进度超前。选项D错误，第6周中断施工，进度超前。

考点2　S曲线比较法

11.【答案】BCDE

【解析】通过比较实际进度S曲线和计划进度S曲线，可以获得如下信息：①工程项目实际进展状况：如果工程实际进展点落在计划S曲线左侧，那么表明此时实际进度比计划进度超前；如果工程实际进展点落在计划S曲线右侧，那么表明此时实际进度拖后；如果工程实际进展点正好落在计划S曲线上，那么表明此时实际进度与计划进度一致。②工程项目实际进度超前或拖后的时间。③工程项目实际超额或拖欠的任务量。④后期工程进度预测。

12.【答案】A

【解析】第1～4周计划累计完成工程量＝160＋210＋250＋260＝880（t），第1～4周实际累计完成工程量＝200＋220＋210＋200＝830（t），拖后50t。如果工程实际进展点落在计划S曲线左侧，那么表明此时实际进度比计划进度超前；如果工程实际进展点落在计划S曲线右侧，那么表明此时实际进度拖后；如果工程实际进展点正好落在计划S曲线上，那么表明此时实际进度与计划进度一致。

13.【答案】D

【解析】检查日期实际进展点落在计划S曲线的右侧，表明此时实际进度拖后。纵坐标方向为任务量。

14.【答案】D

【解析】选项A错误，第1月实际工程量比计划工程量拖欠2万m^3。选项B错误，第2月计划工程量=15−8=7（万m^3），与实际工程量一致。选项C错误，第3月计划工程量=32−15=17（万m^3），实际工程量比计划工程量拖欠9万m^3。选项D正确，4月底累计实际工程量=6+7+8+15=36（万m^3），比累计计划工程量拖欠2万m^3。

15.【答案】C

【解析】如果工程实际进展点落在计划S曲线左侧，那么表明此时实际进度比计划进度超前；如果工程实际进展点落在计划S曲线右侧，那么表明此时实际进度拖后。

考点3 香蕉曲线比较法

16.【答案】A

【解析】香蕉曲线是由两条S曲线（ES曲线、LS曲线）组合而成的闭合曲线。对于一个工程项目的网络计划来说，如果以其中各项工作的最早开始时间安排进度而绘制S曲线，那么称为ES曲线；如果以其中各项工作的最迟开始时间安排进度而绘制S曲线，那么称为LS曲线。

17.【答案】AD

【解析】选项B错误，前锋线比较法既适用于工作实际进度与计划进度之间的局部比较，又可用来分析和预测工程项目整体进度状况。选项C错误，横道图比较法虽有记录和比较简单、形象直观、易于掌握、使用方便等优点，但难以预测其对后续工作和工程总工期的影响，因此主要用于工程项目中某些工作实际进度与计划进度的局部比较。选项E错误，当工程进度计划用非时标网络图表示时，可以采用列表比较法进行实际进度与计划进度的比较。这种方法是记录检查日期应该进行的工作名称及其已经作业的时间，然后列表计算有关时间参数，并根据工作总时差进行实际进度与计划进度比较的方法。

考点4 前锋线比较法

18.【答案】ABE

【解析】选项A正确，工作E进度正常，不影响总工期。选项B正确，工作G进度拖延1周，且工作G为关键工作，影响总工期1周。选项C错误，工作H进度拖延1周，但有2周总时差，不影响总工期。选项D错误，工作I仅有一项紧前工作E，工作E进度正常，工作I最早开始时间不变。选项E正确，根据第7周末的检查结果，关键工作为工作G、K，压缩工作K的持续时间1周，计划工期仍为12周。

19.【答案】BCE

【解析】选项A错误，第30天检查时，工作C实际进度拖后10天。选项D错误，第70天检查时，工作F实际进度拖后10天，F是关键工作，影响总工期10天。

20.【答案】B

【解析】选项A错误，工作E实际进度拖后1周，影响工期1周。选项C、D错误，工作D实际进度拖后3周，影响工期2周。

21.【答案】B

【解析】选项A错误，工作C拖延2周，总时差为3周，不影响工期。选项C错误，工作D拖延1周，总时差为0，影响工期1周。选项D错误，工作I受工作D、G影响，不可能提前。

22.【答案】ABDE

【解析】选项A正确，工作D拖后1周，但有1周总时差，不影响总工期。选项B正确，工作E在关键线路上，提前1周，总工期预计提前。选项C错误，工作F拖后2周，有1周总时差，影响总工期1周。选项D正确，工作J在关键线路上，提前2周，总工期预计提前。选项E正确，工作H拖后1周，但有2周总时差，不影响总工期。

23.【答案】ADE

【解析】选项B错误，工作F拖延1周，不影响总工期。选项C错误，工作G拖延1周，影响后续工作1周。

24.【答案】ABDE

【解析】选项C错误，工作H在第6月底检查时拖后1个月，总时差为0，影响总工期1个月。

25.【答案】CD

【解析】选项A错误，工作D拖后1个月，总时差为1个月，不影响工期。选项B错误，工作E拖后2个月，总时差为1个月，影响工期1个月。选项C正确，工作F在第4月底检查时进度正常，不影响工期。选项D正确，工作K拖后1个月，总时差为零，影响工期1个月。选项E错误，工作J拖后1个月，总时差为1个月，不影响工期。

26.【答案】ABC

【解析】选项D错误，工作I在第8月底检查时，进度拖后1个月，影响工期。选项E错误，工作G在第8月底检查时，拖后2个月，影响工期。

第三节　进度计划实施中的调整方法

考点1　分析进度偏差对后续工作及总工期的影响

1.【答案】B

【解析】分析进度偏差对后续工作及总工期的影响：①分析出现进度偏差的工作是否为关键工作。②分析进度偏差是否超过总时差。如果工作的进度偏差未超过该工作的总时差，那么此进度偏差不影响总工期。至于对后续工作的影响程度，还需要根据偏差值与其自由时差的关系作进一步分析。③分析进度偏差是否超过自由时差。如果工作的进度偏差未超过该工作的自由时差，那么此进度偏差不影响后续工作。

2.【答案】C

【解析】工作的总时差为1个月，实际进度延误了4个月，工期延误3个月。

3.【答案】B

【解析】分析进度偏差对后续工作及总工期的影响：①分析出现进度偏差的工作是否为关键工作。②分析进度偏差是否超过总时差。如果工作的进度偏差未超过该工作的总时差，那么此进度偏差不影响总工期。至于对后续工作的影响程度，还需要根据偏差值与其自由时差的关系作进一步分析。③分析进度偏差是否超过自由时差。如果工作的进度偏差未超过该工作的自由时差，那么此进度偏差不影响后续工作。

4.【答案】B

【解析】如果工作的进度偏差大于该工作的自由时差，那么此进度偏差将对其后续工作产生影响，此时应根据后续工作的限制条件确定调整方法；如果工作的进度偏差未超过该工作的自由时差，那么此进度偏差不影响后续工作，因此，原进度计划可以不作调整。

5.【答案】C

【解析】选项A、B错误，如果工作的进度偏差大于该工作的总时差，那么此进度偏差必将影响其后续工作和总工期，必须采取相应的调整措施。选项D错误，如果出现进度偏差的工作为关键工作，那么将对后续工作和总工期产生影响，必须采取相应的调整措施；如果出现偏差的工作是非关键工作，那么需要根据进度偏差值与总时差和自由时差的关系作进一步分析。

6.【答案】D

【解析】如果工作的进度偏差未超过该工作的总时差，那么此进度偏差不影响总工期。至于对后续工作的影响程度，还需要根据偏差值与其自由时差的关系作进一步分析。

7.【答案】D

【解析】对后续工作有影响，说明该偏差大于自由时差；对总工期无影响，说明该偏差小于总时差。

8.【答案】B

【解析】如果工作的进度偏差大于该工作的总时差，那么此进度偏差必将影响其后续工作和总工期，必须采取相应的调整措施；如果工作的进度偏差未超过该工作的总时差，那么此进度偏差不影响总工期。如果工作的进度偏差大于该工作的自由时差，那么此进度偏差将对其后续工作产生影响，此时应根据后续工作的限制条件确定调整方法；如果工作的进度偏差未超过该工作的自由时差，那么此进度偏差不影响后续工作，因此，原进度计划可以不作调整。

考点 2 进度计划的调整方法

9.【答案】B

【解析】当工程项目实施中产生的进度偏差影响到总工期，且有关工作的逻辑关系允许改变时，可以改变关键线路和超过计划工期的非关键线路上的有关工作之间的逻辑关系，以达到缩短工期的目的。例如，将顺序进行的工作改为平行作业、搭接作业以及组织分段流水作业等，都可以有效地缩短工期。

10. **【答案】**A

【解析】当工程项目实施中产生的进度偏差影响到总工期，且有关工作的逻辑关系允许改变时，可以改变关键线路和超过计划工期的非关键线路上的有关工作之间的逻辑关系，以达到缩短工期的目的。例如，将顺序进行的工作改为平行作业、搭接作业以及组织分段流水作业等，都可以有效地缩短工期。

11. **【答案】**B

【解析】通过缩短某些工作的持续时间来调整施工进度计划的方法，不改变工程项目中各项工作之间的逻辑关系。这些被压缩持续时间的工作是位于关键线路和超过计划工期的非关键线路上的工作。同时，这些工作又是其持续时间可被压缩的工作。

12. **【答案】**ABDE

【解析】当实际进度影响到后续工作总工期而需要调整进度计划时，其调整方法有：①改变某些工作间的逻辑关系。当工程项目实施中产生的进度偏差影响到总工期，且有关工作的逻辑关系允许改变时，可以改变关键线路和超过计划工期的非关键线路上的有关工作之间的逻辑关系，以达到缩短工期的目的。例如，将顺序进行的工作改为平行作业、搭接作业以及组织分段流水作业等，都可以有效地缩短工期。②缩短某些工作的持续时间。如通过采取增加资源投入、提高劳动效率等措施来缩短某些工作的持续时间，使工程进度加快，以保证按计划工期完成该工程项目。这些被压缩持续时间的工作是位于关键线路和超过计划工期的非关键线路上的工作。同时，这些工作又是其持续时间可被压缩的工作。

13. **【答案】**A

【解析】当工程项目实施中产生的进度偏差影响到总工期，且有关工作的逻辑关系允许改变时，可以改变关键线路和超过计划工期的非关键线路上的有关工作之间的逻辑关系，以达到缩短工期的目的。例如，将顺序进行的工作改为平行作业、搭接作业以及组织分段流水作业等，都可以有效地缩短工期。

14. **【答案】**BC

【解析】当工程项目实施中产生的进度偏差影响到总工期，且有关工作的逻辑关系允许改变时，可以改变关键线路和超过计划工期的非关键线路上的有关工作之间的逻辑关系，以达到缩短工期的目的。比如，将顺序进行的工作改为平行作业、搭接作业以及分段组织流水作业等，都可以有效地缩短工期。

15. **【答案】**B

【解析】当某项工作实际进度拖延的时间超过其总时差而需要对进度计划进行调整时，除需考虑总工期的限制条件外，还应考虑网络计划中后续工作的限制条件。

16. **【答案】**C

【解析】网络计划工期优化的基本方法是在不改变网络计划中各项工作之间逻辑关系的

前提下，通过压缩关键工作的持续时间来达到优化目标。关键工作的总时差最小。

17. **【答案】** A

【解析】 当实际进度偏差影响到后续工作、总工期而需要调整进度计划时，其调整方法主要有改变某些工作间的逻辑关系、缩短某些工作的持续时间。

18. **【答案】** A

【解析】 施工进度计划的调整方法有改变某些工作间的逻辑关系、缩短某些工作的持续时间。其中，缩短某些工作的持续时间包括：①组织措施：增加工作面，组织更多的施工队伍；增加每天的施工时间（如采用三班制等）；增加劳动力和施工机械的数量。②技术措施：改进施工工艺和施工技术，缩短工艺技术间歇时间；采用更先进的施工方法，以减少施工过程的数量（如将现浇框架方案改为预制装配方案）；采用更先进的施工机械。③经济措施：实行包干奖励；提高奖金数额；对所采取的技术措施给予相应的经济补偿。④其他配套措施：改善外部配合条件；改善劳动条件；实施强有力的调度等。

第五章　建设工程设计阶段的进度控制

第一节　设计阶段进度控制的意义和工作程序

> **重难点：**
>
> 设计阶段进度控制工作程序。

考点　设计阶段进度控制工作程序

【单选】建设工程设计阶段进度控制工作包括：①纠偏行动，落实进度加快措施；②分析原因，提出进度加快措施；③编制初步设计出图计划；④编制施工图设计出图计划；⑤提出进度报告；⑥比较实际进度与计划进度。正确的工作流程是（　　）。

A. ①②③④⑥⑤　　　　B. ②①④③⑥⑤

C. ③④⑥②①⑤　　　　D. ③④②①⑥⑤

第二节　设计阶段进度控制目标体系

> **重难点：**
>
> 设计进度控制分阶段目标。

考点　设计进度控制分阶段目标

【单选】工作进度将直接影响建设工程的施工进度，进而影响建设工程进度总目标的实现的是（　　）。

A. 选择设计单位阶段

B. 技术设计阶段

C. 初步设计阶段

D. 施工图设计阶段

第三节　设计进度控制措施

➤ **重难点：**

1. 影响设计进度的因素。
2. 设计进度监控工作内容。

考点 1　影响设计进度的因素

1. 【单选】下列因素中，属于设计进度影响因素的是（　　）。

A. 季节变化　　B. 施工方案变更

C. 业主未能及时提供场地　　D. 建设意图及要求改变

2. 【单选】在工程设计过程中，影响进度的主要因素之一是（　　）。

A. 地下埋藏文物的处理

B. 施工承发包模式的选择

C. 设计合同的计价方式

D. 设计各专业之间的协调配合程度

3. 【单选】在建设工程设计阶段，会对进度造成影响的因素之一是（　　）。

A. 可行性研究

B. 建设意图及要求改变

C. 工程材料供货洽谈

D. 设计合同洽谈

4. 【多选】影响建设工程设计进度的因素有（　　）。

A. 建设项目工作编码体系不全

B. 工程进度计划系统结构不合理

C. 工程建设意图和要求改变

D. 设计各专业之间协调配合不畅

E. 材料代用、设备选用失误

考点 2　设计单位的进度控制

5. 【多选】下列关于设计单位的进度控制，说法正确的有（　　）。

A. 进行“边设计、边准备、边施工”的“三边”设计

B. 定期检查计划的执行情况，并及时对设计进度进行调整

C. 不断分析总结设计进度控制工作经验

D. 建立健全设计技术经济定额，并按定额要求进行计划的编制与考核

E. 审查进度计划的合理性和可行性

考点 3　监理单位的进度监控

6.【单选】监理单位受业主委托实施设计进度监控的工作内容是（　　）。

A. 建立健全设计技术经济定额

B. 编制切实可行的设计进度计划

C. 推行限期设计管理模式

D. 落实专门负责设计进度控制的人员

7.【单选】监理工程师受建设单位委托控制建设工程设计进度时，应核查分析设计单位的（　　）。

A. 技术经济定额

B. 技术经济责任制

C. 设计图纸进度表

D. 设计绩效考核制度

8.【单选】监理单位接受建设单位委托进行工程设计监理时，为了有效地控制设计工作进度，应当（　　）。

A. 编制工程设计作业进度计划

B. 审查设计进度计划的合理性和可行性

C. 检查工程设计人员的专业构成情况

D. 编制工程设计阶段进度计划

9.【单选】下列设计进度控制工作中，属于监理单位进度监控工作的是（　　）。

A. 认真实施设计进度计划

B. 编制切实可行的设计总进度计划

C. 编制阶段性设计进度计划

D. 定期比较分析设计工作的实际完成情况与计划进度

10.【单选】项目监理机构控制设计进度时，在设计工作开始之前应审查设计单位编制的（　　）。

A. 进度计划的合理性和可行性

B. 技术经济定额的合理性和可行性

C. 设计准备工作计划的完整性

D. 材料设备供应计划的合理性

11.【单选】监理工程师在设计阶段进度控制的工作内容是（　　）。

A. 确定规划设计条件

B. 编制设计总进度计划

C. 审查设计单位提交的进度计划

D. 填写设计进度表

考点 4　建筑工程管理方法

12.【单选】建筑工程管理（CM）方法是指工程实施采用（　　）的生产组织方式。

A. 故障作业

B. 关键路径

C. 精益作业

D. 快速路径

参考答案及解析

第五章　建设工程设计阶段的进度控制

第一节　设计阶段进度控制的意义和工作程序

考点　**设计阶段进度控制工作程序**

【答案】C

【解析】建设工程设计阶段进度控制工作流程：①初步设计阶段，编制设计进度计划，编制初步设计出图计划；②技术设计阶段，修订设计进度计划，编制技术设计出图计划；③施工图设计阶段，修订设计进度计划，编制施工图设计出图计划；④定期比较实际进度与计划进度；⑤若有偏差，分析原因，提出进度加快措施；⑥纠偏行动，落实进度加快措施；⑦提出进度报告。

第二节　设计阶段进度控制目标体系

考点　**设计进度控制分阶段目标**

【答案】D

【解析】施工图设计是工程设计的最后一个阶段，其工作进度将直接影响建设工程的施工进度，进而影响建设工程进度总目标的实现。

第三节　设计进度控制措施

考点 1　**影响设计进度的因素**

1. 【答案】D

【解析】影响建设工程设计进度的因素：①建设意图及要求改变的影响；②设计审批时间的影响；③设计各专业之间协调配合的影响；④工程变更的影响；⑤材料代用、设备选用失误的影响。

2. 【答案】D

【解析】影响建设工程设计进度的因素：①建设意图及要求改变的影响；②设计审批时间的影响；③设计各专业之间协调配合的影响；④工程变更的影响；⑤材料代用、设备选用失误的影响。

3. 【答案】B

【解析】影响建设工程设计进度的因素：①建设意图及要求改变的影响；②设计审批时间的影响；③设计各专业之间协调配合的影响；④工程变更的影响；⑤材料代用、设备选

用失误的影响。

4.【答案】CDE

【解析】影响建设工程设计进度的因素：①建设意图及要求改变的影响；②设计审批时间的影响；③设计各专业之间协调配合的影响；④工程变更的影响；⑤材料代用、设备选用失误的影响。

考点 2　设计单位的进度控制

5.【答案】BCD

【解析】为了履行设计合同，按期提交施工图设计文件，设计单位应采取有效措施，控制建设工程设计进度：①建立计划部门，负责设计单位年度计划的编制和工程项目设计进度计划的编制。②建立健全设计技术经济定额，并按定额要求进行计划的编制与考核。③实行设计工作技术经济责任制，将职工的经济利益与其完成任务的数量和质量挂钩。④编制切实可行的设计总进度计划、阶段性设计进度计划和设计进度作业计划。在编制计划时，加强与业主、监理单位、科研单位及承包商的协作与配合，使设计进度计划积极可靠。⑤认真实施设计进度计划，力争设计工作有节奏、有秩序、合理搭接地进行。在执行计划时，要定期检查计划的执行情况，并及时对设计进度进行调整，使设计工作始终处于可控状态。⑥坚持按基本建设程序办事，尽量避免进行“边设计、边准备、边施工”的“三边”设计。⑦不断分析总结设计进度控制工作经验，逐步提高设计进度控制工作水平。

考点 3　监理单位的进度监控

6.【答案】D

【解析】监理单位受业主委托进行工程设计监理时，应落实项目监理班子中专门负责设计进度控制的人员。

7.【答案】C

【解析】在设计进度控制中，监理工程师要对设计单位填写的设计图纸进度表进行核查分析，并提出自己的见解，从而将各设计阶段的每一张图纸（包括其相应的设计文件）的进度都纳入监控之中。

8.【答案】B

【解析】在设计工作开始之前，首先应由监理工程师审查设计单位所编制的进度计划的合理性和可行性。

9.【答案】D

【解析】对于设计进度的监控应实施动态控制。在设计工作开始之前，首先应由监理工程师审查设计单位所编制的进度计划的合理性和可行性。在进度计划实施过程中，监理工程师应定期检查设计工作的实际完成情况，并与计划进度进行比较分析。

10.【答案】A

【解析】在设计工作开始之前，首先应由监理工程师审查设计单位所编制的进度计划的合理性和可行性。

11.【答案】C

【解析】监理单位的设计进度监控的内容：①监理单位受业主委托进行工程设计监理时，应落实项目监理班子中专门负责设计进度控制的人员。②在设计工作开始之前，首先应由监理工程师审查设计单位所编制的进度计划的合理性和可行性。③在进度计划实施过程中，监理工程师应定期检查设计工作的实际完成情况，并与计划进度进行比较分析。一旦发现偏差，应在分析原因的基础上提出纠偏措施，以加快设计工作进度。必要时，应对原进度计划进行调整或修订。④在设计进度控制中，监理工程师要对设计单位填写的设计图纸进度表进行核查分析，并提出自己的见解，从而将各设计阶段的每一张图纸（包括其相应的设计文件）的进度都纳入监控之中。

考点 4 建筑工程管理方法

12.【答案】D

【解析】CM 的基本指导思想是缩短工程项目的建设周期，它采用快速路径的生产组织方式，特别适用于那些实施周期长、工期要求紧迫的大型复杂建设工程。

第六章　建设工程施工阶段进度控制

第一节　施工阶段进度控制目标的确定

➢ **重难点：**

1. 施工阶段进度控制目标体系。
2. 施工进度控制目标的确定。

考点 1　施工进度控制目标体系

1. 【多选】施工阶段进度控制目标体系可按（　　）进行分解。

A. 计划期　　B. 年度投资计划
C. 施工阶段　　D. 项目组成
E. 设计图纸交付顺序

考点 2　施工进度控制目标的确定

2. 【单选】确定施工进度控制目标时需要考虑的因素是（　　）。

A. 工程项目的技术和经济可行性
B. 各类物资储备时间和储备计划
C. 设计总进度计划对施工工期的要求
D. 工程难易程度和工程条件落实情况

3. 【单选】确定建设工程施工进度控制目标的依据之一是（　　）。

A. 监理合同中有关工期的要求
B. 施工总进度计划
C. 工程条件的落实情况
D. 单位工程施工进度计划

4. 【多选】确定建设工程施工进度分解目标时，需考虑（　　）。

A. 合理安排土建与设备的综合施工
B. 尽早提供可动用单元
C. 同类工程建设经验

D. 承包单位控制能力

E. 外部协作条件的配合情况

5.【单选】可作为建设工程施工进度控制目标确定依据的是（　　）。

A. 各专业施工进度控制时间分界点

B. 工程施工承发包模式及其合同结构

C. 施工进度计划的工作分解结构

D. 工期定额、类似工程项目的实际进度

第二节　施工阶段进度控制的内容

➢ **重难点：**

建设工程施工进度控制工作内容。

考点　建设工程施工进度控制工作内容

1.【单选】施工进度控制工作细则是对（　　）中有关进度控制内容的进一步深化和补充。

A. 施工总进度计划　　B. 单位工程施工进度计划

C. 建设工程监理规划　　D. 建设工程监理大纲

2.【多选】项目监理机构编制的施工进度控制工作细则的内容有（　　）。

A. 施工项目结构分解图

B. 施工进度控制人员的职责分工

C. 施工进度控制的具体措施

D. 施工项目开、竣工时间及相互搭接关系

E. 施工进度控制目标实现的风险分析

3.【多选】监理单位所编制的建设工程施工进度控制工作细则的内容包括（　　）。

A. 工程进度款支付条件及方式　　B. 进度控制工作流程

C. 进度控制的方法和措施　　D. 进度控制目标实现的风险分析

E. 施工绩效考核评价标准

4.【单选】监理工程师在审查施工进度计划时，发现问题后应采取的措施是（　　）。

A. 向承包单位发出整改通知书　　B. 向建设单位发出工作联系单

C. 向承包单位发出整改联系单　　D. 向承包单位发出停工令

5.【单选】在施工阶段，施工单位将所编制的施工进度计划及时提交给监理工程师审查的目的是（　　）。

A. 及时得到工程预付款

B. 听取监理工程师的建设性意见

C. 解除其对施工进度所承担的责任和义务

D. 使监理工程师及时下达开工令

6. 【单选】项目监理机构发现施工进度计划的执行严重滞后并影响合同工期时，可签发（ ）要求施工单位采取调整措施加快施工进度。

A. 施工进度计划报审表
B. 工作联系单
C. 监理通知单
D. 监理月报

7. 【多选】监理工程师控制施工进度的工作内容有（ ）。

A. 编制施工总进度计划
B. 编制施工进度控制工作细则
C. 批准工程进度款支付申请
D. 制订突发事件应急措施
E. 审批工程延期

8. 【多选】项目监理机构编制的施工进度控制工作细则应包括的内容有（ ）。

A. 施工进度控制目标分解图
B. 施工顺序的合理安排
C. 主要分项工程量的复核
D. 进度控制人员的职责分工
E. 施工进度控制目标实现的风险分析

9. 【单选】监理工程师编制的施工进度控制工作细则，可看作是开展工程监理工作的（ ）。

A. 施工图设计
B. 初步设计
C. 总体性设计
D. 方案设计

10. 【单选】关于监理人审核承包单位提交的施工进度计划的说法，正确的是（ ）。

A. 监理人对施工进度计划的批准可以解除承包单位的部分责任
B. 经监理人确认的施工进度计划应当视为合同文件的一部分
C. 监理人审查施工进度计划的目的是确保及时向承包单位支付进度款
D. 监理人审核发现施工进度计划中的问题，应及时向业主汇报

11. 【单选】项目监理机构发布工程开工令的依据是（ ）。

A. 施工承包合同约定
B. 工程开工的准备情况
C. 批准的施工总进度计划
D. 施工图纸的准备情况

12. 【单选】项目监理机构应对承包单位申报的已完分项工程量进行核实，在（ ）后签发工程进度款支付凭证。

A. 与建设单位代表协商
B. 监理员现场计量
C. 质量监理人员检查验收
D. 与承包单位协商

13. 【单选】工程施工中，因施工承包单位原因造成实际进度拖后而需要调整施工进度计划时，监理工程师批准施工承包单位调整施工进度计划，意味着监理工程师（ ）。

A. 解除了施工承包单位的责任
B. 认可施工进度计划的合理性
C. 批准了工程延期
D. 同意延长合同工期

14. **【单选】**监理工程师编制的施工进度控制工作细则应包含的内容是（　　）。

A. 施工资源需求分布图

B. 施工组织总设计安排

C. 施工主导作业流程安排

D. 施工进度控制目标分解图

15. **【多选】**监理工程师控制工程施工进度的工作内容有（　　）。

A. 监督施工进度计划的实施

B. 编制单位工程施工进度计划

C. 向业主提供工程进度报告

D. 编制施工索赔报告

E. 组织施工现场协调会

16. **【单选】**监理工程师审查施工进度计划时发现有重大问题的，应进行的工作是（　　）。

A. 口头通知施工单位确定整改方案

B. 及时向建设单位汇报

C. 及时组织消除存在的问题

D. 建立避免出现类似重大问题的相关制度

第三节　施工进度计划的编制与审查

➢ **重难点：**

1. 单位工程施工进度计划的编制程序和方法。
2. 项目监理机构对施工进度计划的审查。

考点 1　施工总进度计划的编制

1. **【多选】**施工总进度计划编制过程中，确定各单位工程的开竣工时间和相互搭接关系应考虑的因素有（　　）。

A. 同一时期施工的项目不宜过多，以免人力、物力过于分散

B. 尽量提前建设可供工程施工使用的永久性工程，以节省临时工程费用

C. 应注意季节对施工顺序的影响，以保证工期和工程质量

D. 尽量提高单位工程施工的机械化程度，以降低工程成本

E. 尽量做到劳动力、施工机械和主要材料的供应在工期内均衡

2. **【单选】**编制施工总进度计划时，组织全工地性流水作业应以（　　）的单位工程为主导。

A. 工程量大、工期短　　　　B. 工程量大、工期长

C. 工程量小、工期短　　　　D. 工程量小、工期长

3.【多选】在施工总进度计划的编制过程中，确定各单位工程的开竣工时间和相互搭接关系时主要应考虑的内容有（　　）。

A. 尽量使整个工期范围内劳动力供应达到均衡

B. 尽量延缓施工困难较多的建设工程

C. 能够使主要工种和主要施工机械连续施工

D. 保证施工顺序与竣工验收顺序相吻合

E. 注意季节性气候条件对施工顺序的影响

4.【单选】编制初步施工总进度计划时，应尽量安排以（　　）的单位工程为主导的全工地性流水作业。

A. 工程技术复杂、工期长　　B. 工程量大、工程技术相对简单

C. 工程造价大、工期长　　D. 工程量大、工期长

5.【单选】编制施工总进度计划时，需要进行的工作是（　　）。

A. 按工艺确定分项工程之间的逻辑关系

B. 按组织确定分部工程之间的逻辑关系

C. 确定各单位工程的施工期限

D. 确定各分项工程的施工期限

考点 2　单位工程施工进度计划的编制

6.【多选】编制单位工程施工进度计划的步骤包括（　　）。

A. 划分工作项目　　B. 确定关键工作和里程碑

C. 确定施工顺序　　D. 计算劳动量和机械台班数

E. 落实专业分包商和材料供应商的进场时间

7.【多选】在绘制单位工程施工进度计划图前，需要完成的先导工作有（　　）。

A. 安排资金使用量　　B. 确定施工顺序

C. 编制施工平面图　　D. 计算工程量

E. 划分工作项目

8.【多选】施工进度计划初始方案编制完成后，需要检查的内容有（　　）。

A. 各工作项目的施工顺序、平行搭接和技术间歇是否合理

B. 主要工种的工人是否满足连续、均衡施工的要求

C. 主要分部工程的工程量是否准确

D. 总工期是否满足合同约定

E. 主要机具、材料的利用是否均衡和充分

9.【多选】施工进度计划检查内容中，用来决定是否需要进行计划优化的因素有（　　）。

A. 主要工种的工人是否满足连续、均衡施工要求

B. 主要施工机具的使用是否均衡和充分

C. 主要材料的利用是否均衡和充分

D. 技术问题是否科学合理

E. 施工顺序是否科学合理

考点 3 项目监理机构对施工进度计划的审查

10. **【多选】**项目监理机构对施工进度计划审核的主要内容有（　　）。
A. 施工进度计划应符合施工合同中工期的约定
B. 对施工进度计划执行情况的检查应符合动态要求
C. 施工顺序的安排应符合施工工艺要求
D. 施工人员、工程材料、施工机械等资源供应计划应满足施工进度计划的需要
E. 施工进度计划应符合建设单位提供的资金、施工图纸等施工条件

11. **【单选】**项目监理机构对施工进度计划审查的内容是（　　）。
A. 施工总工期目标是否留有余地
B. 主要工程项目能否保持连续施工
C. 施工资源供应计划是否满足施工进度需要
D. 施工顺序是否与建设单位提供的资金、施工图纸等条件相吻合

第四节　施工进度计划实施中的检查与调整

➢ **重难点：**
1. 影响建设工程施工进度的因素。
2. 施工进度计划调整方法及相应措施。

考点 1 施工进度的动态检查

1. **【单选】**施工进度计划实施中常用的检查方式是（　　）。
A. 不定期地现场实地抽查和监督
B. 召开现场施工负责人参加的现场会议
C. 定期收集工程绩效报表资料
D. 邀请建设单位管理人员面对面交流

考点 2 施工进度计划的调整

2. **【单选】**为了达到调整施工进度计划的目的，可采用的施工技术措施是（　　）。
A. 采用更先进的施工机械　　B. 增加工作面
C. 实施强有力的调度　　D. 增加施工队伍

3. **【单选】**调整施工进度计划时，通过增加劳动力和施工机械的数量来缩短某些工作持续时间的措施属于（　　）。
A. 经济措施　　B. 技术措施
C. 组织措施　　D. 合同措施

4. 【单选】某工程通过实行包干奖励来调整工程进度，这种措施属于（　　）。

A. 组织措施　　B. 经济措施

C. 技术措施　　D. 其他措施

5. 【单选】建设工程施工阶段，为加快施工进度可采取的组织措施是（　　）。

A. 采用更先进的施工机械　　B. 改进施工工艺

C. 增加每天的施工时间　　D. 改善劳动条件

6. 【多选】下列措施中属于其他配套措施调整施工进度的有（　　）。

A. 组织更多的施工队伍　　B. 提高奖金数额

C. 改善外部配合条件　　D. 实施强有力的调度

E. 增加劳动力

7. 【单选】通过缩短某些工作的持续时间对施工进度计划进行调整的方法，其主要特点是（　　）。

A. 增加网络计划中的关键线路　　B. 不改变工作之间的先后顺序关系

C. 增加工作之间的时间间隔　　D. 不改变网络计划中的非关键线路

8. 【单选】下列施工进度计划调整措施中，属于组织措施的是（　　）。

A. 改善外部配合条件　　B. 采用更先进的施工机械

C. 实施强有力的调度　　D. 增加工作面

9. 【多选】当工程实际进度偏差影响到后续工作、总工期而需要调整进度计划时，可采用（　　）等方法改变某些工作的逻辑关系。

A. 增加资源投入量　　B. 提高劳动效率

C. 将顺序进行的工作改为平行作业　　D. 将顺序进行的工作改为搭接作业

E. 分段组织流水作业

第五节　工程延期

> **重难点：**
>
> 工程延期事件处理程序、原则和方法。

考点 1　工程延期的申报与审批

1. 【单选】当工程延期事件具有持续性时，根据工程延期的审批程序，监理工程师应在调查核实阶段性报告的基础上完成的工作是（　　）。

A. 尽快做出延长工期的临时决定

B. 及时向政府有关部门报告

C. 要求承包单位提出工程延期意向申请

D. 重新审核施工合同条件

2. 【单选】根据工程延期的审批程序，当延期事件具有持续性，承包单位在合同规定的有效期内不能提交最终详细的申述报告时，应先向监理工程师提交该延期事件的（　　）。
A. 工程延期估计值
B. 延期意向通知
C. 阶段性详情报告
D. 临时延期申请书

3. 【多选】根据《建设工程监理规范》，项目监理机构批准工程延期应满足的条件有（　　）。
A. 因建设单位原因造成施工人员工作时间延长
B. 因非施工单位原因造成施工进度滞后
C. 施工进度滞后影响到施工合同约定的工期
D. 建设单位负责供应的工程材料未及时供应到货
E. 施工单位在施工合同约定的期限内提出工程延期申请

4. 【单选】关于工程延期审批原则的说法，正确的是（　　）。
A. 导致工期拖延确实属于承包单位的原因
B. 工程延期事件必须位于施工进度计划的关键线路上
C. 承包单位应在合同规定的有效期内以书面形式提出意向通知
D. 批准的工程延期必须符合实际情况

5. 【多选】下列导致工程延期的原因或情形，监理工程师按合同规定可以批准工程延期的有（　　）。
A. 异常恶劣的气候条件
B. 属于承包单位自身以外的原因
C. 工程延期事件发生在非关键线路上，且延长的时间未超过总时差
D. 工程延期的时间超过其相应的总时差，且由分包单位原因引起
E. 监理工程师对已隐蔽的工程进行剥离检查，经检查合格而延期的时间

6. 【单选】当工程延期事件发生后，施工承包单位在合同约定的有效期内通知监理人的书面文件称为（　　）。
A. 工程延期调查报告
B. 工程延期审核报告
C. 工程延期意向通知
D. 工程延期临时决定

7. 【单选】施工进度计划执行过程中，只有当某项工作因非承包商原因造成持续时间延长超过该工作（　　）而影响工期时，项目监理机构才能批准工程延期。
A. 自由时差
B. 总时差
C. 紧后工作的最早开始时间
D. 紧后工作的最早完成时间

考点 2　工程延期的控制

8. 【多选】在建设工程施工阶段，为了减少或避免工程延期事件的发生，监理工程师应（　　）。

A. 及时提供工程设计图纸　　B. 及时提供施工场地

C. 适时下达工程开工令　　D. 妥善处理工程延期事件

E. 及时支付工程进度款

9. 【单选】监理工程师在审批工程延期时间时，应根据（　　）来确定是否批准。

A. 工程延误时间　　B. 合同规定

C. 承包单位赶工费用　　D. 建设单位要求

考点 3　工程延误的处理

10. 【单选】承包单位严重违反合同，在施工过程中无任何理由要求延长工期，又无视项目监理机构的书面警告等，则可能受到的处罚是（　　）。

A. 赔偿误期损失　　B. 被拒签付款凭证

C. 被取消承包资格　　D. 被追回工程预付款

11. 【单选】当施工单位发生进度拖延且又未按监理工程师的指令改变延期状态时，监理工程师可以采取的手段是（　　）。

A. 中止施工承包合同　　B. 拒绝签署付款凭证

C. 向施工单位发出工程暂停令　　D. 调整施工计划工期

12. 【单选】监理工程师对工程延误应采取的处理方式是（　　）。

A. 及时下达工程开工令　　B. 妥善处理工期索赔事件

C. 拒绝签署付款凭证　　D. 及时审批施工进度计划

第六节　物资供应进度控制

➢ **重难点：**

1. 物资供应计划及编制方法。
2. 物资供应进度控制的工作内容。

考点　物资供应进度控制的工作内容

1. 【单选】物资需求计划编制中，确定建设工程各计划期需求量的主要依据是（　　）。

A. 年度施工进度计划

B. 分部分项工程作业计划

C. 物资储备计划

D. 施工总进度计划

2. 【单选】编制建设工程物资需求计划的关键是（　　）。

A. 确定需求量　　B. 制定物资生产和运输计划

C. 制定物资招标进度计划　　D. 制定物资采购成本计划

3. 【多选】建设工程物资储备计划的编制依据有（　　）。

A. 物资供应计划　　B. 物资供应方式

C. 物资需求计划　　D. 场地条件

E. 市场供应信息

4. 【单选】物资供应计划编制的任务是在确定计划需求量的基础上，经过综合平衡后，提出（　　）。

A. 申请量和采购量　　B. 采购量和库存量

C. 库存量和供应量　　D. 供应量和申请量

5. 【单选】监理工程师在协助业主进行物资供应决策时，应进行的工作是（　　）。

A. 编制物资供应招标文件　　B. 提出物资供应分包方式

C. 确定物资供应单位　　D. 签订物资供应合同

6. 【多选】监理工程师审核物资供应计划的内容有（　　）。

A. 物资生产工人是否足额配置

B. 物资的库存量安排是否经济合理

C. 物资采购时间安排是否经济合理

D. 物资供应计划与施工进度计划的匹配性

E. 物资供应紧张使施工进度拖后的可能性

7. 【单选】监理单位受业主委托控制物资供应进度的工作内容是（　　）。

A. 编制物资供应招标文件

B. 确定物资供应分包方式及分包合同清单

C. 审核物资供应计划

D. 办理物资运输及进出口许可证

8. 【单选】物资供应计划进度监测与调整的系统过程中，分析产生供货拖延的原因之后要做的工作是（　　）。

A. 检查供应物资计划

B. 供应物资计划的实施

C. 比较实际供货情况与供货计划

D. 分析供货拖延对实施施工进度计划的影响

9. 【多选】在编制建设工程物资供应计划的准备阶段，项目监理机构必须明确的物资供应方式有（　　）。

A. 建设单位采购供应　　B. 施工单位自行采购

C. 设计单位指定采购　　D. 专门物资采购部门供应

E. 监理单位指定采购

10. **【单选】**监理单位受业主委托组织物资供应招标的工作内容是（　　）。

A. 根据施工条件确定物资供应要求

B. 参与投标文件的技术评价

C. 提出物资分包方式和供应商清单

D. 审核物资供应计划

11. **【单选】**编制建设工程物资供应计划时，首先应考虑的是（　　）的平衡。

A. 数量　　B. 时间

C. 产销　　D. 供需

12. **【多选】**监理工程师控制物资供应进度的工作内容有（　　）。

A. 进行物资供应决策　　B. 参与投标文件的技术评价

C. 主持召开物资供应单位的协商会议　　D. 签订物资供应合同

E. 审核和控制物资供应计划

参考答案及解析

第六章　建设工程施工阶段进度控制

第一节　施工阶段进度控制目标的确定

考点 1　**施工进度控制目标体系**

1. **【答案】** ACD

【解析】 保证工程项目按期建成交付使用，是建设工程施工阶段进度控制的最终目的。按项目组成分解，确定各单位工程开工及动用日期。按承包单位分解，明确分工条件和承包责任。按施工阶段分解，划定进度控制分界点。按计划期分解，组织综合施工。

考点 2　**施工进度控制目标的确定**

2. **【答案】** D

【解析】 确定施工进度控制目标的主要依据：建设工程总进度目标对施工工期的要求；工期定额、类似工程项目的实际进度；工程难易程度和工程条件的落实情况等。

3. **【答案】** C

【解析】 确定施工进度控制目标的主要依据：建设工程总进度目标对施工工期的要求；工期定额、类似工程项目的实际进度；工程难易程度和工程条件的落实情况等。

4. **【答案】** ABCE

【解析】 在确定施工进度分解目标时，要考虑以下各个方面：①对于大型建设工程项目，应根据尽早提供可动用单元的原则，集中力量分期分批建设，以便尽早投入使用，尽快发挥投资效益。要处理好前期动用和后期建设的关系、每期工程中主体工程和辅助及附属工程之间的关系等。②合理安排土建与设备的综合施工。③参考同类建设工程的经验以确定施工进度目标。④做好资金供应能力、施工力量配备、物资供应能力与施工进度的平衡工作。⑤考虑外部协作条件的配合情况。包括施工过程中及项目竣工动用所需的水、电、气、通信、道路及其他社会服务项目的满足程度和满足时间。它们必须与有关项目的进度目标相协调。⑥考虑工程项目所在地区地形、地质、水文、气象等方面的限制条件。

5. **【答案】** D

【解析】 确定施工进度控制目标的主要依据：建设工程总进度目标对施工工期的要求；工期定额、类似工程项目的实际进度；工程难易程度和工程条件的落实情况等。

第二节　施工阶段进度控制的内容

考点　建设工程施工进度控制工作内容

1. 【答案】C

【解析】事实上，施工进度控制工作细则是对建设工程监理规划中有关进度控制内容的进一步深化和补充。如果将建设工程监理规划比作开展监理工作的“初步设计”，那么施工进度控制工作细则就可以看成是开展建设工程监理工作的“施工图设计”，它对监理工程师的进度控制实务工作起着具体的指导作用。

2. 【答案】BCE

【解析】施工进度控制工作细则是在建设工程监理规划的指导下，由项目监理班子中进度控制部门的监理工程师负责编制的更具有实施性和操作性的监理业务文件。其主要内容包括：①施工进度控制目标分解图；②施工进度控制的主要工作内容和深度；③进度控制人员的职责分工；④与进度控制有关各项工作的时间安排及工作流程；⑤进度控制的方法（包括进度检查周期、数据采集方式、进度报表格式、统计分析方法等）；⑥进度控制的具体措施（包括组织措施、技术措施、经济措施及合同措施等）；⑦施工进度控制目标实现的风险分析；⑧尚待解决的有关问题。

3. 【答案】BCD

【解析】施工进度控制工作细则是在建设工程监理规划的指导下，由项目监理班子中进度控制部门的监理工程师负责编制的更具有实施性和操作性的监理业务文件。其主要内容包括：①施工进度控制目标分解图；②施工进度控制的主要工作内容和深度；③进度控制人员的职责分工；④与进度控制有关各项工作的时间安排及工作流程；⑤进度控制的方法（包括进度检查周期、数据采集方式、进度报表格式、统计分析方法等）；⑥进度控制的具体措施（包括组织措施、技术措施、经济措施及合同措施等）；⑦施工进度控制目标实现的风险分析；⑧尚待解决的有关问题。

4. 【答案】A

【解析】如果监理工程师在审查施工进度计划的过程中发现问题，应及时向承包单位提出书面修改意见（也称整改通知书），并协助承包单位修改，其中重大问题应及时向业主汇报。

5. 【答案】B

【解析】编制和实施施工进度计划是承包单位的责任。承包单位之所以将施工进度计划提交给监理工程师审查，是为了听取监理工程师的建设性意见。因此，监理工程师对施工进度计划的审查或批准，并不解除承包单位对施工进度计划的任何责任和义务。

6. 【答案】C

【解析】根据《建设工程监理规范》，项目监理机构应检查施工进度计划的实施情况，发现实际进度严重滞后于计划进度且影响合同工期时，应签发监理通知单，要求施工单位

采取调整措施加快施工进度。总监理工程师应向建设单位报告工期延误风险。

7. 【答案】BE

【解析】建设工程施工进度控制工作从审核承包单位提交的施工进度计划开始，直至建设工程保修期满为止，其工作内容主要有：①编制施工进度控制工作细则；②编制或审核施工进度计划；③按年、季、月编制工程综合计划；④下达工程开工令；⑤协助承包单位实施进度计划；⑥监督施工进度计划的实施；⑦组织现场协调会；⑧签发工程进度款支付凭证；⑨审批工程延期；⑩向业主提供进度报告；⑪督促承包单位整理技术资料；⑫签署工程竣工报验单，提交质量评估报告；⑬整理工程进度资料；⑭工程移交。

8. 【答案】ADE

【解析】编制施工进度控制工作细则的主要内容包括：①施工进度控制目标分解图；②施工进度控制的主要工作内容和深度；③进度控制人员的职责分工；④与进度控制有关各项工作的时间安排及工作流程；⑤进度控制的方法（包括进度检查周期、数据采集方式、进度报表格式、统计分析方法等）；⑥进度控制的具体措施（包括组织措施、技术措施、经济措施及合同措施等）；⑦施工进度控制目标实现的风险分析；⑧尚待解决的有关问题。

9. 【答案】A

【解析】施工进度控制工作细则是对建设工程监理规划中有关进度控制内容的进一步深化和补充。如果将建设工程监理规划比作开展监理工作的“初步设计”，那么施工进度控制工作细则就可以看成是开展建设工程监理工作的“施工图设计”，它对监理工程师的进度控制实务工作起着具体的指导作用。

10. 【答案】B

【解析】选项A错误，承包单位之所以将施工进度计划提交给监理工程师审查，是为了听取监理工程师的建设性意见，因此，监理工程师对施工进度计划的审查或批准，并不解除承包单位对施工进度计划的任何责任和义务。选项C错误，监理工程师审查施工进度计划的主要目的是防止承包单位计划不当，以及为承包单位保证实现合同规定的进度目标提供帮助。选项D错误，监理人审核发现施工进度计划中的问题，应及时向承包单位提出书面修改意见，并协助承包单位修改，其中重大问题应及时向业主汇报。

11. 【答案】B

【解析】监理工程师在下达工程开工令之前，应充分考虑业主的前期准备工作是否充分。

12. 【答案】C

【解析】监理工程师应对承包单位申报的已完分项工程量进行核实，在质量监理人员检查验收后签发工程进度款支付凭证。

13. 【答案】B

【解析】当出现工期延误时，监理工程师有权要求承包单位采取有效措施加快施工进

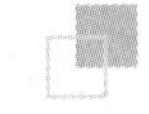

度。如果经过一段时间后，实际进度没有明显改进，仍然拖后于计划进度，而且显然影响工程按期竣工时，监理工程师应要求承包单位修改进度计划，并提交给监理工程师重新确认。监理工程师对修改后的施工进度计划的确认，并不是对工程延期的批准，他只是要求承包单位在合理的状态下施工。因此，监理工程师对进度计划的确认，并不能解除承包单位应负的一切责任，承包单位需要承担赶工的全部额外开支和误期损失赔偿。

14. **【答案】** D

【解析】 施工进度控制工作细则是在建设工程监理规划的指导下，由项目监理班子中进度控制部门的监理工程师负责编制的更具有实施性和操作性的监理业务文件。其主要内容包括：①施工进度控制目标分解图；②施工进度控制的主要工作内容和深度；③进度控制人员的职责分工；④与进度控制有关各项工作的时间安排及工作流程；⑤进度控制的方法（包括进度检查周期、数据采集方式、进度报表格式、统计分析方法等）；⑥进度控制的具体措施（包括组织措施、技术措施、经济措施及合同措施等）；⑦施工进度控制目标实现的风险分析；⑧尚待解决的有关问题。

15. **【答案】** ACE

【解析】 建设工程施工进度控制工作从审核承包单位提交的施工进度计划开始，直至建设工程保修期满为止，其工作内容主要有：①编制施工进度控制工作细则；②编制或审核施工进度计划；③按年、季、月编制工程综合计划；④下达工程开工令；⑤协助承包单位实施进度计划；⑥监督施工进度计划的实施；⑦组织现场协调会；⑧签发工程进度款支付凭证；⑨审批工程延期；⑩向业主提供进度报告；⑪督促承包单位整理技术资料；⑫签署工程竣工报验单，提交质量评估报告；⑬整理工程进度资料；⑭工程移交。

16. **【答案】** B

【解析】 如果监理工程师在审查施工进度计划的过程中发现问题，应及时向承包单位提出书面修改意见（也称整改通知书），并协助承包单位修改。其中重大问题应及时向业主汇报。

第三节　施工进度计划的编制与审查

考点 1　施工总进度计划的编制

1. **【答案】** ABCE

【解析】 确定各单位工程的开竣工时间和相互搭接关系主要应考虑：①同一时期施工的项目不宜过多，以避免人力、物力过于分散。②尽量做到均衡施工，以使劳动力、施工机械和主要材料的供应在整个工期范围内达到均衡。③尽量提前建设可供工程施工使用的永久性工程，以节省临时工程费用。④急需和关键的工程先施工，以保证工程项目如期交工。对于某些技术复杂、施工周期较长、施工困难较多的工程，应安排提前施工，以利于整个工程项目按期交付使用。⑤施工顺序必须与主要生产系统投入生产的先后次序相吻合。同时还要安排好配套工程的施工时间，以保证建成的工程能迅速投入生产或交付使用。⑥应注意季节对施工顺序的影响，以保证施工季节不拖延工期，不影响工程质量。⑦安排一部分附属工程或零星项目作为后备项目，用以调整主要项目的施工进度。⑧注意主要工种和主要施工机械能连续施工。

2. **【答案】** B

【解析】 施工总进度计划应安排全工地性的流水作业。全工地性的流水作业安排应以工程量大、工期长的单位工程为主导，组织若干条流水线，并以此带动其他工程。施工总进度计划既可以用横道图表示，也可以用网络图表示。

3. **【答案】** ACE

【解析】 确定各单位工程的开竣工时间和相互搭接关系主要应考虑：①同一时期施工的项目不宜过多，以避免人力、物力过于分散。②尽量做到均衡施工，以使劳动力、施工机械和主要材料的供应在整个工期范围内达到均衡。③尽量提前建设可供工程施工使用的永久性工程，以节省临时工程费用。④急需和关键的工程先施工，以保证工程项目如期交工。对于某些技术复杂、施工周期较长、施工困难较多的工程，应安排提前施工，以利于整个工程项目按期交付使用。⑤施工顺序必须与主要生产系统投入生产的先后次序相吻合。同时还要安排好配套工程的施工时间，以保证建成的工程能迅速投入生产或交付使用。⑥应注意季节对施工顺序的影响，以保证施工季节不拖延工期，不影响工程质量。⑦安排一部分附属工程或零星项目作为后备项目，用以调整主要项目的施工进度。⑧注意主要工种和主要施工机械能连续施工。

4. **【答案】** D

【解析】 施工总进度计划应安排全工地性的流水作业。全工地性的流水作业安排应以工程量大、工期长的单位工程为主导，组织若干条流水线，并以此带动其他工程。

5. **【答案】** C

【解析】 施工总进度计划的编制步骤和方法如下：①计算工程量；②确定各单位工程的施工期限；③确定各单位工程的开竣工时间和相互搭接关系；④编制初步施工总进度计划；⑤编制正式施工总进度计划。

考点 2　单位工程施工进度计划的编制

6. **【答案】** ACD

【解析】 单位工程施工进度计划的编制步骤：①划分工作项目；②确定施工顺序；③计算工程量；④计算劳动量和机械台班数；⑤确定工作项目的持续时间；⑥绘制施工进度计划图；⑦施工进度计划的检查与调整。

7. **【答案】** BDE

【解析】 单位工程施工进度计划的编制步骤：①划分工作项目；②确定施工顺序；③计算工程量；④计算劳动量和机械台班数；⑤确定工作项目的持续时间；⑥绘制施工进度计划图；⑦施工进度计划的检查与调整。

8. **【答案】** ABDE

【解析】进度计划检查的主要内容包括：①各工作项目的施工顺序、平行搭接和技术间歇是否合理；②总工期是否满足合同规定；③主要工种的工人是否满足连续、均衡施工的要求；④主要机具、材料等的利用是否均衡和充分。

9. 【答案】ABC

【解析】当施工进度计划初始方案编制好后，需要对其进行检查与调整，以便使进度计划更加合理，进度计划检查的主要内容包括：①各工作项目的施工顺序、平行搭接和技术间歇是否合理；②总工期是否满足合同规定；③主要工种的工人是否满足连续、均衡施工的要求；④主要机具、材料等的利用是否均衡和充分。在上述四个方面中，首要的是前两方面的检查，如果不满足要求，必须进行调整。只有在前两个方面均达到要求的前提下，才能进行后两个方面的检查与调整。前者是解决可行与否的问题，而后者则是优化的问题。

考点 3　项目监理机构对施工进度计划的审查

10. 【答案】ACDE

【解析】在工程项目开工前，项目监理机构应审查施工单位报审的施工总进度计划和阶段性施工进度计划，提出审查意见，并应由总监理工程师审核后报建设单位。施工进度计划审查应包括下列基本内容：①施工进度计划应符合施工合同中工期的约定；②施工进度计划中主要工程项目无遗漏，应满足分批投入试运、分批动用的需要，阶段性施工进度计划应满足总进度控制目标的要求；③施工顺序的安排应符合施工工艺要求；④施工人员、工程材料、施工机械等资源供应计划应满足施工进度计划的需要；⑤施工进度计划应符合建设单位提供的资金、施工图纸、施工场地、物资等施工条件。

11. 【答案】C

【解析】在工程项目开工前，项目监理机构应审查施工单位报审的施工总进度计划和阶段性施工进度计划，提出审查意见，并应由总监理工程师审核后报建设单位。施工进度计划审查应包括下列基本内容：①施工进度计划应符合施工合同中工期的约定；②施工进度计划中主要工程项目无遗漏，应满足分批投入试运、分批动用的需要，阶段性施工进度计划应满足总进度控制目标的要求；③施工顺序的安排应符合施工工艺要求；④施工人员、工程材料、施工机械等资源供应计划应满足施工进度计划的需要；⑤施工进度计划应符合建设单位提供的资金、施工图纸、施工场地、物资等施工条件。

第四节　施工进度计划实施中的检查与调整

考点 1　施工进度的动态检查

1. 【答案】B

【解析】施工进度的检查方式：①定期地、经常地收集由承包单位提交的有关进度报表资料；②由驻地监理人员现场跟踪检查建设工程的实际进展情况；③定期组织现场施工负责人召开现场会议。

必刷 第六章

考点 2 施工进度计划的调整

2. 【答案】A

【解析】缩短某些工作的持续时间，这种方法的特点是不改变工作之间的先后顺序关系，通过缩短关键线路上工作的持续时间来缩短工期。组织措施：增加工作面，组织更多的施工队伍；增加每天的施工时间（如采用三班制等）；增加劳动力和施工机械的数量。技术措施：改进施工工艺和施工技术，缩短工艺技术间歇时间；采用更先进的施工方法，以减少施工过程的数量（如将现浇框架方案改为预制装配方案）；采用更先进的施工机械。经济措施：实行包干奖励；提高奖金数额；对所采取的技术措施给予相应的经济补偿。其他配套措施：改善外部配合条件；改善劳动条件；实施强有力的调度等。

3. 【答案】C

【解析】缩短某些工作的持续时间，这种方法的特点是不改变工作之间的先后顺序关系，通过缩短关键线路上工作的持续时间来缩短工期。组织措施：增加工作面，组织更多的施工队伍；增加每天的施工时间（如采用三班制等）；增加劳动力和施工机械的数量。技术措施：改进施工工艺和施工技术，缩短工艺技术间歇时间；采用更先进的施工方法，以减少施工过程的数量（如将现浇框架方案改为预制装配方案）；采用更先进的施工机械。经济措施：实行包干奖励；提高奖金数额；对所采取的技术措施给予相应的经济补偿。其他配套措施：改善外部配合条件；改善劳动条件；实施强有力的调度等。

4. 【答案】B

【解析】调整施工进度计划的经济措施有：实行包干奖励；提高奖金数额；对所采取的技术措施给予相应的经济补偿。

5. 【答案】C

【解析】缩短某些工作的持续时间，这种方法的特点是不改变工作之间的先后顺序关系，通过缩短关键线路上工作的持续时间来缩短工期。组织措施：增加工作面，组织更多的施工队伍；增加每天的施工时间（如采用三班制等）；增加劳动力和施工机械的数量。技术措施：改进施工工艺和施工技术，缩短工艺技术间歇时间；采用更先进的施工方法，以减少施工过程的数量（如将现浇框架方案改为预制装配方案）；采用更先进的施工机械。经济措施：实行包干奖励；提高奖金数额；对所采取的技术措施给予相应的经济补偿。其他配套措施：改善外部配合条件；改善劳动条件；实施强有力的调度等。

6. 【答案】CD

【解析】调整施工进度计划的其他配套措施有：改善外部配合条件；改善劳动条件；实施强有力的调度等。

7. 【答案】B

【解析】缩短某些工作的持续时间，不改变工程项目中各项工作之间的逻辑关系，而是通过采取增加资源投入、提高劳动效率等措施来缩短某些工作的持续时间，使工程进度加快，以保证按计划工期完成该工程项目。

8. 【答案】D

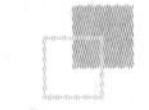

【解析】选项 A、C 属于其他配套措施。选项 B 属于技术措施。

9.【答案】CDE

【解析】当实际进度偏差影响到后续工作、总工期而需要调整进度计划时，其调整方法主要有两种：①改变某些工作间的逻辑关系，例如，将顺序进行的工作改为平行作业、搭接作业以及分段组织流水作业等，都可以有效地缩短工期；②缩短某些工作的持续时间。

第五节　工程延期

考点 1　工程延期的申报与审批

1.【答案】A

【解析】当延期事件具有持续性，承包单位在合同规定的有效期内不能提交最终详细的申述报告时，应先向监理工程师提交阶段性的详情报告。监理工程师应在调查核实阶段性报告的基础上，尽快做出延长工期的临时决定。临时决定的延期时间不宜太长，一般不超过最终批准的延期时间。

2.【答案】C

【解析】当延期事件具有持续性，承包单位在合同规定的有效期内不能提交最终详细的申述报告时，应先向监理工程师提交阶段性的详情报告。监理工程师应在调查核实阶段性报告的基础上，尽快做出延长工期的临时决定。临时决定的延期时间不宜太长，一般不超过最终批准的延期时间。

3.【答案】BCE

【解析】项目监理机构批准工程延期应同时满足下列条件：①施工单位在施工合同约定的期限内提出工程延期；②因非施工单位原因造成施工进度滞后；③施工进度滞后影响到施工合同约定的工期。

4.【答案】D

【解析】工程延期的审批原则：①合同条件。监理工程师批准的工程延期必须符合合同条件，即确实属于承包单位自身原因以外。这是监理工程师审批工程延期的一条根本原则。②影响工期。发生延期事件的工程部位，无论其是否处在施工进度计划的关键线路上，只有当所延长的时间超过其相应的总时差而影响工期时，才能批准工程延期。③实际情况。承包单位应详细记载，提交详细报告。监理工程师应详细考察和分析，做好记录。

5.【答案】ABE

【解析】由于以下原因导致工程拖延，承包单位有权提出延长工期的申请，监理工程师应按合同规定，批准工程延期时间：①监理工程师发出工程变更令导致工程量增加；②合同所涉及的任何可能造成工程延期的原因，如延期交图、工程暂停、对合格工程的剥离检查及不利的外界条件等；③异常恶劣的气候条件；④由业主造成的任何延误、干扰或障碍，如未及时提供施工场地、未及时付款等；⑤除承包单位自身以外的任何原因。

6.【答案】C

【解析】当工程延期事件发生后，承包单位应在合同规定的有效期内以书面形式通知监理工程师，即工程延期意向通知，以便监理工程师尽早了解所发生的事件，及时做出一些减少延期损失的决定。

7.【答案】B

【解析】延期事件的工程部位，无论其是否处在施工进度计划的关键线路上，只有当所延长的时间超过其相应的总时差而影响工期时，才能批准工程延期。

考点 2 工程延期的控制

8.【答案】CD

【解析】发生工程延期事件，不仅影响工程的进展，而且会给业主带来损失。因此，监理工程师应做好以下工作，以减少或避免工程延期事件的发生：①选择合适的时机下达工程开工令；②提醒业主履行施工承包合同中所规定的职责；③妥善处理工程延期事件。

9.【答案】B

【解析】如果由于承包单位以外的原因造成工期拖延，那么承包单位有权提出延长工期的申请。监理工程师应根据合同规定，审批工程延期时间。

考点 3 工程延误的处理

10.【答案】C

【解析】工期延误的处理方法：①拒绝签署付款凭证；②误期损失赔偿；③取消承包资格。如果承包单位严重违反合同，又不采取补救措施，那么业主为了保证合同工期有权取消其承包资格。例如：承包单位接到监理工程师的开工通知后，无正当理由推迟开工时间，或在施工过程中无任何理由要求延长工期，施工进度缓慢，又无视监理工程师的书面警告，都有可能受到取消承包资格的处罚。取消承包资格是对承包单位违约的严厉制裁。

11.【答案】B

【解析】当承包单位的施工进度拖后且又不采取积极措施时，监理工程师可以采取拒绝签署付款凭证的手段制约承包单位。

12.【答案】C

【解析】工期延误的处理方式：①拒绝签署付款凭证。当承包单位的施工进度拖后且又不采取积极措施时，监理工程师可以采取拒绝签署付款凭证的手段制约承包单位。②误期损失赔偿。当承包单位未能按合同规定的工期完成合同范围内的工作时对其进行的处罚。③取消承包资格。如果承包单位严重违反合同，又不采取补救措施，那么业主为了保证合同工期有权取消其承包资格。

第六节 物资供应进度控制

考点 物资供应进度控制的工作内容

1.【答案】A

【解析】物资需求计划一般包括一次性需求计划和各计划期需求计划。编制需求计划的关

键是确定需求量。一次性需求计划，亦称工程项目材料分析，主要用于组织货源和专用特殊材料、制品的落实。计划期物资需求量一般是指年、季、月度物资需求计划，主要用于组织物资采购、订货和供应。主要依据已分解的各年度施工进度计划，按季、月作业计划确定相应时段的需求量。其编制方式有两种：计算法和卡段法。

2. **【答案】** A

【解析】 物资需求计划一般包括一次性需求计划和各计划期需求计划。编制需求计划的关键是确定需求量。

3. **【答案】** BCD

【解析】 物资储备计划的编制依据：物资需求计划、储备定额、储备方式、供应方式和场地条件等。

4. **【答案】** A

【解析】 物资供应计划的编制是在确定计划需求量的基础上，经过综合平衡，提出申请量和采购量。因此供应计划的编制过程也是一个平衡过程，包括数量、时间的平衡，首先是数量的平衡。

5. **【答案】** B

【解析】 监理工程师控制物资供应进度的工作内容：①协助业主进行物资供应的决策：根据设计图纸和进度计划确定物资供应要求；提出物资供应分包方式及分包合同清单，并获得业主认可；与业主协商提出对物资供应单位的要求以及在财务方面应负的责任。②组织物资供应招标工作：组织编制物资供应招标文件；受理物资供应单位的投标文件（参与技术评价、商务评价）；推荐物资供应单位及进行有关工作（向业主推荐优选的物资供应单位、主持召开物资供应单位的协商会议、帮助业主拟定并认真履行物资供应合同）。③编制、审核和控制物资供应计划：编制物资供应计划；审核物资供应计划；监督检查订货情况，协助办理有关事宜。

6. **【答案】** BCE

【解析】 物资供应计划审核的主要内容包括：供应计划是否能按建设工程施工进度计划的需要及时供应材料和设备；物资的库存量安排是否经济、合理；物资采购安排在时间上和数量上是否经济、合理；物资供应紧张或不足而使施工进度拖延现象发生的可能性。

7. **【答案】** C

【解析】 监理工程师控制物资供应进度的工作内容：①协助业主进行物资供应的决策：根据设计图纸和进度计划确定物资供应要求；提出物资供应分包方式及分包合同清单，并获得业主认可；与业主协商提出对物资供应单位的要求以及在财务方面应负的责任。②组织物资供应招标工作：组织编制物资供应招标文件；受理物资供应单位的投标文件（参与技术评价、商务评价）；推荐物资供应单位及进行有关工作（向业主推荐优选的物资供应单位、主持召开物资供应单位的协商会议、帮助业主拟定并认真履行物资供应合同）。③编制、审核和控制物资供应计划：编制物资供应计划；审核物资供应计划；监督检查订货情况，协助办理有关事宜。

8. **【答案】** D

【解析】物资供应计划进度检测与调整的系统过程如下图所示：

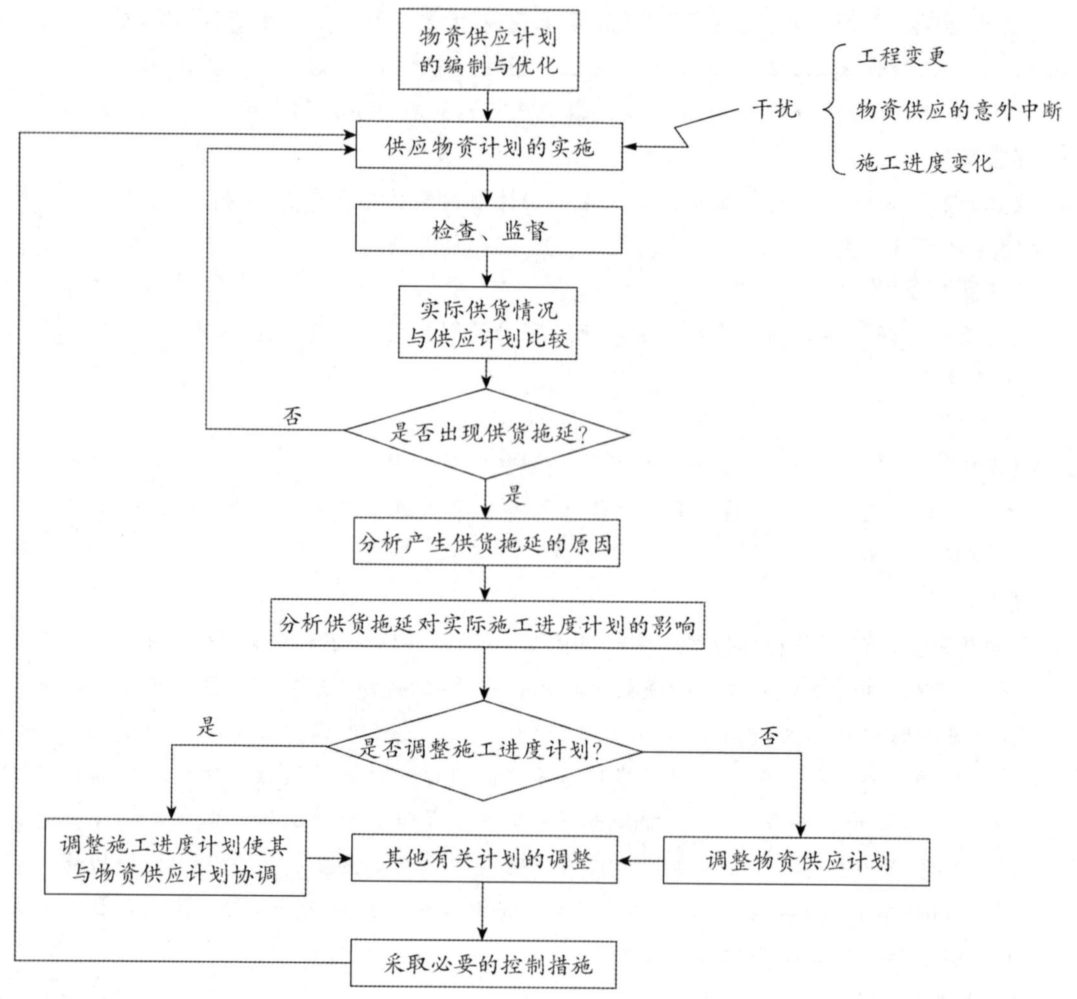

9. 【答案】ABD

【解析】在编制物资供应计划的准备阶段，监理工程师必须明确物资的供应方式。按供应单位划分，物资供应可分为建设单位采购供应、专门物资采购部门供应、施工单位自行采购或共同协作分头采购供应。

10. 【答案】B

【解析】监理单位组织物资供应招标工作的内容：①组织编制物资供应招标文件；②受理物资供应单位的投标文件（参与技术评价、商务评价）；③推荐物资供应单位及进行有关工作（向业主推荐优选的物资供应单位、主持召开物资供应单位的协商会议、帮助业主拟定并认真履行物资供应合同）。

11. 【答案】A

【解析】物资供应计划的编制是在确定计划需求量的基础上，经过综合平衡，提出申请量和采购量。因此供应计划的编制过程也是一个平衡过程，包括数量、时间的平衡，首先是数量的平衡。

12. **【答案】**BCE

【解析】监理工程师控制物资供应进度的工作内容：①协助业主进行物资供应的决策：根据设计图纸和进度计划确定物资供应要求；提出物资供应分包方式及分包合同清单，并获得业主认可；与业主协商提出对物资供应单位的要求以及在财务方面应负的责任。②组织物资供应招标工作：组织编制物资供应招标文件；受理物资供应单位的投标文件（参与技术评价、商务评价）；推荐物资供应单位及进行有关工作（向业主推荐优选的物资供应单位、主持召开物资供应单位的协商会议、帮助业主拟定并认真履行物资供应合同）。③编制、审核和控制物资供应计划：编制物资供应计划；审核物资供应计划；监督检查订货情况，协助办理有关事宜。

亲爱的读者：

如果您对本书有任何感受、建议、纠错，都可以告诉我们。我们会精益求精，为您提供更好的产品和服务。

祝您顺利通过考试！

扫码参与问卷调查

环球网校监理工程师考试研究院